装备制造大类新形态教材

工业机器人离线编程与仿真

主　编　陈　磊
副主编　李　健　左伟平　王　健
　　　　魏碧胜　陈　强

哈爾濱工業大學出版社

内 容 简 介

工业机器人离线编程与仿真是工业机器人技术专业核心课程之一。本书是由校企合作共同开发的新形态教材，紧跟时代特色，融入课程思政及“1+X”证书内容，配套江西省职业教育装备制造类精品在线开放课程资源，支持移动学习，可用于线上线下混合教学。本书共有8个项目：项目1要求重点熟悉RobotStudio软件的下载与安装，掌握创建机器人系统的方法；项目2要求理解工业机器人工具工件坐标和轨迹程序的创建，熟悉手动操纵和仿真视频的录制；项目3着重于学科交叉融合，通过机器人自动路径的建立，掌握机器人目标点调整、轴参数配置并能与三维建模等课程相融合；项目4～8以真实案例为主，要求掌握仿真工作站的编程基本技能和操作流程。

本书适合从事工业机器人操作，特别是刚刚接触工业机器人的工程技术人员和学生学习，也可供有关工程技术人员参考。

图书在版编目(CIP)数据

工业机器人离线编程与仿真/陈磊主编. —哈尔滨：哈尔滨工业大学出版社，2024.4
ISBN 978－7－5767－1311－4

Ⅰ.①工… Ⅱ.①陈… Ⅲ.①工业机器人－程序设计②工业机器人－计算机仿真 Ⅳ.①TP242.2

中国国家版本馆CIP数据核字(2024)第069194号

策划编辑 王桂芝
责任编辑 林均豫
出版发行 哈尔滨工业大学出版社
社　　址 哈尔滨市南岗区复华四道街10号 邮编150006
传　　真 0451－86414749
网　　址 http://hitpress.hit.edu.cn
印　　刷 哈尔滨市工大节能印刷厂
开　　本 787 mm×1 092 mm 1/16 印张23.5 字数543千字
版　　次 2024年4月第1版 2024年4月第1次印刷
书　　号 ISBN 978－7－5767－1311－4
定　　价 59.80元

前　　言

工业机器人与专用机器人是先进制造业中不可替代的重要装备和手段，是战略性新兴产业的重点发展方向。当前，我国经济正处于加快转型升级的重要时期，以工业机器人为主体的智能制造产业，正是破解我国产业成本上升、环境制约问题的重要路径。工业机器人离线编程与仿真是工业机器人技术专业核心课程之一，为深入贯彻落实党的二十大精神，本书把“1＋X”证书内容、工匠精神等课程思政元素融入其中，积极推进书证融通。编写本书的目的有两个：一是由于真实的工业机器人价格非常昂贵，动辄几十、上百万，对于普通的机器人爱好者来说很难承受，而机器人仿真可以避免类似问题；二是直接使用示教器进行在线编程对于某些复杂工艺或者对编程轨迹要求较高的场合比较吃力，而使用仿真软件的离线编程可以解决此类问题。

本书依据工业机器人操作岗位要求及学生成长规律，对应装备制造产业中的真实案例，知识体系层层递进，技能体系逐步提升。项目1着重于兴趣培养，重点要求熟悉RobotStudio软件的下载与安装，掌握创建机器人系统的方法；项目2着重于系统布局，要求理解工业机器人工件坐标和轨迹程序的创建，熟悉手动操纵和仿真视频的录制；项目3着重于学科交叉融合，通过机器人自动路径的建立，掌握机器人目标点调整、轴参数配置并能与三维建模等课程相融合；项目4以1＋X工业机器人应用编程为例，对考核内容和考核知识点，深度剖析，重点掌握离线程序导入的方法；项目5重点讲解事件管理器的应用，以及机器人吸盘工具的建模和机械装置的创建；项目6着重于创新能力的开发，要求重点掌握Smart组件创建动态输送链和动态夹具，分析并解决系统调试问题；项目7以多个典型的焊接工作场景为基础，构建了多个仿真工作站，旨在引导学生掌握综合设计实践；项目8要求重点掌握机床上下料的基本技能和操作流程，学生可以运用自己的创新思维和设计能力，提出更加高效、安全的机床上下料方案。

本书内容简明扼要，图文并茂，并配有在线教学视频，适合从事工业机器人操作，特别是刚刚接触工业机器人的工程技术人员和学生学习。通过对本课程的学习，学习者可全面了解工业机器人仿真技术，为走上工业机器人生产第一线的工作岗位做好准备。

本书由江西应用技术职业学院陈磊担任主编；由江西应用技术职业学院李健、王健、魏碧胜，赣州职业技术学院左伟平，以及江苏汇博机器人技术股份有限公司陈强担任副主编。

在丛书的策划、编写过程中，江苏汇博机器人技术股份有限公司提供了宝贵的意见和建议，在此表示诚挚的感谢。

限于编者水平，书中难免存在疏漏及不足之处，欢迎读者提出宝贵建议。

编　者

2024 年 2 月

目　　录

项目1　建立ABB机器人虚拟工作站

任务引入

工业机器人离线编程与仿真是一门实践性非常强的应用技术，需要经过大量编程训练获得编程调试技能。但工业机器人本体价格昂贵，动辄十几万元甚至几十万元，让每个学习者使用真实机器人学习成为奢望；再加上如果初学者不熟悉机器人编程，直接进行真机操作的危险性太大。即便对于基本编程熟练的学习者，真实机器人的控制系统除基本功能选项包外，更多应用功能选项包都需要额外付费购买，因此对于复杂功能编程的学习也很难通过真实机器人得到满足。但是，ABB提供了一款学习机器人编程的软件，即RobotStudio，它提供了与真实示教器几乎完全一样的虚拟示教器Flexpendant，可满足初学者编程练习；也提供了各种免费的功能选项包供高级编程爱好者生成系统使用；同时还提供了多种Smart组件供机器人系统集成工程师进行系统仿真调试、工作流程验证以及工作节拍优化等。因此，RobotStudio是学习ABB机器人编程的必备软件，我们在RobotStudio虚拟仿真工作站中进行编程练习与调试（图1.1），在真机中进行验证，这样虚实结合，必定事半功倍。

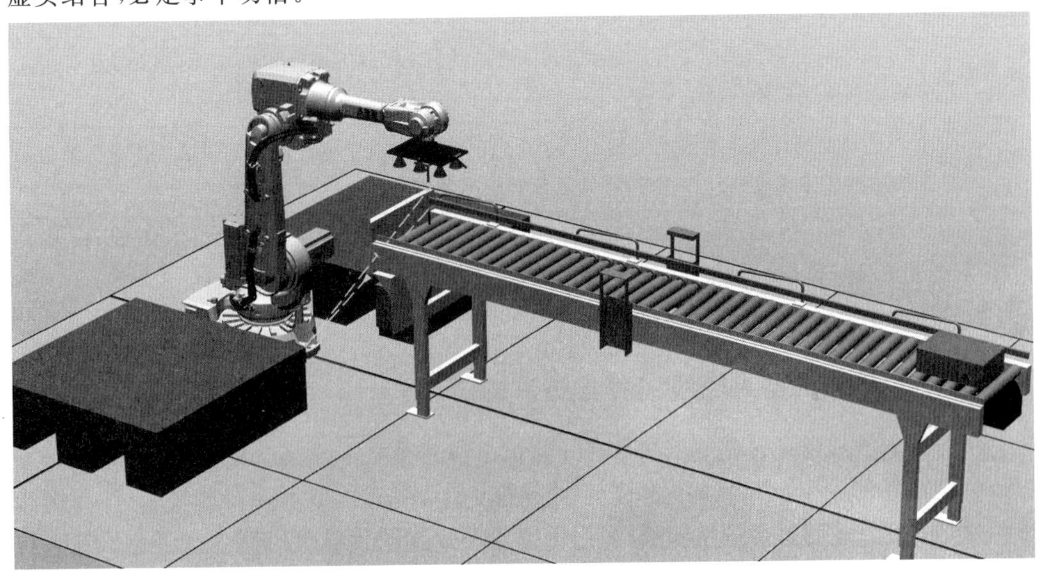

图1.1　虚拟仿真工作站

任务工单

项目 1 的任务工单见表 1.1。

表 1.1　项目 1 的任务工单

任务名称	建立 ABB 机器人虚拟工作站
设备清单	个人计算机配置要求：Windows 7 及以上操作系统，i7 及以上 CPU，8 GB 及以上内存，20 GB 及以上空闲硬盘，独立显卡
实施场地	场地具备计算机、能上网的条件即可；也可以在机房、ABB 机器人实训室完成任务（后续任务大都可以在具备条件的实训室或装有软件的机房完成）
任务目的	通过学习软件的下载（来源于官网）与安装，初步搭建学习机器人编程的环境；通过机器人系统的建立，初步了解机器人系统的组成；通过工作站的解包和打包操作，初步建立机器人编程应用平台
任务描述	能够在 ABB 官网上找到 RobotStudio 软件的安装包，下载并正确安装在个人计算机中；能够使用“从布局到系统 …”方式生成工业机器人系统，并打包成工作站文件；能够解包课程提供的机器人工作站文件，为后续任务的实施搭建机器人系统应用平台
知识目标	了解 ABB 机器人编程软件 RobotStudio 的功能；了解 RobotStudio 软件界面及功能；了解其他品牌机器人常用仿真软件；了解机器人工作站的构成；了解 ABB 机器人常用功能选项包
能力目标	能够在 ABB 官网进行 RobotStudio 软件的下载；能正确安装 RobotStudio 软件；会生成机器人基本系统；会进行机器人工作站文件的解包操作；会进行机器人工作站文件的打包操作
素养目标	培养学生安全规范意识和纪律意识；培养学生主动探究新知识的意识；培养学生严谨、规范的工匠精神
验收要求	在自己的计算机上成功安装 RobotStudio 软件，并成功将提供的工作站文件进行解包，为后续任务完成平台的搭建，详见任务实施记录单及检验单

离线编程与仿真技术

任务 1.1　离线编程与仿真技术认知

1.1.1　工业机器人离线编程与仿真的概念

机器人离线编程是首先使用软件在计算机中构建整个工作场景的三维虚拟环境，根据要加工零件的大小、形状，同时配合一些操作，自动生成机器人的运动轨迹（即控制指令）；然后在软件中仿真与调整轨迹；最后生成机器人程序传输给机器人。工业机器人仿真是指通过计算机对实际的机器人系统进行模拟的技术，机器人系统仿真可以通过单机或多台机器人组成的工作站或生产线实现。通过系统仿真，可以在制造单机与生产线之前模拟出实物，缩短生产工期，也可以避免不必要的返工。

1.1.2 离线编程与仿真技术在实际应用中的作用

(1) 离线编程技术的应用。

工业机器人离线编程技术主要应用于机器人复杂轨迹的生成，广泛应用于打磨、喷涂、激光切割、去毛刺等行业，具体分析如下。

① 打磨行业。图 1.2(a) 所示为离线编程软件中，通过模型外部轮廓直接生成机器人切割程序；图 1.2(b) 所示为把程序下载到机器人控制器后，机器人对工件进行打磨操作。

(a) 打磨（离线编程）

(b) 打磨（实体机器人）

图 1.2 打磨工作站

② 喷涂行业。图 1.3(a) 所示为在离线编程软件中进行机器人喷涂轨迹的规划，生成相对应的程序；图 1.3(b) 所示为把程序下载到机器人控制器后，由机器人进行喷涂操作。

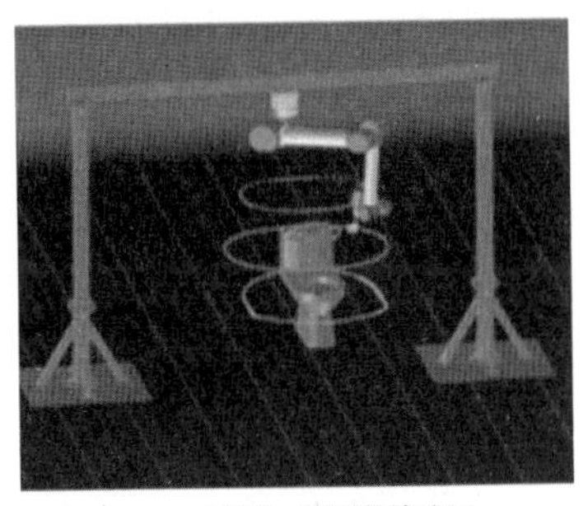
(a) 喷涂（离线编程）

(b) 喷涂（实体机器人）

图 1.3 喷涂工作站

③ 激光切割行业。图 1.4(a) 所示为离线编程软件中，通过模型的外部轮廓生成机器人切割程序；图 1.4(b) 所示为把程序下载到机器人控制器后，对工件进行激光切割。

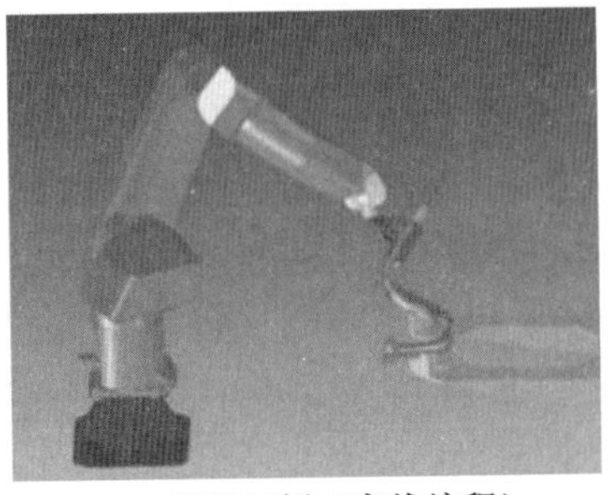
(a) 激光切割（离线编程）

(b) 激光切割（实体机器人）

图 1.4 激光切割工作站

④ 去毛刺行业。图 1.5(a) 所示为离线编程软件中，通过对模型的操作直接生成去毛刺的轨迹程序；图 1.5(b) 所示为把程序下载到机器人控制器后，机器人按照软件编写的程序对工件的毛刺进行处理。

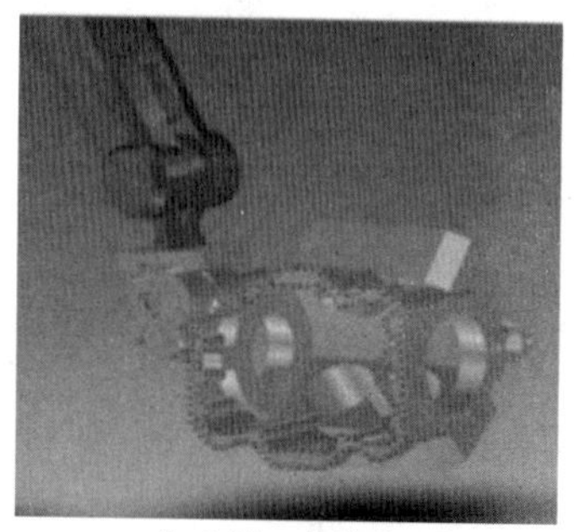

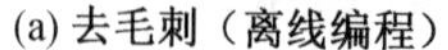
(a) 去毛刺（离线编程）

(b) 去毛刺（实体机器人）

图 1.5　去毛刺工作站

(2) 工业机器人仿真技术的应用。

在实际应用中，工业机器人仿真技术主要应用于方案仿真、结构与空间验证、工业节拍验证以及机器人技术研究等。

① 方案仿真。工业机器人应用于自动化生产线时，为了更直观地展现方案的整个工作流程，需要做出整体的仿真效果，这样就能更好地与客户进行沟通与交流。

② 结构与空间验证。工业机器人在自动化应用中，设备的相对布局、设计的机械结构尺寸、夹具尺寸等往往需要通过仿真验证之后才能投入实际生产，如果未经验证就盲目投入生产，可能会造成人力和材料的浪费。

③ 工艺节拍验证。有些项目在实施之前，需要估算工作站或生产线上的生产效率，最好的方式是通过仿真软件对生产进行验证、分析。

④ 机器人技术研究。随着机器人研究的不断深入和机器人领域的不断发展，机器人仿真软件作为机器人设计和研究过程中安全可靠、灵活方便的工具，发挥着越来越重要的作用：一方面可以进行机器人设计的结构分析和运动分析的仿真，此仿真技术与机器人的结构设计相关，如机器人动力学系统的运动分析仿真和控制系统的设计仿真；另一方面支持机器人编程的仿真，此仿真技术与机器人的软件编程相关，如计算机环境建模与图形显示技术、基于模型的机器人动作程序仿真技术。

在工业机器人的实际应用中，系统集成商（对工业机器人以及外围非标设备进行设计，完成项目设计、调试的工作团队或者公司）需要用仿真技术做方案和对方案进行设计验证，对于复杂零件，也要用离线编程技术完成加工程序创建。因此，仿真技术和离线编程技术的应用都较为广泛和重要。而终端用户主要为生产产品服务，在产品更新时对机器人程序进行相应修改，满足生产要求，所以主要以机器人离线编程为主。

1.1.3　机器人仿真软件介绍

工业机器人离线编程与仿真软件是工业机器人应用与研究不可缺少的工具，常用的品牌机器人仿真软件有 PQArt（原 RobotArt）、RobotMaster、RoboDK、RobotStudio、

FANUC 的 RoboGuide、Yaskawa 的 Motosim、KUKA 的 Simpro 等。

1. PQArt

PQArt 是北京华航唯实机器人科技股份有限公司出品的一款国产工业机器人离线编程与仿真软件，该软件可以根据几何模型的信息生成机器人运动轨迹，之后进行轨迹仿真、路径优化、代码后置等，同时集碰撞检测、场景渲染、动画输出于一体，可快速生成效果逼真的模拟动画。PQArt 一站式解决方案使得其使用简单，学习起来比较容易上手。在该公司官网可以下载该软件，并免费试用。PQArt 软件界面如图 1.6 所示。

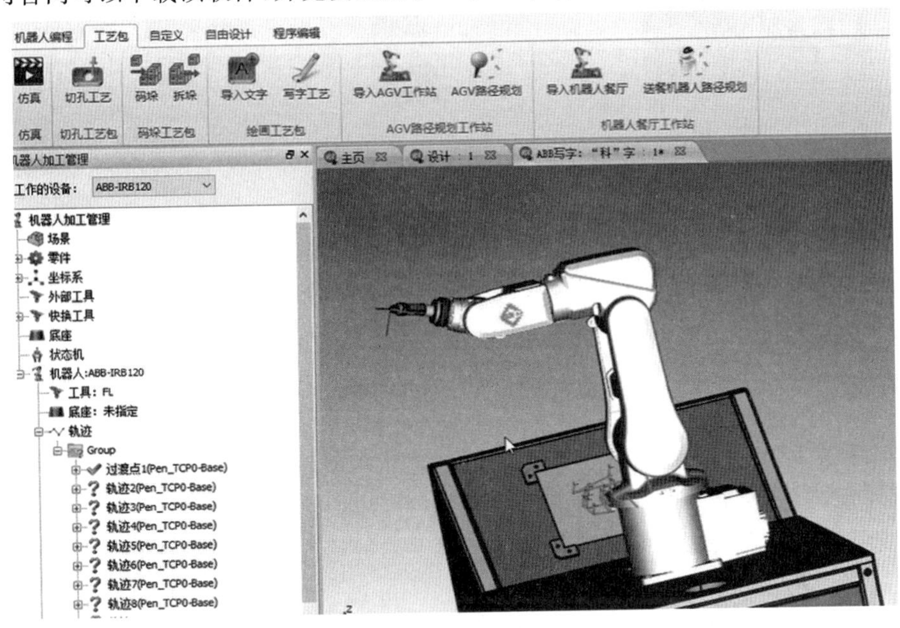

图 1.6 PQArt 的软件界面

PQArt 技术特点及优势：支持多种格式的三维 CAD 模型，可导入扩展名为 step、igs、stl(JG)、prt(ProE)、CATPart、sldpart 等格式；支持多种品牌工业机器人离线编程操作，如 ABB、KUKA、FANUC、Yaskawa、Staubli、KEBA 系列、新时达、广数等；可自动识别与搜索 CAD 模型的点、线、面信息生成轨迹，轨迹与 CAD 模型特征关联，模型移动或变形，轨迹自动变化；一键优化轨迹与几何级别的碰撞检测；支持多种工艺包，如切割、焊接、喷涂、去毛刺、数控加工等；支持将整个工作站仿真动画发布到网页和手机端。

2. RobotMaster

RobotMaster 是加拿大的离线编程与仿真软件，支持商场上绝大多数机器人品牌，如 KUKA、ABB、FANUC、Staubli 等，软件提供了可视化的交互式仿真机器编程环境，支持离线编程、仿真模拟、代码生成等操作，并且可以自动优化机器人的动作。RobotMaster 软件界面如图 1.7 所示。

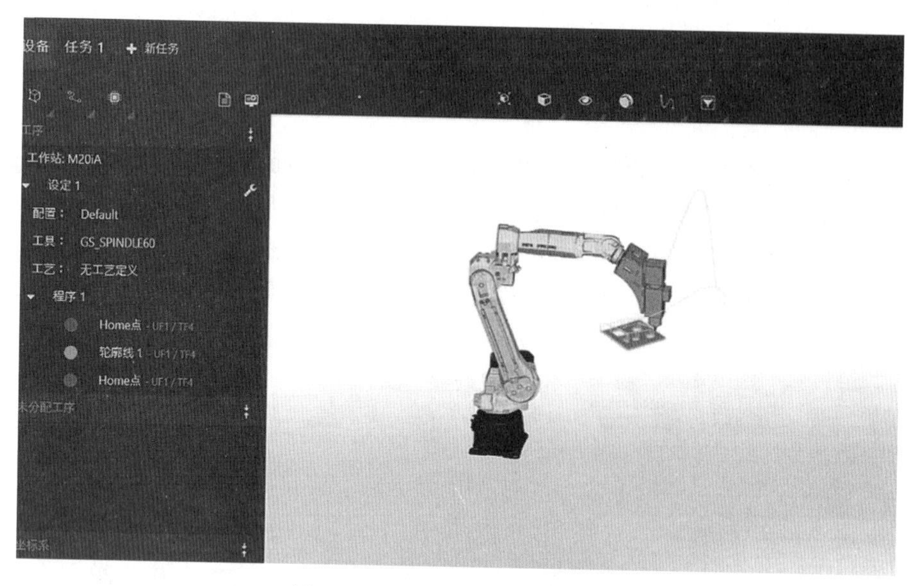

图 1.7 RobotMaster 软件界面

RobotMaster 技术特点及优势：按照产品数模生成程序；具有独家的优化功能；运动学规划和碰撞检测非常精确；支持复合外部轴组合系统。

3. RoboDK

离线仿真软件 RoboDK 是一款多平台多功能的机器人离线仿真软件，支持 ABB、KUKA、FANUC、安川、柯马、汇博、埃夫特等多种品牌机器人的离线仿真。RoboDK 离线仿真软件根据几何数模的拓扑信息生成机器人的运动轨迹，实现轨迹仿真和路径规划，同时集碰撞检测、生成相应品牌的离线程序、Python 功能、机器人运动学建模、场景渲染、动画输出于一体，可以让使用者迅速掌握机器人的基础操作、机器人编程、机器人运动学建模等知识。RoboDK 软件界面如图 1.8 所示。

图 1.8 RoboDK 软件界面

4. RobotStudio

ABB RobotStudio 是瑞士 ABB 公司一款非常强大的机器人仿真软件，RobotStudio 建立在 ABB Virtual Controller 上。在软件中导入机器人模型，建立基本的机器人系统后，初学者可以打开虚拟示教器进行工业机器人基础操作。该虚拟示教器与真机示教器基本一致，如图 1.9 所示，可极大地方便初学者学习。

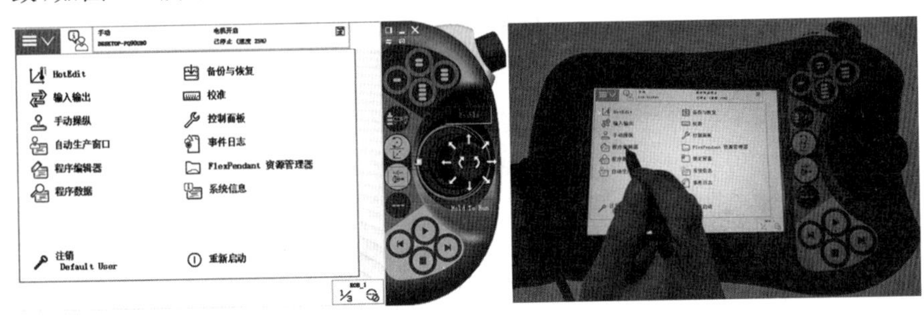

(a) 虚拟示教器　　(b) 真机示教器

图 1.9　虚拟示教器和真机示教器对比图

对于有一定应用基础的机器人使用者，可以在 RobotStudio 中增加新的应用功能选项包，如焊接、喷涂等功能，来开发新的机器人程序。如果配合使用软件中的 Smart 组件，就可以在个人计算机中轻易地模拟现场生产过程，无须花巨资购买昂贵的设备，让客户和主管明确了解开发和组织生产过程的情况；可以在计算机中生成一个虚拟的机器人，帮助用户进行离线编程，提高生产效率，降低购买成本和实施机器人方案的总成本。因此，该软件不仅多用于学校和培训机构教学，还常用于实际工业生产。RobotStudio 软件界面如图 1.10 所示。

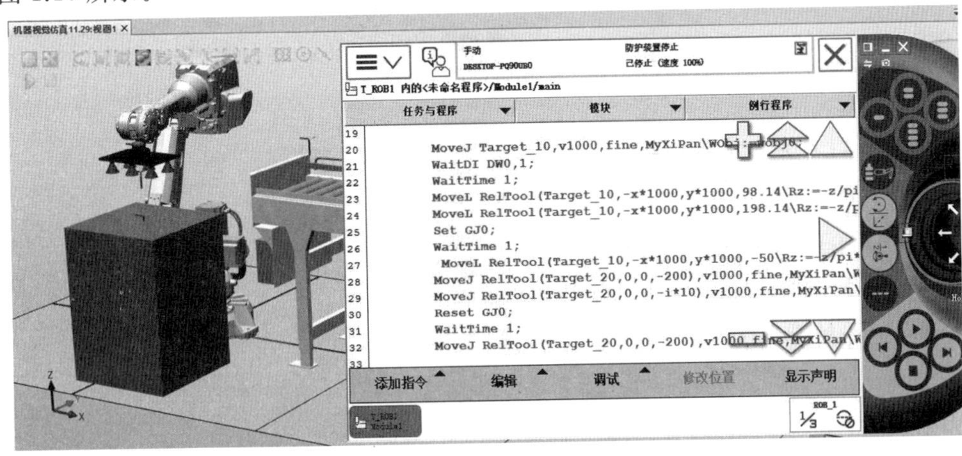

图 1.10　RobotStudio 软件界面

任务 1.2　RobotStudio 软件的下载与安装

RobotStudio 软件的下载与安装

1.2.1　RobotStudio 软件下载

软件下载具体操作步骤见表 1.2。

表 1.2　软件下载具体操作步骤

操作步骤	操作说明	示意图
1	在浏览器中输入 ABB RobotStudio 官方网址；按 Ctrl＋Enter 组合键，打开的网站界面如右图所示。默认为英文，全球网站	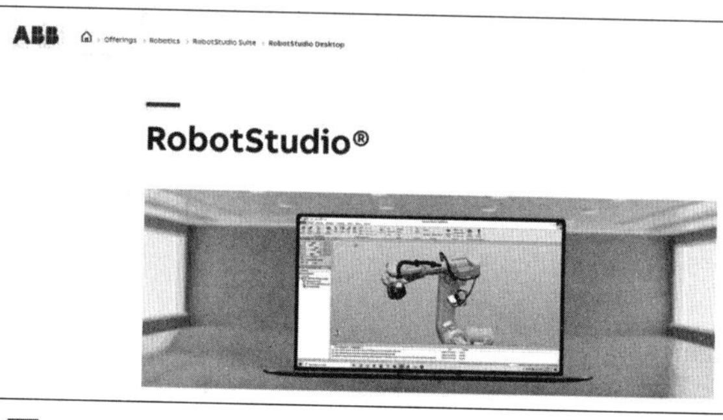
2	下拉网页，找到“Download it now”，单击下载；跳转到下载界面，下拉网页到 Download RobotStudio 下载链接	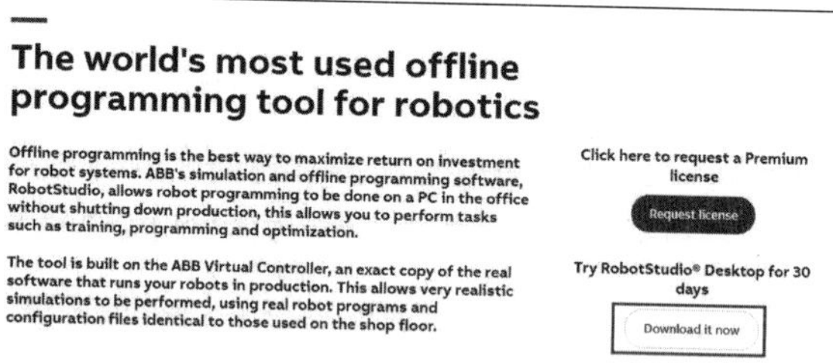
3	填写相关信息，试用版时间只有 30 天	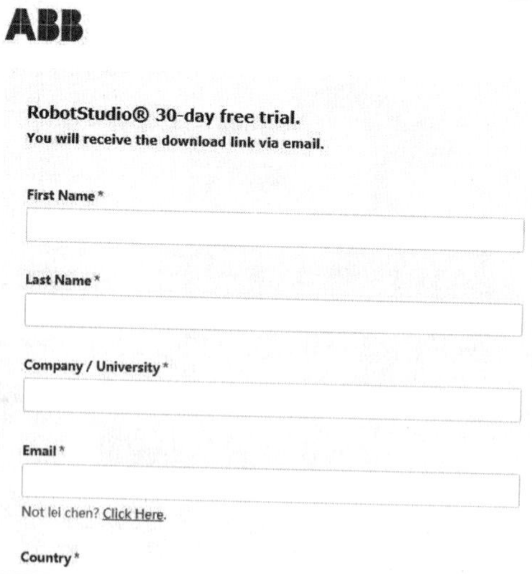

1.2.2 RobotStudio 软件安装

安装 RobotStudio 软件，计算机系统配置建议见表 1.3。

表 1.3　计算机系统配置建议

硬件	要求
硬盘	空闲 20 GB 以上
CPU	i7 或以上
内存	8 GB 或以上
显卡	独立显卡
操作系统	Windows 7 或以上

提示：安装软件前，建议关闭计算机中的防火墙。

软件安装具体操作步骤见表 1.4。

表 1.4　软件安装具体操作步骤

操作步骤	操作说明	示意图 （注意：下面所有操作以 RobotStudio_6.08.01 为例）
1	将下载的 RobotStudio 安装包解压，在解压后的文件夹中找到图示的安装启动程序“setup.exe”，鼠标左键双击开始安装	ABB RobotStudio 6.08.msi Data1.cab Data11.cab Release Notes RobotStudio 6.08.pdf Release Notes RW 6.08.pdf RobotStudio EULA.rtf setup.exe Setup.ini
2	语言选择“中文”，单击“确定”按钮，之后单击“下一步”按钮	ABB RobotStudio 6.08 InstallShield Wizard ABB 欢迎使用 ABB RobotStudio 6.08 InstallShield Wizard InstallShield(R) Wizard 允许修改、修复或删除 ABB RobotStudio 6.08 。要继续，请单击“下一步”。 < 上一步(B)　下一步(N) >　取消

续表1.4

操作步骤	操作说明	示意图 （注意：下面所有操作以 RobotStudio_6.08.01 为例）
3	按照安装向导的提示单击“下一步”按钮，出现“许可证协议”对话框，选中“我接受该许可证协议中的条款”，之后单击“下一步”按钮，在弹出的对话框中选择“接受”	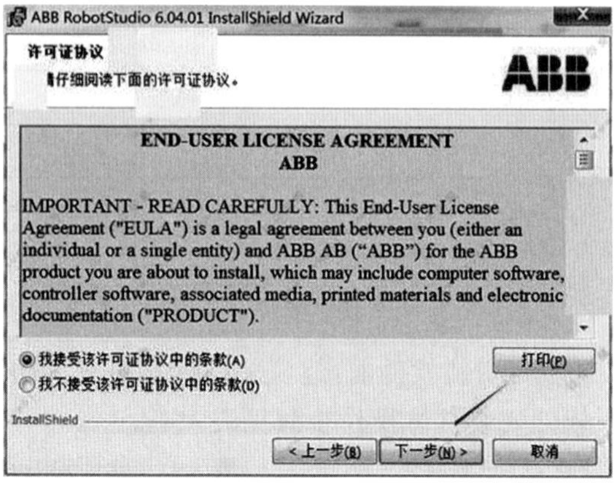
4	单击“更改”按钮可以修改程序的安装路径（提示：建议选择默认安装路径）。建议安装路径中不要出现中文字符	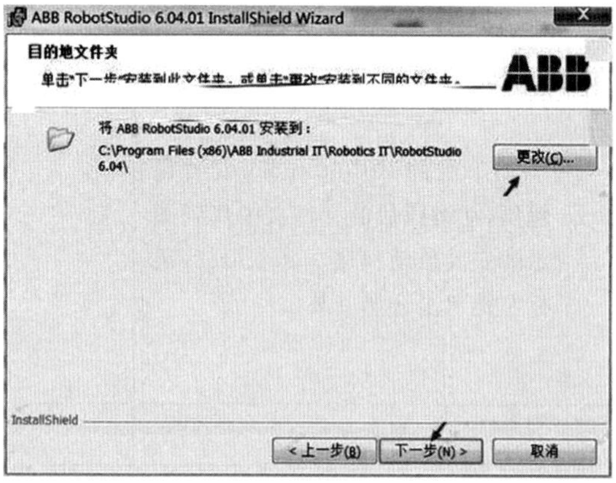
5	选择“完整安装”后单击“下一步”按钮，之后单击“安装”按钮，等待程序安装	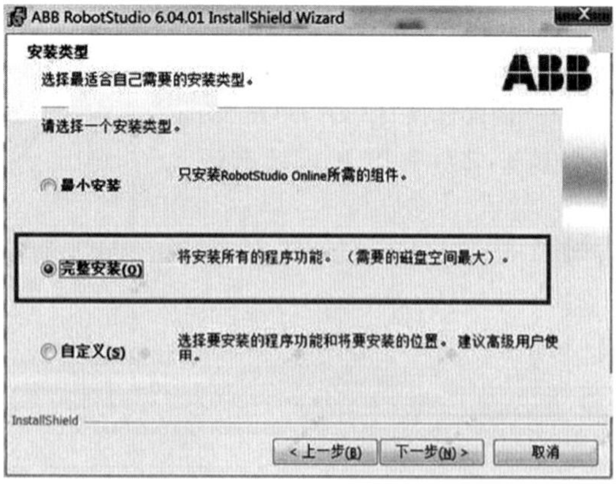

续表1.4

操作步骤	操作说明	示意图 （注意：下面所有操作以 RobotStudio_6.08.01 为例）
6	程序安装完成后，单击“完成”按钮，桌面出现程序图标。对于64位的计算机，一般选择下面64位的图标启动，对于32位的计算机，选择上面32位的图标启动	

任务 1.3 创建机器人系统

创建机器人系统

1.3.1 机器人系统

机器人如同个人计算机，若要使用，必须有系统支持，机器人只有安装了系统，才具备电气特性，才能进行运动操作及编程等。同时机器人的应用软件也如同个人计算机，有了系统软件的支持之后，才能进行安装，供学习者使用。

ABB机器人ICR5控制器的系统软件为RobotWare，在RobotWare系列中有不同的产品类别。其中RobotWare-OS是机器人的操作系统，RobotWare-OS为基础机器人的编程和运行提供了所有必要的功能。RobotWare提供了一些在RobotWare-OS上运行的选件，这些选件是为需要动作控制、通信、系统工程或应用等附加功能的用户准备的。RobotWare还提供了一些生产应用选件，如进行点焊、弧焊和喷涂等特定生产应用的扩展包，它们主要是为了提升产品价值和简化应用的安装与编程而设计的。此外，RobotWareAdd-Ins选件是自包含包，可扩展机器人系统的功能。ABB Robotics的部分软件产品是以Add-Ins的形式发布的，如导轨运动IRBT、定位器IRBP和独立控制器等。

1.3.2 机器人系统创建

机器人系统的创建方式有3种，分别如下。

（1）“从布局…”创建：根据已经创建好的机器人及外围布局进行系统创建，常用于布局完工作站后进行系统创建。

（2）“新建系统…”创建：可以自定义选项进行系统创建。

（3）“已有系统…”创建：添加已有的备份系统到工作站。

新建工作站，并用“从布局…”方式创建机器人系统，操作步骤见表1.5。

表 1.5　用“从布局 …”方式新建工作站创建机器人系统的步骤

操作步骤	操作说明	示意图
1	打开 RobotStudio 选中“文件”菜单,单击“新建”选项,选择“空工作站”选项,单击“创建”按钮创建一个新的空工作站	
2	RobotStudio 已打开,选中“基本”功能选项卡,单击“ABB 模型库”下面的倒三角,选择想要导入的机器人型号	
3	根据实际情况选择对应版本,现在选择默认的“IRB 120”,单击“确定”按钮(在实际应用中,要根据项目的要求选定具体的机器人型号、承重能力以及到达实际距离等参数)	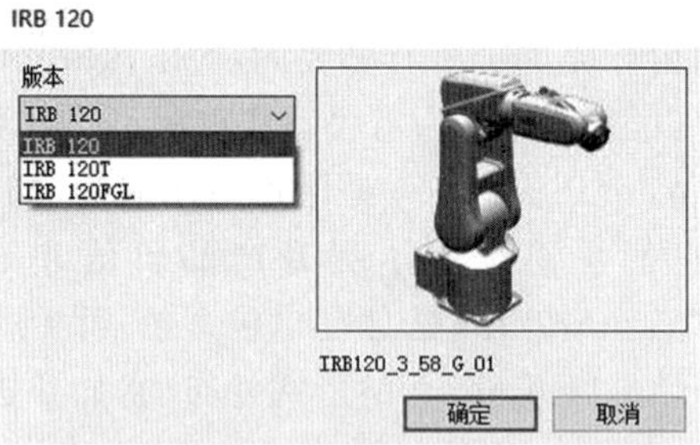
4	使用键盘与鼠标的按键组合调整工作站视图。 平移:Ctrl＋鼠标左键。 缩放:滚动鼠标中间滚轮。 视角调整:Ctrl ＋ Shift ＋ 鼠标左键。 通过以上操作,可调整机器人到一个合适位置	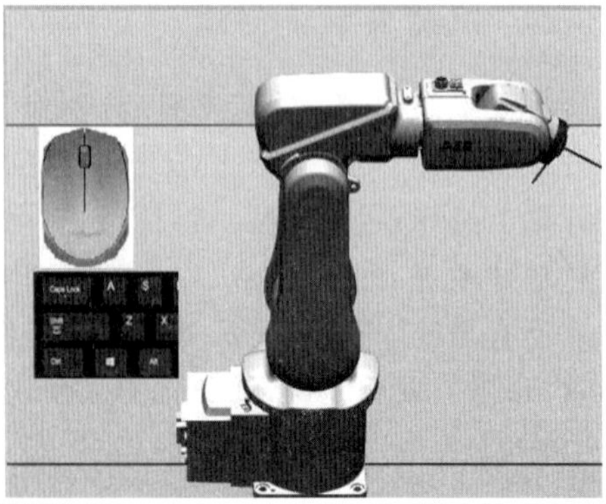

续表1.5

操作步骤	操作说明	示意图
5	加载机器人工具：选中“基本”功能选项卡，单击“ABB 模型库”下面的倒三角，单击“设备”，拖动右侧滚动条至最下方，选择“MyTool”，进行工具加载	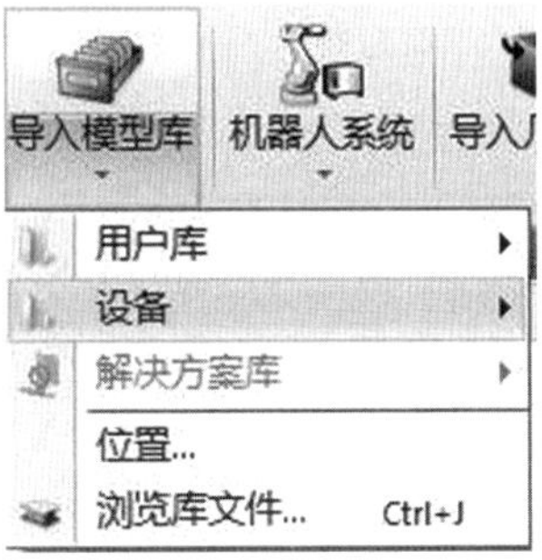
6	选中“MyTool”，按住左键，向上拖到“IRB 120_3_58_01”后松开左键	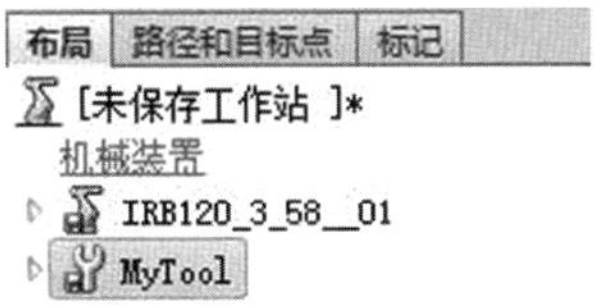
7	在弹出的“是否希望更新‘MyTool’的位置？”提示框，单击“是”按钮	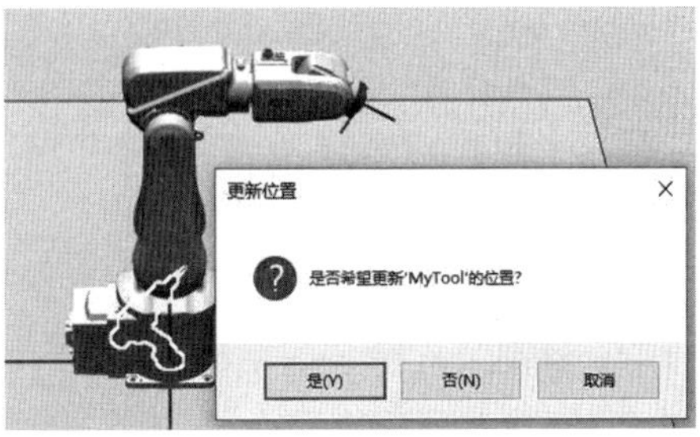
8	工具即安装到机器人法兰盘	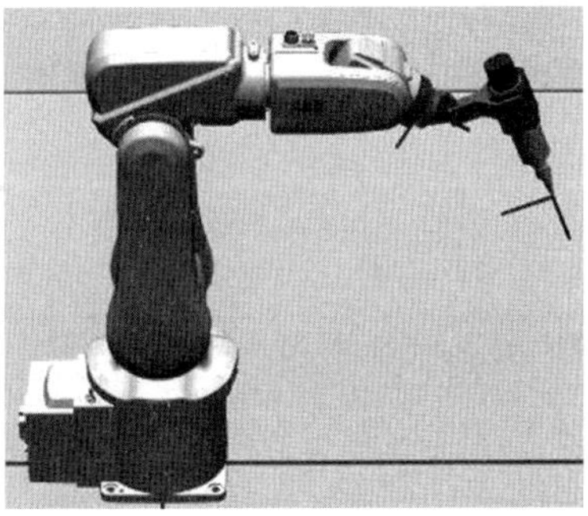

续表1.5

操作步骤	操作说明	示意图
9	如果不需要此工具，可以选中工具单击右键，选择“拆除”命令，即可拆除安装的工具。之后再选中工具单击右键，选择“删除”命令即可将其删除（或直接选中后，按键盘上的 Delete 键删除）	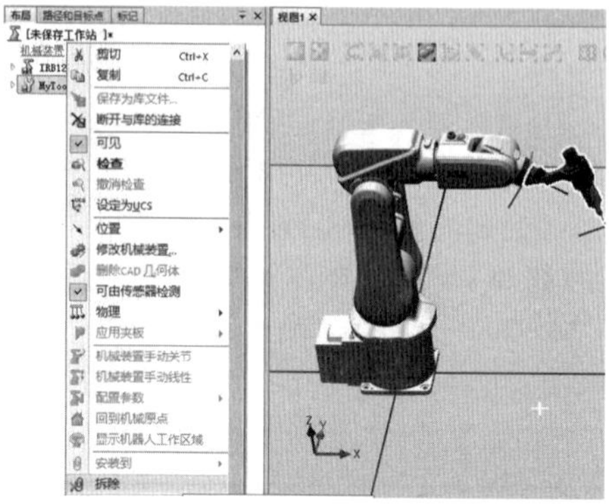
10	在“基本”选项卡下，选择“机器人系统”，单击“从布局…”	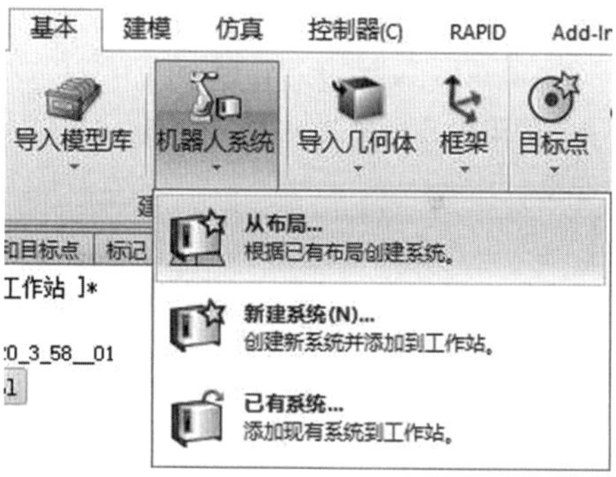
11	在出现的对话框中输入要生成的系统名称，此处默认“System1”，选择生成系统的存储路径，单击“浏览”按钮可以更改系统存放路径。 提示：尽量使用默认路径，同时存放路径避免出现中文字符	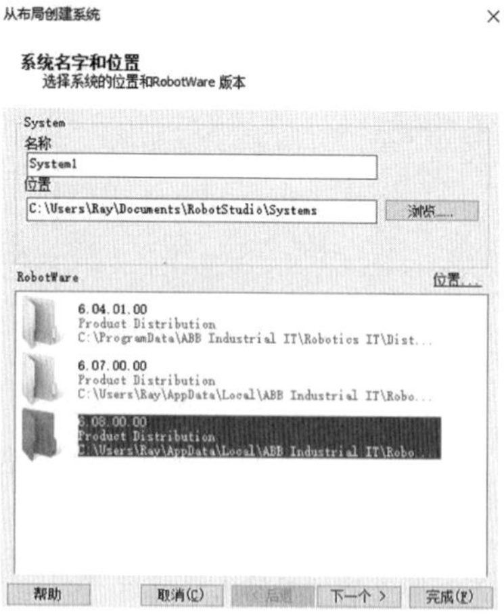

续表1.5

操作步骤	操作说明	示意图
12	依次单击“下一个”按钮，直到出现“系统选项”对话框。单击“编辑”下的“选项…”按钮	 从布局创建系统 系统选项 配置系统参数 编辑 选项... 任务框架对齐对象(I): IRB120_3_58__01 概况 系统名称: System1 正在使用媒体: 媒体: 名称: ABB Robotware 版本: 6.08.0134 选项: RobotWare Base English Drive System IRB 120/140/260/360/910SC/1200/1400/1520/1600/1660ID ADU-790A in position X3 ADU-790A in position Y3 ADU-790A in position Z3 Axis Calibration IRB 120-3/0.6 帮助 取消(C) < 后退 下一个 > 完成(F)
13	打开“更改选项”窗口，在此窗口中选择配置机器人系统选项。选择“Default Language”，勾选“Chinese”	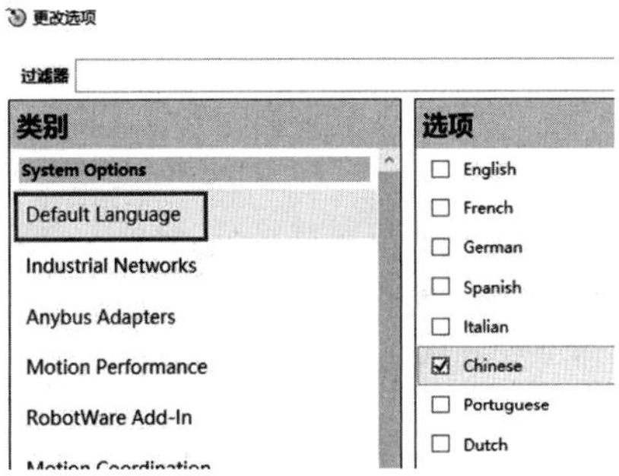 更改选项 过滤器 类别 System Options Default Language Industrial Networks Anybus Adapters Motion Performance RobotWare Add-In 选项 English French German Spanish Italian Chinese Portuguese Dutch
14	选择“Industrial Networks”，勾选“709-1 DeviceNet Master/Slave”选项。此选项是第二代IRC5紧凑型控制柜标配。选择“完成”选项后，单击“确定”按钮。 注意：在使用真实机器人时，机器人系统在出厂时已经设置完成，无须此项操作	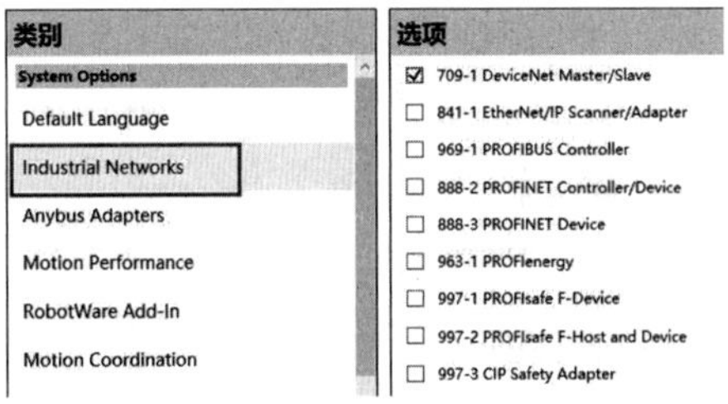 类别 System Options Default Language Industrial Networks Anybus Adapters Motion Performance RobotWare Add-In Motion Coordination 选项 709-1 DeviceNet Master/Slave 841-1 EtherNet/IP Scanner/Adapter 969-1 PROFIBUS Controller 888-2 PROFINET Controller/Device 888-3 PROFINET Device 963-1 PROFIenergy 997-1 PROFIsafe F-Device 997-2 PROFIsafe F-Host and Device 997-3 CIP Safety Adapter

续表1.5

操作步骤	操作说明	示意图
15	查看所选系统选项。如果无误，单击“完成”按钮，之后就会在窗口的右下方看到进度条正在生成机器人的系统。至此，已在仿真软件中创建完成一个机器人基本的控制系统	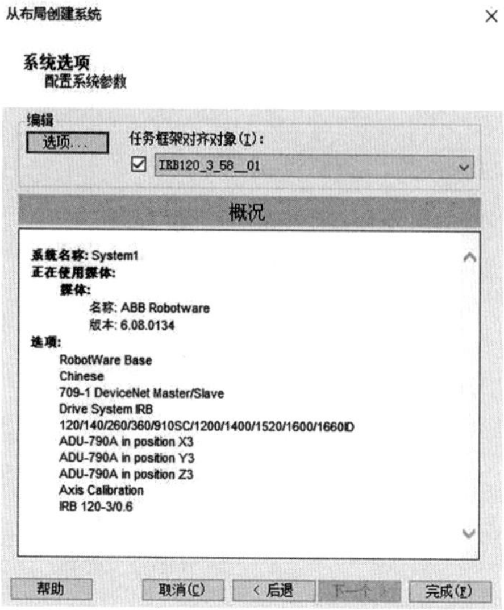
16	查看右下角控制器状态，颜色会从红色变成黄色，再到绿色，即系统创建完成	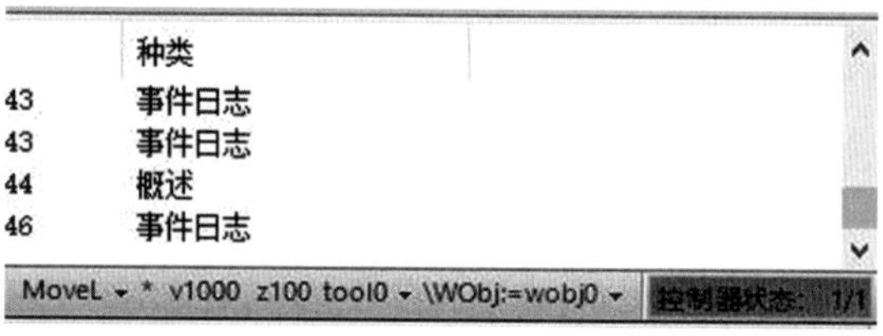
17	系统创建完成后，单击“文件”菜单，选择“保存工作站为”选项，在打开的对话框中选择文件存储路径，输入工作站文件名。如输入“test1”，单击“保存”按钮即可	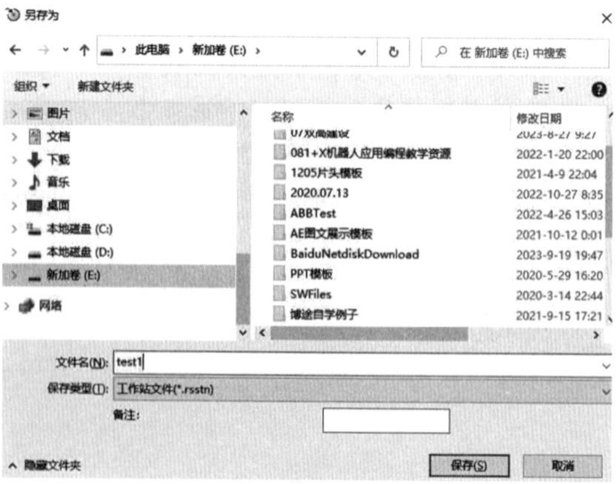

续表1.5

操作步骤	操作说明	示意图
18	选择“控制器”选项卡，单击“示教器”打开示教器。接下来就可以在虚拟示教器中进行编程和其他操作了	
19	单击运行方式选择开关，单击选择“手动”，这样才能修改编辑各个参数	

机器人基本系统创建完成后，打开虚拟示教器，切换到手动运行方式，单击使能上电后就可以通过摇杆来操作机器人的运动了，与真机示教器操作非常类似。接下来就可以在此环境下完成相关编程及仿真任务。

任务1.4 机器人工作站的解包和打包操作

机器人工作站的解包和打包操作

1.4.1 软件界面介绍

软件界面上有“文件”“基本”“建模”“仿真”“控制器”“RAPID”“Add-Ins”7个选项卡。

(1)“文件”选项卡中包括新建工作站、连接到控制器、创建并制作机器人系统、RobotStudio选项等功能，如图1.11所示。

(2)“基本”选项卡中包括建立工作站、路径编程等功能和坐标系选择、移动物体所需要的控件等，如图1.12所示。

(3)“建模”选项卡中包括创建工作站组件、建立实体、导入几何体、测量、创建机械装置和工具以及相关CAD操作等所需的控件，如图1.13所示。

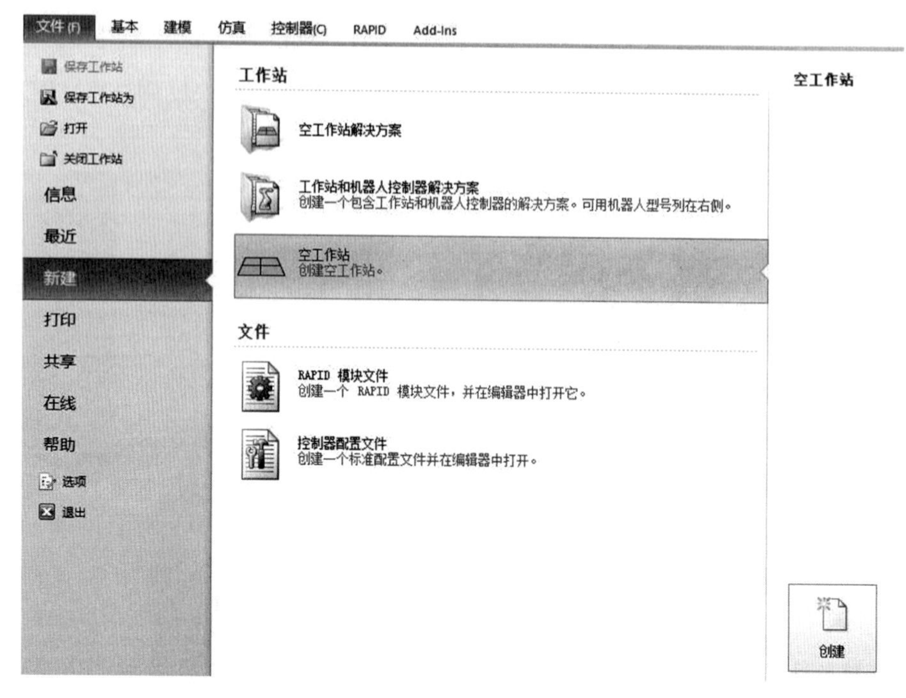

图 1.11 “文件”选项卡

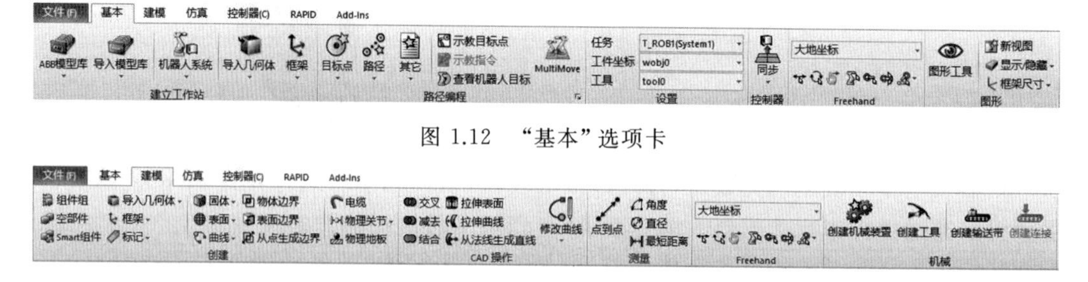

图 1.12 “基本”选项卡

图 1.13 “建模”选项卡

(4)“仿真”选项卡中包括碰撞监控、仿真配置、控制、监控、信号分析、录制短片等功能控件，如图 1.14 所示。

图 1.14 “仿真”选项卡

(5)“控制器”选项卡中包括控制器的添加、控制器工具、控制器的配置等功能所需的控件，如图 1.15 所示。

图 1.15 “控制器”选项卡

(6)“RAPID”选项卡包括 RAPID 编辑器的功能、RAPID 文件的管理和用于 RAPID 编程等功能的控件，如图 1.16 所示。

图 1.16 “RAPID”选项卡

(7)“Add-Ins”选项卡包括 RobotApps 社区、RobotWare 的安装和迁移等控件，如图 1.17 所示。

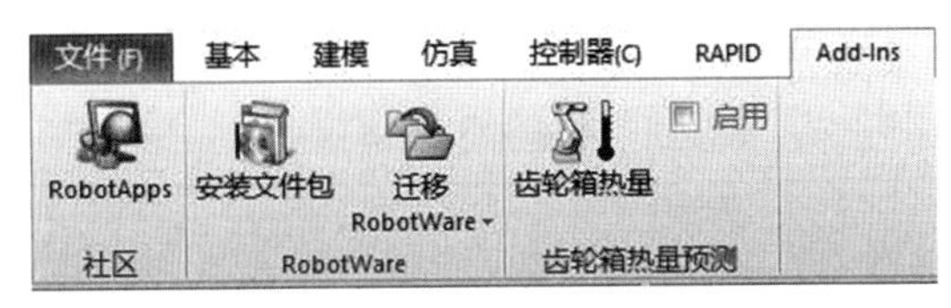

图 1.17 “Add-Ins”选项卡

初学者时常会遇到操作窗口被意外关闭，从而无法找到操作对象和查看相关信息的情况，此时可以通过恢复“默认布局”来恢复默认 RobotStudio 界面。其操作如图 1.18 所示。

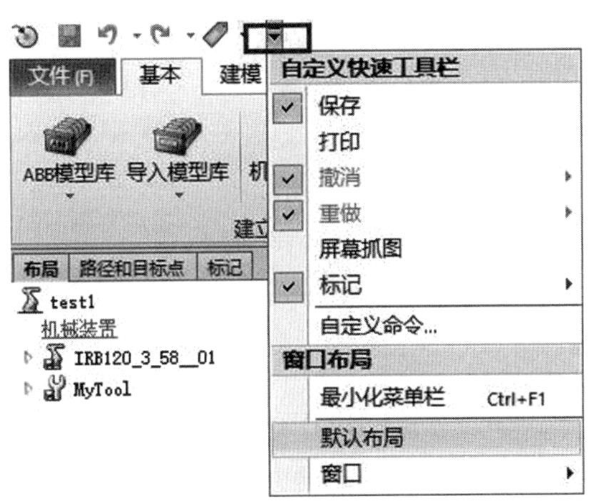

图 1.18 默认布局

1.4.2 工作站打包和解包介绍

1. 打包

打包(Pack&Go)用于将工作站、库和机器人系统保存到一个文件中，此文件方便再次分发，且可以保证不会缺失任何工作站组件。打包文件的扩展名为 rspag。

2. 解包

解包时可以根据解包向导将打包(Pack&Go)生成的工作站文件进行解包。控制器系统将在解包文件中生成，如果有备份文件，备份文件将自动恢复。

3. **工作站仿真**

解包后的工作站如果设置好了仿真效果，可以在“仿真”选项卡下单击“播放”按钮进行仿真运行，以检查工作站功能的实现效果。通常还可以录制 MP4 视频类型的文件，也可以将工作站中的工业机器人运行效果录制成视图形式的视频，即生成“exe”形式的可执行文件，以便在没有安装 RobotStudio 的计算机中查看机器人的运行。

1.4.3 工作站的解包和打包操作

解包和打包操作步骤见表 1.6。

表 1.6 解包和打包操作步骤

操作步骤	操作说明	示意图
1	在“文件”选项卡下，单击“共享”，选择“解包”选项	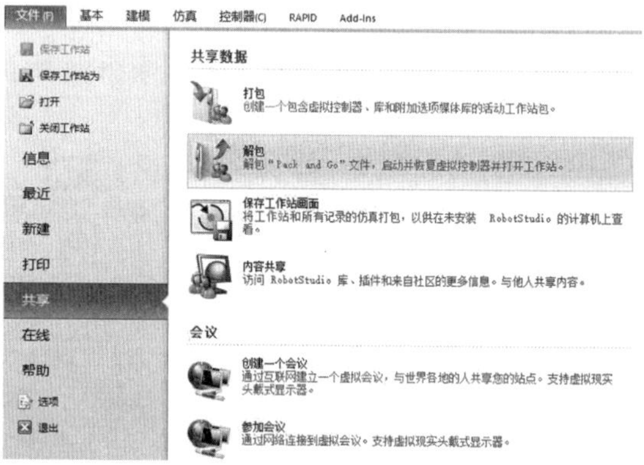
2	在弹出的“解包”对话框中，单击“浏览…”按钮选择要解包的机器人工作站文件和目标文件夹的位置。“目标文件夹”建议采用默认路径。 提示：目标文件夹路径中尽量不要出现中文字符	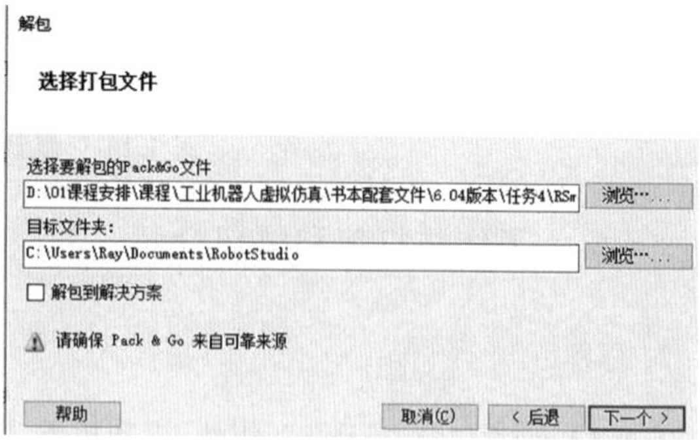

续表1.6

操作步骤	操作说明	示意图
3	单击“下一个”按钮弹出“解包”系统目标位置确认对话框，单击“是”按钮	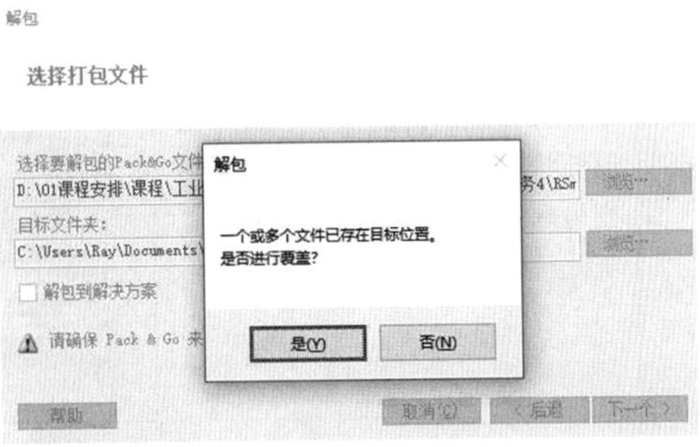 解包 选择打包文件 选择要解包的Pack&Go文件 D:\01课程安排\课程\工业 目标文件夹: C:\Users\Ray\Documents\ 解包到解决方案 请确保 Pack & Go 来 解包 一个或多个文件已存在目标位置。 是否进行覆盖? 是(Y) 否(N) 帮助 取消(C) < 后退 下一个 >
4	选中“从本地 PC 加载文件”选项，单击“下一个”按钮	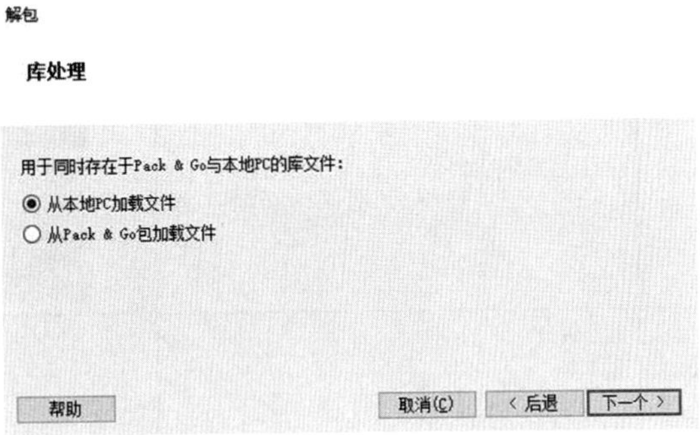 解包 库处理 用于同时存在于Pack & Go与本地PC的库文件: 从本地PC加载文件 从Pack & Go包加载文件 帮助 取消(C) < 后退 下一个 >
5	单击“完成”按钮等待机器人工作站解包	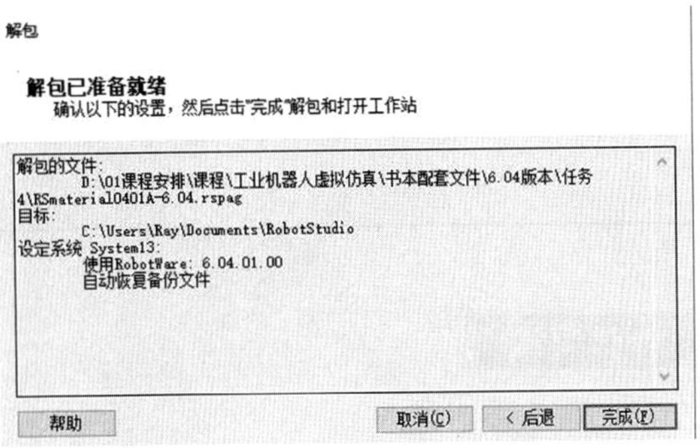 解包 解包已准备就绪 确认以下的设置，然后点击"完成"解包和打开工作站 解包的文件: D:\01课程安排\课程\工业机器人虚拟仿真\书本配套文件\6.04版本\任务4\RSmaterial0401A-6.04.rspag 目标: C:\Users\Ray\Documents\RobotStudio 设定系统 System13: 使用RobotWare: 6.04.01.00 自动恢复备份文件 帮助 取消(C) < 后退 完成(F)

续表1.6

操作步骤	操作说明	示意图
6	解包完成后，单击“关闭”按钮，等待机器人系统启动。机器人启动处状态显示条先由红变黄，最后变为绿色，表明机器人启动成功。至此解包完成	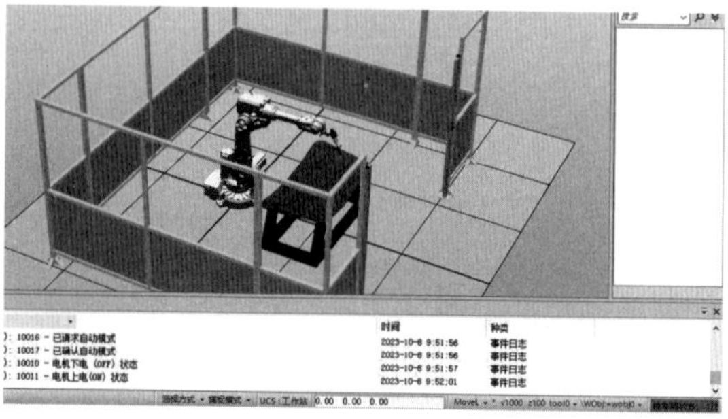
7	打包操作：在“文件”选项卡下，单击“共享”，选择“打包”选项	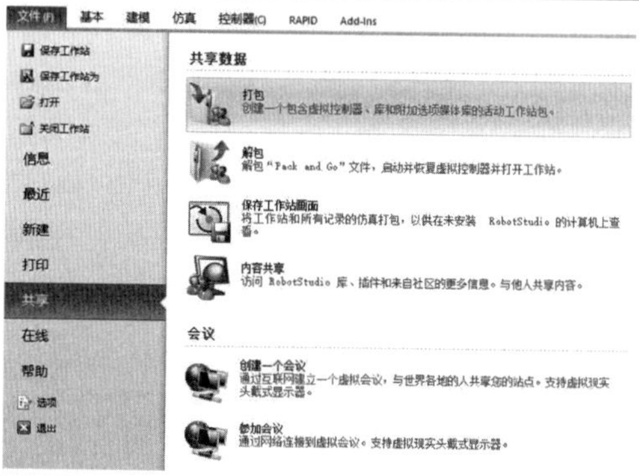
8	单击“浏览”按钮选择打包文件的存储路径。单击“确定”按钮完成打包操作。打包文件和工作站是同名文件	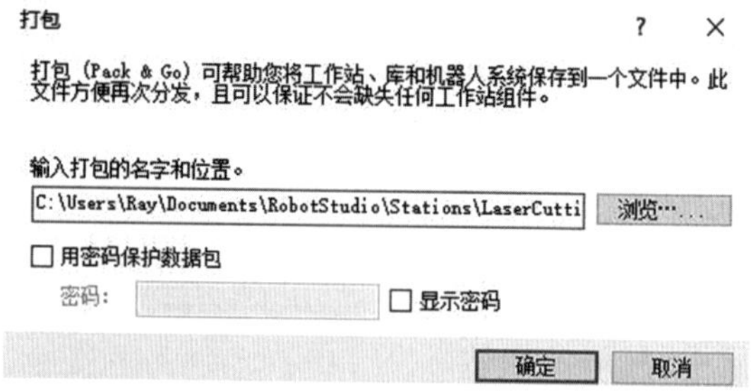

知识测试

一、单选题

1. 软件第一次安装时，提供(　　)天的全功能高级版免费试用。

A. 30　　B. 15　　C. 60　　D. 10

2. 在 RobotStudio 中创建机器人系统的方式有(　　)种。

A. 4　　B. 3　　C. 2　　D. 1

3. 不创建虚拟控制系统，RobotStudio 软件中机器人的(　　)操作无效。

A. 机械手动关节　　B. 机械手动线性

C. 回到机械原点　　D. 显示工作区域

二、判断题

1. 工业机器人在工作时，工作范围内可以站人。(　　)

2. RobotStudio 的基本版和高级版的功能都支持多机器人仿真。(　　)

3. 在 RobotStudio 中做保存工作时，保存的路径和文件名称可以使用中文字符。(　　)

4. 绝大多数机器人在默认情况下，基坐标与大地坐标是重合的。(　　)

5. 机器人大部分坐标系都是笛卡尔直角坐标系，符合右手定则。(　　)

附表1　项目1任务实施记录及检验单1

项目1的任务实施记录及检验单1见表1.7。

表1.7　项目1的任务实施记录及检验单1

任务名称	在 RobotStudio 软件中创建机器人系统	实施日期	
任务要求	要求：自行下载 RobotStudio 软件，并成功安装在自己的笔记本电脑或台式机上。在软件中创建机器人系统		
计划用时		实际用时	
组别		组长	
组员姓名			
成员任务分工			
实施场地			
实施步骤与信息记录	(任务实施过程中重要的信息记录，是撰写工程说明书和工程交接手册的主要文档资料) (1) 软件资源下载地址： (2) 程序安装路径： (3) 软件授权： (4) 机器人系统选项： (5) 上机操作安全： ……		
遇到的问题及解决方案			
总结与反思			

续表1.7

	项目列表	自我检测要点	配分	得分
自我检测评分点	基本素养	纪律(无迟到、早退、旷课)	10	
		安全规范操作,符合5S管理规范	10	
		团队协作能力、沟通能力	10	
	理论知识	网络平台理论知识测试	10	
	工程技能	能找到软件资源	10	
		正确成功安装RobotStudio软件	10	
		会创建机器人系统	20	
		会打开虚拟示教器并操作机器人运行	10	
		撰写软件安装及机器人系统生成的操作说明书	10	
	总评得分			

附表2　项目1任务实施记录及检验单2

项目1的任务实施记录及检验单2见表1.8。

表1.8　项目1的任务实施记录及检验单2

任务名称	机器人工作站的解包和打包	实施日期	
任务要求	要求:下载课程提供的工作站task1_1,解包后,录制工程的仿真视频文件和视图文件,文件名称为task1 ________(小组号),之后将工作站中打包为task1 ________(小组号)		
计划用时		实际用时	
组别		组长	
组员姓名			
成员任务分工			
实施步骤与信息记录	(任务实施过程中重要的信息记录,是撰写工程说明书和工程交接手册的主要文档资料) (1)解包工作站文件及存放路径: (2)解包系统存放路径: (3)录制的视频文件及存放路径: (4)录制的视图文件及存放路径: (5)打包后的工作站文件:		

续表1.8

<table>
<tr><td>遇到的问题及解决方案</td><td colspan="4"></td></tr>
<tr><td>总结与反思</td><td colspan="4"></td></tr>
<tr><td rowspan="11">自我检测评分点</td><td>项目列表</td><td>自我检测要点</td><td>配分</td><td>得分</td></tr>
<tr><td rowspan="3">基本素养</td><td>纪律(无迟到、早退、旷课)</td><td>10</td><td></td></tr>
<tr><td>安全规范操作,符合5S管理规范</td><td>10</td><td></td></tr>
<tr><td>团队协作能力、沟通能力</td><td>10</td><td></td></tr>
<tr><td>理论知识</td><td>网络平台理论知识测试</td><td>20</td><td></td></tr>
<tr><td rowspan="5">工程技能</td><td>成功解包工作站</td><td>5</td><td></td></tr>
<tr><td>录制工作站视频文件,并按要求命名</td><td>15</td><td></td></tr>
<tr><td>录制工作站视图文件,并按要求命名</td><td>15</td><td></td></tr>
<tr><td>打包工作站文件并按要求命名</td><td>5</td><td></td></tr>
<tr><td>撰写仿真视频录制操作说明书</td><td>10</td><td></td></tr>
<tr><td colspan="4">总评得分</td></tr>
</table>

项目 2　激光切割仿真工作站的构建

任务引入

激光加工机器人是将激光技术和机器人技术进行有效融合，充分利用设备的工作原理，进而更好地满足生产和建设的需求，两种技术融合后组成的新机器人主要分为光纤耦合和传输系统、高功率光纤传输激光器、激光加工头、六自由度机器人本体等多个部分。多个部件进行有效组合之后，按照自身的性能和工作原理从事不同的工作内容，进而保证机械设备的安全、有效、高速运转，如电源模块为系统提供电源、CPU 对系统进行控制、传感器收集并传输数据信息等。

在工业生产中需要对零部件进行切割，进而制作出满足应用需求的零部件。机器人切割的速度不仅较快，同时精度更高，已经普遍应用于汽车制造领域。现阶段在许多汽车公司的汽车生产线上，已经大批量地引进并应用机器人激光切割技术。采用机器人激光切割的方式来切割车身，车身的线条更加流畅、自然，更能满足客户的需求。

随着科学技术的发展与进步，人们逐渐认识到机器人替代人工生产和操作所具有的优越性，因而在工业生产的同时不断提高其生产工艺，使机器人技术广泛地应用于生产和制造领域；而技术随着生产需求的变化而变化，在传统的机器人技术无法满足现阶段的生产需求之后，研究者将其与激光技术进行融合，推动了激光加工机器人的发展与应用。在现阶段的汽车制造、冶金等工业中，激光切割(图 2.1) 等多项加工技术的应用极大地提高了生产力。

图 2.1　激光切割加工

任务工单

本项目的任务工单见表 2.1。

表 2.1　项目 2 的任务工单

任务名称	激光切割仿真工作站的构建
设备清单	个人计算机配置要求:Windows 7 及以上操作系统,i7 及以上 CPU,8 GB 及以上内存,20 GB 及以上空闲硬盘,独立显卡
实施场地	场地具备计算机、能上网的条件即可;也可以在机房、ABB 机器人实训室完成任务(后续任务大都可以在具备条件的实训室或装有软件的机房完成)
任务目的	通过搭建激光切割仿真工作站,初步掌握加载工业机器人及周边模型的方法;掌握机器人和周边模型的合理布局;熟练使用关节、线性及重定位手动操纵机器人的方法;完成工件坐标系的建立;熟练完成运动轨迹程序的编制及仿真视频的录制
任务描述	搭建激光切割仿真工作站,能够根据任务要求完成直线和圆弧轨迹的切割任务,并将运动轨迹录制成视频
知识目标	了解 IRB 2600 机器人的特点;了解机器人布局的概念;掌握工件坐标系设置的意义;掌握仿真视频录制的方法
能力目标	能够正确完成机器人与周边模型的加载;能够完成机器人与周边模型的合理布局;能够使用工业机器人手动操纵模式;能够完成工件坐标系的建立;能够完成工业机器人路径创建、示教指令、同步及仿真操作;能够完成录制视频的操作
素养目标	培养学生安全规范意识和纪律意识;培养学生主动探究新知识的意识;培养学生严谨、规范的工匠精神
验收要求	在自己的计算机上完成激光切割仿真的工作任务,详见任务实施记录单及检验单

任务 2.1　布局仿真工作站

布局仿真工作站

基本的工业机器人工作站包含工业机器人及工作对象,下面通过图 2.2 中的例子进行工业机器人工作站布局的学习。

IRB 2600 机器人的特点如下:

(1) 精度更高。

IRB 2600 机器人机身紧凑,负载能力强,设计优化,适合弧焊、物料搬运、上下料等目标应用。它提供了 3 种不同配置,可灵活选择落地、壁挂、支架、斜置、倒装等安装方式。

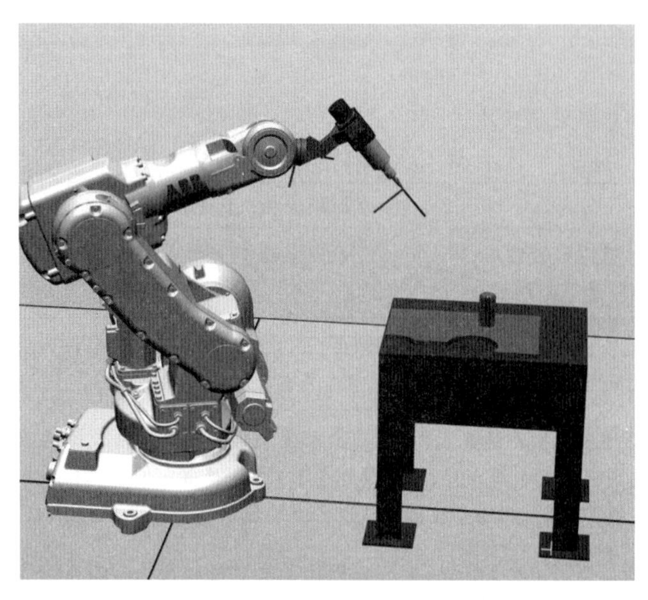

图 2.2　激光切割仿真工作站视图

(2) 周期更短。

IRB 2600 机器人采用优化设计，机身紧凑轻巧，节拍时间与行业标准相比最多可缩减 25%。QuickMove运动控制软件使其加速度达到ABB同类产品最高，并实现其速度最大化，从而提高产能与效率。

(3) 范围超大。

IRB 2600 机器人工作范围超大，安装方式灵活，可轻松直达目标设备，不会干扰辅助设备。优化的机器人安装方式，是提升生产效率的有效手段。模拟其最佳工艺布局时，其灵活的安装方式能带来极大的便利。

(4) 设计紧凑。

IRB 2600 机器人的底座同 IRB 4600 一样小，可与目标设备靠得更近，从而缩小整个工作站的占地面积。这款机器人经过专门设计，使其下臂能够在正下方操作。

(5) 防护最佳。

ABB 工业机器人拥有优异的防护等级。IRB 2600 标准型机器人达到了 IP67 防护等级，可选配铸造专家 Ⅱ 代保护系统。

(6) 应用范围广。

IRB 2600 机器人广泛用应于弧焊、装配、物料搬运、上下料、物料移除、清洁/喷雾、涂胶、包装等行业。

加载机器人具体操作步骤见表 2.2。

表 2.2　加载机器人具体操作步骤

操作步骤	操作说明	示意图
1	在“文件”功能选项卡中选择“新建”，单击“创建”，创建一个新的空工作站	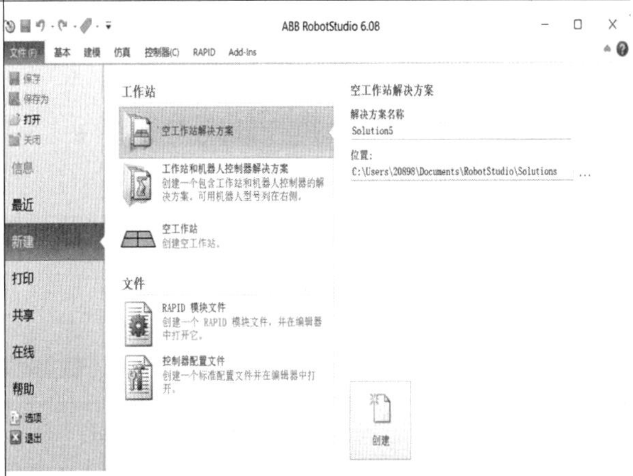
2	在“基本”功能选项卡中，打开“ABB模型库”选择“IRB 2600”	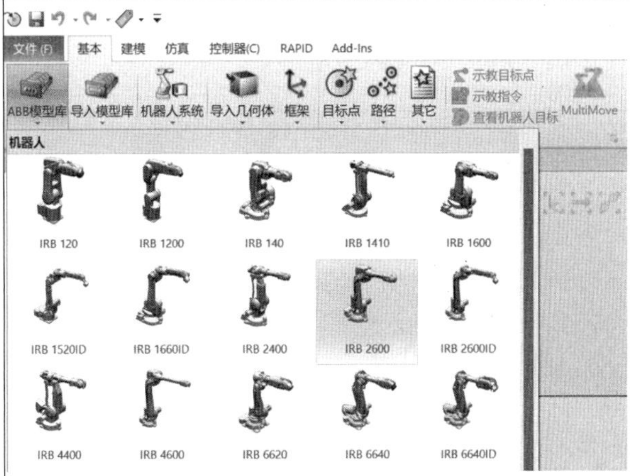
3	设定好框中的数值，然后单击“确定”（在实际中，要根据项目的要求选定具体的机器人型号、承重能力及到达距离）	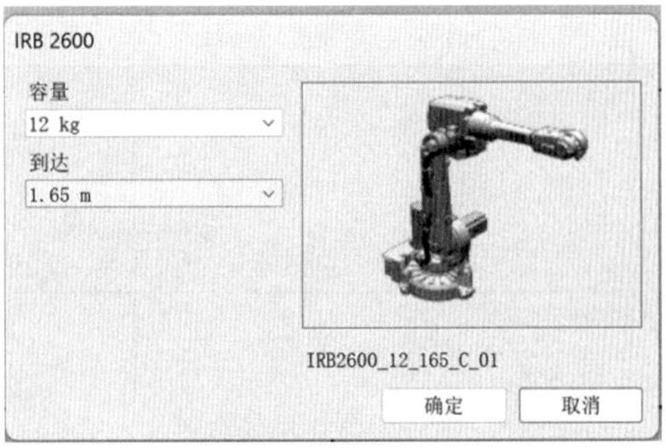

续表2.2

操作步骤	操作说明	示意图
4	使用键盘与鼠标的按键组合，调整工作站视图。 平移：Ctrl＋鼠标左键。 视角：Ctrl＋shift＋鼠标左键。 缩放：滚动鼠标中间滚轮	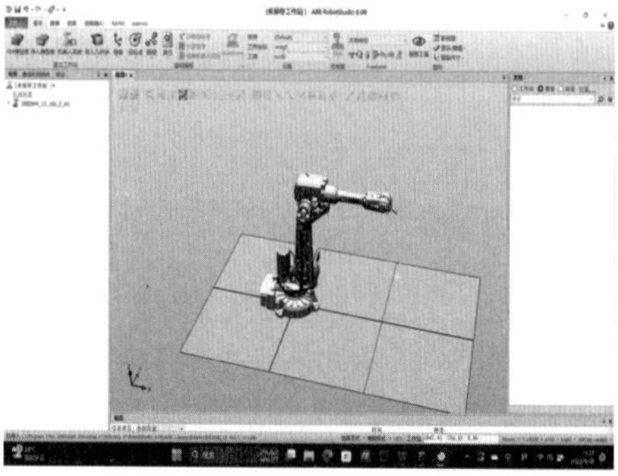

加载机器人工具具体操作步骤见表2.3。

表2.3　加载机器人工具具体操作步骤

操作步骤	操作说明	示意图
1	在“基本”功能选项卡中，依次打开“导入模型库”“设备”，选择“myTool”	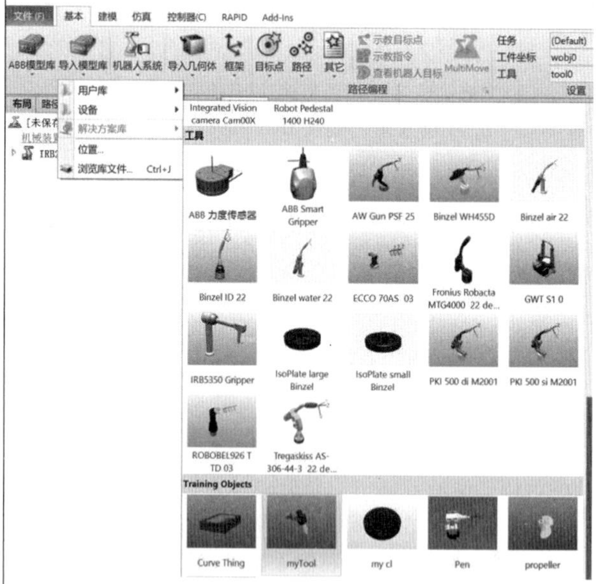
2	在“MyTool”上按住鼠标左键，向上拖到“IRB 2600_12_165_C_01”后松开左键	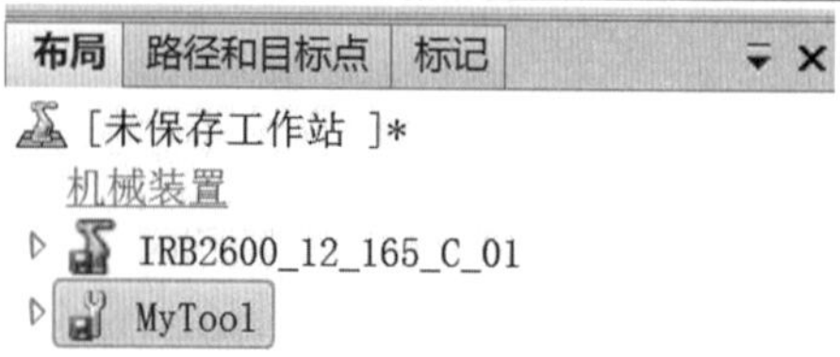

续表2.3

操作步骤	操作说明	示意图
3	单击“是”	
4	工具已经安装到法兰盘	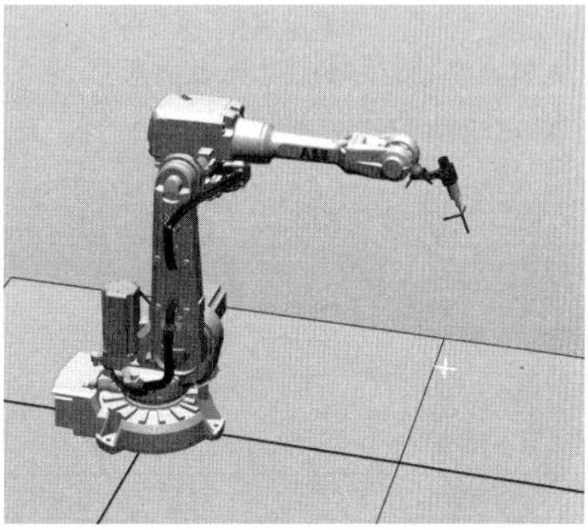
5	如果想将工具从机器人法兰盘上拆下，则可以在“MyTool”上单击右键，选择“拆除”	

摆放周边模型具体操作步骤见表 2.4。

表 2.4 摆放周边模型具体操作步骤

操作步骤	操作说明	示意图
1	在“基本”功能选项卡中，在“导入模型库”下拉“设备”列表中选择“propeller table”模型进行导入	文件(F) 基本 建模 仿真 控制器(C) RAPID Add-Ins 修改 ABB模型库 导入模型库 机器人系统 导入几何体 框架 目标点 路径 其它 示教目标点 示教指令 查看机器人目标 MultiMove 路径编程 任务 (Default) 工件坐标 wobj0 工具 tool0 设置 用户库 设备 解决方案库 位置... 浏览库文件... Ctrl+J 布局 路径 [未保存 机械装置 IRB2 MyTo Integrated Vision camera Cam00X Robot Pedestal 1400 H240 工具 ABB 力度传感器 ABB Smart Gripper AW Gun PSF 25 Binzel WH455D Binzel air 22 Binzel ID 22 Binzel water 22 ECCO 70AS 03 Fronius Robacta MTG4000 22 de... GWT S1 0 IRB5350 Gripper IsoPlate large Binzel IsoPlate small Binzel PKI 500 di M2001 PKI 500 si M2001 ROBOBEL926 T TD 03 Tregaskiss AS-306-44-3 22 de... Training Objects Curve Thing myTool my cl Pen propeller propeller table
2	选中“IRB2600_12_165_C_01”，单击右键，选择“显示机器人工作区域”	文件(F) 基本 建模 仿真 控制器(C) RAPID Add-Ins 修改 ABB模型库 导入模型库 机器人系统 导入几何体 框架 目标点 路径 其它 建立工作站 路径编 布局 路径和目标点 标记 视图1 [未保存工作站]* 机械装置 IRB2600_12_165_C_01 MyTool 组件 table_an 剪切 Ctrl+X 复制 Ctrl+C 保存为库文件... 断开与库的连接 可见 检查 撤消检查 设定为UCS 位置 修改机械装置... 删除CAD 几何体 可由传感器检测 物理 应用夹板 机械装置手动关节 机械装置手动线性 配置参数 回到机械原点 显示机器人工作区域

续表2.4

操作步骤	操作说明	示意图
3	图中白色区域为机器人可到达范围。工作对象应调整到机器人的最佳工作范围，这样才可以提高节拍速度和方便轨迹规划。下面将小桌移到机器人的工作区域	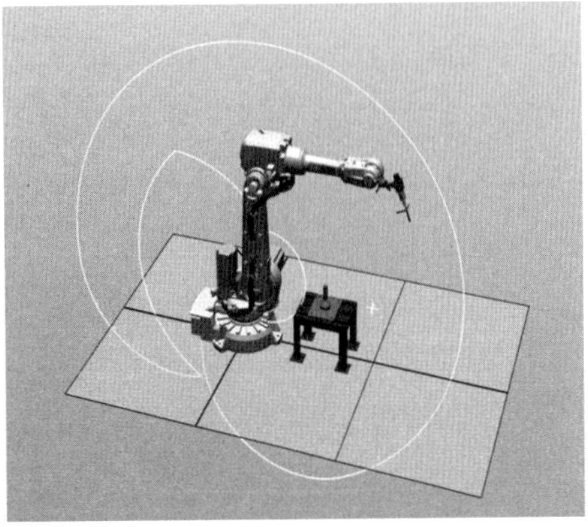
4	在“Freehand”工具栏中，选定“大地坐标”选项，单击“移动”按钮	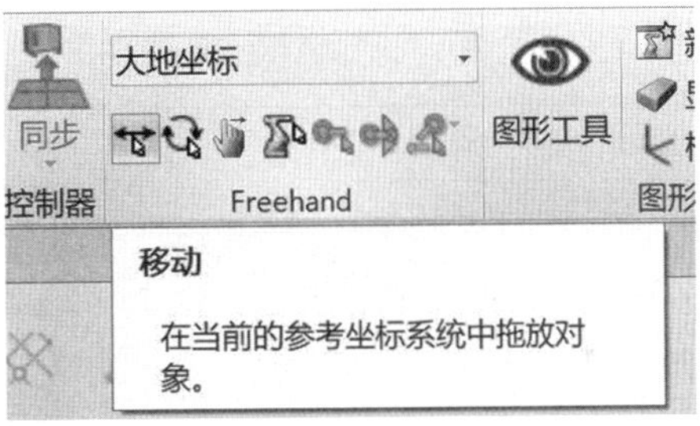 大地坐标 同步 控制器 图形工具 Freehand 移动 在当前的参考坐标系统中拖放对象。
5	拖动箭头到达图中所示的大地坐标位置	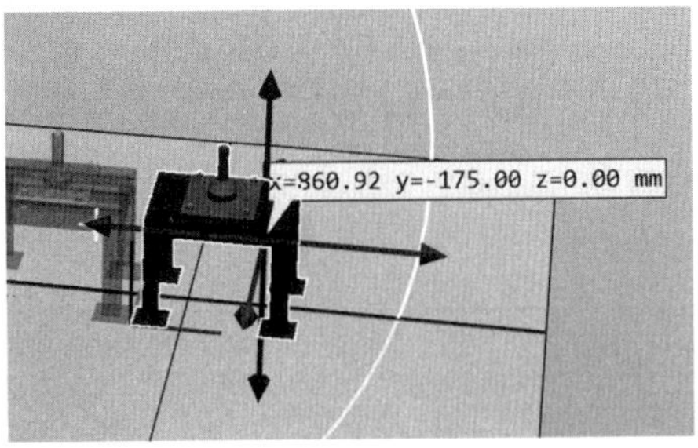 x=860.92 y=-175.00 z=0.00 mm

续表2.4

操作步骤	操作说明	示意图
6	在“基本”功能选项卡中，在“导入模型库”下拉“设备”列表中选择“Curve Thing”模型进行导入	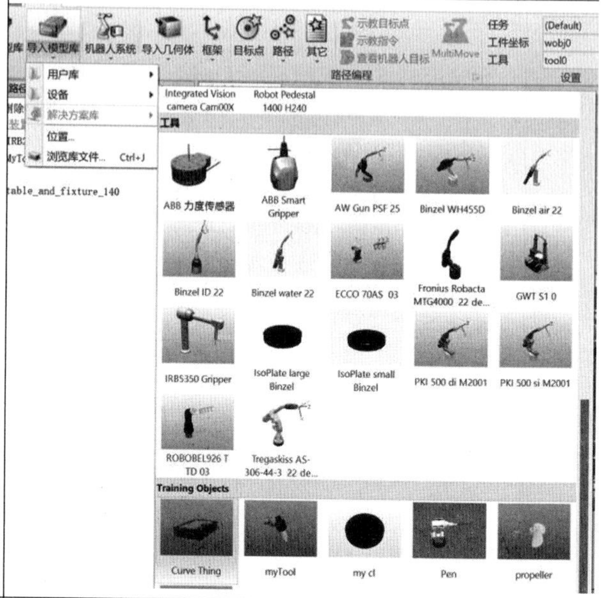
7	将“Curve Thing”放置到小桌上。在对象上单击右键，依次选择“位置”“放置”“三点法”	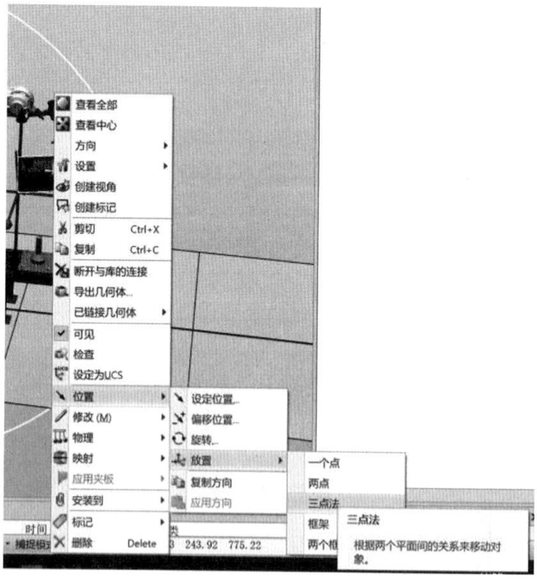
8	为了能够准确捕捉对象特征，需要正确选择捕捉工具	

续表2.4

操作步骤	操作说明	示意图
9	选中捕捉工具中的“选择部件”和“捕捉末端”	
10	单击“主点—从”下的第一个输入框	
11	按照顺序单击两个物体对齐的基准线。第1个点与第2个点对齐；第3个点与第4个点对齐；第5个点与第6个点对齐	

续表2.4

操作步骤	操作说明	示意图
12	单击对象点位的坐标值已自动显示在框中，单击“应用”	放置对象: Curve_thing 参考 大地坐标 主点 - 从 (mm) 1339.71 198.78 703.48 主点 - 到 (mm) 1292.05 -150.00 308.00 X 轴上的点 - 从 (mm) 944.38 149.93 667.04 X 轴上的点 - 到 (mm) 892.05 -150.00 308.00 Y 轴上的点 - 从 (mm) 907.58 447.67 667.04 Y 轴上的点 - 到 (mm) 892.05 150.00 308.00 沿着这些轴转换: X Y Z 应用 关闭
13	对象已准确对齐放置到小桌子上	
14	创建机器人系统，详见任务 1.3	

任务 2.2　工业机器人手动操纵

工业机器人手动操纵

ABB 机器人手动操纵共有 3 种方式：手动关节，手动线性，手动重定位。可以通过直接拖动和精确手动两种方式来实现手动操纵。

2.2.1　直接拖动

直接拖动摆放周边模型具体操作步骤见表 2.5。

表 2.5　直接拖动摆放周边模型具体操作步骤

操作步骤	操作说明	示意图
1	在“Freehand”工具栏中，选中“手动关节”	
2	选中对应的关节轴进行运动	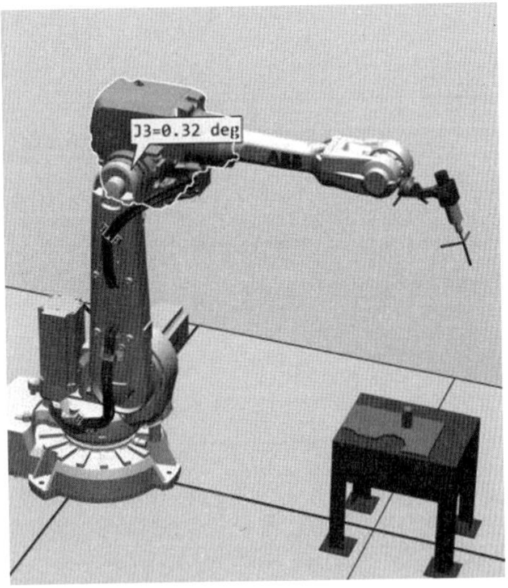
3	将“设置”工具栏的“工具”选项设定为“MyTool”	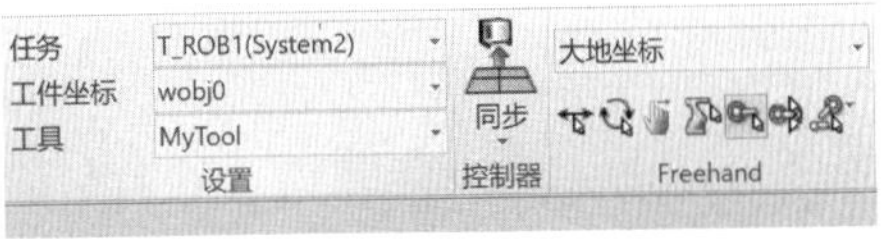

续表2.5

操作步骤	操作说明	示意图
4	在“Freehand”工具栏中，选中“手动线性”	 大地坐标 Freehand
5	选中机器人后，拖动箭头进行线性运动	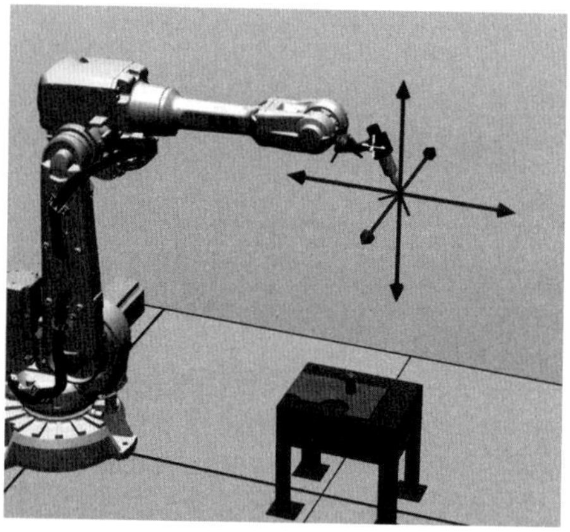
6	在“Freehand”工具栏中，选中“手动重定位”	 同步 控制器 大地坐标 Freehand

续表2.5

操作步骤	操作说明	示意图
7	选中机器人后，拖动箭头进行重定位运动	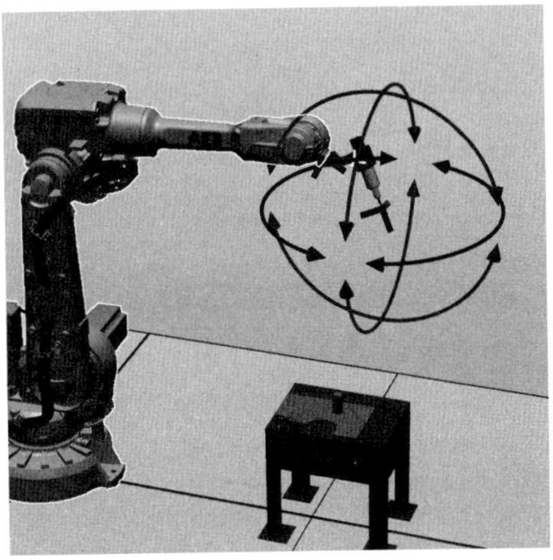

2.2.2 精确手动

精确手动摆放周边模型具体操作步骤见表2.6。

表2.6 精确手动摆放周边模型具体操作步骤

操作步骤	操作说明	示意图
1	将“设置”工具栏的“工具”选项设定为“MyTool”。	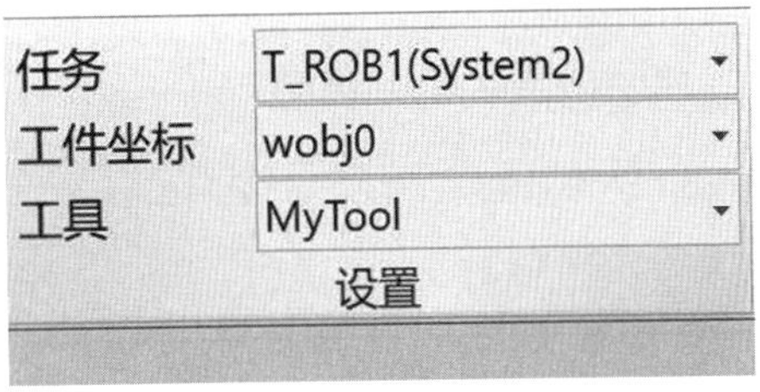

续表2.6

操作步骤	操作说明	示意图
2	选中“IRB 2600_12_165_C_01”，单击右键，选择“机械装置手动关节”	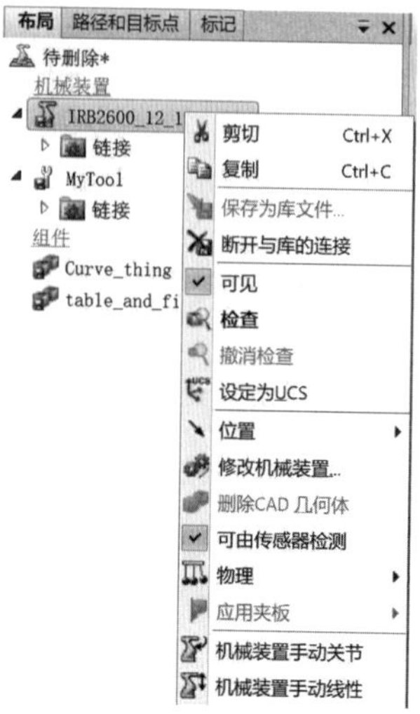
3	(1) 拖动滑块进行关节轴运动。 (2) 单击“〈”“〉”按钮，可以点动关节轴运动。 (3) 设定每次点动的距离	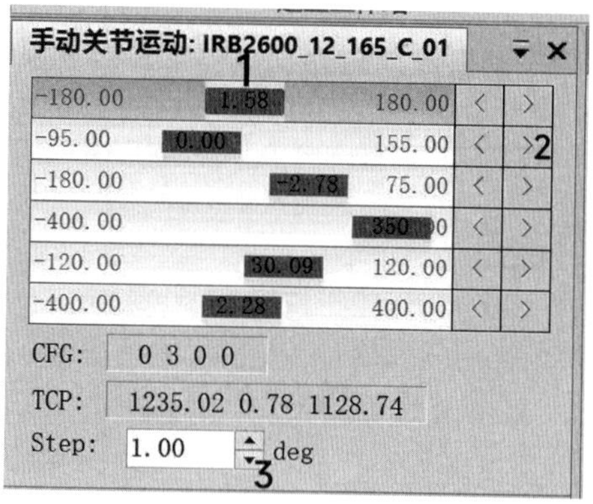

续表2.6

操作步骤	操作说明	示意图
4	选中“IRB 2600_12_165_C_01”，单击右键，选择“机械装置手动线性”	
5	(1) 直接输入坐标值使机器人到达位置。 (2) 单击“〈”“〉”按钮，可以点动运动。 (3) 设定每次点动的距离	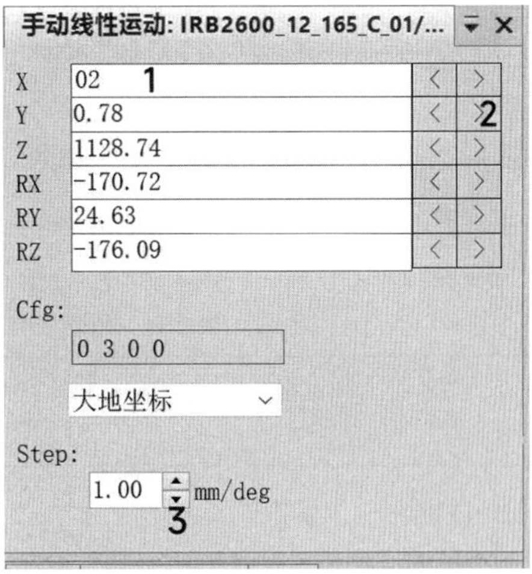

2.2.3 回到机械原点

回到机械原点具体操作步骤见表 2.7。

表 2.7　回到机械原点具体操作步骤

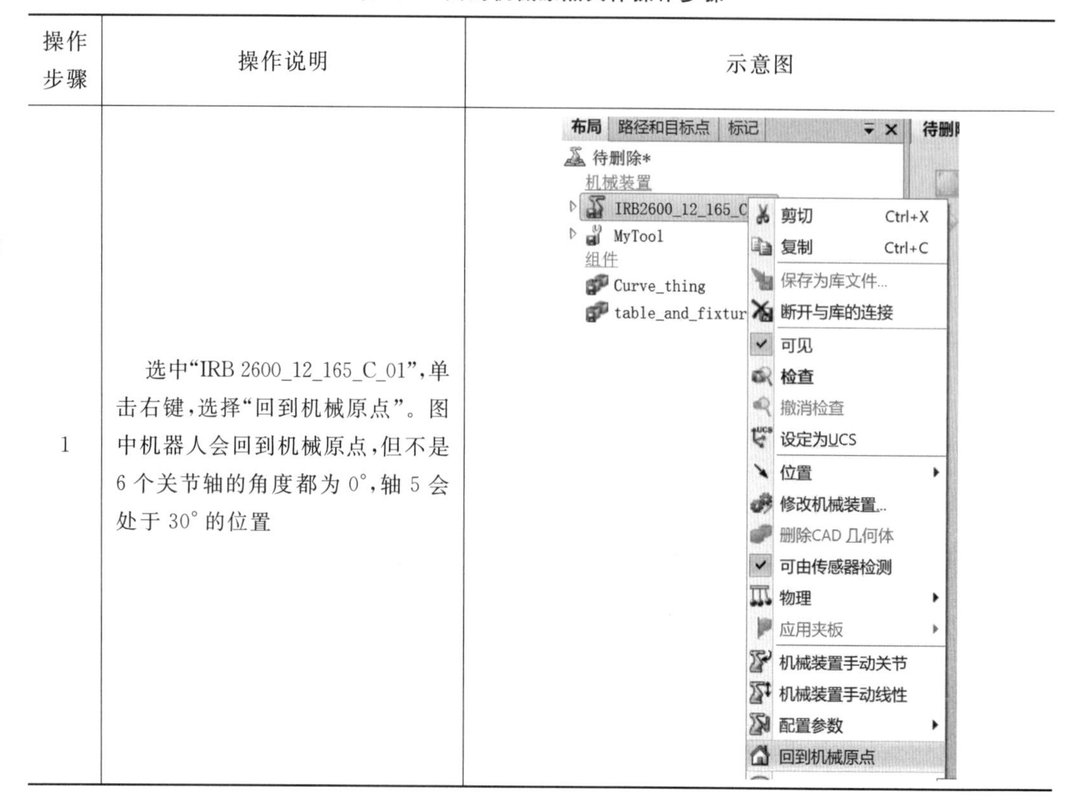

操作步骤	操作说明	示意图
1	选中“IRB 2600_12_165_C_01”，单击右键，选择“回到机械原点”。图中机器人会回到机械原点，但不是6个关节轴的角度都为0°，轴5会处于30°的位置	

任务 2.3　创建工业机器人工件坐标与轨迹程序

创建工业机器人工件坐标与轨迹程序

2.3.1　创建工业机器人工件坐标

与真实的工业机器人一样，在 RobotStudio 中也需要对工件对象创建工件坐标，其具体操作骤见表 2.8。

表 2.8　创建工件坐标具体操作步骤

操作步骤	操作说明	示意图
1	在“基本”功能选项卡中，选择“其他”，然后单击“创建工件坐标”	

续表2.8

操作步骤	操作说明	示意图
2	单击“选择表面”“捕捉末端”	
3	设定工件坐标名称为“Wobj1”	 创建工件坐标 名称 Wobj1 机器人握住工件 False 被机械单元移动 编程 True 用户坐标框架 位置 X、Y、Z Values... 旋转 rx、ry、Values... 取点创建框架 ... 工件坐标框架 创建 关闭
4	单击“用户坐标框架”下的“取点创建框架”的下拉箭头	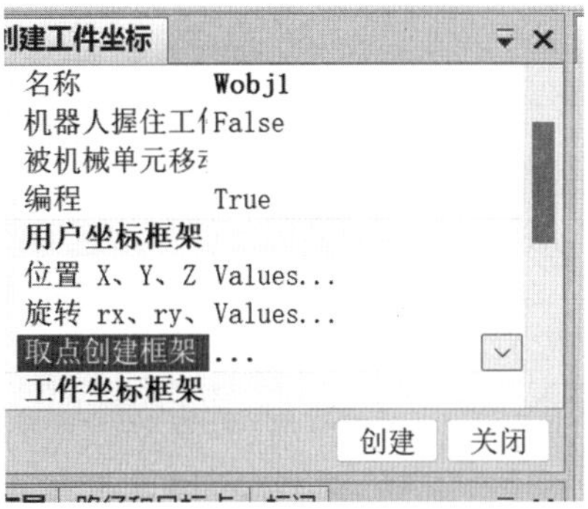 创建工件坐标 名称 Wobj1 机器人握住工件 False 被机械单元移动 编程 True 用户坐标框架 位置 X、Y、Z Values... 旋转 rx、ry、Values... 取点创建框架 ... 工件坐标框架 创建 关闭
5	先选中“三点”，然后单击“X 轴上的第一个点”下的第一个输入框后，单击 1 号角；然后单击 2 号角；最后单击 3 号角	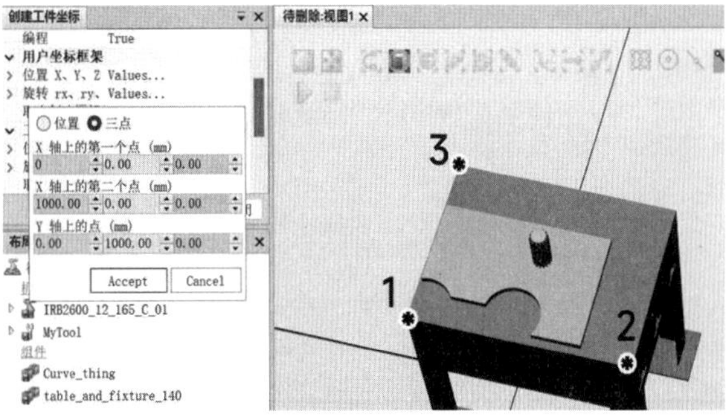 创建工件坐标 编程 True 用户坐标框架 位置 X、Y、Z Values... 旋转 rx、ry、Values... 位置 三点 X 轴上的第一个点 (mm) 0 0.00 0.00 X 轴上的第二个点 (mm) 1000.00 0.00 0.00 Y 轴上的点 (mm) 0.00 1000.00 0.00 Accept Cancel IRB2600_12_165_C_01 MyTool 组件 Curve_thing table_and_fixture_140 待删除:视图1 1 2 3

续表2.8

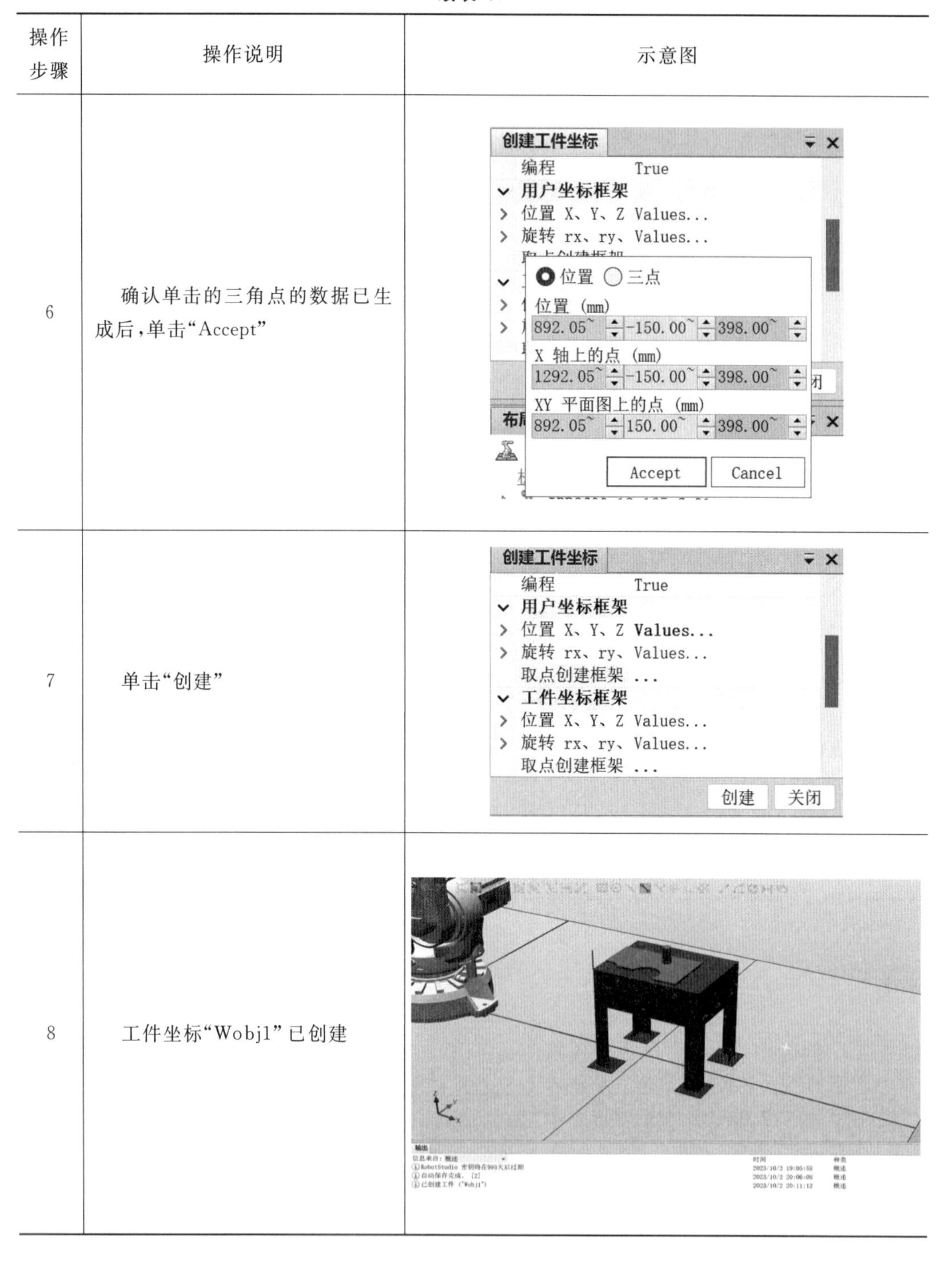

操作步骤	操作说明	示意图
6	确认单击的三角点的数据已生成后，单击“Accept”	
7	单击“创建”	
8	工件坐标“Wobj1”已创建	

2.3.2　创建工业机器人运动轨迹程序

与真实的机器人一样，在 RobotStudio 中，工业机器人的运动轨迹也是通过 RAPID

程序指令进行控制的。在 RobotStudio 中进行轨迹仿真的操作如下，生成的轨迹可以下载到真实的机器人中运行，具体操作步骤见表 2.9。

表 2.9　创建运动轨迹程序具体操作步骤

操作步骤	操作说明	示意图
1	安装在法兰盘上的工具 MyTool 需要沿工件坐标 Wobj1 上的图形走一圈	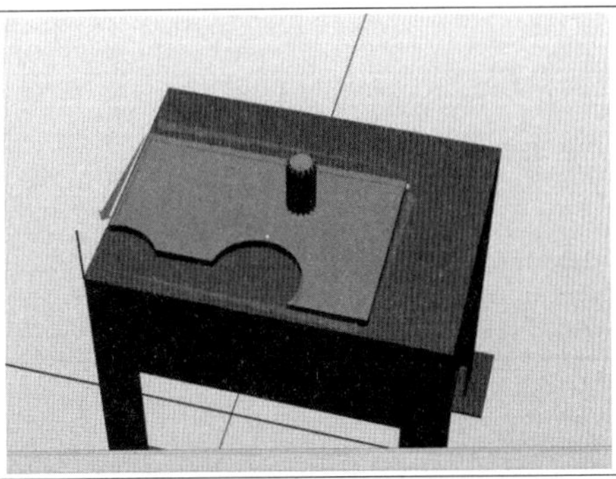
2	在“基本”功能选项卡中，单击“路径”后选择“空路径”	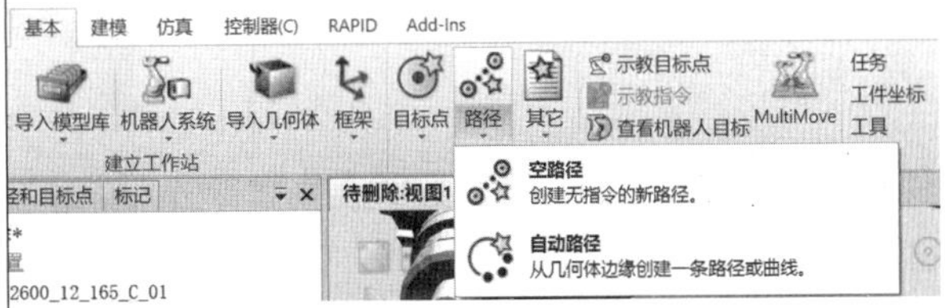
3	生成空路径“Path_10”	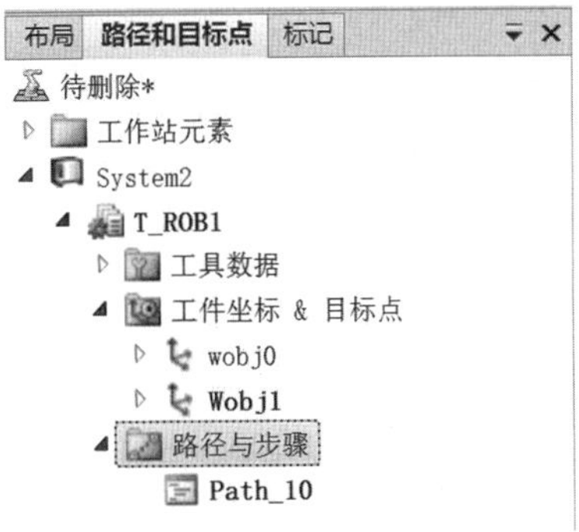
4	设定“工具”选项为“MyTool”	
5	对运动指令及参数进行设定，单击窗口右下角状态栏中对应的选项并将其设定为“MoveJ”“＊v150”“fine”“MyTool”“\WObj：= Wobj1”	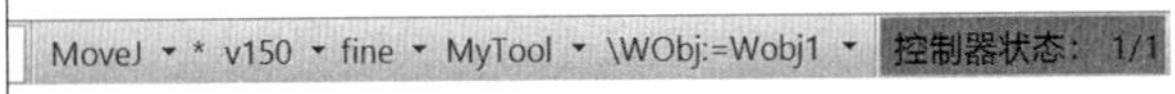

续表2.9

操作步骤	操作说明	示意图
6	在"Freehand"工具栏中，选中"手动关节"	
7	将机器人拖动到合适的位置，作为轨迹的起始点	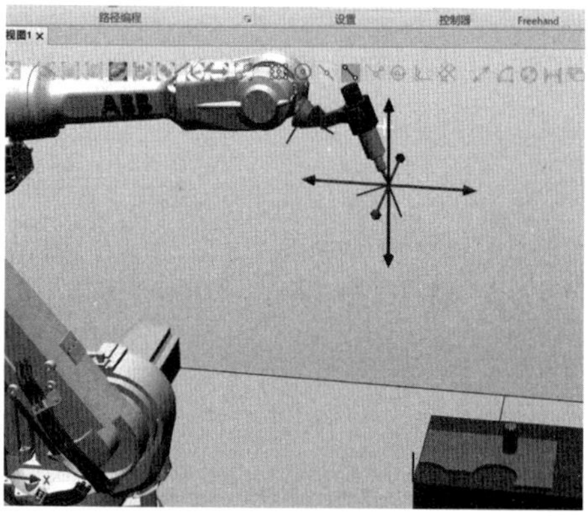
8	单击"路径编程"中的"示教指令"	
9	此处显示新创建的指令	
10	在"Freehand"工具栏中单击"手动线性"或其他合适的手动模式	

续表2.9

操作步骤	操作说明	示意图
11	拖动机器人，使工具对准要捕捉的第 1 个点	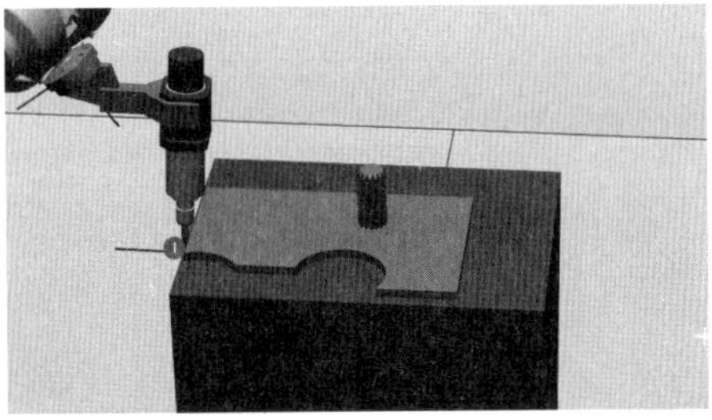
12	单击“示教指令”	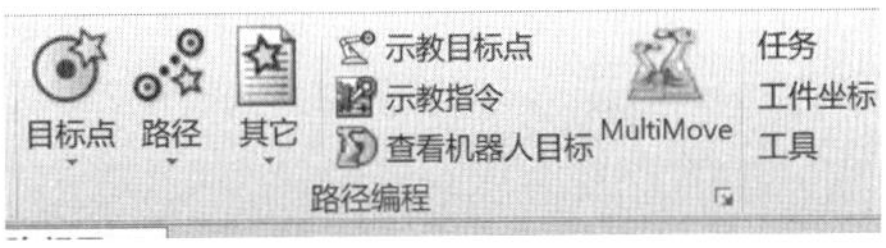
13	选中捕捉工具中的“捕捉中点”	
14	拖动机器人，使工具对准要捕捉的弧的中间点	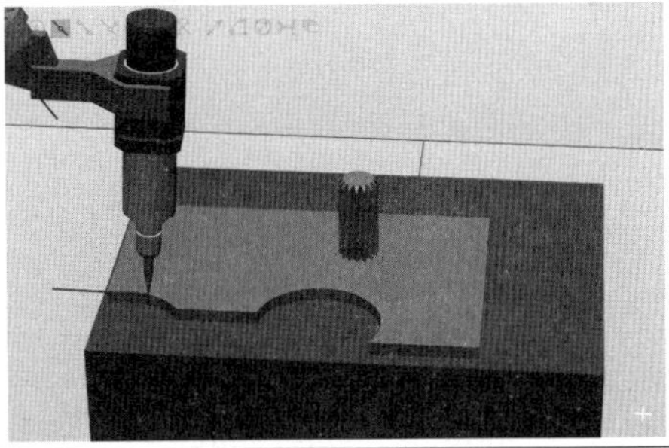
15	单击“示教指令”	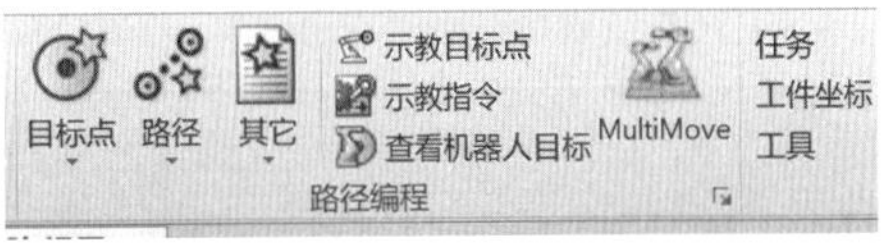
16	选中捕捉工具的“捕捉末端”	

续表2.9

操作步骤	操作说明	示意图
17	拖动机器人，使工具对准要捕捉的弧的第 3 个点	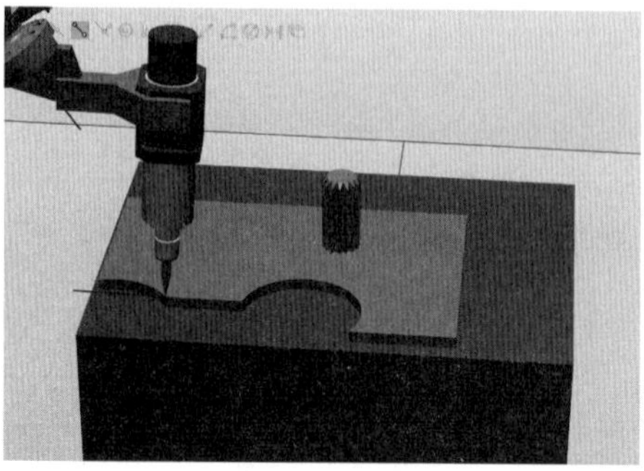
18	单击“示教指令”	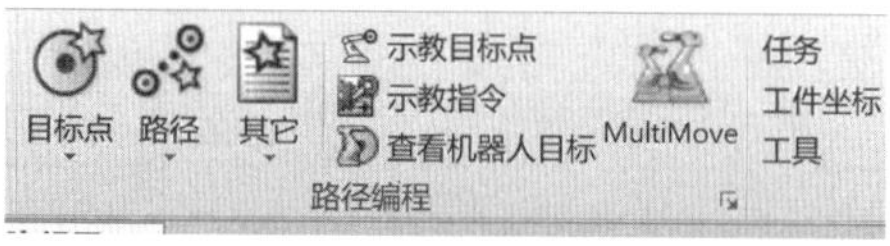 目标点 路径 其它 示教目标点 示教指令 查看机器人目标 MultiMove 任务 工件坐标 工具 路径编程
19	按住 Ctrl，鼠标依次选中“MoveJ Target_30”“MoveJ Target_40”，单击右键，选择“修改指令”中的“转换为 MoveC”	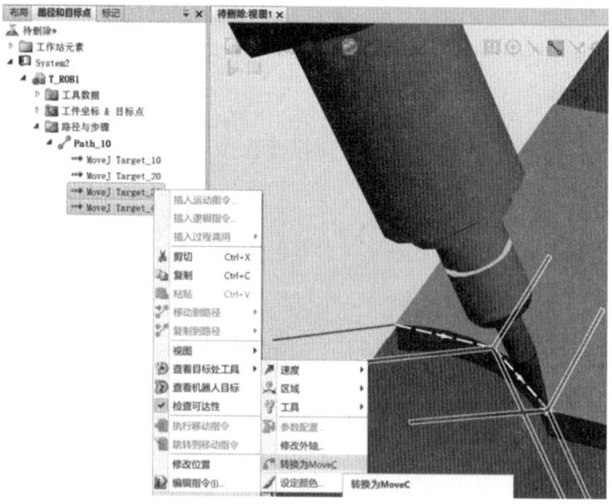
20	单击状态栏中的对应选项并设定为“MoveL”“ * v150” “fine” “MyTool” “\WObj：= Wobj1”	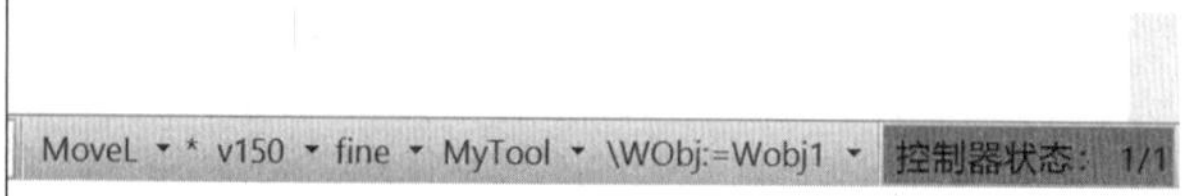 MoveL * v150 fine MyTool \WObj:=Wobj1 控制器状态: 1/1
21	拖动机器人，使工具对准要捕捉的大圆弧的第 4 个点	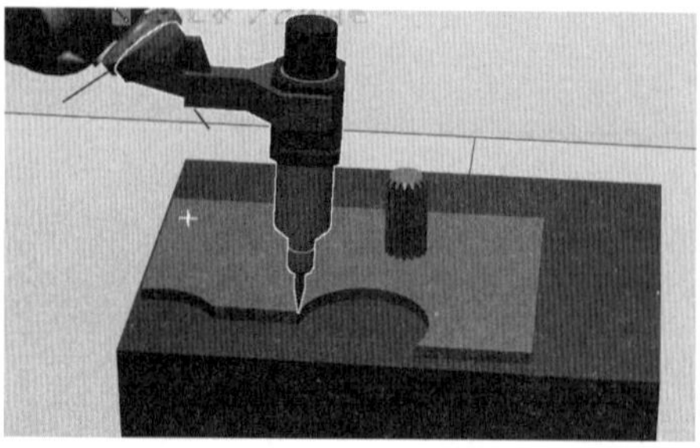

续表2.9

操作步骤	操作说明	示意图
22	单击“示教指令”	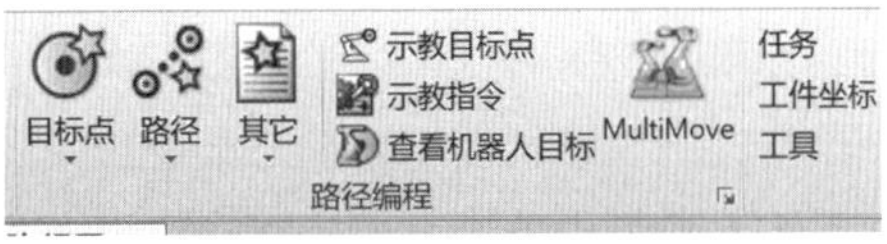 目标点 路径 其它 示教目标点 示教指令 查看机器人目标 MultiMove 任务 工件坐标 工具 路径编程
23	选中捕捉工具的“捕捉中点”	
24	拖动机器人，使工具对准要捕捉的大圆弧的第5个点	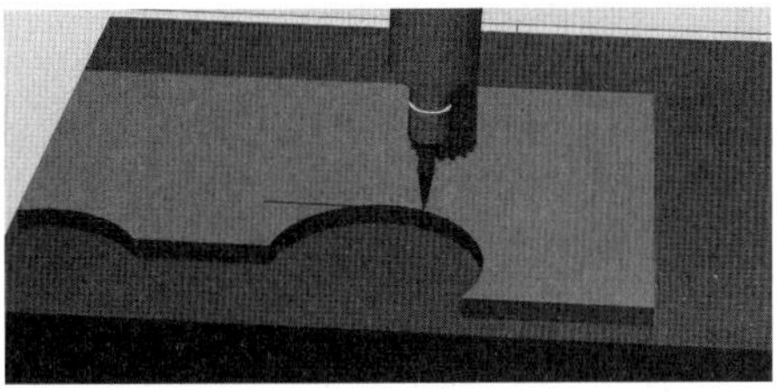
25	单击“示教指令”	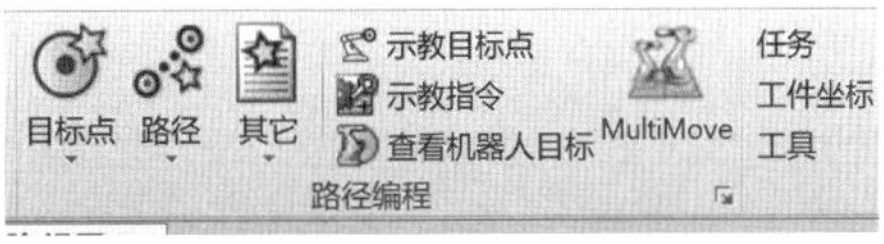 目标点 路径 其它 示教目标点 示教指令 查看机器人目标 MultiMove 任务 工件坐标 工具 路径编程
26	选中捕捉工具的“捕捉末端”	

续表2.9

操作步骤	操作说明	示意图
27	拖动机器人，使工具对准要捕捉的大圆弧的第 6 个点	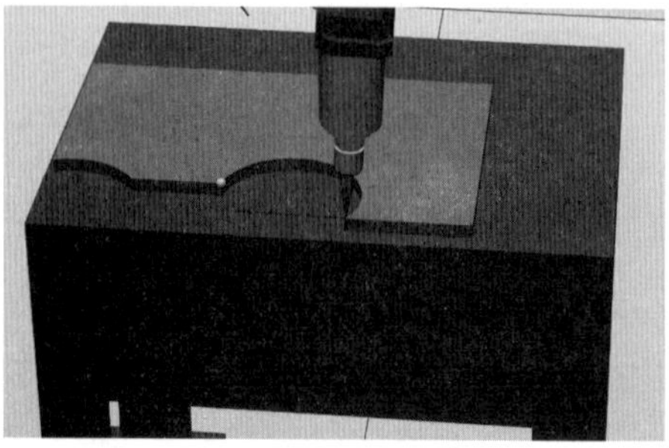
28	单击“示教指令”	
29	按住 Ctrl，鼠标依次选中“MoveJ Target_60”“MoveJ Target_70”，单击右键，选择“修改指令”中的“转换为 MoveC”	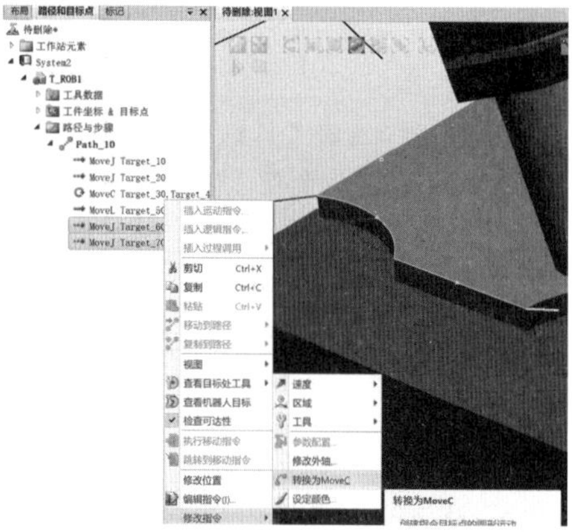
30	拖动机器人，使工具对准要捕捉的第 7 点	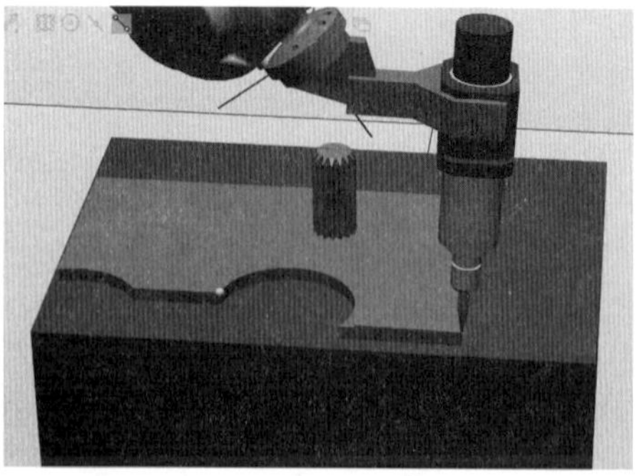

续表2.9

操作步骤	操作说明	示意图
31	单击“示教指令”	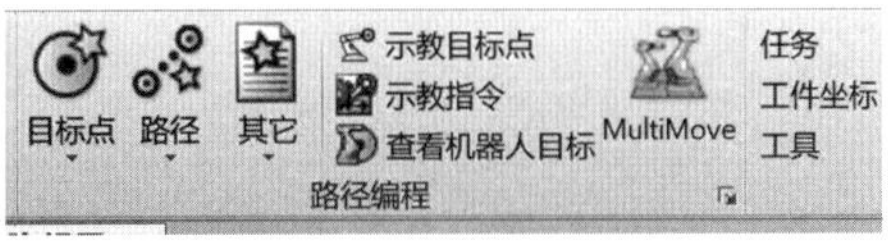 目标点 路径 其它 示教目标点 示教指令 查看机器人目标 MultiMove 任务 工件坐标 工具 路径编程
32	拖动机器人，使工具对准要捕捉的第 8 点	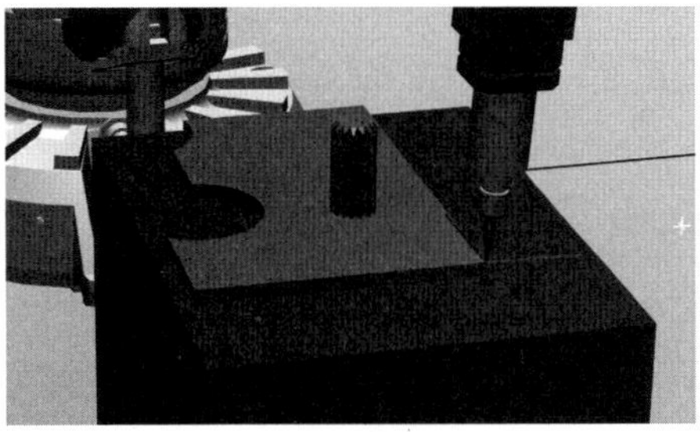
33	单击“示教指令”	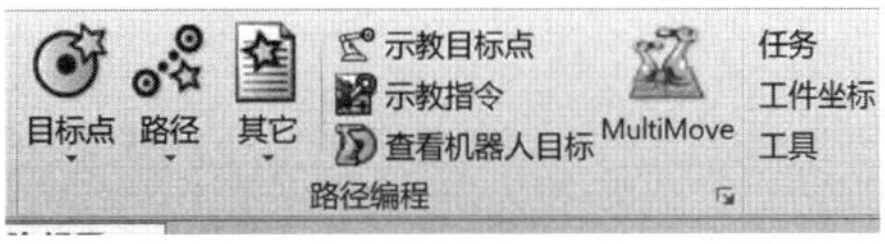 目标点 路径 其它 示教目标点 示教指令 查看机器人目标 MultiMove 任务 工件坐标 工具 路径编程
34	拖动机器人，使工具对准要捕捉的第 9 点	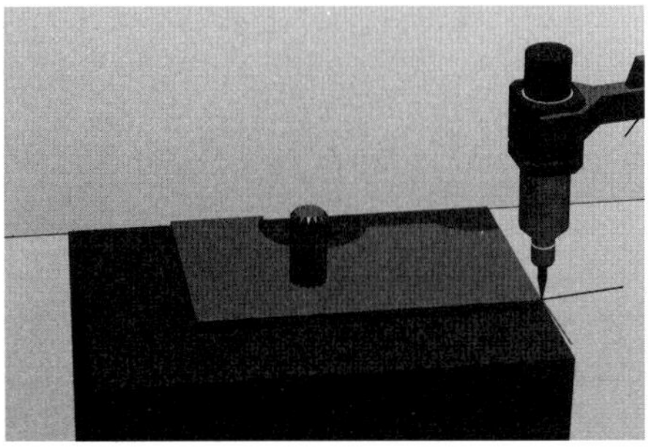
35	单击“示教指令”	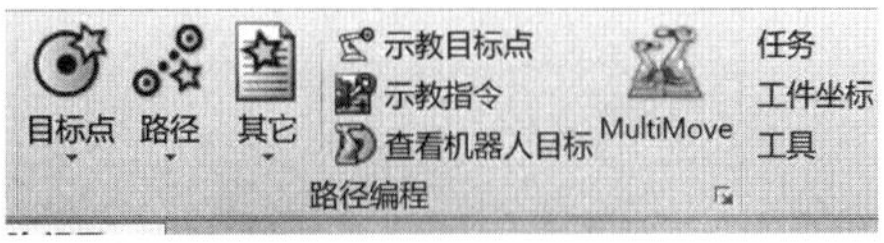 目标点 路径 其它 示教目标点 示教指令 查看机器人目标 MultiMove 任务 工件坐标 工具 路径编程

续表2.9

操作步骤	操作说明	示意图
36	拖动机器人，使工具对准捕捉的第1点	
37	单击“示教指令”	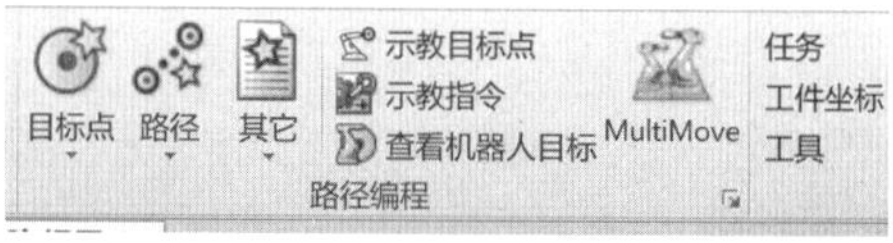 示教目标点 示教指令 查看机器人目标 目标点 路径 其它 MultiMove 任务 工件坐标 工具 路径编程
38	拖动机器人，离开桌子到一个合适的位置	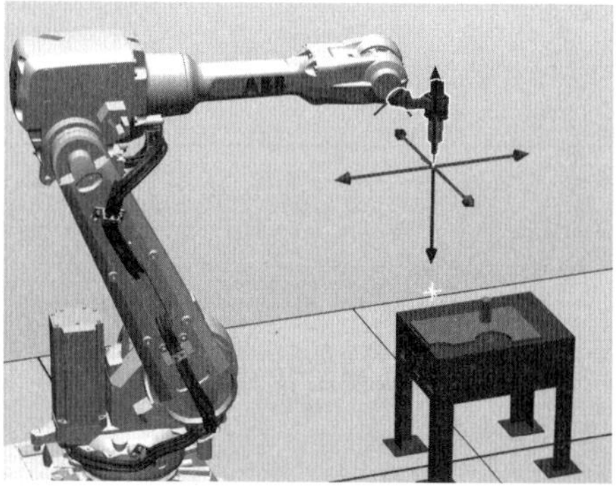
39	单击“示教指令”	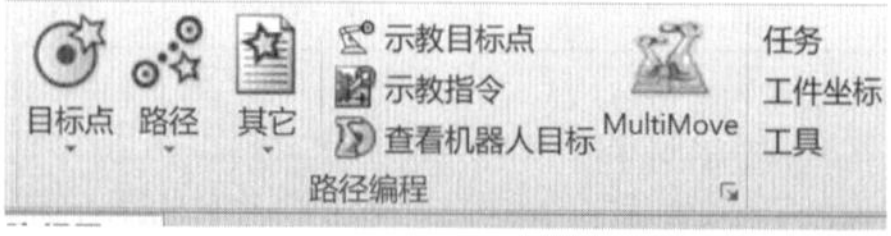 示教目标点 示教指令 查看机器人目标 目标点 路径 其它 MultiMove 任务 工件坐标 工具 路径编程

续表2.9

操作步骤	操作说明	示意图
40	在路径“Path_10”上单击右键，选择“沿着路径运动”，检查能否正常运行	

在创建机器人轨迹指令程序时，要注意以下要点：

(1) 手动线性时，要注意观察各关节轴是否会接近极限而无法拖动，这时需要适当做出姿态调整。

(2) 在示教轨迹的过程中，如果出现机器人无法到达目标位置的情况，需要适当调整工件的位置再进行示教。

任务 2.4　仿真运行机器人及录制视频

2.4.1　仿真运行机器人轨迹

仿真运行机器人及录制视频

在 RobotStudio 中，为保证虚拟控制器中的数据与工作站一致，需要将虚拟控制器与工作站数据进行同步。当在工作站中修改数据后，则需要执行“同步到 PAPID…”；反之则需要执行“同步到工作站”。仿真运动具体操作步骤见表 2.10。

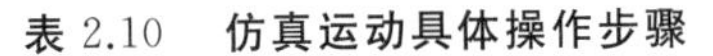

表 2.10　仿真运动具体操作步骤

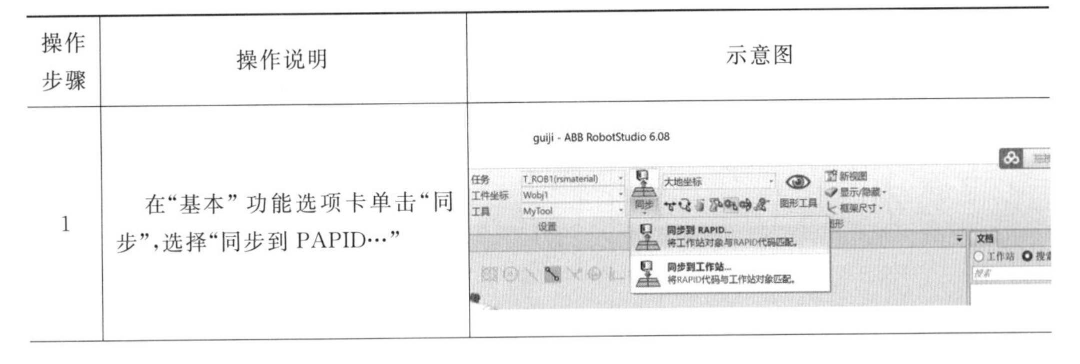

操作步骤	操作说明	示意图
1	在“基本”功能选项卡单击“同步”，选择“同步到 PAPID…”	

续表2.10

操作步骤	操作说明	示意图
2	将需要同步的项目都勾选后，单击“确定”。一般全部勾选	
3	在“仿真”功能选项卡单击“仿真设定”	
4	“运行模式”选择“单个周期”	

续表2.10

操作步骤	操作说明	示意图
5	单击“T_ROB1”,“进入点”选为“Path_10”。选好后单击“刷新”,再关闭	
6	在“仿真”功能选项卡中,单击“播放”。这时机器人就按之前所示教的轨迹进行运动	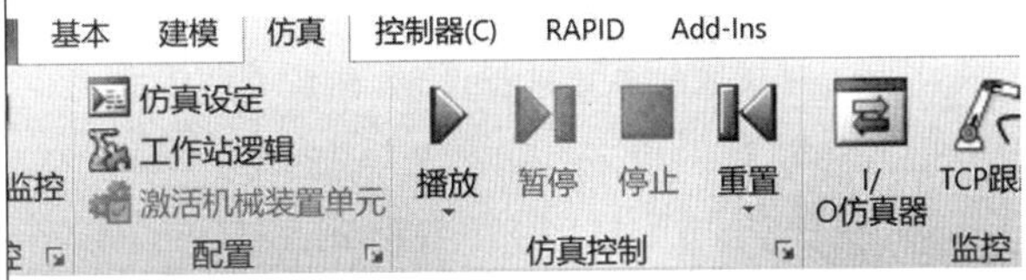
7	单击界面左上角第2个图标“保存”,进行工作站的保存	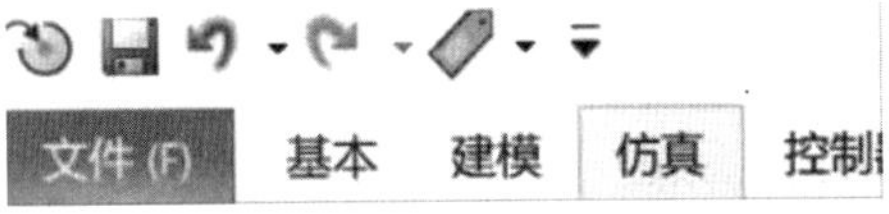

2.4.2 将机器人的仿真录制成视频

工作站中工业机器人的运行可以被录制成视频,以便在没有安装 RobotStudio 的计算机中查看工业机器人的运行情况。另外,还可以将工作站录制成 exe 可执行文件,以便对工作站进行更灵活的查看。

(1) 将工作站中机器人的运行录制成视频。

录制视频具体操作步骤见表2.11。

表 2.11　录制视频具体操作步骤

操作步骤	操作说明	示意图
1	在“文件”功能选项卡中，单击“选项”，单击“屏幕录像机”	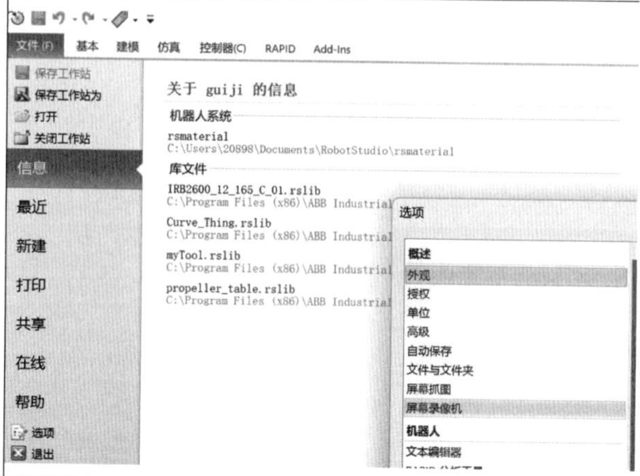
2	对录像的参数进行设定，然后单击“确定”	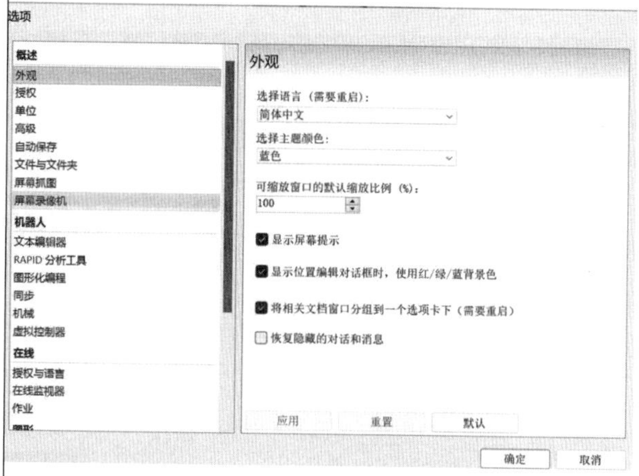
3	在“仿真”功能选项卡中单击“仿真录像”	
4	在“仿真”功能选项卡中单击“播放”	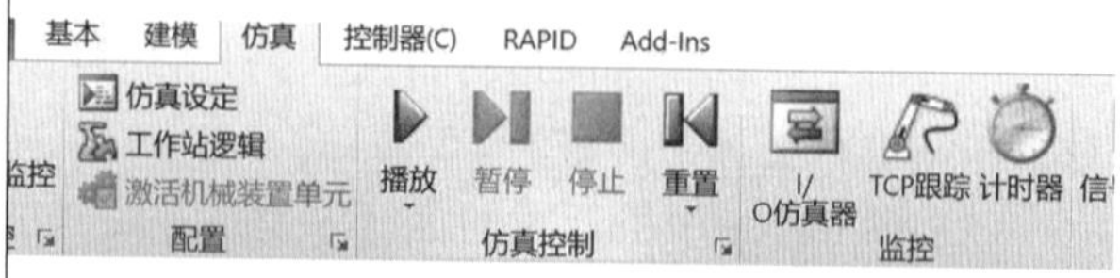

续表2.11

操作步骤	操作说明	示意图
5	在“仿真”功能选项卡中单击“查看录像”,就可查看到视频	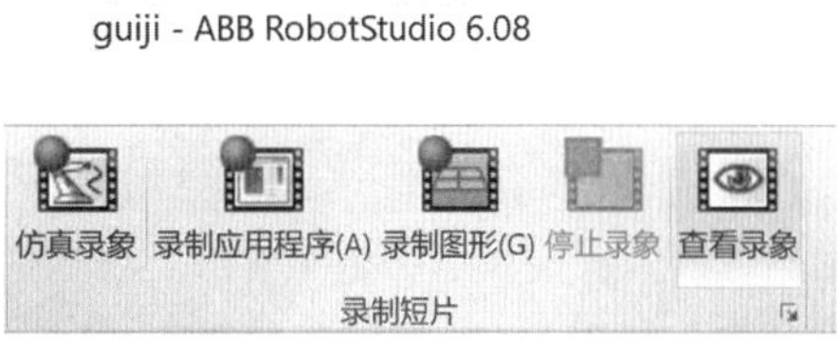guiji - ABB RobotStudio 6.08 仿真录象 录制应用程序(A) 录制图形(G) 停止录象 查看录象 录制短片
6	完成工作后,单击“保存”按钮,对工作站进行保存	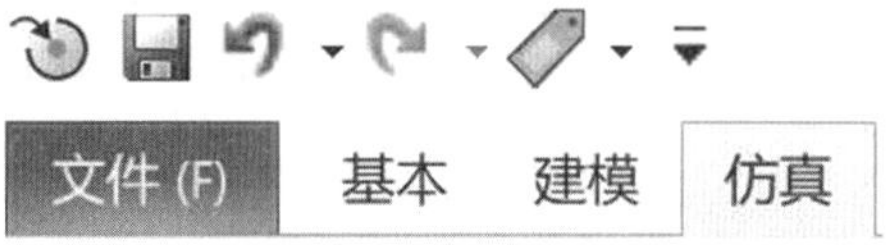文件 (F) 基本 建模 仿真

(2) 将工作站制成 exe 可执行文件。

制成可执行文件具体操作步骤见表 2.12。

表 2.12　制成可执行文件具体操作步骤

操作步骤	操作说明	示意图
1	在“仿真”功能选项卡中单击“播放”,选择“录制视图”	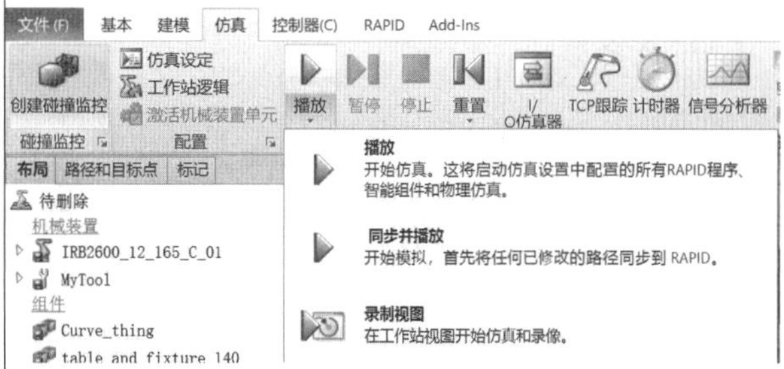文件 (F) 基本 建模 仿真 控制器(C) RAPID Add-Ins 创建碰撞监控 仿真设定 工作站逻辑 激活机械装置单元 碰撞监控 配置 播放 暂停 停止 重置 TCP跟踪 计时器 信号分析器 布局 路径和目标点 标记 待删除 机械装置 IRB2600_12_165_C_01 MyTool 组件 Curve_thing 播放 开始仿真。这将启动仿真设置中配置的所有RAPID程序、智能组件和物理仿真。 同步并播放 开始模拟，首先将任何已修改的路径同步到 RAPID。 录制视图 在工作站视图开始仿真和录像。
2	录制完成后,在弹出的保存对话框中指定保存的位置,然后单击“保存”	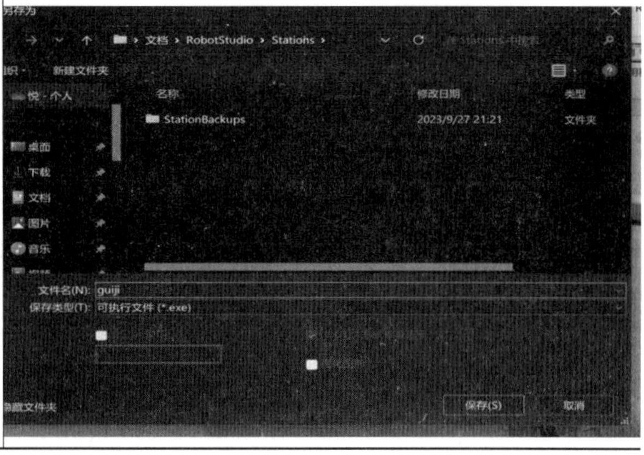另存为 文档 › RobotStudio › Stations › 新建文件夹 名称 修改日期 类型 StationBackups 2023/9/27 21:21 文件夹 桌面 下载 文档 图片 音乐 文件名(N): guiji 保存类型(T): 可执行文件 (*.exe) 隐藏文件夹 保存(S) 取消

双击打开生成的 exe 文件。在此窗口中,缩放、平移和转换视角的操作与 RobotStudio 中的一样。单击“Play”,工业机器人开始运行,如图 2.3 所示。

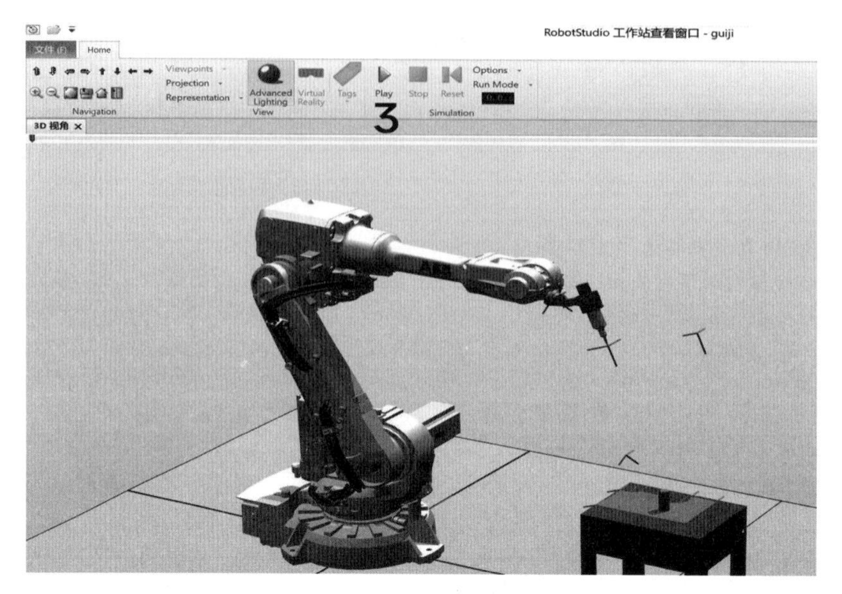

图 2.3　激光切割仿真工作站

为了提高与各种版本 RobotStudio 的兼容性，建议在 RobotStudio 中做任何保存的操作时，保存的路径和文件名称最后使用英文字符。

知识测试

一、选择题

1. RobotStudio 软件中，在 XY 平面上移动工件的位置，可选中 Freehand 中(　　)按钮，再拖动工件。

A. 移动　　B. 拖曳　　C. 旋转　　D. 手动关节

二、填空题

1. ABB 机器人手动操纵共有 3 种方式：________、________、________。

2. 在 RobotStudio 中用户可以通过________和________两种方式来实现手动操纵。

3. 选择“MyTool”工具是在“基本”功能选项卡中，打开“导入模型库”，然后单击________找到。

4. ABB 机器人回到机械原点，6 个关节轴并不是都为 0°，其中轴 5 为________度。

5. 在 RobotStudio 中，为保证虚拟控制器中的数据与工作站一致，需要将________与________进行同步。

三、综合应用

1. 简述将工作站中机器人的运行录制成视频的方法。

2. 利用三维制图软件，自行完成图 2.4 的设计，尺寸大小自定义，然后利用 IRB 2600 机器人完成激光切割的仿真任务。

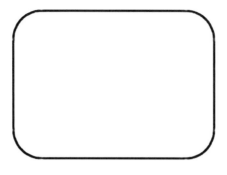

图 2.4　激光切割模型

附表 3　项目 2 任务实施记录及检验单 1

项目 2 的任务实施记录及检验单 1 见表 2.13。

表 2.13　项目 2 的任务实施记录及检验单 1

任务名称	激光切割仿真工作站的构建	实施日期	
任务要求	要求：搭建激光切割仿真工作站，并创建工件坐标系，能够根据任务要求完成直线和圆弧轨迹的切割任务		
计划用时		实际用时	
组别		组长	
组员姓名			
成员任务分工			
实施场地			
实施步骤与信息记录	（任务实施过程中重要的信息记录，是撰写工程说明书和工程交接手册的主要文档资料） (1) 导入机器人： (2) 加载机器人的工具： (3) 摆放周边模型： (4) 建立机器人系统： (5) 建立机器人工件坐标： (6) 创建机器人运动轨迹程序：		
遇到的问题及解决方案			
总结与反思			

续表2.13

	项目列表	自我检测要点	配分	得分
自我检测评分点	基本素养	纪律(无迟到、早退、旷课)	10	
		安全规范操作,符合5S管理规范	10	
		团队协作能力、沟通能力	10	
	理论知识	网络平台理论知识测试	10	
	工程技能	能够正确完成加载的操作	10	
		能够完成机器人与周边模型的合理布局	10	
		会创建机器人系统	10	
		能够使用工业机器人手动操纵模式	10	
		能够完成工件坐标系的建立	10	
		能够完成工业机器人路径创建、示教指令、同步及仿真的操作	10	
	总评得分			

附表4　项目2任务实施记录及检验单2

项目2的任务实施记录及检验单2见表2.14。

表2.14　项目2的任务实施记录及检验单2

任务名称	仿真运行机器人及录制视频	实施日期	
任务要求	要求:将激光切割仿真工作站的机器人运动轨迹录制成视频和exe文件		
计划用时		实际用时	
组别		组长	
组员姓名			
成员任务分工			
实施场地			

续表2.14

<table>
<tr><td>实施步骤与信息记录</td><td colspan="3">（任务实施过程中重要的信息记录，是撰写工程说明书和工程交接手册的主要文档资料）
(1) 仿真运行机器人轨迹：
(2) 将工作站中机器人的运行录制成视频：
(3) 将工作站制作成 exe 可执行文件：</td><td></td></tr>
<tr><td>遇到的问题及解决方案</td><td colspan="4"></td></tr>
<tr><td>总结与反思</td><td colspan="4"></td></tr>
<tr><td rowspan="9">自我检测评分点</td><td>项目列表</td><td>自我检测要点</td><td>配分</td><td>得分</td></tr>
<tr><td rowspan="3">基本素养</td><td>纪律（无迟到、早退、旷课）</td><td>10</td><td></td></tr>
<tr><td>安全规范操作，符合 5S 管理规范</td><td>10</td><td></td></tr>
<tr><td>团队协作能力、沟通能力</td><td>10</td><td></td></tr>
<tr><td>理论知识</td><td>网络平台理论知识测试</td><td>10</td><td></td></tr>
<tr><td rowspan="3">工程技能</td><td>能够掌握仿真的操作方法</td><td>20</td><td></td></tr>
<tr><td>能够完成录制视频的操作</td><td>20</td><td></td></tr>
<tr><td>能够制作 exe 文件</td><td>20</td><td></td></tr>
<tr><td colspan="4">总评得分</td></tr>
</table>

项目 3　涂胶仿真工作站的构建

任务引入

在某汽车制造工厂的涂胶生产线上，为了提高生产效率和涂胶质量，工厂决定引入工业机器人涂胶仿真工作站，如图 3.1 所示。为了顺利实施引入工作站的任务，工厂采取了以下步骤。

图 3.1　门盖涂胶的机器人系统

第一步：需求分析与设定。

工厂成立了一个专门的团队，由生产部门、自动化技术部门和工程师组成，负责分析和设定涂胶仿真工作站的需求。该团队首先与生产线工作人员沟通，了解生产线涂胶作业的具体要求，包括涂胶工艺、涂胶面积、涂胶速度等。然后，他们研究了市场上可用的涂胶工作站，并选择了一台可以满足工厂要求的工业机器人涂胶仿真工作站。

第二步：系统设计与集成。

在这一步，工厂的自动化技术部门与涂胶工作站供应商紧密合作，进行系统设计和集成。他们先对工厂的现有生产线进行测量和分析，确定涂胶工作站的布局和机器人操作的工作空间。然后，设计一个涂胶仿真工作站系统，该系统由涂胶机器人、涂胶喷枪、传感器、控制系统等组成。最后，将涂胶仿真工作站与生产线其他设备进行集成，确保系统的无缝连接和正常运行。

第三步：仿真验证与调试。

在引入工作站之前，工厂需要进行仿真验证和调试，以确保系统可以正常工作并满足涂胶要求。为此，工厂的工程师使用专业的涂胶仿真软件，对工作站进行虚拟操作和模拟仿真。他们可以调整机器人的路径、喷枪的涂胶参数，优化涂胶工艺，从而提高生产线效率和涂胶质量。

第四步：培训和实施。

在工作站引入之前，工厂需要对涂胶仿真工作站的操作人员和工程师进行培训。供应商将派遣专业的技术人员到工厂，教授操作人员和工程师如何正确操作涂胶工作站，以及如何进行系统维护和故障排除。在培训完成后，工厂开始正式利用涂胶仿真工作站实施工作任务，工人们根据培训所学，开始使用工作站进行涂胶作业。

通过以上的任务引入过程，工厂成功引入了工业机器人涂胶仿真工作站，并取得了良好的效果。工作站的使用提高了涂胶生产线的效率，减少了涂胶缺陷和人为错误，降低了生产成本，提升了产品质量，进一步提升了产品的竞争力。

任务工单

项目3的任务工单见表3.1。

表3.1 项目3的任务工单

任务名称	涂胶仿真工作站的布局
设备清单	个人计算机配置要求：Windows 7及以上操作系统，i7及以上CPU，8 GB及以上内存，20 GB及以上空闲硬盘，独立显卡
实施场地	场地具备计算机、能上网的条件即可，也可以在机房、ABB机器人实训室完成任务(后续任务大都可以在具备条件的实训室或装有软件的机房完成)
任务目的	熟练创建机器人离线轨迹曲线；熟练生成机器人离线轨迹曲线路径；掌握机器人目标点调整、机器人轴配置参数调整方法；掌握碰撞监控功能的使用；掌握机器人TCP跟踪功能的使用
任务描述	能够成功载入提供的模型，并且完成涂胶仿真工作站的搭建、自动路径的创建，程序的编制，碰撞功能的使用和TCP跟踪功能的使用
知识目标	了解ABB机器人编程软件RobotStudio的自动路径功能；了解轴配置意义；了解碰撞监控的对象属性；了解机器人TCP跟踪功能的属性
能力目标	能够创建机器人工件坐标，生成机器人离线轨迹曲线路径；能够进行机器人目标点调整，进行机器人轴配置参数调整；能够熟练应用碰撞监控功能；使用机器人TCP的跟踪功能
素养目标	培养学生安全规范意识和纪律意识；培养学生主动探究新知识的意识；培养学生严谨、规范的工匠精神
验收要求	在自己的计算机上完涂胶仿真的工作任务，详见任务实施记录单及检验单

任务 3.1　涂胶仿真工作站的布局

涂胶仿真工作站的布局

在工业机器人轨迹应用的过程中，如涂胶、切割、焊接等，常会需要处理一些不规则曲线，通常的做法是采用描点法，即根据工艺精度要求去示教相应数量的目标点，从而生成机器人的轨迹，此种方法费时、费力且不容易保证轨迹精度。图形化编程，即根据3D模型的曲线特征自动转换成机器人的运行轨迹，此种方法省时、省力且容易保证轨迹精度。本任务主要讲解如何根据三维模型曲线特征，利用 RobotStudio 自动路径功能自动生成机器人涂胶的运行轨迹路径，其具体操作步骤见表 3.2。

表 3.2　工作站布局具体操作步骤

操作步骤	操作说明	示意图
1	导入 IRB 2600 机器人	
2	安装涂胶工具 MyTool	

续表3.2

操作步骤	操作说明	示意图
3	单击“基本”功能选项卡，选择“导入几何体”，单击“浏览几何体…”，找到电脑保存的“汽车前挡风玻璃.STEP”文件	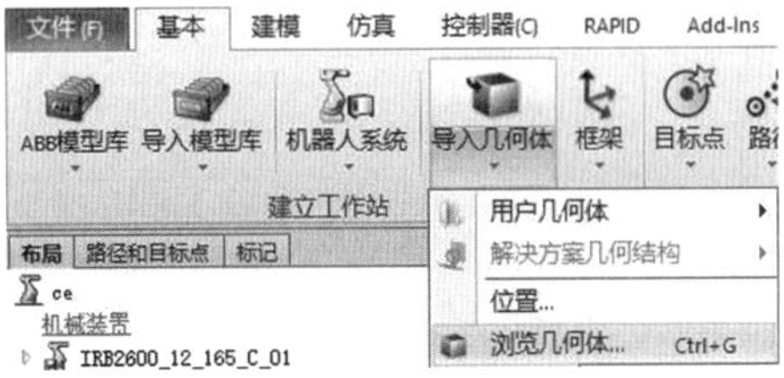
4	汽车前挡风玻璃成功导入视图中	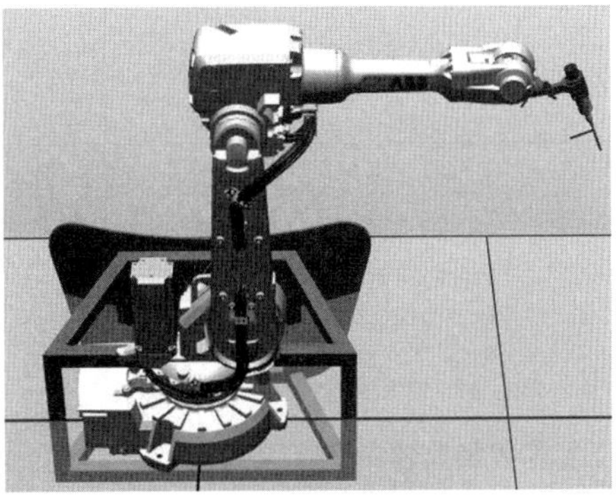
5	右击“布局”中的“汽车前挡风玻璃”，单击“位置”，再单击“旋转…”	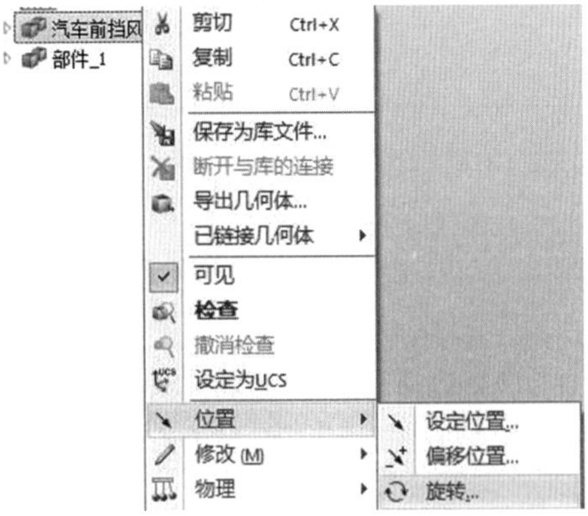

续表3.2

操作步骤	操作说明	示意图
6	对 X 轴旋转 90°	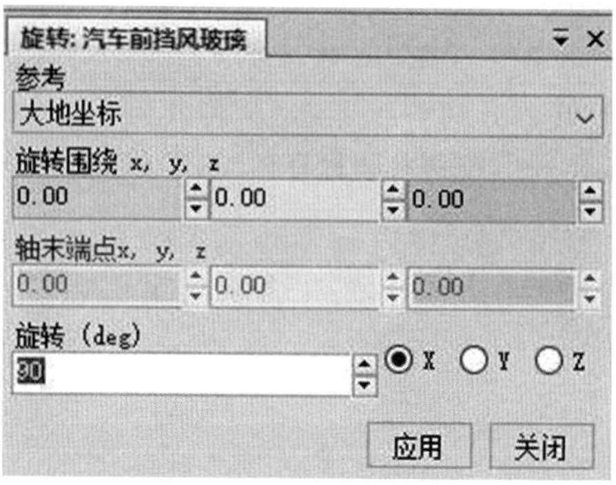
7	对 Z 轴旋转 −90°	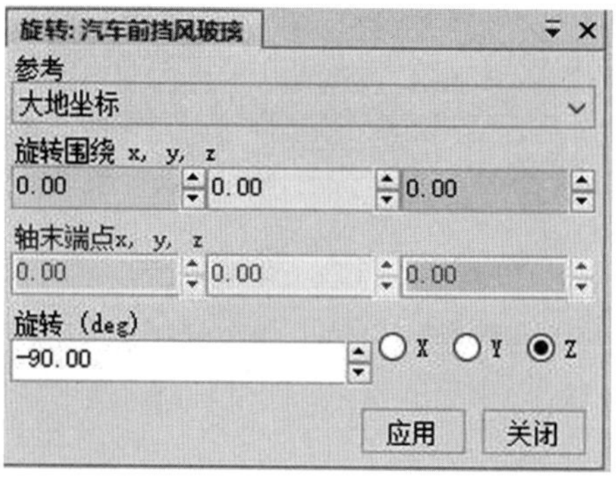
8	汽车前挡风玻璃模型方向已调整	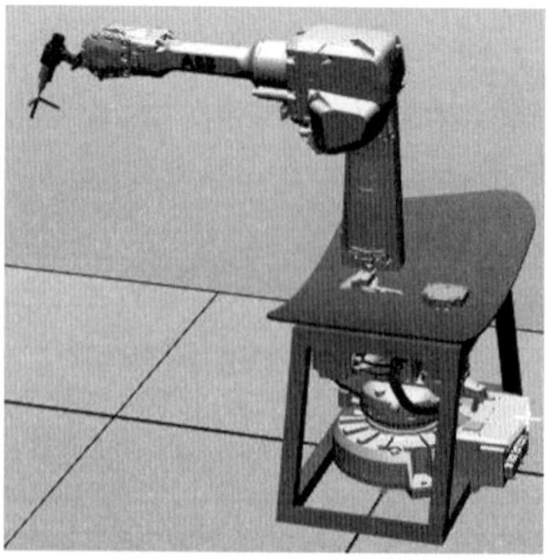

续表3.2

操作步骤	操作说明	示意图
9	单击“机器人显示工作区域”，调整汽车前挡风玻璃位置，使其在可加工范围内	
10	创建机器人系统	

任务 3.2　建立机器人离线轨迹曲线及路径

创建机器人离线轨迹曲线及路径

3.2.1　创建机器人离线轨迹曲线

在本任务中，以涂胶为例，机器人需要沿着工件的外边缘进行涂胶，此运行轨迹为3D曲线，可根据现有工件的3D模型直接生成机器人运行轨迹，进而完成整个轨迹调试并模拟仿真运行，其具体操作步骤见表3.3。

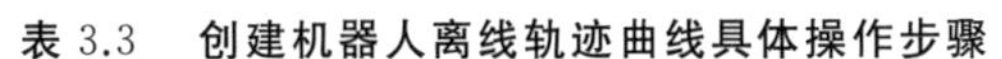

表3.3　创建机器人离线轨迹曲线具体操作步骤

操作步骤	操作说明	示意图
1	在“建模”功能选项卡中单击“表面边界”	

续表3.3

操作步骤	操作说明	示意图
2	“选择表面”选为“Face(汽车前挡风玻璃)”,再点击工件表面	
3	单击“创建”,再单击“关闭”,即创建了“部件 1”,“部件 1”即为生成的曲线	

3.2.2　生成机器人离线轨迹路径

机器人离线轨迹曲线创建后,根据生成的3D曲线自动生成机器人的运行轨迹。在轨迹应用过程中,通常需要创建用户坐标系以方便进行编程及路径修改。用户坐标系的创建一般以加工工件的固定装置的特征点为基准。在本任务中,以图3.2所示用户坐标系为例进行创建。

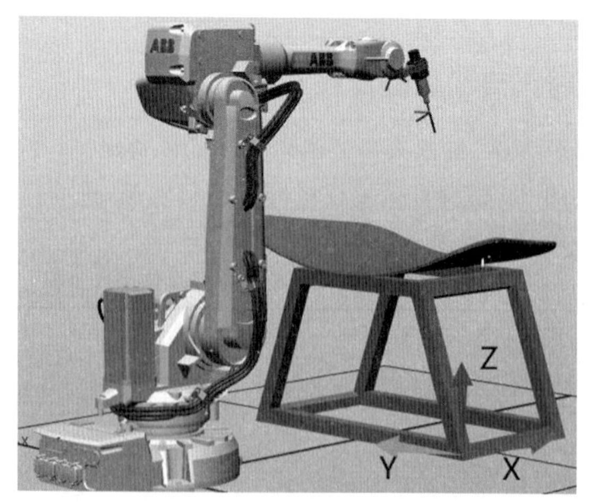

图 3.2　用户坐标系示意图

创建机器人离线轨迹路径具体操作步骤见表3.4。

表 3.4　创建机器人离线轨迹路径具体操作步骤

操作步骤	操作说明	示意图
1	在“基本”功能选项卡中单击“其他”菜单，选择“创建工件坐标”	 目标点 路径 其它 示教目标点 示教指令 查看机器人目标 MultiMove 任务 工件坐标 工具 创建工件坐标 创建RAPID工作对象。 创建工具数据 定义工具属性，包括位置和负荷。 创建逻辑指令 插入一条辅助，非移动指令，以方便离线编程。
2	名称修改为“Wobj_1”	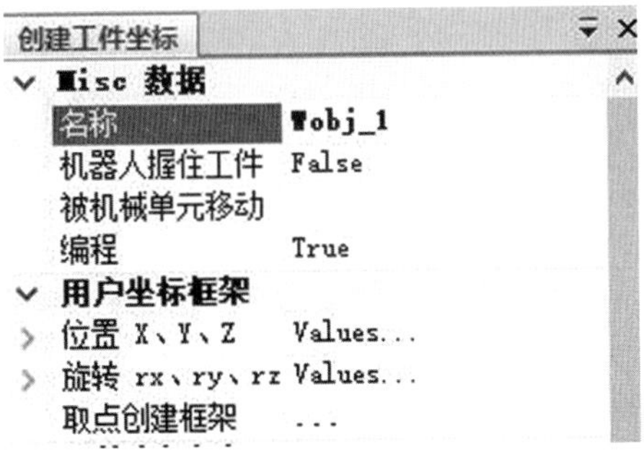 创建工件坐标 Misc 数据 名称 Wobj_1 机器人握住工件 False 被机械单元移动 编程 True 用户坐标框架 位置 X、Y、Z Values... 旋转 rx、ry、rz Values... 取点创建框架 ...
3	单击“用户坐标框架”中的“取点创建框架”，选择“三点”	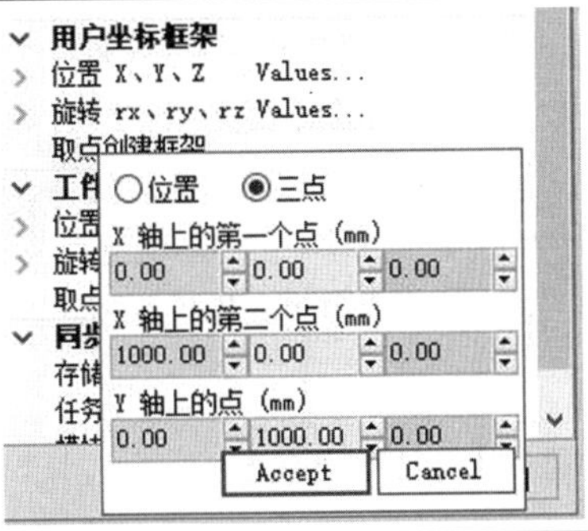 用户坐标框架 位置 X、Y、Z Values... 旋转 rx、ry、rz Values... 取点创建框架 ○位置 ◉三点 X 轴上的第一个点 (mm) 0.00 0.00 0.00 X 轴上的第二个点 (mm) 1000.00 0.00 0.00 Y 轴上的点 (mm) 0.00 1000.00 0.00 Accept Cancel
4	依次捕捉3个点位(选择捕捉工具:捕捉末端)，创建坐标系，之后单击“Accept”	 Y1 X1 X2

续表3.4

操作步骤	操作说明	示意图
5	单击“创建”	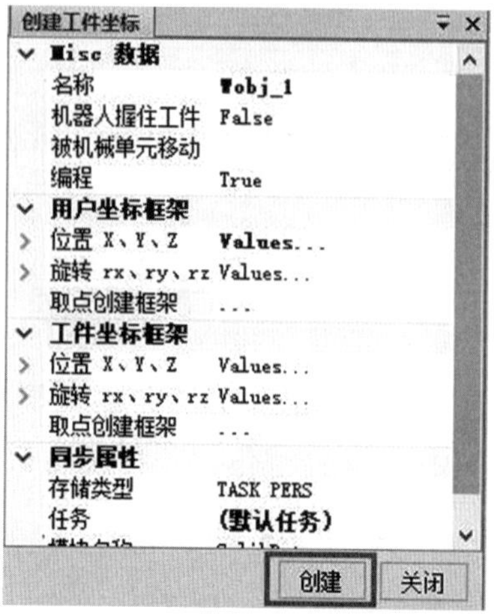
6	在“基本”功能选项卡中将工件坐标“wobj0”修改为“Wobj_1”，“tool0”修改为“MyTool”	
7	调整机器人速度为“v200”，转弯半径为“z10”	
8	选择捕捉工具“曲线”	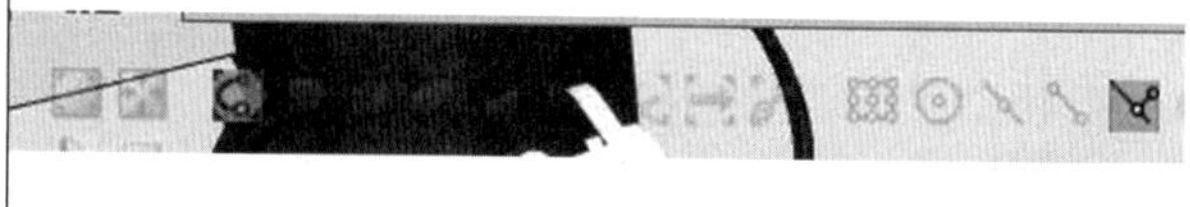
9	点击工件表面边沿	

续表3.4

操作步骤	操作说明	示意图
10	在“基本”功能选项卡中单击“路径”，选择“自动路径”	导入几何体 框架 目标点 路径 其它 示教目标点 示教指令 查看机器人目标 MultiMove ce:视图1 空路径 创建无指令的新路径。 自动路径 从几何体边缘创建一条路径或曲线。
11	在“参照面”框中单击后，点击汽车前挡风玻璃，修改最小距离和公差，最后单击“创建”	文件(F) 基本 建模 仿真 控制器(C) RAPID Add-Ins ABB模型库 导入模型库 机器人系统 导入几何体 框架 目标点 路径 其它 示教目标点 示教指令 查看机器人目标 MultiMove 任务 工件坐标 工具 建立工作站 路径编程 自动路径 ce:视图1 反转 删除 参照面 汽车前挡风玻璃 开始偏移量 (mm) 0.00 结束偏移量 (mm) 0.00 近似值参数 线性 圆弧运动 常量 最小距离 (mm) 1.00 最大半径 (mm) 100000.00 公差 (mm) 1.00 更多 清除 关闭 创建
12	自动生成机器人路径“Path_10”	System57 T_ROB1 工具数据 工件坐标 & 目标点 wobj0 Wobj_1 路径与步骤 Path_10

机器人目标点调整及轴配置参数

任务 3.3 机器人目标点调整及轴配置参数

3.3.1 机器人目标点的调整

在前面的任务中已根据工件边缘曲线自动生成了一条机器人运行轨迹“Path_10”，但是机器人暂时还不能直接按照此条轨迹运行，因为部分目标点姿态机器人还难以到达。本任务主要讲解如何修改目标点的姿态，从而让机器人能够达到各个目标点，然后进一步完善程序并进行仿真。机器人目标点的调整具体操作步骤见表 3.5。

表 3.5　机器人目标点的调整具体操作步骤

操作步骤	操作说明	示意图
1	在“基本”功能选项卡中单击“路径和目标点”选项卡，依次展开“T_ROB1”“工件坐标 & 目标点”“Wobj_1”，在目标点“Target_10”处右击，选择“查看目标处工具”，勾选本工作站中的工具名称“MyTool”	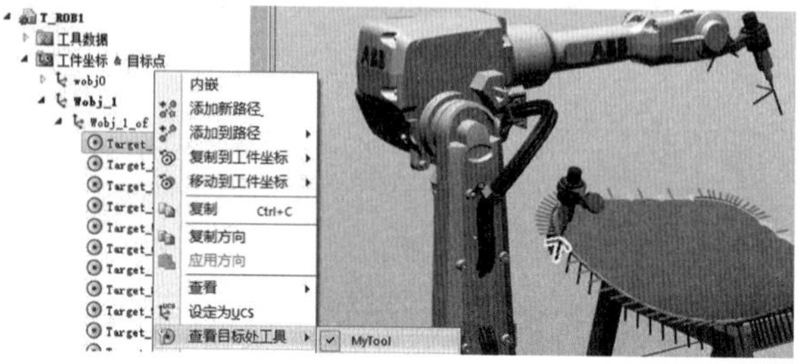 T_ROB1 工具数据 工件坐标 & 目标点 wobj0 Wobj_1 Wobj_1_of 内嵌 添加新路径 添加到路径 复制到工件坐标 移动到工件坐标 复制 Ctrl+C 复制方向 应用方向 查看 设定为UCS 查看目标处工具 MyTool
2	在目标点“Target_10”处右击，依次选择“修改目标”“旋转…”	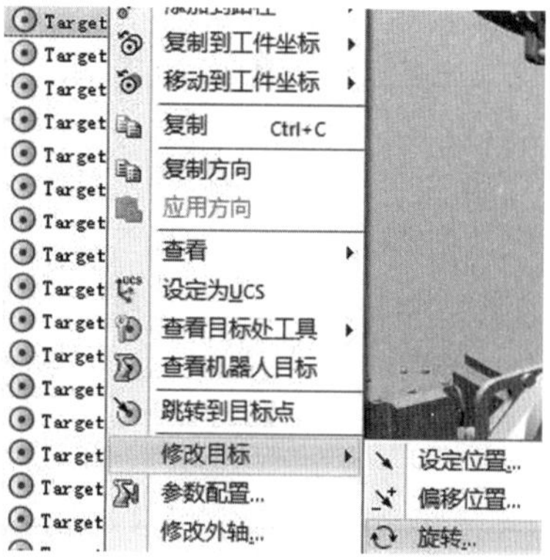 复制到工件坐标 移动到工件坐标 复制 Ctrl+C 复制方向 应用方向 查看 设定为UCS 查看目标处工具 查看机器人目标 跳转到目标点 修改目标 参数配置... 修改外轴... 设定位置... 偏移位置... 旋转...
3	在“参考”栏选择“本地”，在“旋转”栏勾选“Z”，输入“90”，单击“应用”	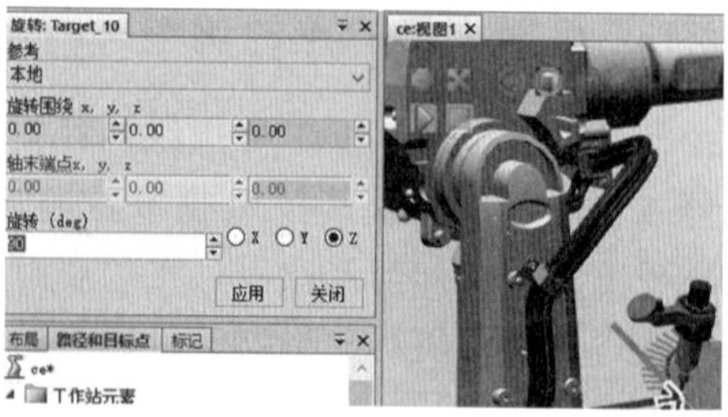 旋转: Target_10 参考 本地 旋转围绕 x, y, z 0.00 0.00 0.00 轴末端点x, y, z 0.00 0.00 0.00 旋转 (deg) 90 X Y Z 应用 关闭 布局 路径和目标点 标记 工作站元素

续表3.5

操作步骤	操作说明	示意图
4	按住Shift键用鼠标左键选中剩下所有的目标点后右击，再单击“修改目标”中的“对准目标点方向”	Target_7 Target_7 Target_8 Target_8 Target_8 Target_8 Target_8 Target_8 Target_8 Target_8 Target_8 Target_8 Target_9 查看 设定为UCS 查看目标处工具 查看机器人目标 跳转到目标点 修改目标 参数配置... 修改外轴... 标记 删除 Delete 重命名 设定位置... 偏移位置... 旋转... 放置 设定表面法线方向 对准目标点方向
5	单击“参考”框选择“Target_10”再单击“应用”	对准目标点:(多种选择) 参考: Target_10 (System57/T_ROB1) 对准轴: X 锁定轴: Z 清除 关闭 应用
6	机器人工具的方向一致，如图所示	

3.3.2　轴配置参数调整

机器人到达目标点，可能存在多种关节轴组合情况，即多种轴配置参数，需要为自动生成的目标点调整轴配置参数，具体操作步骤见表3.6。

表 3.6　机器人目标点的调整具体操作步骤

操作步骤	操作说明	示意图
1	右击“Target_10”，单击“参数配置…”	
2	选择合适的轴配置参数，单击“应用”	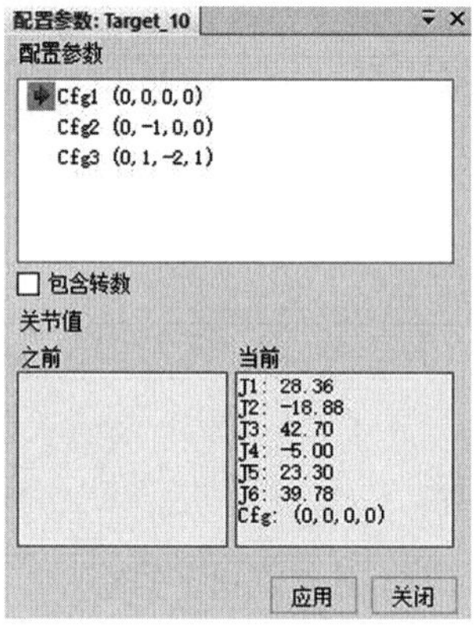
3	展开“路径与步骤”，右击“Path_10”，选择“自动配置”中的“线性 / 圆周移动指令”	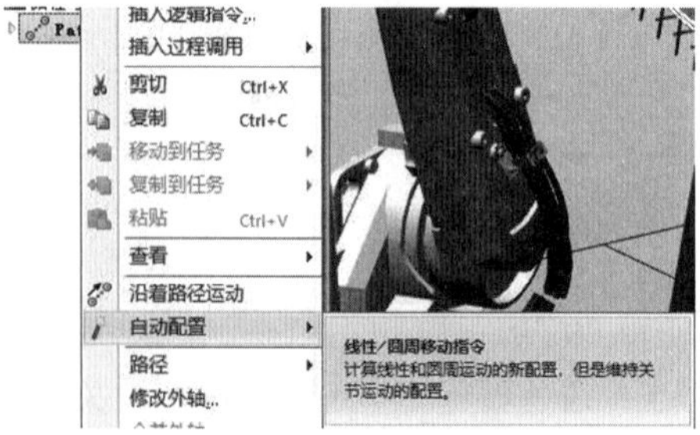

3.3.3 完善程序并仿真运行

完善程序并仿真运行具体操作步骤见表 3.7。

表 3.7 完善程序并仿真运行具体操作步骤

操作步骤	操作说明	示意图
1	右击“Target_10”，选择“复制”	
2	右击工件坐标系“Wobj_1”，选择“粘贴”	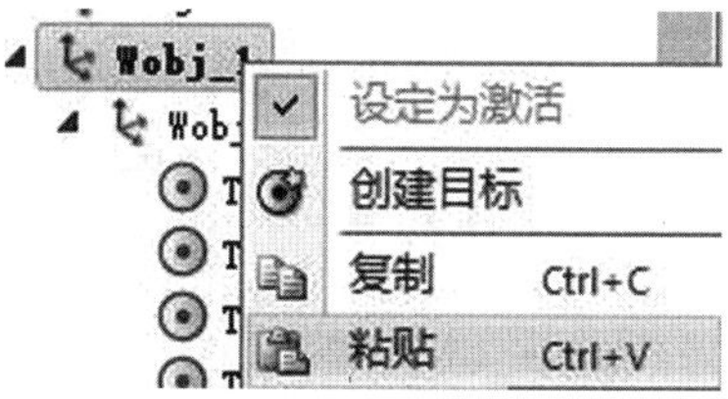
3	将新生成的“Target_10_2”修改为“Target_10_UP”	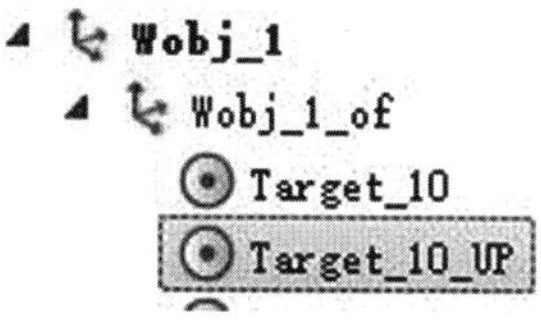
4	右击“Target_10_UP”，选择“修改目标”中的“偏移位置…”	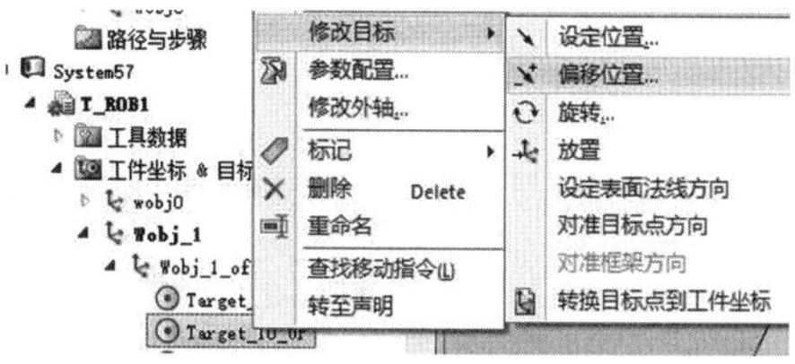
5	将“参考”设为“本地”，转换的 Z 值所在栏输入“－100”，单击“应用”	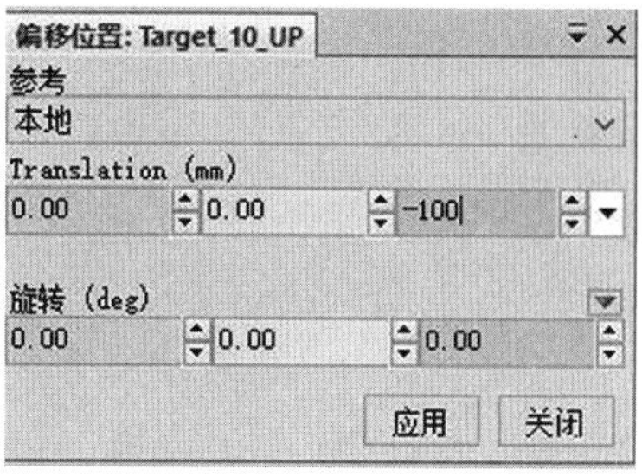

续表3.7

操作步骤	操作说明	示意图
6	右击“Target_10_UP”，依次选择“添加到路径”“Path_10”“第一”和“最后”	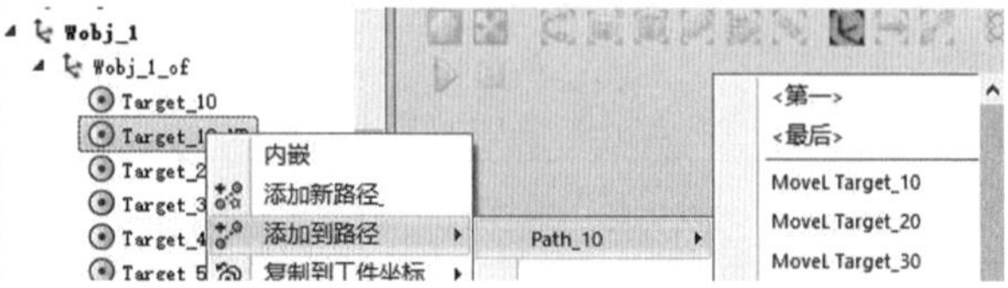
7	在“布局”面板中右击机器人“IRB 2600”，单击“回到机械原点”	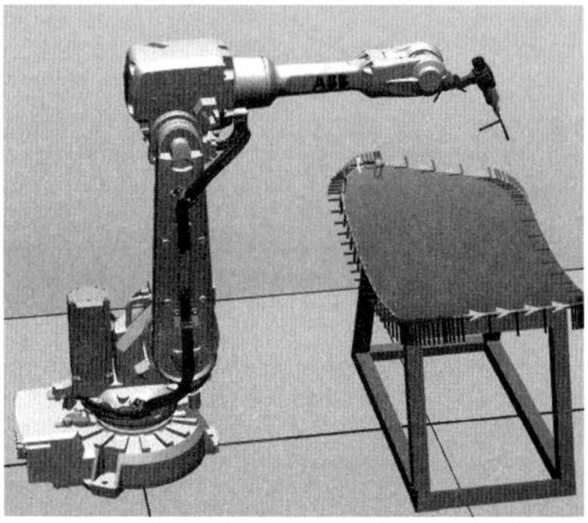
8	单击“示教目标点”	
9	将目标点名称修改为“pHome”	
10	右击“pHome”，选择“添加到路径”“Path_10”“第一”和“最后”	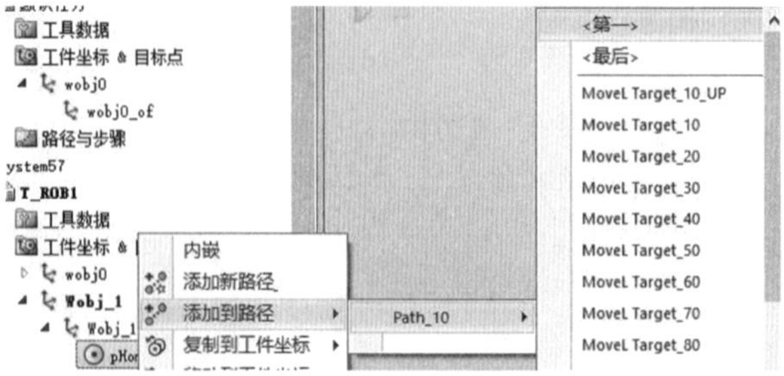

续表3.7

操作步骤	操作说明	示意图
11	在“路径与步骤”的“Path_10”中右击“MoveL pHome”选择“编辑指令…”(第一和倒数第一都有“pHome”,都需要更改)	MoveL pHom MoveL Tar MoveL Tar MoveL Tar MoveL Tar MoveL Tar MoveL Tar MoveL Tar MoveL Tar MoveL Tar MoveL Tar MoveL Tar MoveL Tar MoveL Tar MoveL Tar MoveL Tar MoveL Tar MoveL Tar 插入逻辑指令... 插入过程调用 剪切 Ctrl+X 复制 Ctrl+C 粘贴 Ctrl+V 移动到路径 复制到路径 视图 查看目标处工具 查看机器人目标 检查可达性 执行移动指令 跳转到移动指令 修改位置 编辑指令(I)...
12	将“动作类型”从“Linear”修改为“Joint”后单击“应用”	编辑指令: MoveL pHome 动作类型 Joint 指令参数 杂项 \Conc 禁用 ToPoint pHome \ID 禁用 Speed v200 \V 禁用 \T 禁用 Zone z10 \Z 禁用 \Inpos 禁用 Tool MyTool \WObj Wobj_1 \Corr 禁用 \TLoad 禁用 过程模板 应用 关闭

续表3.7

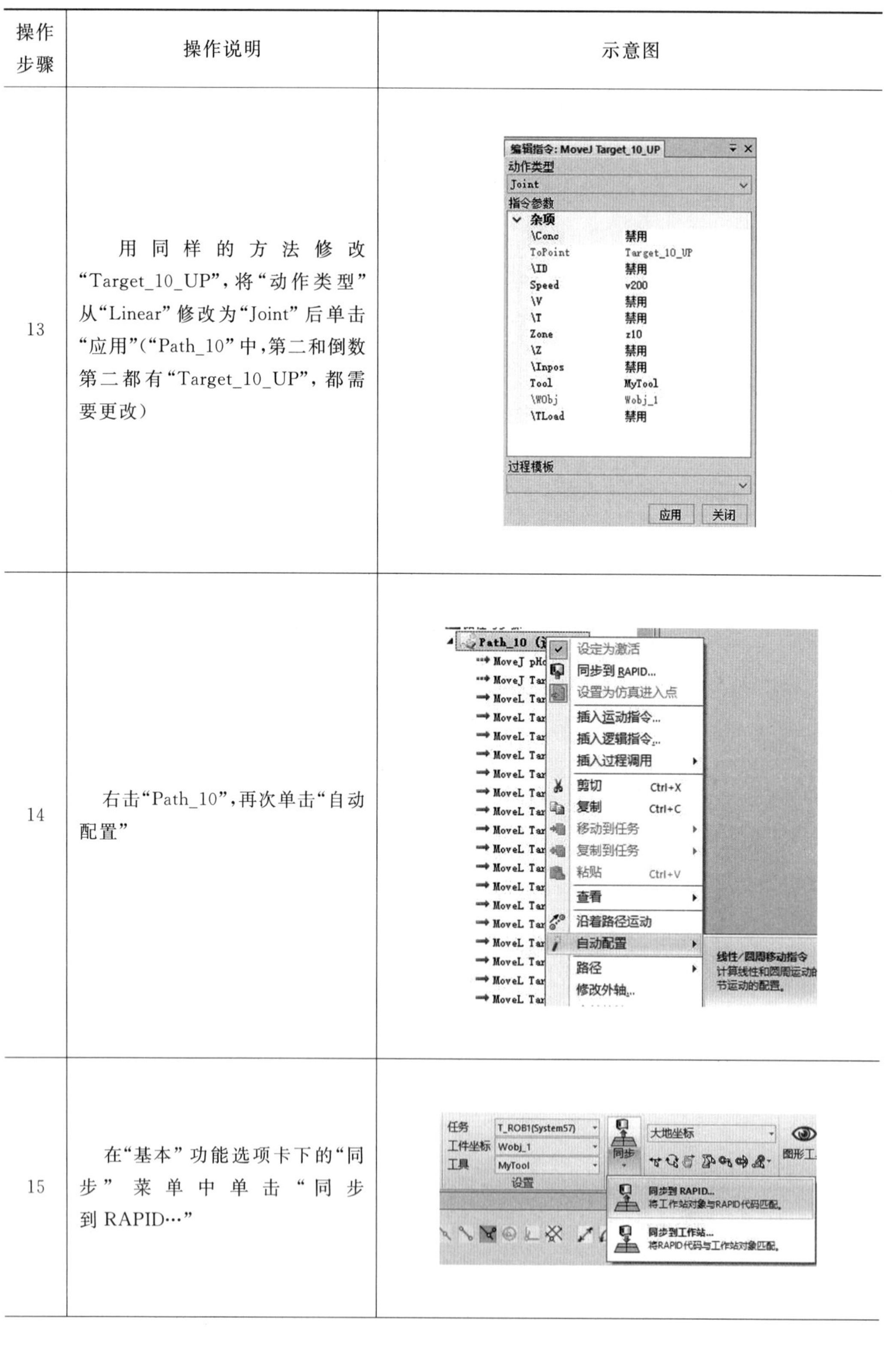

操作步骤	操作说明	示意图
13	用同样的方法修改“Target_10_UP”，将“动作类型”从“Linear”修改为“Joint”后单击“应用”（“Path_10”中，第二和倒数第二都有“Target_10_UP”，都需要更改）	
14	右击“Path_10”，再次单击“自动配置”	
15	在“基本”功能选项卡下的“同步”菜单中单击“同步到 RAPID…”	

续表3.7

操作步骤	操作说明	示意图
16	将“工作坐标”内的“Wobj_1”和“工具数据”内的“MyTool”模块从“CalibData”修改成“Module1”并勾选所有同步后点击“确定”	
17	在“基本”功能选项卡“显示/隐藏”菜单取消勾选“全部目标点/框架”	
18	在“仿真”功能选项卡中单击“仿真设定”，将“进入点”设置为“Path_10”	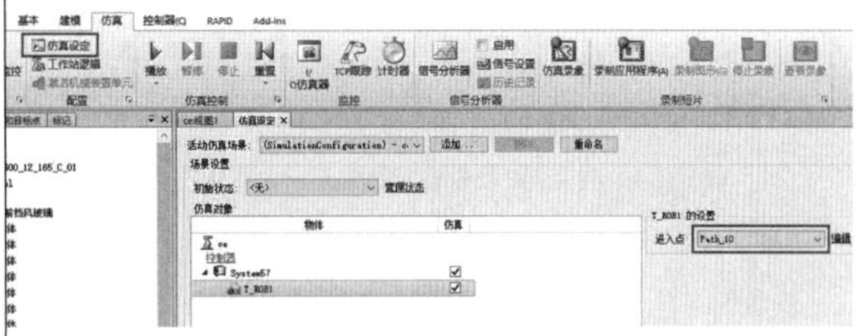
19	在“仿真”功能选项卡中单击“播放”即可观看机器人运动轨迹	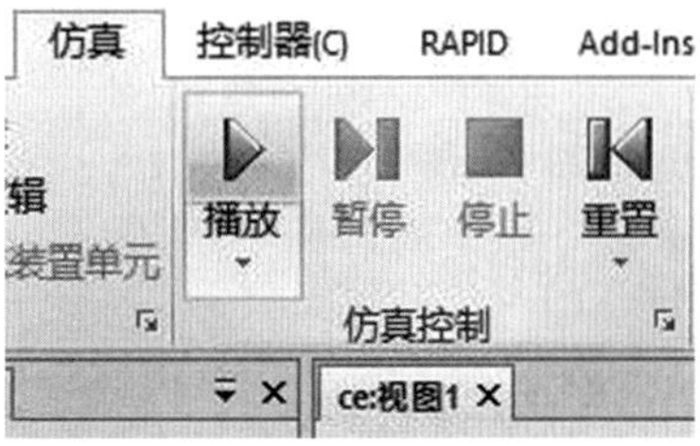

机器人离线轨迹编程辅助工具

任务 3.4　机器人离线轨迹编程辅助工具

3.4.1　机器人碰撞监控功能的使用

完善程序并仿真运行具体操作步骤见表 3.8。

表 3.8　完善程序并仿真运行具体操作步骤

操作步骤	操作说明	示意图
1	在“仿真”功能选项卡中单击“创建碰撞监控”	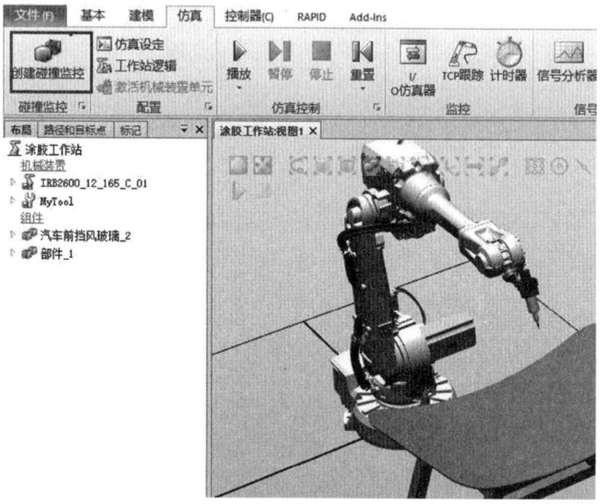
2	展开“碰撞检测设定 _1”，显示“ObjectsA”和“ObjectsB”	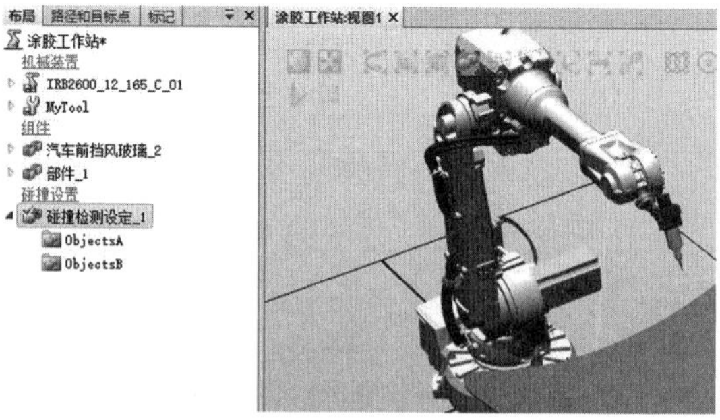
3	将工具“MyTool”拖放到“ObjectsA”组件中；“汽车前挡风玻璃 _2”拖放到“ObjectsB”组件中	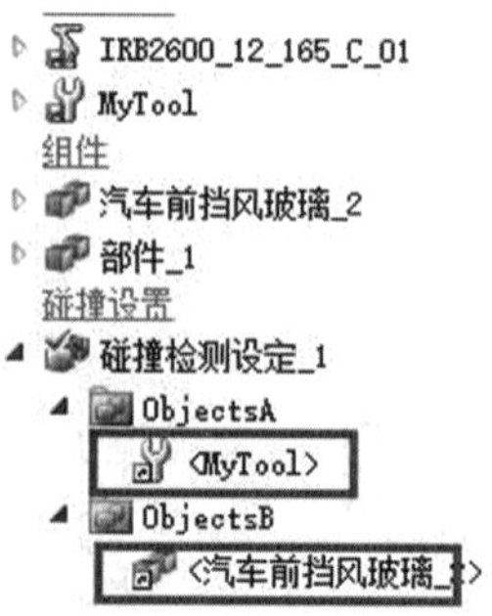

续表3.8

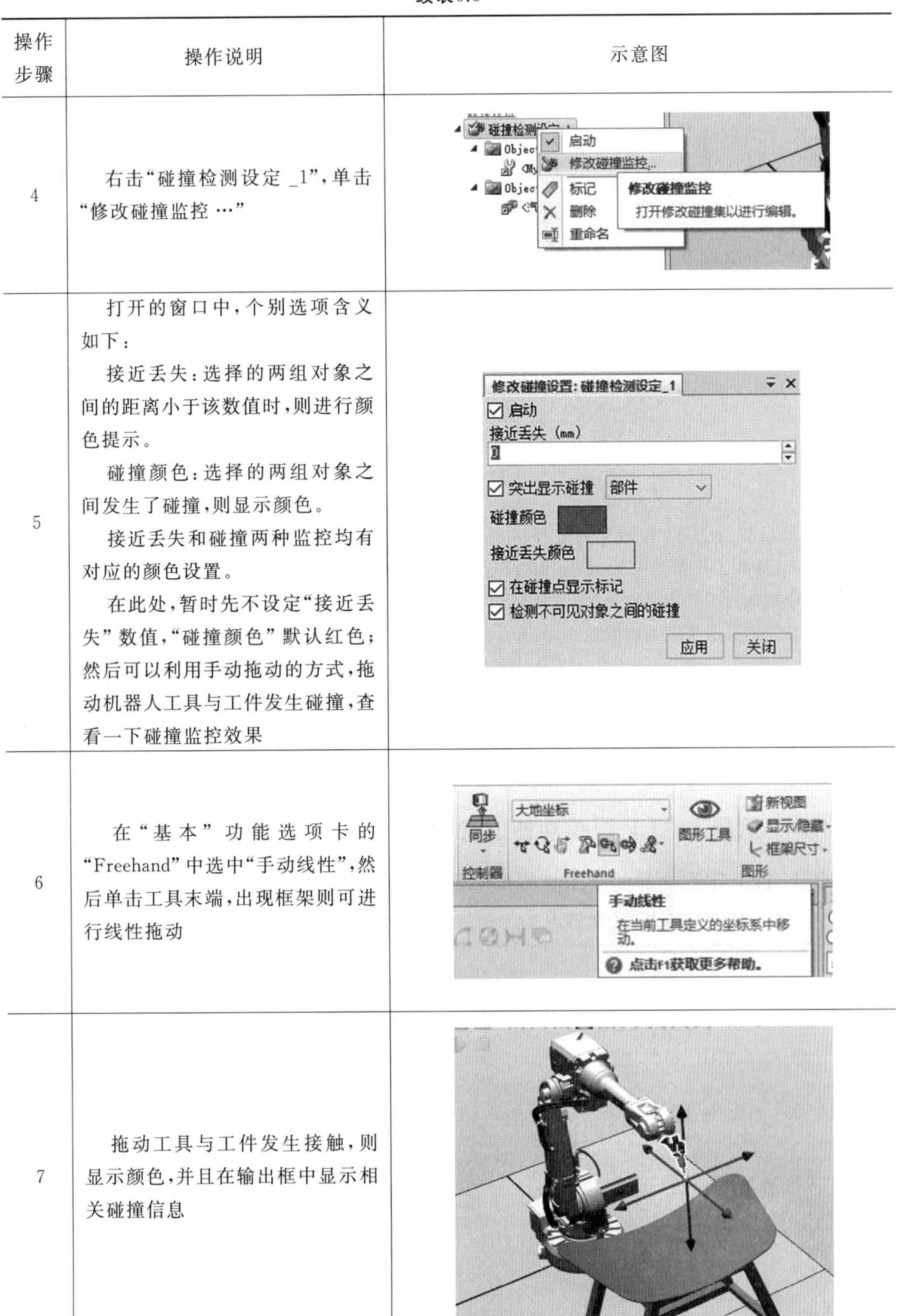

操作步骤	操作说明	示意图
4	右击“碰撞检测设定 _1”，单击“修改碰撞监控 …”	
5	打开的窗口中，个别选项含义如下： 接近丢失：选择的两组对象之间的距离小于该数值时，则进行颜色提示。 碰撞颜色：选择的两组对象之间发生了碰撞，则显示颜色。 接近丢失和碰撞两种监控均有对应的颜色设置。 在此处，暂时先不设定“接近丢失”数值，“碰撞颜色”默认红色；然后可以利用手动拖动的方式，拖动机器人工具与工件发生碰撞，查看一下碰撞监控效果	
6	在“基本”功能选项卡的“Freehand”中选中“手动线性”，然后单击工具末端，出现框架则可进行线性拖动	
7	拖动工具与工件发生接触，则显示颜色，并且在输出框中显示相关碰撞信息	

续表3.8

操作步骤	操作说明	示意图
8	机器人回到原点位置，将“接近丢失”距离设为 6 mm，“接近丢失”颜色默认黄色，单击“应用”	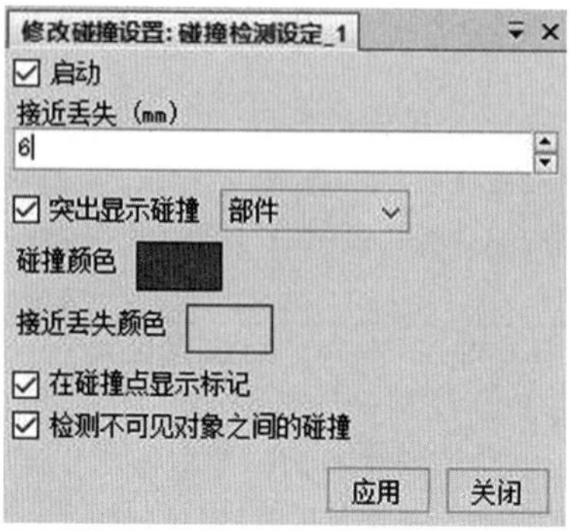 修改碰撞设置：碰撞检测设定_1 ☑ 启动 接近丢失 (mm) 6 ☑ 突出显示碰撞 部件 碰撞颜色 接近丢失颜色 ☑ 在碰撞点显示标记 ☑ 检测不可见对象之间的碰撞 应用 关闭
9	最后执行仿真，初始接近过程中，工具和工件都是初始颜色，而当开始执行工件表面轨迹时，工具和工件则显示接近丢失颜色	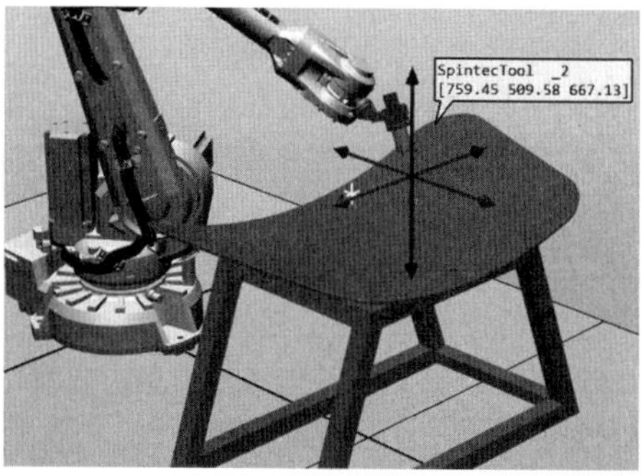 SpintecTool _2 [759.45 509.58 667.13]

3.4.2 机器人 TCP 跟踪功能的使用

机器人 TCP 跟踪功能的使用具体操作步骤见表 3.9。

表 3.9 机器人 TCP 跟踪功能的使用具体操作步骤

操作步骤	操作说明	示意图
1	取消勾选“启动”，单击“应用”	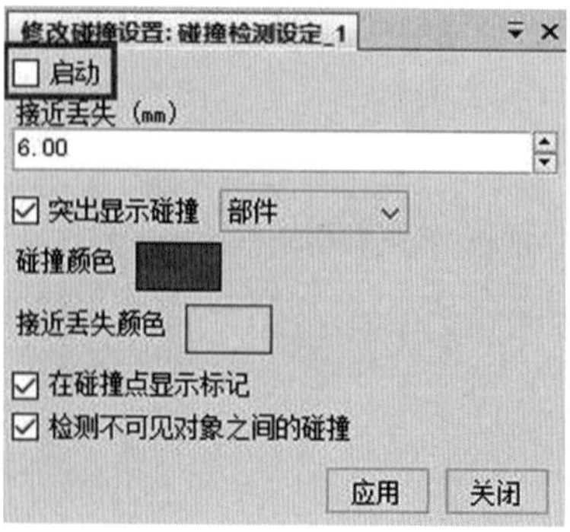 修改碰撞设置：碰撞检测设定_1 ☐ 启动 接近丢失 (mm) 6.00 ☑ 突出显示碰撞 部件 碰撞颜色 接近丢失颜色 ☑ 在碰撞点显示标记 ☑ 检测不可见对象之间的碰撞 应用 关闭

续表3.9

操作步骤	操作说明	示意图
2	单击“仿真”功能选项卡中的“TCP 跟踪”	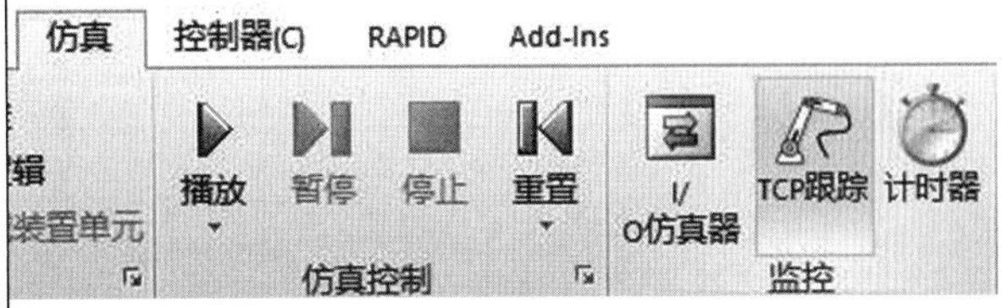 仿真 控制器(C) RAPID Add-Ins 辑 装置单元 播放 暂停 停止 重置 仿真控制 I/O仿真器 TCP跟踪 计时器 监控
3	在“基本”功能选项卡中单击“显示/隐藏”，取消勾选“全部目标点/框架”和“全部路径”	 同步 控制器 大地坐标 Freehand 图形工具 新视图 显示/隐藏 目标名称 框架名字 路径名称 全部目标点/框架 全部路径 全部部件 全部机械装置 全部标记(G)
4	单击“启用 TCP 跟踪”	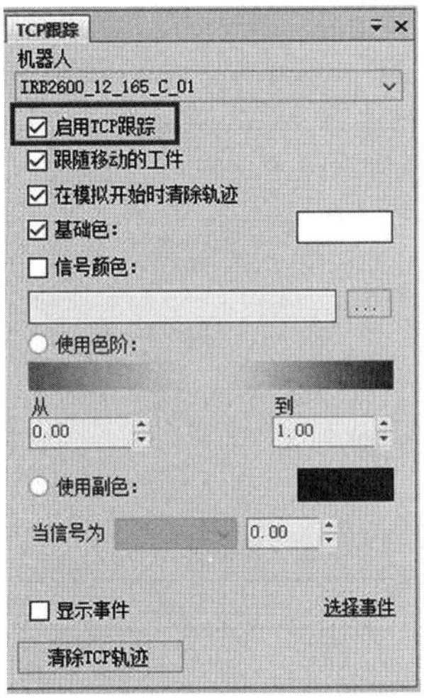 TCP跟踪 机器人 IRB2600_12_165_C_01 启用TCP跟踪 跟随移动的工件 在模拟开始时清除轨迹 基础色： 信号颜色： 使用色阶： 从 0.00 到 1.00 使用副色： 当信号为 0.00 显示事件 选择事件 清除TCP轨迹
5	单击“播放”	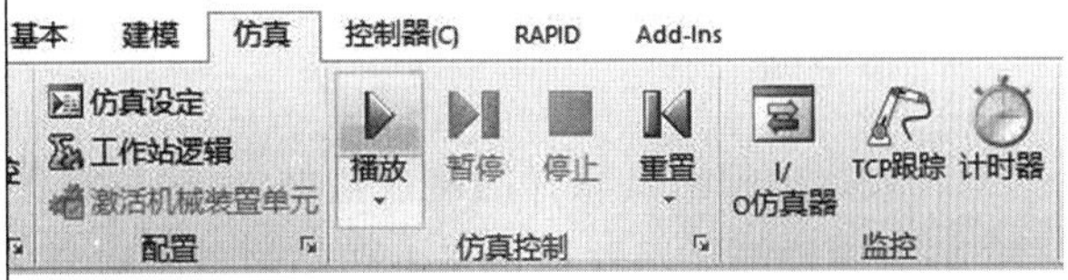 基本 建模 仿真 控制器(C) RAPID Add-Ins 仿真设定 工作站逻辑 激活机械装置单元 配置 播放 暂停 停止 重置 仿真控制 I/O仿真器 TCP跟踪 计时器 监控

续表3.9

操作步骤	操作说明	示意图
6	开始记录机器人运行轨迹，并监控机器人运行速度是否超出限值	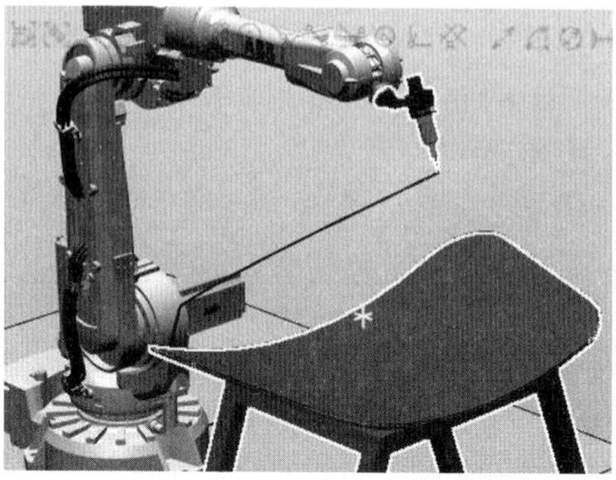
7	若想清除记录的轨迹，可单击“清除 TCP 轨迹”	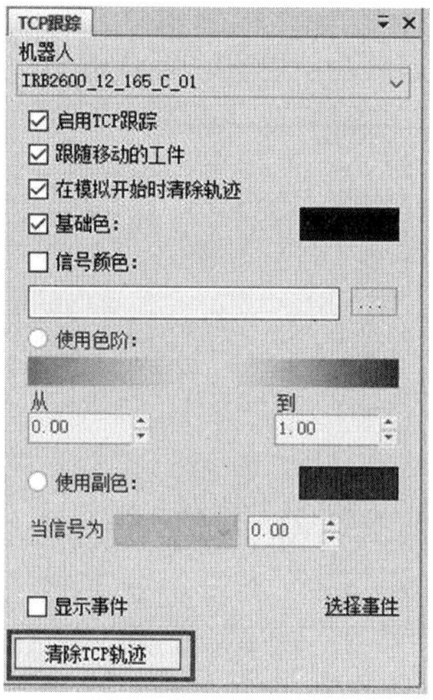

知识测试

一、填空题

1. ABB 虚拟仿真软件的碰撞监控，每个碰撞集包含________组对象。

2. 碰撞检测显示并记录了工作站内指定对象的________和________。

二、判断题

1. 即便手动移动对象或检测可达性，碰撞检测已始终处于活动状态。（　　）

2. 在复杂的工作站内，用户可以使用多组碰撞集对不同组的物体进行碰撞检测。（　　）

3. 碰撞检测在创建后会根据设定自动检测碰撞，无须用户手动启动检测过程。(　　)

4. 当控制器计算出机器人到达目标点时轴的位置，它一般会找到多个配置机器人轴的解决方案。(　　)

三、综合应用

1. 简述机器人目标点的调整方法。

附表5　项目3任务实施记录及检验单1

项目3的任务实施记录及检验单1见表3.10。

表3.10　项目3的任务实施记录及检验单

任务名称	轨迹曲线与路径创建	实施日期	
任务要求	要求：完成涂胶仿真工作站的布局，并自动生成涂胶轨迹		
计划用时		实际用时	
组别		组长	
组员姓名			
成员任务分工			
实施场地			
实施步骤与信息记录	(任务实施过程中重要的信息记录，是撰写工程说明书和工程交接手册的主要文档资料) (1) 机器人涂胶曲线创建流程： (2) 自动路径关键参数设置： (3) 涂胶路径生成流程：		
遇到的问题及解决方案			
总结与反思			

续表3.10

	项目列表	自我检测要点	配分	得分
自我检测评分点	基本素养	纪律(无迟到、早退、旷课)	10	
		安全规范操作,符合5S管理规范	10	
		团队协作能力、沟通能力	10	
	理论知识	网络平台理论知识测试	10	
	工程技能	能够正确创建机器人涂胶曲线	20	
		能够正确设置自动路径	20	
		能够正确生成涂胶路径	20	
	总评得分			

附表6　项目3任务实施记录及检验单2

项目3的任务实施记录及检验单2见表3.11。

表3.11　项目3的任务实施记录及检验单2

任务名称	目标点调整与轴配置参数调整	实施日期	
任务要求	要求:修改目标点的姿态,从而让机器人能够到达各个目标点,然后进一步完善程序并仿真,同时掌握机器人离线轨迹编程辅助工具的使用		
计划用时		实际用时	
组别		组长	
组员姓名			
成员任务分工			
实施场地			

续表3.11

<table>
<tr><td>实施步骤与信息记录</td><td colspan="4">（任务实施过程中重要的信息记录，是撰写工程说明书和工程交接手册的主要文档资料）
(1) 目标点调整流程：
(2) 轴配置选择方法：
(3) 添加过渡点，完善编程轨迹：
(4) 碰撞功能的使用：
(5) TCP 跟踪功能的使用：</td></tr>
<tr><td>遇到的问题及解决方案</td><td colspan="4"></td></tr>
<tr><td>总结与反思</td><td colspan="4"></td></tr>
<tr><td rowspan="11">自我检测评分点</td><td>项目列表</td><td>自我检测要点</td><td>配分</td><td>得分</td></tr>
<tr><td rowspan="3">基本素养</td><td>纪律(无迟到、早退、旷课)</td><td>10</td><td></td></tr>
<tr><td>安全规范操作，符合 5S 管理规范</td><td>10</td><td></td></tr>
<tr><td>团队协作能力、沟通能力</td><td>10</td><td></td></tr>
<tr><td>理论知识</td><td>网络平台理论知识测试</td><td>10</td><td></td></tr>
<tr><td rowspan="5">工程技能</td><td>能够完成目标点的调整</td><td>10</td><td></td></tr>
<tr><td>能够正确选择轴配置方法</td><td>10</td><td></td></tr>
<tr><td>能够正确生成涂胶路径</td><td>10</td><td></td></tr>
<tr><td>能够使用碰撞功能</td><td>20</td><td></td></tr>
<tr><td>能够使用 TCP 跟踪功能</td><td>10</td><td></td></tr>
<tr><td colspan="4">总评得分</td></tr>
</table>

项目4　绘图仿真工作站的构建

任务引入

在工业机器人应用的广泛领域（如切割、涂胶、焊接等高精度作业），经常面临处理复杂且不规则曲线的挑战。传统上，这些任务依赖于描点法，即技术人员需根据工艺精度要求，手动示教大量目标点，以构建工业机器人的运动轨迹。然而，这种方法不仅耗时耗力，还难以确保轨迹的精确性与平滑性，难以满足现代工业生产的高效率与高质量需求。

为解决这一问题，工业机器人离线编程技术应运而生，并成为这些典型应用中的优选方案。尤为值得一提的是，工业机器人绘图仿真工作站的构建作为“1+X”工业机器人应用编程考核的重要内容之一，其核心价值在于能够基于精确的3D模型，自动将复杂曲线的特征转换为工业机器人可执行的精确运行轨迹。这种技术的引入极大地节省了编程时间与人力成本，同时显著提升了轨迹的精度与作业效率，为工业生产智能化、自动化的升级提供了强有力的支持。

通过工业机器人绘图仿真工作站，技术人员可以在虚拟环境中预先规划并验证机器人的运动轨迹，无须在实际生产线上反复调试，从而有效降低了设备停机时间与生产成本。此外，该工作站还具备强大的仿真能力，能够模拟各种工况下的机器人作业情况，为工艺优化与故障排查提供了直观、高效的平台。

本项目主要是以工业机器人写字应用作为项目对象，模拟复杂轨迹典型应用的离线编程，如图4.1所示。在本项目中，可学习如何根据三维模型曲线特征，利用RobotStudio软件中的自动路径功能，自动生成工业机器人运行轨迹路径，从而生成工业机器人程序并进行实际应用调试。

图 4.1 绘图仿真工作站的构建

任务工单

项目 4 的任务工单见表 4.1。

表 4.1 项目 4 的任务工单

任务名称	绘图仿真工作站的构建
设备清单	个人计算机配置要求：Windows 7 及以上操作系统，i7 及以上 CPU，8 GB 及以上内存，20 GB 及以上空闲硬盘，独立显卡
实施场地	场地具备计算机、能上网的条件即可；也可以在机房、ABB 机器人实训室完成任务（后续任务大都可以在具备条件的实训室或装有软件的机房完成）
任务目的	通过学习软件的下载（官网）与安装，初步搭建学习机器人的环境；通过机器人系统的建立，初步了解机器人系统的组成；通过工作站的解包和打包操作，初步建立机器人编程应用平台
任务描述	能够搭建工业机器人写字仿真工作站，标定工具坐标系和工件坐标系，完成写字离线程序的编制，并根据写字效果调试离线程序
知识目标	了解工业机器人写字工作站的组成；掌握工业机器人写字仿真工作站的创建；掌握工业机器人写字离线编程方法；掌握工业机器人写字仿真视频的录制；掌握工业机器人离线程序导出和导入方法；掌握工具坐标系和工件坐标系的标定方法；掌握工业机器人写字应用程序的调试方法
能力目标	能够正确搭建工业机器人写字仿真工作站；能够正确标定绘笔工具坐标系；能够正确标定写字工件坐标系；能够正确完成工业机器人写字应用离线编程并仿真；能够正确录制工业机器人写字仿真视频；能够正确导出离线程序；能够正确运行离线程序，并根据写字效果调试离线程序
素养目标	培养学生安全规范意识和纪律意识；培养学生主动探究新知识的意识；培养学生严谨、规范的工匠精神
验收要求	在自己的计算机上完成绘图仿真的工作任务，详见任务实施记录单及检验单

实例介绍与分析

任务 4.1　实例介绍与分析

4.1.1　“1＋X”证书制度

《国家职业教育改革实施方案》(国发〔2019〕4 号)(以下简称“职教 20 条”)提出，从 2019 年开始，在职业院校、应用型本科高校启动“学历证书＋若干职业技能等级证书”制度试点(以下称“1＋X”证书制度试点)工作，牢固树立新发展理念，服务建设现代化经济体系和实现更高质量更充分就业需要，对接科技发展趋势和市场需求，完善职业教育和培训体系，优化学校、专业布局，深化办学体制改革和育人机制改革，以促进就业和适应产业发展需求为导向，鼓励和支持社会各界特别是企业积极支持职业教育，着力培养高素质劳动者和技术技能人才。

“1”是学历证书，是指学习者在学制系统内实施学历教育的学校或者其他教育机构中完成了学制系统内一定教育阶段学习任务后获得的文凭。“X”为若干职业技能等级证书。“1＋X”证书制度就是学生在获得学历证书的同时，取得多类职业技能等级证书。

职业技能等级证书是“职业技能水平的凭证，反映职业活动和个人职业生涯发展所需要的综合能力”。按照“职教 20 条”的设计，国务院人力资源社会保障行政部门、教育行政部门在职责范围内，分别负责管理监督考核院校外、院校内职业技能等级证书的实施(技工院校内由人力资源社会保障行政部门负责)，国务院人力资源社会保障行政部门组织制定职业标准，国务院教育行政部门依照职业标准牵头组织开发教学等相关标准。院校内培训可面向社会人群，院校外培训也可面向在校学生。因此，院校内实施的职业技能等级证书可以定义为:学习者在完成针对某一职业岗位关键工作领域的典型工作任务所需要的相关知识、技能和能力的学习任务后，获得的反映其职业能力水平的凭证。从本质上来说，院校内实施的职业技能等级证书一方面是学生职业技能水平的凭证，另一方面是一种学习结果的凭证。

4.1.2　任务来源

启动“1＋X”证书制度试点，将证书培训内容有机融入专业人才培养方案，优化课程设置和教学内容，统筹教学组织与实施，深化教学方式方法改革。将相关专业课程考试与职业技能等级考核统筹安排，同步考试(评价)，获得学历证书相应学分和职业技能等级证书。市面上有很多与智能制造类相关的“1＋X”证书，在此罗列 4 种证书供参考，详见表 4.2。

表 4.2 “1＋X”证书名称及相应的培训评价组织

“1＋X”证书名称	培训评价组织
工业机器人应用编程	北京赛育达科教有限责任公司
工业机器人操作与运维	北京新奥时代科技有限责任公司
工业机器人装调	沈阳新松机器人自动化股份有限公司
工业机器人集成	北京华航唯实机器人科技股份有限公司

以“1＋X”工业机器人应用编程为例，从评价组织“北京赛育达科教有限责任公司”官网下载的任务书如图 4.2 所示。

北京赛育达科教有限责任公司　　工业机器人应用编程职业技能等级证书 ABB 中级考题

工业机器人应用编程职业技能等级证书

（ABB 中级）

离线编程及验证任务书

考生须知：

1. 本任务书共 4 页，如出现任务书缺页、字迹不清等问题，请及时向考评人员申请更换任务书。
2. 请仔细研读任务书，检查考核平台，如有模块缺少、设备问题，请及时向考评人员提出。
3. 请在 **2 小时**内完成中级离线编程及验证和综合应用编程任务书规定内容。
4. 由于操作不当等原因引起工业机器人控制器及 I/O 组件、PLC 等的损坏以及发生机械碰撞等情况，将依据扣分表进行处理。
5. 考核现场不得携带任何电子存储设备。

图 4.2　离线编程及验证任务书

4.1.3　任务介绍与分析

现有一台工业机器人智能检测和装配工作站，工作站由 ABB 工业机器人、上料单元、输送单元、快换装置、立体库、变位机单元、绘图模块、视觉检测单元等组成，智能检测与装配工作站各模块布局如图 4.3 所示。关节坐标系下工业机器人工作原点位置为(0°，－20°，20°，0°，90°，0°)。

工作站所用末端工具如图 4.4 所示。其中弧口手爪工具用于取放关节底座、直口手爪工具用于取放电机、吸盘工具用于取放输出法兰。

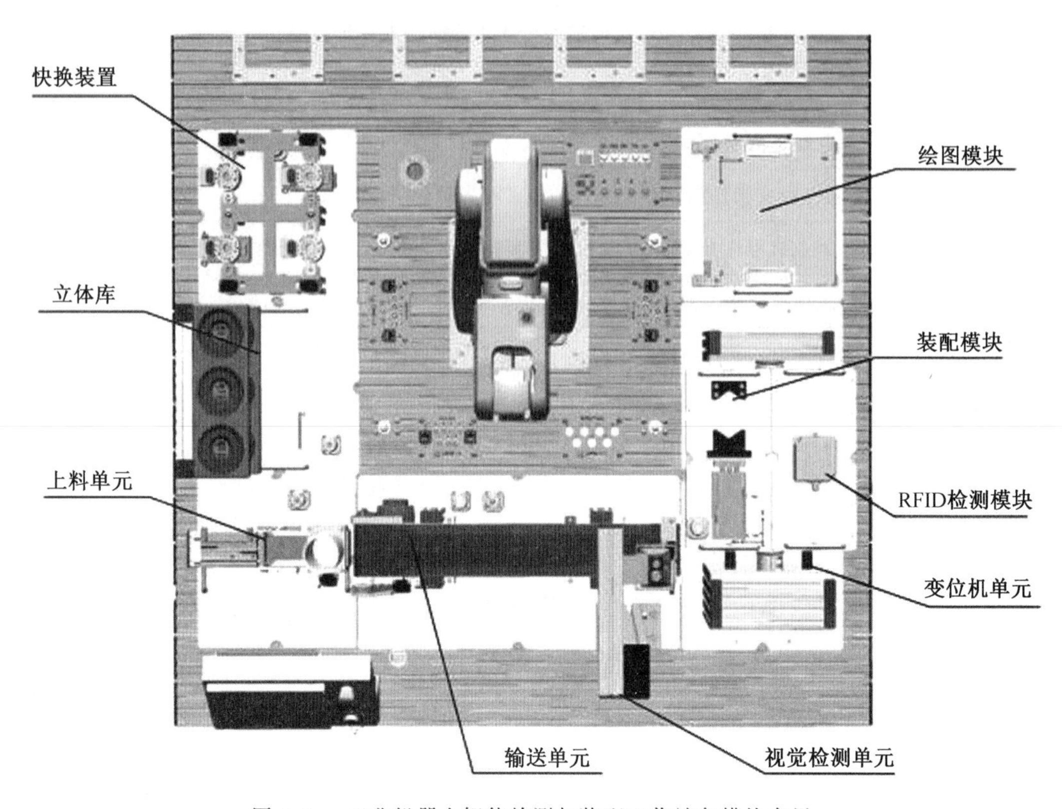

图 4.3　工业机器人智能检测与装配工作站各模块布局

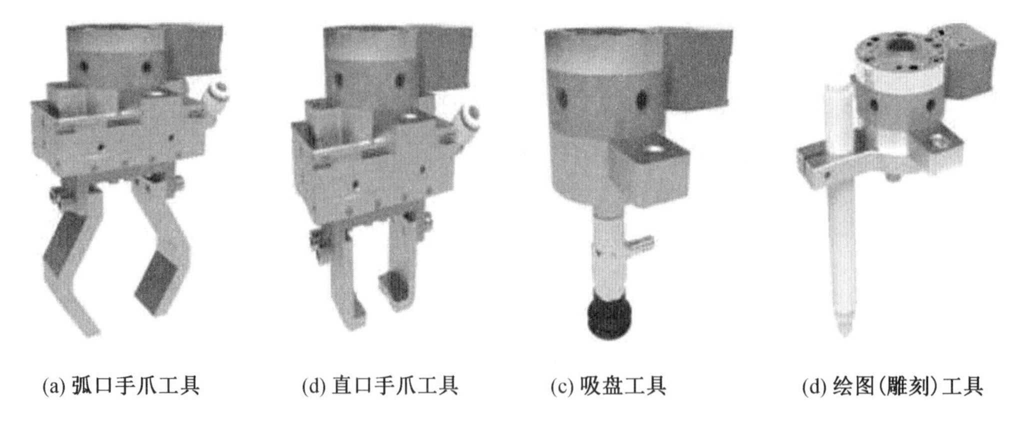

图 4.4　工作站所用末端工具

打开工业机器人配套仿真软件，搭建工业机器人绘图工作站，导入绘图模型，绘图模型如图 4.5 所示，通过仿真软件进行离线编程(绘图笔须垂直于绘图板进行绘图)，并在仿真软件中验证功能。

手动设定绘图模块面向机器人一侧 30° 状态，安装绘图笔工具，如图 4.6 所示，并标定相关坐标系。将仿真软件中的离线程序利用网线直接导入示教器中，调用标定的相关坐标系，运行导入程序，利用工业机器人将绘图模型在绘图模块上绘出，验证离线编程程序功能。

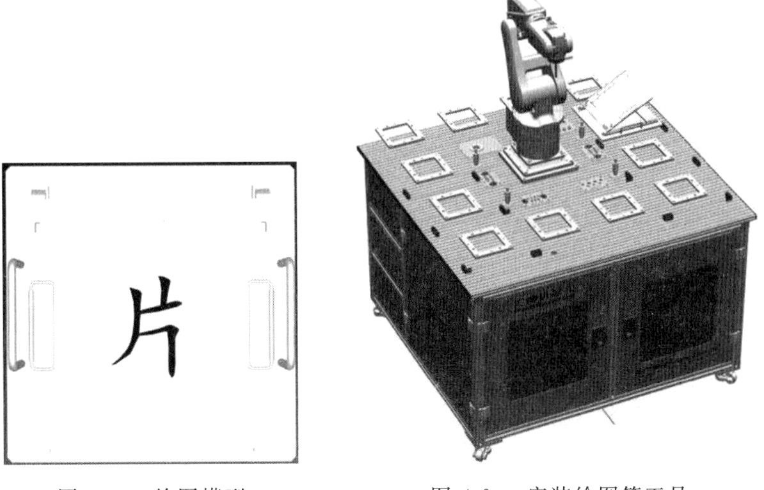

图 4.5　绘图模型　　　　图 4.6　安装绘图笔工具

通过仿真软件进行“片”字的离线编程，最后机器人在绘图模块上验证绘图程序，具体流程如图 4.7 所示。

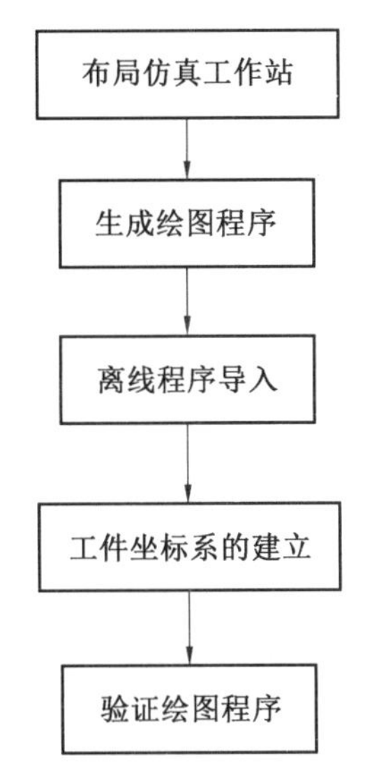

图 4.7　离线编程流程图

任务 4.2　仿真工作站的布局

仿真工作站的布局

4.2.1　工作台的创建

在工业机器人绘图应用的离线编程虚拟仿真中，需要将模型导入工作站，包括工业机器人应用编程实训平台、ABB 工业机器人、绘图模块和绘图笔工具，具体操作步骤见表 4.3。

表 4.3　工作台的创建具体操作步骤

操作步骤	操作说明	示意图
1	打开 RobotStudio 软件，点击“文件”功能选项卡中的“新建”，再点击“空工作站”“创建”	
2	单击“基本”，打开“ABB 模型库”，选择“IRB 120”	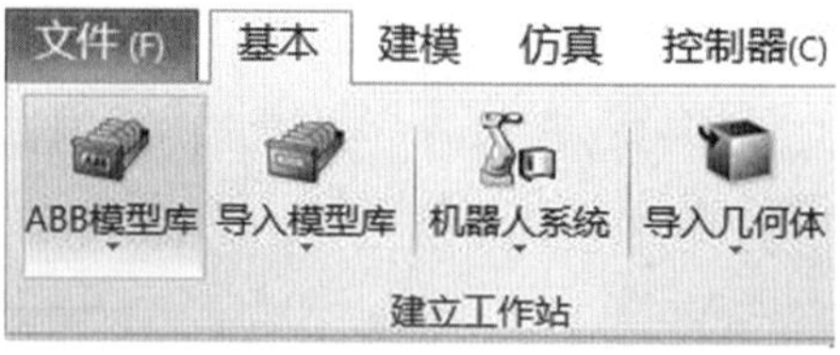
3	点击“基本”，打开“导入模型库”，选择“浏览库文件 …”	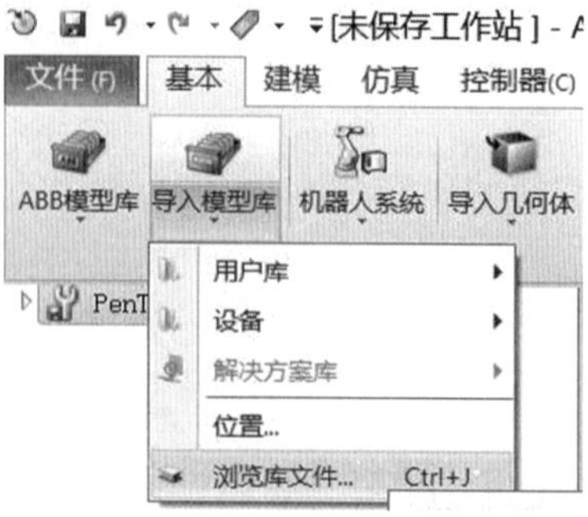

续表4.3

操作步骤	操作说明	示意图
4	找到工具所在的文件夹，选择绘图工具“PenTool”，然后单击“打开”	打开 « Rob... › 02X证书中级... 组织▾ 新建文件夹 此电脑 3D 对象 Autodesk 360 视频 图片 PenTool.rslib 选择要预览的文件。 文件名(N): 所有受支持的文件类型 (*.rslib, 加载几何体 打开(O) 取消
5	绘图工具的安装：单击“PenTool”，按住鼠标左键将“PenTool”拖到“IRB120”中；弹出“更新位置”窗口，点击“是”	更新位置 是否希望更新'PenTool'的位置? 是(Y) 否(N) 取消
6	进行工作桌台和绘图模块_片的创建：单击“基本”，打开“导入几何体”，选择“浏览几何体…”	[未保存工作站] - ABB RobotStudio 6.... 文件(F) 基本 建模 仿真 控制器(C) RAPID Add-Ins ABB模型库 导入模型库 机器人系统 导入几何体 框架 目标点 路径 其它 建立工作站 PenTool 用户几何体 解决方案几何结构 位置... 浏览几何体... Ctrl+G
7	选择工作桌台和绘图模块_片所在的文件，选择“机器人工作桌台”和“绘图模块_片”并打开	浏览几何体... « Rob... › X证书中级考... 组织▾ 新建文件夹 桌面 系统 (C:) 软件 (D:) 网络 名称 绘图模块_片.stp 机器人工作桌台.stp 选择要预览的文件。 将CAD几何图形转换成单个零件 导入隐藏/未显示的对象 表面模型(全部由表面组成) 链接到几何体 (记得源位置) 复制实例几何体 文件名(N): 所有受支持的文件类型 (*.rsgfx 打开(O) 取消

4.2.2 工作站的布局

把机器人、绘图模块等几何体布局到工作站中，具体操作步骤见表4.4。

表 4.4　工作站的布局具体操作步骤

操作步骤	操作说明	示意图
1	设定机器人的位置。选择“IRB120_3_58__01”，单击鼠标右键，然后选择“位置”中的“设定位置…”打开	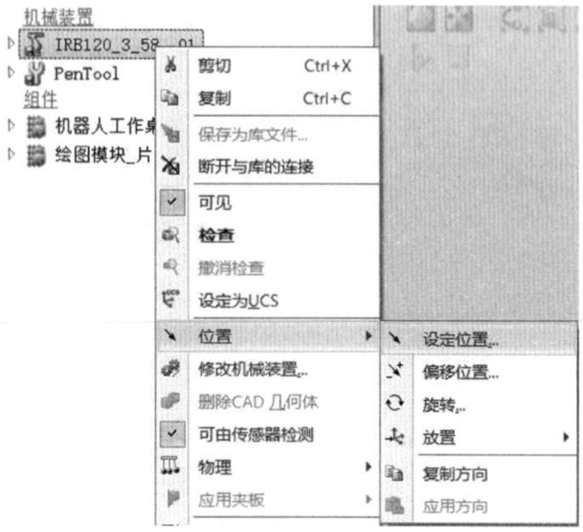
2	把“位置 X、Y、Z”中“Z”的位置改为“950.00”，然后点击“应用”	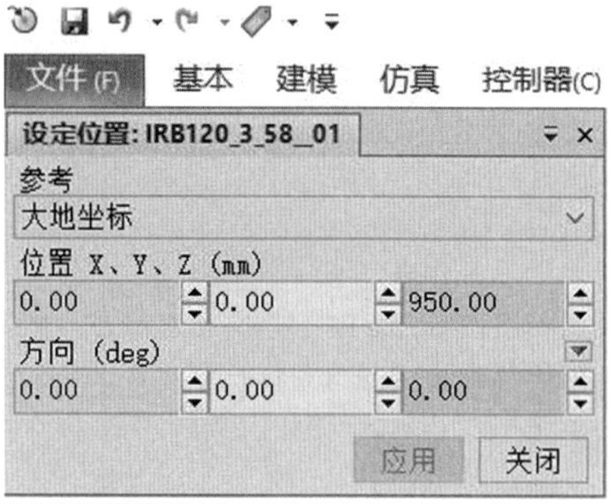
3	设定绘图模块的位置。点击“布局”，选择“绘图模块＿片”；点击鼠标右键，选择“位置”中的“设定位置…”打开	

续表4.4

操作步骤	操作说明	示意图
4	把“位置 X、Y、Z”中“X”的位置改为“450.00”，Z 位置改为“910.00”，然后点击“应用”	
5	完成机器人系统的创建	

4.2.3 工件坐标系的创建

写字笔工具坐标系已在 RobotStudio 工作站中创建完成，下面创建工件坐标系，具体操作步骤见表 4.5。

表 4.5 创建工件坐标系具体操作步骤

操作步骤	操作说明	示意图
1	在“基本”选项卡下，单击“其他”中的“创建工件坐标”	

续表4.5

操作步骤	操作说明	示意图
2	先选择“捕捉末端”	
3	选择“工件坐标框架”下的“取点创建框架”创建工件坐标系	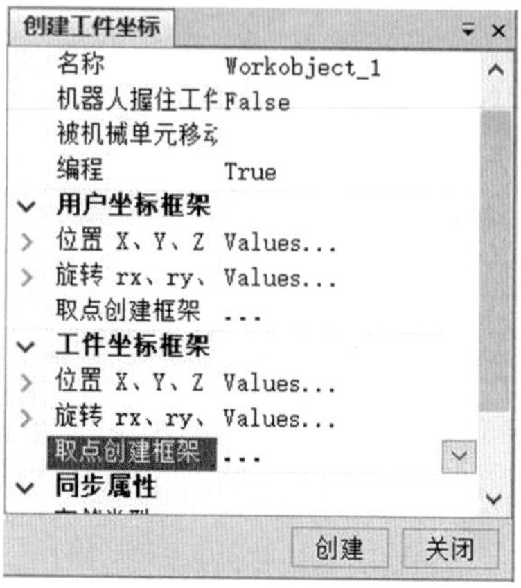
4	采用三点法	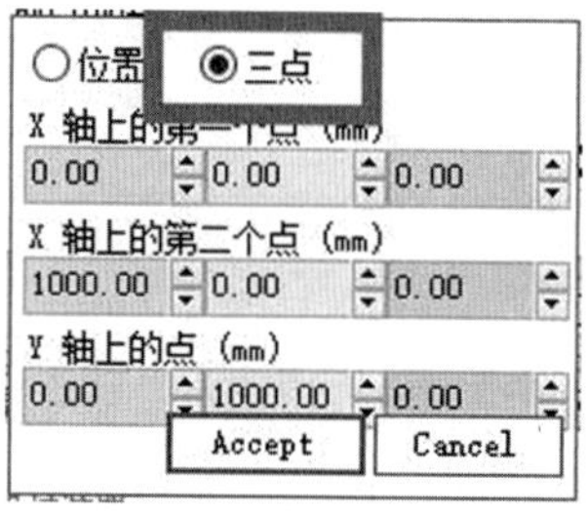
5	“三点”分别是 X 轴上的第一个点、X 轴上的第二个点和 Y 轴上的一个点，对应绘图模块的 $X1$、$X2$ 和 $Y1$	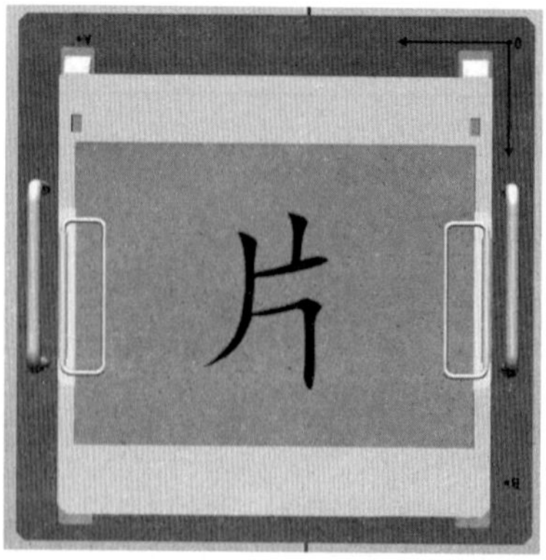

续表4.5

操作步骤	操作说明	示意图
6	单击“Accept”按钮返回，再单击“创建”按钮，完成工件坐标系的创建	
7	创建完成的 Workobject 工件坐标系如图所示	
8	在“基本”选项卡下的“设置”功能区域，将“工件坐标”设为“Workobject_1”，“工具”设为“PenTool”	

任务 4.3　生成绘图程序

绘图程序的生成

4.3.1　绘图路径自动生成

在离线轨迹编程中，最为关键的 3 步是图形曲线生成、目标点调整和轴配置调整，在此进行如下几点说明。

1. 图形曲线生成

(1) 若要生成曲线，除了本项目中“先创建曲线再生成轨迹”的方法外，还可以直接去捕捉 3D 模型的边缘进行轨迹的创建，在创建自动路径时，可直接用鼠标去捕捉边缘，从而生成机器人运动轨迹。

(2) 对于一些复杂的3D模型，导入RobotStudio中后，其某些特征可能会丢失；此外，RobotStudio专注于机器人运动，只提供基本的建模功能，所以在导入3D模型之前，建议在专业的制图软件中进行处理。可以在数模表面绘制相关曲线，导入RobotStudio后，根据这些已有的曲线直接转换成机器人轨迹。例如利用SolidWorks软件“特征”菜单中的“分割线”功能，就能够在3D模型上面创建实体曲线。

(3) 在生成轨迹时，需要根据实际情况，选取合适的近似值参数并调整数值大小。

2. 目标点调整

目标点调整方法有多种，在实际应用过程中，单单使用一种调整方法难以将目标点一次性调整到位，尤其是对工具姿态要求较高的工艺需求场合中，通常是综合运用多种方法进行多次调整。建议在调整过程中先对单一目标点进行调整，反复尝试调整完成后，其他目标点的某些属性可以参考调整好的第1个目标点进行方向对准。

3. 轴配置调整

在为目标点进行轴配置的过程中，若轨迹较长，可能会遇到相邻两个目标点之间轴配置变化过大，从而在轨迹运行过程中出现“机器人当前位置无法跳转到目标点位置，请检查轴配置”等问题。此时，可以从以下几项措施着手进行更改。

(1) 轨迹起始点尝试使用不同的轴配置参数，如有需要可勾选“包含转数”之后再选择轴配置参数。

(2) 尝试更改轨迹起始点位置。

(3) 运用SingArea、ConfL、ConfJ等指令。

接下来利用Robotstudio自动路径功能，自动生成机器人的绘图路径，具体操作步骤见表4.6。

表4.6　自动生成绘图路径具体操作步骤

操作步骤	操作说明	示意图
1	在“基本”选项卡中，单击“路径”，选择“自动路径”	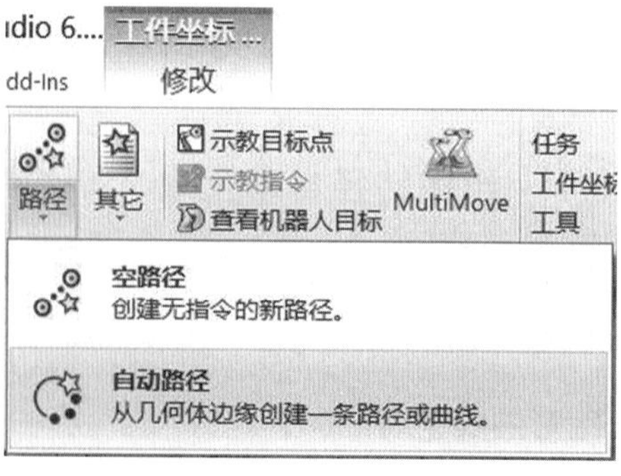

续表4.6

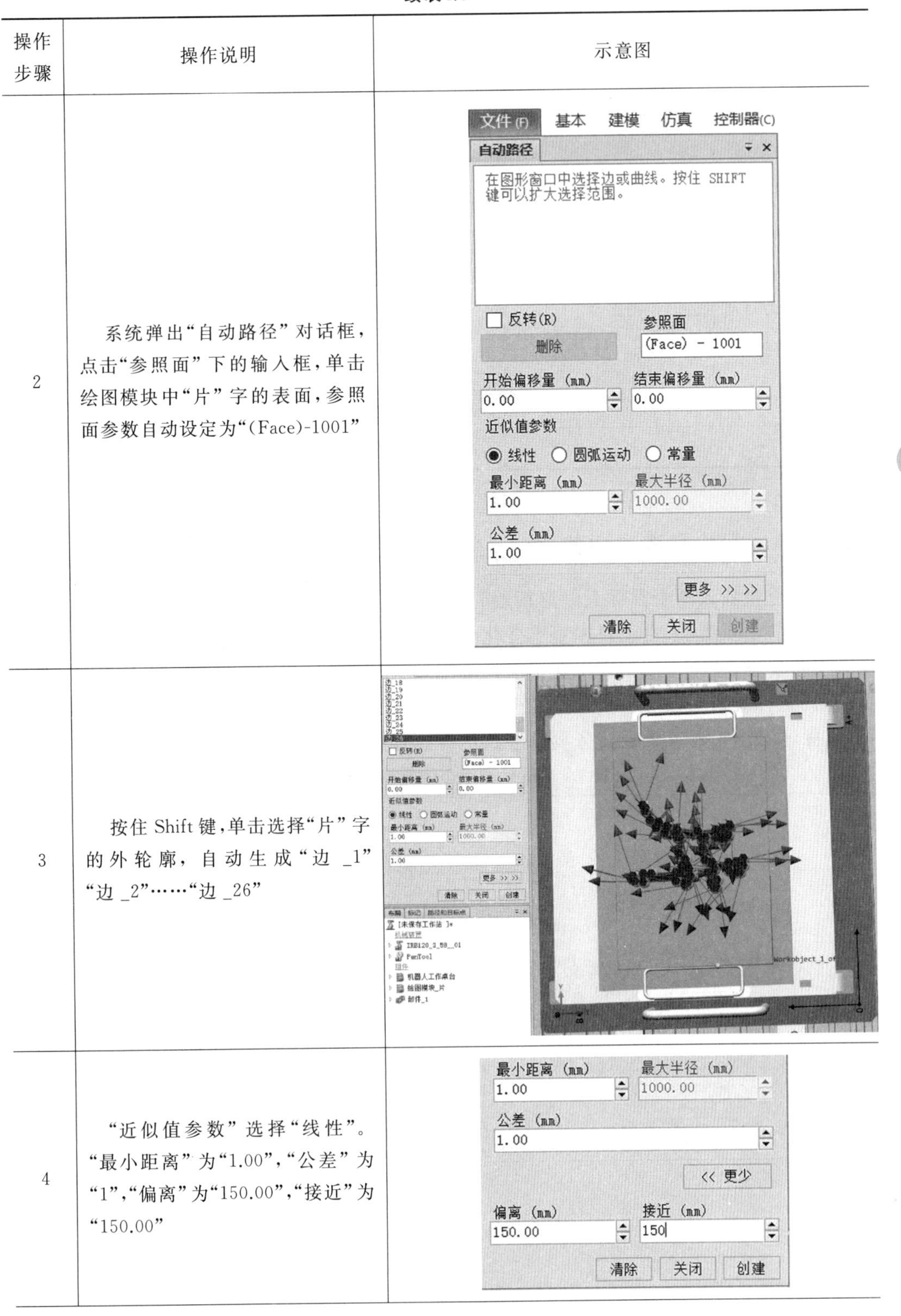

操作步骤	操作说明	示意图
2	系统弹出“自动路径”对话框，点击“参照面”下的输入框，单击绘图模块中“片”字的表面，参照面参数自动设定为“(Face)-1001”	
3	按住 Shift 键，单击选择“片”字的外轮廓，自动生成“边_1”“边_2”……“边_26”	
4	“近似值参数”选择“线性”。“最小距离”为“1.00”，“公差”为“1”，“偏离”为“150.00”，“接近”为“150.00”	

续表4.6

操作步骤	操作说明	示意图
5	选中"路径和目标点",单击展开"路径与步骤"中的"Path_10",此为自动生成的绘图路径	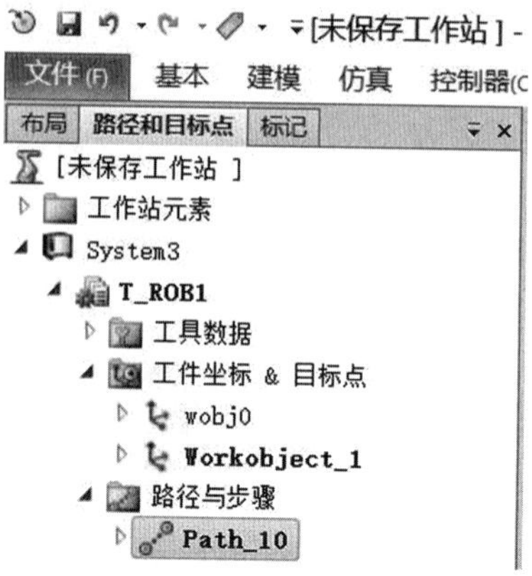

4.3.2 目标点姿态调整

当工业机器人两个目标点距离很近时,如果方向相差很大,那么工业机器人从一个点运行到另一个点时,末端工具的姿态变化就比较大,这不利于工业机器人平稳运行,也不符合工艺要求,甚至可能出现工业机器人轴配置无法达到要求而导致工业机器人无法运行的情况。因此,一般对于自动路径生成的目标点方向,需要根据工艺和实际要求进行调整,以保证工业机器人根据任务要求平稳运行。目标点姿态调整具体操作步骤见表4.7。

表4.7 目标点姿态调整具体操作步骤

操作步骤	操作说明	示意图
1	展开"工件坐标 & 目标点",接着展开"Workobject_1",最后展开"Workobject_1_of"	

续表4.7

操作步骤	操作说明	示意图
2	选中“Target_10”，单击右键，选择“查看目标处工具”，接着勾选“PenTool”，就可以看到“Target_10”的目标点	工件坐标 & 目标点 wobj0 Workobject_1 Workobject_1_of Target_ 内嵌 添加新路径 添加到路径 复制到工件坐标 移动到工件坐标 复制 Ctrl+C 复制方向 应用方向 查看 设定为UCS 查看目标处工具 PenTool 查看机器人目标 跳转到目标点
3	选定一个目标点并且右击，单击“修改目标”，选择“旋转…”，修改为理想的方向	T_ROB1 工具数据 工件坐标 & 目标点 接点目标点 wobj0 Workobject_1 内嵌 添加新路径 添加到路径 复制到工件坐标 移动到工件坐标 复制 Ctrl+C 复制方向 应用方向 查看 设定为UCS 查看目标处工具 查看机器人目标 跳转到目标点 修改目标 参数配置... 修改外轴... 标记 删除 Delete 设定位置... 偏移位置... 旋转... 放置 设定表面法线方向
4	调整 Z 轴方向，使绘图笔正对机器人方向	参考 本地 旋转围绕 x, y, z 0.00 0.00 0.00 轴末端点x, y, z 0.00 0.00 0.00 旋转（deg） X Y Z 应用 关闭 布局 路径和目标点 标记 片2* 工作站元素 默认任务 System34 T_ROB1 工具数据 工件坐标 & 目标点 接点目标点 wobj0 Workobject_1 Workobject_1_of Target_10

续表4.7

操作步骤	操作说明	示意图
5	选中“Target_10”点击鼠标右键，选择“参数配置…”	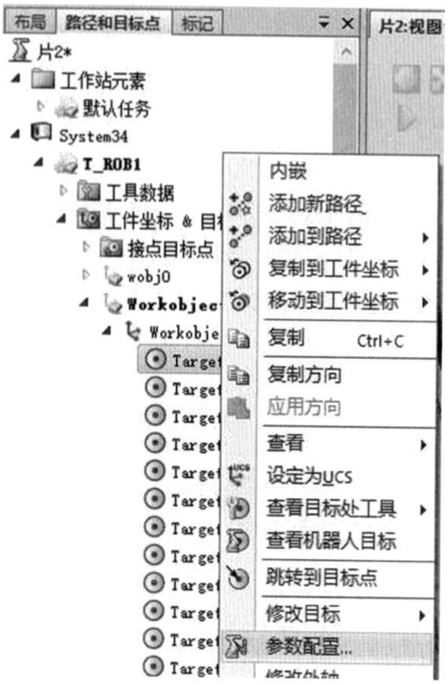
6	“配置参数”不要选择带符号的数值，因为这样的参数配置可能无法实现目标	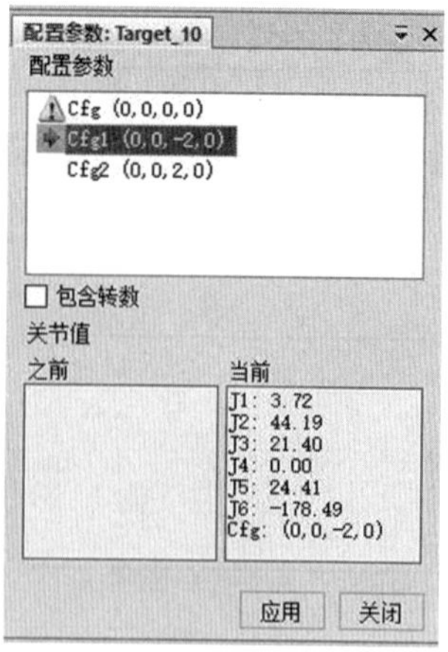

续表4.7

操作步骤	操作说明	示意图
7	按住 shift，在“Workobject_1”中选择第二和最后一个目标点，然后右击选择“修改目标”中的“对准目标点方向”	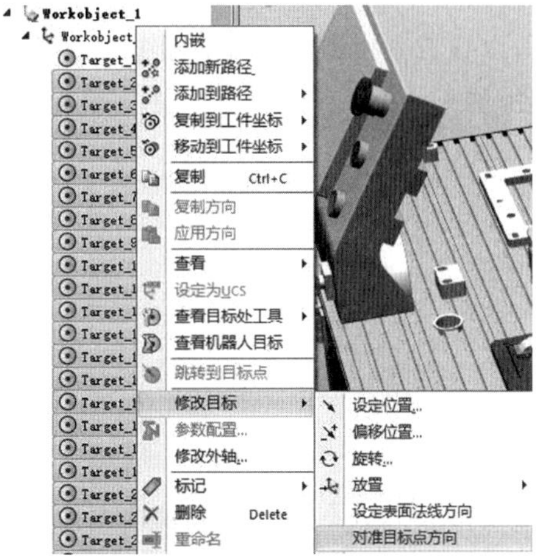
8	在弹出的“对准目标点”窗口中，“参考”栏选择“Target_10 (System34/T_ROB1)”，“对准轴”选择“X”，“锁定轴”设为“Z”，单击“应用”按钮	
9	完成所有目标点方向调整	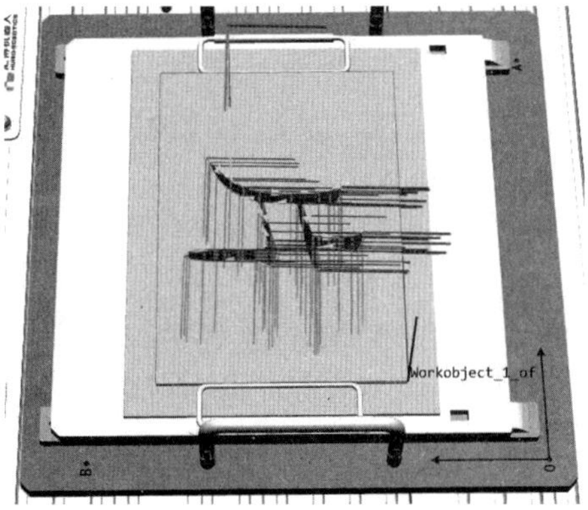

4.3.3 路径优化

工业机器人写字应用已完成沿着字体的轮廓创建路径，生成目标点的操作。为保证工业机器人平稳地沿着指定路径运行，需要对目标点的姿态进行调整，并需要对路径进行优化，如设置工业机器人运行的起始点。对运行指令参数进行合理设置，进行路径优化具体操作步骤见表 4.8。

表 4.8 路径优化具体操作步骤

操作步骤	操作说明	示意图
1	在“基本”选项卡中，点击“目标点”，点击“创建 Jointtarget”	 9.16.1 - ABB RobotStudio 6.08 文件(F) 基本 建模 仿真 控制器(C) RAPID Add-Ins 修改 ABB模型库 导入模型库 机器人系统 导入几何体 框架 目标点 路径 其它 示教目标点 示教指令 查看机器人目标 MultiM 建立工作站 T_ROB1 工具数据 工件坐标 & 目标点 wobj0 Workobject_1 路径与步骤 Path_10 创建目标 创建新目标点。 创建 Jointtarget 指定机器人轴的位置。 从边缘创建目标 沿表面的边缘创建目标点。
2	将“名称”从“Jointtarget”改为“phome”，将“机器人轴 Values…”改为“0.00，－20.00，20.00，0.00，90.00，0.00”，然后点击“Accept”，点击“创建”	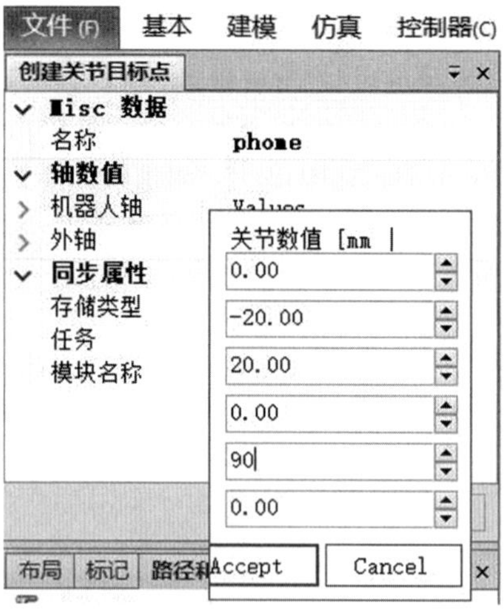 文件(F) 基本 建模 仿真 控制器(C) 创建关节目标点 Misc 数据 名称 phome 轴数值 机器人轴 Values 外轴 同步属性 存储类型 任务 模块名称 关节数值 [mm] 0.00 -20.00 20.00 0.00 90 0.00 Accept Cancel 布局 标记 路径和
3	选择“路径和目标点”，依次展开“T_ROB1”“工件坐标 & 目标点”“接近目标点”，单击“phome”	 T_ROB1 工具数据 工件坐标 & 目标点 接点目标点 phome wobj0 Workobject_1 路径与步骤 Path_10

续表4.8

操作步骤	操作说明	示意图
4	右键选择“phome”，选择“添加到路径”，单击“Path_10”，选择“第一”	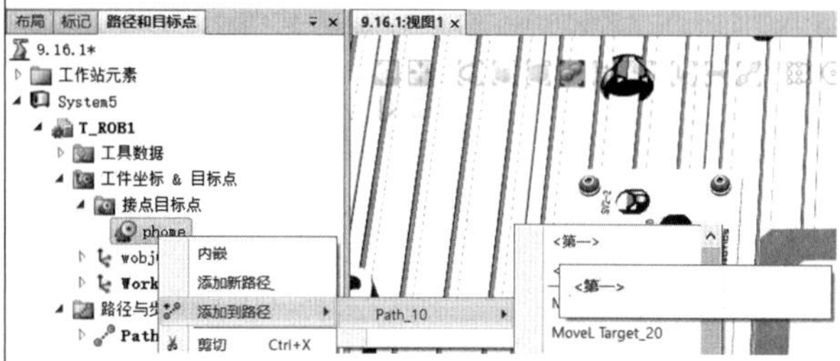
5	选择“指令名称”为“MoveAbsJ”，单击“确定”	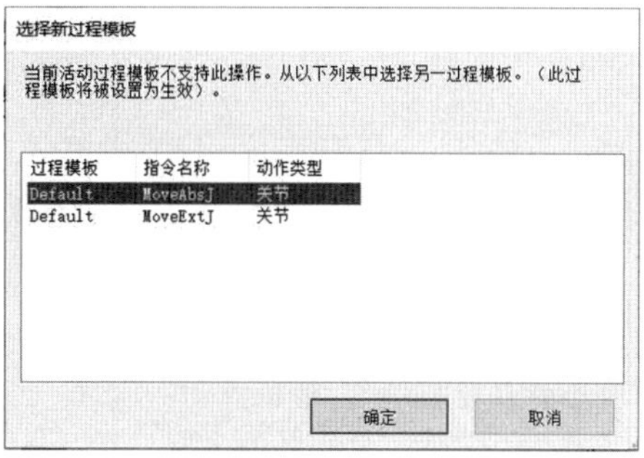
6	再次右击目标点“phome”，选择“添加到路径”，单击“Path_10”，选择“最后”。展开“路径与步骤”，右击“Path_10”，单击“插入逻辑指令…”	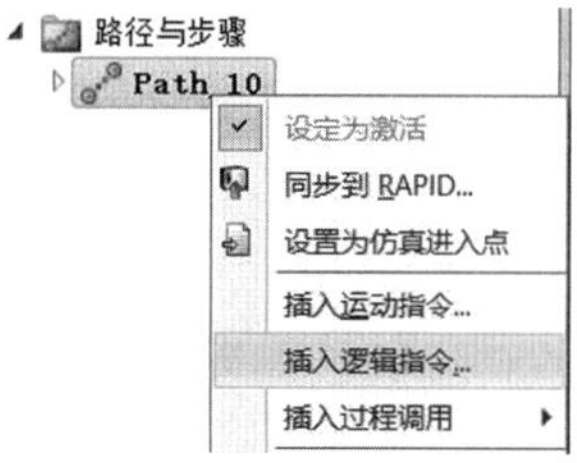
7	把指令模板改为“ConfL Off”	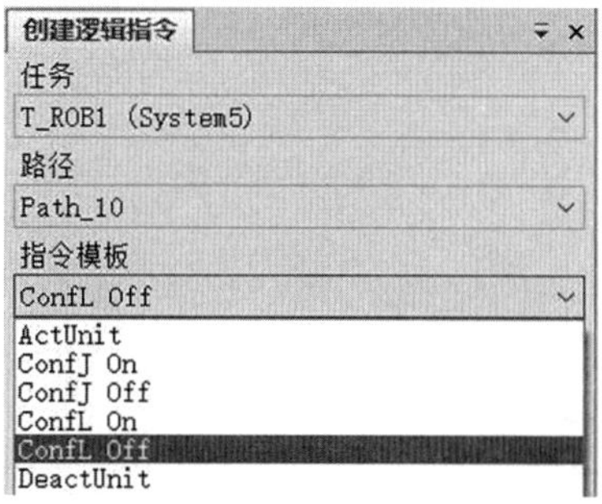

续表4.8

操作步骤	操作说明	示意图
8	在“Path_10”的最后右键复制“ConfL\ Off”，然后把“ConfL\ Off”粘贴到第一行（按住MoveAbsJ phome拖到“ConfL\ Off”下面）	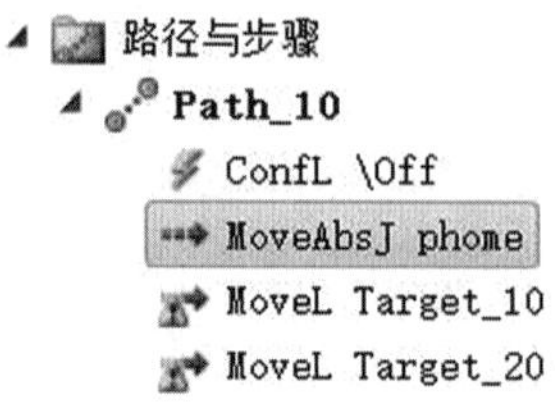 路径与步骤 Path_10 ConfL \Off MoveAbsJ phome MoveL Target_10 MoveL Target_20
9	全选“Path_10”路径所有运动指令并且右击，选择“编辑指令”	 Path_10 ConfL \Off MoveAbsJ phome 插入运动指令... 插入逻辑指令... 插入过程调用 剪切 Ctrl+X 复制 Ctrl+C 粘贴 Ctrl+V 移动到路径 复制到路径 视图 查看目标处工具 查看机器人目标 检查可达性 执行移动指令 跳转到移动指令 修改位置 编辑指令(I)...
10	在弹出的“编辑指令”对话框中，将“Speed”设置为“v150”，“Zone”设置为“z0”，单击“应用”按钮	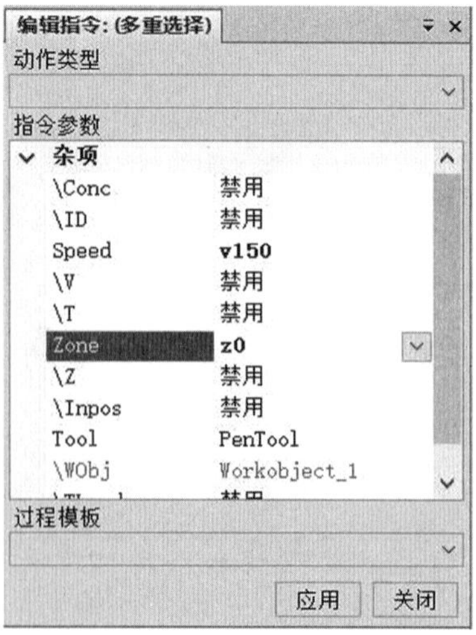 编辑指令：(多重选择) 动作类型 指令参数 杂项 \Conc 禁用 \ID 禁用 Speed v150 \V 禁用 \T 禁用 Zone z0 \Z 禁用 \Inpos 禁用 Tool PenTool \WObj Workobject_1 过程模板 应用 关闭

续表4.8

操作步骤	操作说明	示意图
11	右击“Path_10”，在弹出的选项中选择“自动配置”，然后单击“线性/圆周移动指令”	Move Move Move Move Move Move Move Move 粘贴 Ctrl+V 查看 沿着路径运动 自动配置 路径 修改外轴... 线性/圆周移动指令 计算线性和圆周运动的新配置，但是维持关节运动的配置。

4.3.4 仿真运行

工业机器人调整好绘图模块上路径、起始点、过渡点、目标点之后，就可以进行仿真运行，仿真运行具体操作步骤见表4.9。

表4.9 仿真运行具体操作步骤

操作步骤	操作说明	示意图
1	右击“Path_10”，选择“同步到RAPID…”	9.16.1* 工作站元素 System5 T_ROB1 工具数据 工件坐标 & 目标点 接点目标点 phome wobj0 Workobject_1 路径与步骤 Path_10 设定为激活 同步到 RAPID...
2	在弹出的“同步到RAPID”对话框中，选中“工作坐标”“工具数据”和“路径 & 目标”，选中“Module1”单击“确定”按钮	同步到 RAPID 名称 同步 模块 本地 存储类 内嵌 System5 T_ROB1 工作坐标 Workobject_1 Module1 TASK 工具数据 PenTool Module1 PERS 路径 & 目标 Path_10 Module1 确定 取消

续表4.9

操作步骤	操作说明	示意图
3	右击“Path_10”，点击“设置为仿真进入点”	
4	单击“仿真”选项卡中的“播放”，运行机器人写字仿真	

任务 4.4　离线程序导入与调试验证

4.4.1　RobotStudio 软件与工业机器人连接

RobotStudio 仿真软件具有在线作业功能，将软件与真实的工业机器人进行连接通信，可以对机器人进行便捷的监考、程序修改、参数设定、文件传输等操作，软件与机器人连接具体操作步骤见表 4.10。

导入离线程序

表 4.10　软件与机器人连接具体操作步骤

操作步骤	操作说明	示意图
1	使用网线将计算机与工业机器人控制柜(Server) 端口连接，网线一端插入计算机网线端口，另外一端插入机器人控制器 X5 端口。然后，右击电脑桌面右下角“网络连接”，点击“打开网络和 Internet 设置”	

续表4.10

操作步骤	操作说明	示意图
2	点击“更改适配器选项”，双击“以太网”，选择“属性”	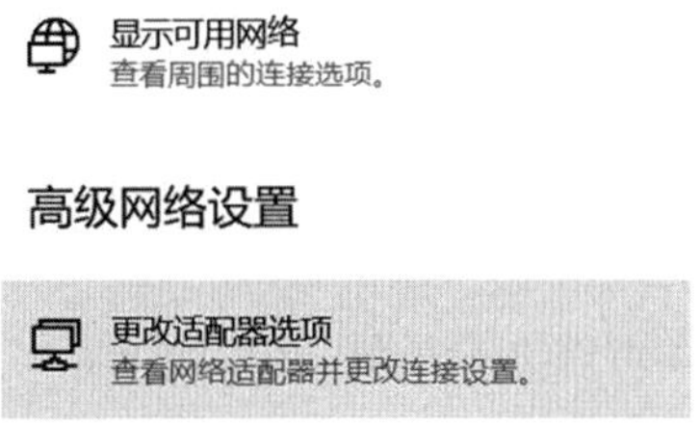
3	双击 Internet 协议版本 4（TCP/IPv4）	
4	勾选“使用下面的 IP 地址”，在 IP 地址一栏输入“192.168.125.xxx”，单击“子网掩码”一栏，再单击“确定”。注意：“xxx”可以任意填，但是不能与机器人相关设备的 IP 地址有冲突	

续表4.10

操作步骤	操作说明	示意图
5	单击“添加控制器”，选择“添加控制器 …”	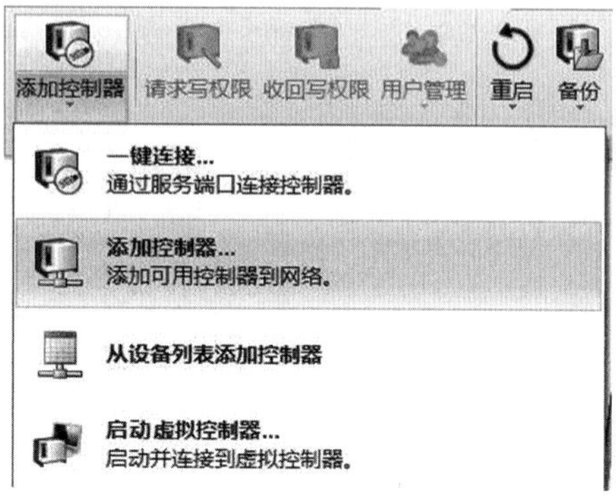
6	选中“120－511310”，然后单击“确定”	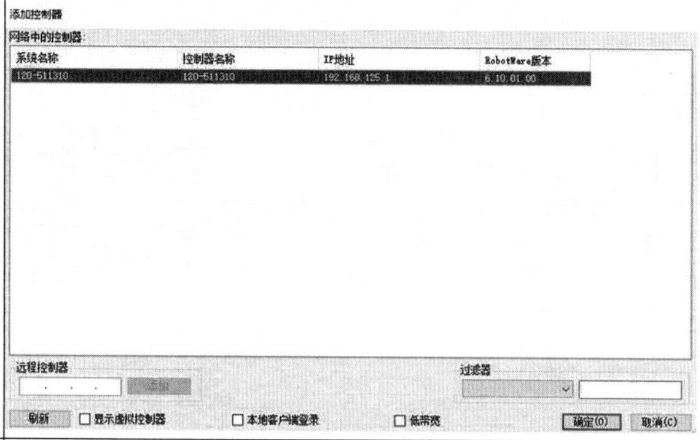
7	单击“控制器”选项卡，单击“创建关系”	
8	把“关系名称”修改为“程序传送”，“第一控制器”选择“System7(工作站)”，该名称为用户创建的控制器。“第二控制器”为“120－509769(120－509769)”，单击“确定”	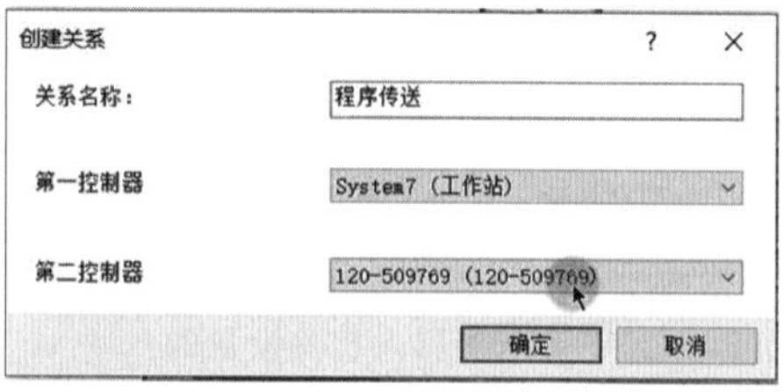

续表4.10

操作步骤	操作说明	示意图
9	取消勾选“HOME”文件和“Communicate”文件，其余都勾选	

4.4.2　离线程序的导入

工业机器人程序的导出与导入方式有两种：一种是通过网线把 RobotStudio 软件与机器人连接，将机器人程序导出与导入；另外一种是将 U 盘插入示教器 USB 接口，将机器人程序导出与导入。将离线程序导入工业机器人系统中的具体操作步骤见表 4.11。

表 4.11　将离线程序导入工业机器人系统中的具体操作步骤

操作步骤	操作说明	示意图
1	用 RobotStudio 软件导入工业机器人程序。单击“请求写权限”	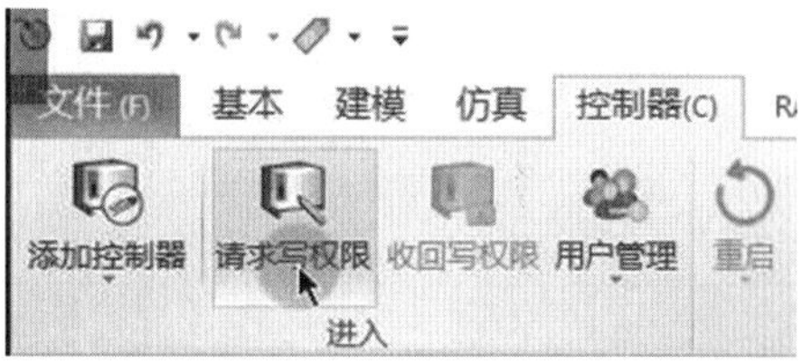
2	在示教器上单击“确定”，然后单击“正在传输…”，最后单击“是”	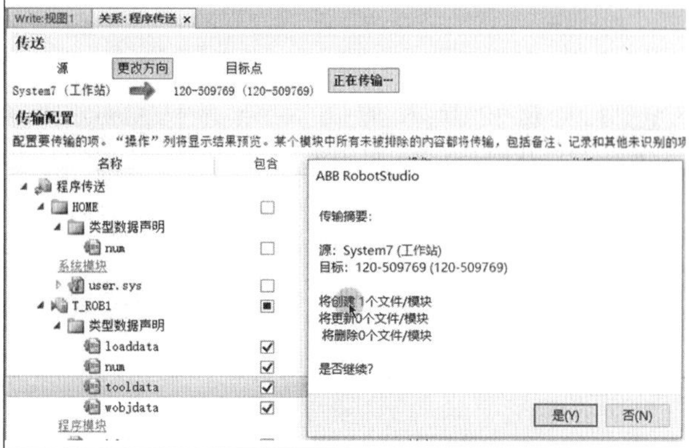

4.4.3　程序调试验证

根据任务要求,需手动设定绘图模块面向工业机器人一侧 30° 左右倾斜,手动安装绘图笔工具,创建并标定绘图笔工具坐标系。将仿真软件中的离线程序导入示教器中,调用新建的绘图笔工具坐标系,手动操作示教器运行程序,利用工业机器人将绘图模型在绘图模块上绘出,验证离线程序。程序调试具体操作步骤见表 4.12。

表 4.12　程序调试具体操作步骤

操作步骤	操作说明	示意图
1	标定工件的坐标系,查看“工具坐标”是否为“PenTool”,如果不是,需勾选“PenTool”	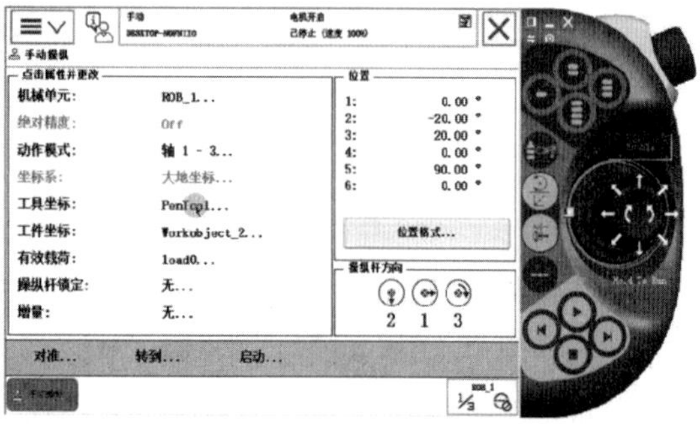 手动 电机开启 已停止 (速度 100%) 手动操纵 点击属性并更改 机械单元: ROB_1... 绝对精度: Off 动作模式: 轴 1 - 3... 坐标系: 大地坐标... 工具坐标: PenTool... 工件坐标: Workobject_2... 有效载荷: load0... 操纵杆锁定: 无... 增量: 无... 位置 1: 0.00 ° 2: -20.00 ° 3: 20.00 ° 4: 0.00 ° 5: 90.00 ° 6: 0.00 ° 位置格式... 操纵杆方向 2 1 3 对准... 转到... 启动... ROB_1 1/3
2	选择“工件坐标”	手动 电机开启 已停止 (速度 100%) 手动操纵 点击属性并更改 机械单元: ROB_1... 绝对精度: Off 动作模式: 轴 1 - 3... 坐标系: 大地坐标... 工具坐标: PenTool... 工件坐标: Workobject_2... 有效载荷: load0... 操纵杆锁定: 无... 增量: 无... 位置 1: 0.00 ° 2: -20.00 ° 3: 20.00 ° 4: 0.00 ° 5: 90.00 ° 6: 0.00 ° 位置格式... 操纵杆方向 2 1 3 对准... 转到... 启动... ROB_1 1/3
3	选中导入的工件坐标“Workobject_2”,单击“编辑”,再单击“定义 …”	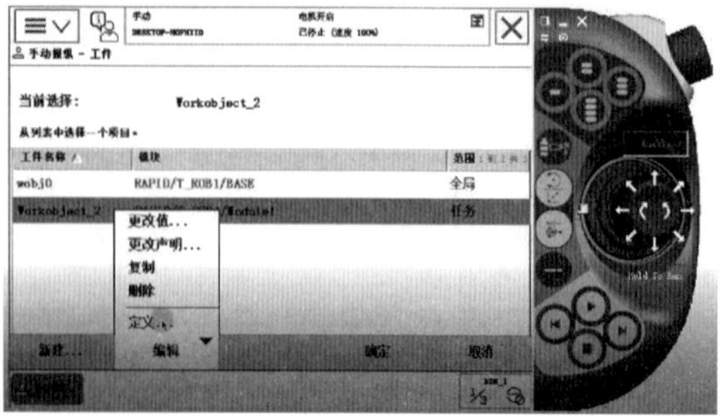 手动 电机开启 已停止 (速度 100%) 手动操纵 - 工件 当前选择: Workobject_2 从列表中选择一个项目。 工件名称 模块 范围 wobj0 RAPID/T_ROB1/BASE 全局 Workobject_2 /Module1 任务 更改值... 更改声明... 复制 删除 定义... 新建... 编辑 确定 取消 ROB_1 1/3

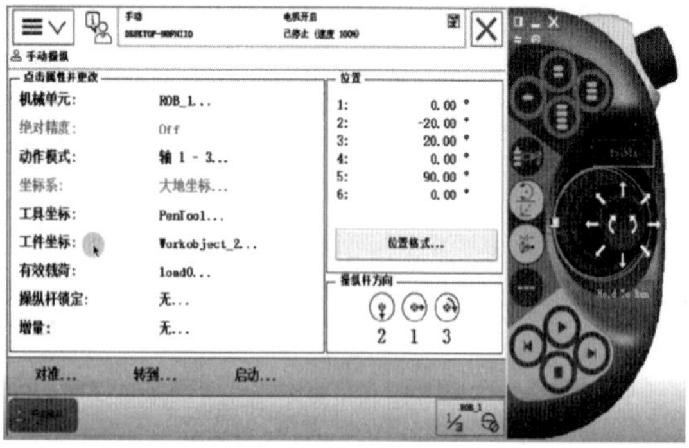

续表4.12

操作步骤	操作说明	示意图
4	把“目标方法”改为“3 点”	手动 电机开启 已停止（速度 100%） 程序数据 -> wobjdata -> 定义 工件坐标定义 工件坐标： Workobject_2 活动工具：PenTool 为每个框架选择一种方法，修改位置后点击“确定”。 用户方法： 未更改 目标方法： 3 点 点 状态 目标点 X 1 - 目标点 X 2 - 目标点 Y 1 - 位置 修改位置 确定 取消
5	单击“程序编辑器”，单击“例行程序”	自动 LAPTOP-3N1KVAA0 电机开启 已停止（速度 100%） T_ROB1 内的<未命名程序>/Module1/main 任务与程序 模块 例行程序 23 PROC main() 24 !Add your code here 25 ENDPROC 26 ENDMODULE 添加指令 编辑 调试 修改位置 隐藏声明
6	找到“Path_10”的例行程序。	自动 LAPTOP-3N1KVAA0 电机开启 已停止（速度 100%） T_ROB1 内的<未命名程序>/Module1/Path_10 任务与程序 模块 例行程序 89 PROC Path_10() 90 ConfL\Off; 91 MoveAbsJ phome,v150,z0,PenTool\WObj 92 MoveL Target_10,v150,z0,PenTool\WOb 93 MoveL Target_20,v150,z0,PenTool\WOb 94 MoveL Target_30,v150,z0,PenTool\WOb 95 MoveL Target_40,v150,z0,PenTool\WOb 96 MoveL Target_50,v150,z0,PenTool\WOb 97 MoveL Target_60,v150,z0,PenTool\WOb 98 MoveL Target_70,v150,z0,PenTool\WOb 添加指令 编辑 调试 修改位置 隐藏声明
7	单击“运行”按钮，即可完成“片”字的书写	

知识测试

简答题

1. 列举你所知道的"1+X"证书的名称。

2. 简述工件坐标系的创建过程。

3. 利用三维制图软件,自行完成图4.8的设计,尺寸大小自定义,然后利用IRB 2600机器人完成写字的仿真任务。

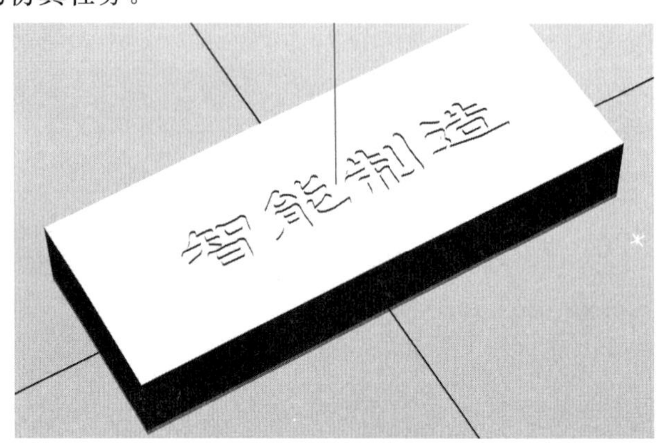

图4.8　写字仿真任务模型

附表7　项目4任务实施记录及检验单1

项目4的任务实施记录及检验单1见表4.13。

表4.13　项目4的任务实施记录及检验单1

任务名称	工业机器人写字路径生成	实施日期	
任务要求	要求:工业机器人已安装绘画笔工具,在绘图模块上写字时,首先需要按照事先在绘图模块上给定的文字笔画特征,生成写字轨迹		
计划用时		实际用时	
组别		组长	
组员姓名			
成员任务分工			

续表4.13

<table>
<tr><td>实施步骤与信息记录</td><td colspan="4">（任务实施过程中重要的信息记录，是撰写工程说明书和工程交接手册的主要文档资料）
(1) 工作站的布局与虚拟控制系统的创建：
(2) 创建写字工件坐标系：
(3) 自动生成写字路径：</td></tr>
<tr><td>遇到的问题及解决方案</td><td colspan="4"></td></tr>
<tr><td>总结与反思</td><td colspan="4"></td></tr>
<tr><td rowspan="9">自我检测评分点</td><td>项目列表</td><td>自我检测要点</td><td>配分</td><td>得分</td></tr>
<tr><td rowspan="3">基本素养</td><td>纪律（无迟到、早退、旷课）</td><td>10</td><td></td></tr>
<tr><td>安全规范操作，符合5S管理规范</td><td>10</td><td></td></tr>
<tr><td>团队协作能力、沟通能力</td><td>10</td><td></td></tr>
<tr><td>理论知识</td><td>网络平台理论知识测试</td><td>20</td><td></td></tr>
<tr><td rowspan="3">工程技能</td><td>工作站的布局与虚拟控制系统的创建</td><td>20</td><td></td></tr>
<tr><td>创建写字工件坐标系</td><td>10</td><td></td></tr>
<tr><td>自动生成写字路径</td><td>20</td><td></td></tr>
<tr><td colspan="4">总评得分</td></tr>
</table>

附表8　项目4任务实施记录及检验单2

项目4的任务实施记录及检验单2见表4.14。

表4.14　项目4的任务实施记录及检验单2

<table>
<tr><td>任务名称</td><td>工业机器人写字路径生成</td><td>实施日期</td><td></td></tr>
<tr><td>任务要求</td><td colspan="3">要求：工业机器人写字应用已完成沿着字体的轮廓创建路径，生成目标点。为保证工业机器人平稳地沿着指定路径运行，需要对目标点的姿态进行调整；需要对路径进行优化，如设置工业机器人运行的起始点等；最后，对运行指令参数根据任务要求进行合理的设置。完成设置后，使工业机器人沿写字路径运行</td></tr>
<tr><td>计划用时</td><td></td><td>实际用时</td><td></td></tr>
<tr><td>组别</td><td></td><td>组长</td><td></td></tr>
<tr><td>组员姓名</td><td colspan="3"></td></tr>
<tr><td>成员任务分工</td><td colspan="3"></td></tr>
</table>

续表4.14

实施步骤与信息记录	（任务实施过程中重要的信息记录，是撰写工程说明书和工程交接手册的主要文档资料） （1）目标点姿态的调整： （2）写字路径的优化： （3）写字应用仿真运行：			
遇到的问题及解决方案				
总结与反思				
自我检测评分点	项目列表	自我检测要点	配分	得分
	基本素养	纪律（无迟到、早退、旷课）	10	
		安全规范操作，符合5S管理规范	10	
		团队协作能力、沟通能力	10	
	理论知识	网络平台理论知识测试	20	
	工程技能	目标点姿态的调整	20	
		写字路径的优化	10	
		写字应用仿真运行	20	
	总评得分			

附表9　项目4任务实施记录及检验单3

项目4的任务实施记录及检验单3见表4.15。

表4.15　项目4的任务实施记录及检验单3

任务名称	工业机器人写字路径生成	实施日期	
任务要求	要求：工业机器人写字的仿真运行已在RobotStudio软件中完成，本任务把离线程序导入真实的工业机器人控制器中，通过操纵真实工业机器人，标定工具坐标系和工件坐标系，运行从软件中导出的写字离线程序，完成工业机器人写字应用的调试		
计划用时		实际用时	
组别		组长	
组员姓名			
成员任务分工			

续表4.15

<table>
<tr><td>实施步骤与
信息记录</td><td colspan="4">（任务实施过程中重要的信息记录，是撰写工程说明书和工程交接手册的主要文档资料）
(1) 写字离线程序的导出和导入：
(2) 写字工具坐标系和工件坐标系的标定：
(3) 工业机器人写字应用程序调试：</td></tr>
<tr><td>遇到的问题
及解决方案</td><td colspan="4"></td></tr>
<tr><td>总结与反思</td><td colspan="4"></td></tr>
<tr><td rowspan="8">自我检测
评分点</td><td>项目列表</td><td>自我检测要点</td><td>配分</td><td>得分</td></tr>
<tr><td rowspan="3">基本素养</td><td>纪律（无迟到、早退、旷课）</td><td>10</td><td></td></tr>
<tr><td>安全规范操作，符合5S管理规范</td><td>10</td><td></td></tr>
<tr><td>团队协作能力、沟通能力</td><td>10</td><td></td></tr>
<tr><td>理论知识</td><td>网络平台理论知识测试</td><td>20</td><td></td></tr>
<tr><td rowspan="3">工程技能</td><td>写字离线程序的导出和导入</td><td>20</td><td></td></tr>
<tr><td>写字工具坐标系和工件坐标系的标定</td><td>20</td><td></td></tr>
<tr><td>工业机器人写字应用程序调试</td><td>10</td><td></td></tr>
<tr><td></td><td colspan="4">总评得分</td></tr>
</table>

项目5　搬运仿真工作站的构建

知识拓展

一汽集团采用 KUKA KR 1000 titan 安装气缸体

一汽解放汽车有限公司无锡柴油机厂是一汽集团的全资子公司，其惠山重型柴油机生产新基地已于2012年2月竣工投产，年产量为125 000台。在此，奥格斯堡的机器人承担的工作范围颇为广泛。其中的亮点是：KUKA KR 1000 titan 机器人搬运重达 700 kg 的气缸体，如图5.1所示。

图5.1　KUKA KR 1000 titan 工作图

如果要转动重达 700 kg 所谓 6DM 柴油机的气缸体，例如在安装气缸排、曲轴和油池时，则对装配线上的作业任务极具挑战性。使用旋转和起重装置以及人力的传统搬运方法由于空间需求大和效率低而已遭淘汰。对于重量为 500 ~ 700 kg 的工件和 200 kg 重的抓爪，只有负载能力达 1 000 kg 的重载型机器人才适用于该作业任务。

当约 500 kg 重的气缸体在安装前到达工作单元时，KUKA KR 1000 titan 在传感器的控制下将其抓取并放到工件支架上。自此气缸体将按程序经过几个步骤，其中包括安装连杆、气缸、油池等。在执行该安装作业期间，机器人需要将气缸体在一个规定位置上准确地转动 90°。在作业完成后，重达 700 kg 的气缸体重新返回工作单元，KUKA KR 1000 titan 抓取并转动 180° 将其放到上部工件支架上，然后安装好的气缸体继续其在装配线上的旅程。

KUKA KR 1000 titan 是市场上杰出的六轴机器人。这一高科技机器人以其

3 202 mm 的最大作用范围、±0.1 mm 的重复精度和 1 000 kg 的负载范围堪称全球工业机器人中的佼佼者，其工作空间可达 78 m^3。除了 KUKA KR 1000 titan 之外，两个 KUKA KR 16 机器人可承担高要求的密封作业，而 KUKA KR 210 和 KUKA KR 500 则可负责沉重的搬运和装配作业。六轴 KUKA KR 210 机器人以其 210 kg 的负载能力和 2 700 mm 的作用范围脱颖而出。

KUKA 工作单元采用“双 X 型”的智能化设备布局，使得整个装配线范围内的路径缩短，减少了工件支架的数量，提高了装配线的效率，并降低了投资成本。此外，机器人有时还必须负责安装相当费力的较重部件，并确保不会损坏其重要的部分。KUKA 机器人凭借其杰出的性能更好地完成了高标准的作业任务。如今，装配线每年产量达到 125 000 台，大大超出了 100 000 台电机的初始目标。

（资料来源：KUKA 机器人官网）

任务工单

项目 5 的任务工单见表 5.1。

表 5.1　项目 5 的任务工单

任务名称	搬运仿真工作站的构建
设备清单	个人计算机配置要求：Windows 7 及以上操作系统，i7 及以上 CPU，8 GB 及以上内存，20 GB 及以上空闲硬盘，独立显卡
实施场地	场地具备计算机、能上网的条件即可；也可以在机房、ABB 机器人实训室完成任务（后续任务大都可以在具备条件的实训室或装有软件的机房完成）
任务目的	搭建工业机器人搬运仿真工作站，能够独立创建机械装置滑块、滑台、机器人用工具，并且通过事件管理器方法完成搬运过程的仿真
任务描述	能够成功完成搬运仿真工作站的搭建，并独立创建吸盘工具，实现事件管理器与机器人间的通信，最后完成程序的创建
知识目标	掌握简单建模的方法；掌握建模功能的使用方法；掌握事件管理器的创建方法；掌握搬运仿真程序的创建方法
能力目标	能够创建机器人用工具；能够使用软件建模功能创建装配体；能够实现事件管理器与机器人间的通信；能够完成搬运仿真程序的创建
素养目标	培养学生安全规范意识和纪律意识；培养学生主动探究新知识的意识；培养学生严谨、规范的工匠精神
验收要求	能够通过事件管理器方法完成搬运过程的仿真

任务 5.1　模型建立与测量

模型建立与测量

5.1.1　3D 模型的创建

当使用 RobotStudio 进行机器人的仿真验证时(如节拍、到达能力等),如果对周边模型要求不是特别严格,可以用简单的等同实际大小的基本模型代替,从而节约仿真验证的时间;如果需要精细的 3D 模型,可以通过第三方的建模软件进行建模,并通过 sat 格式导入 RobotStudio 中来完成建模布局的工作。

使用 RobotStudio 建模功能进行 3D 建模的过程和相关设置见表 5.2。

表 5.2　3D 模型的创建具体操作步骤

操作步骤	操作说明	示意图
1	单击"新建"菜单命令组,创建 1 个新的空工作站	
2	在"建模"功能选项卡中,单击"创建"组中的"固体"菜单,选择"矩形体"	

续表5.2

操作步骤	操作说明	示意图
3	在刚创建的对象上单击右键，在弹出的快捷菜单中可以进行颜色、移动、显示等相关设定	
4	在对象设置完成后，单击“导出几何体”就可将对象进行保存。 注意：为了提高与各种版本RobotStudio的兼容性，建议在RobotStudio中做任何保存的操作时，保存的路径和文件名最好使用英文字符	

5.1.2 测量工具的使用

正确使用测量工具进行测量的操作如下。以测量垛板长度的步骤为例，见表5.3。

表 5.3 **测量工具具体操作步骤**

操作步骤	操作说明	示意图
1	单击“固体”，选择创建“圆柱体”	

续表5.3

操作步骤	操作说明	示意图
2	① 单击“选择部件”； ② 单击“捕捉末端”； ③ 在“建模”选项卡中，单击“点到点”； ④ 单击 A 角点； ⑤ 单击 B 角点	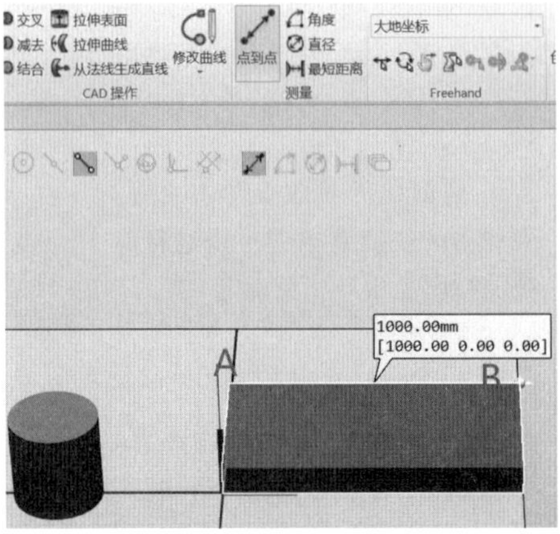
3	垛板长度的测量结果显示在这里	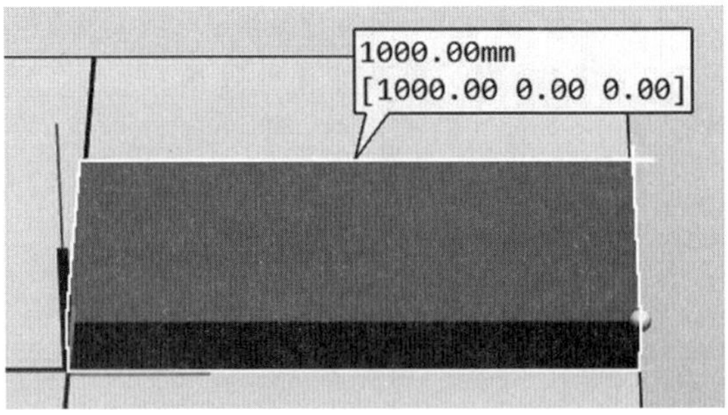
4	接下来演示锥体的测量。单击“固体”，选择创建“锥体”	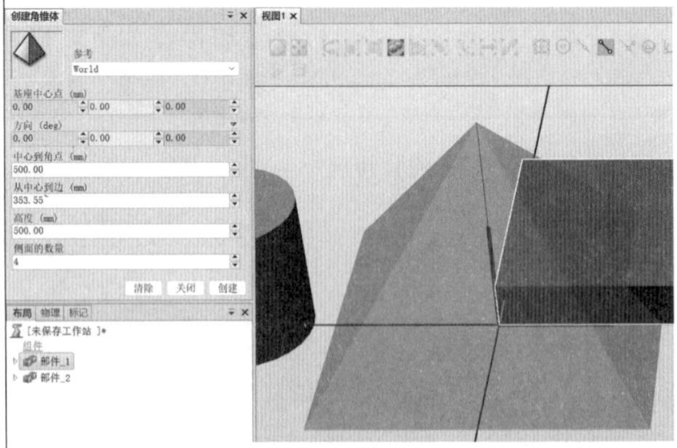

续表5.3

操作步骤	操作说明	示意图
5	① 在“建模”功能选项卡中，单击“角度”； ② 单击 A 角点； ③ 单击 B 角点； ④ 单击 C 角点	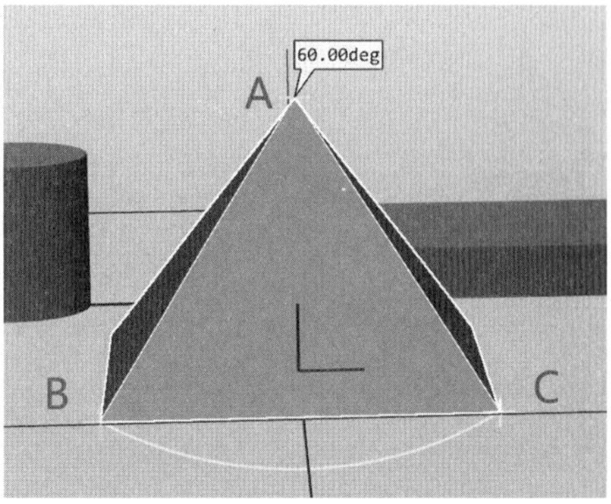
6	锥体顶角角度的测量结果显示在这里	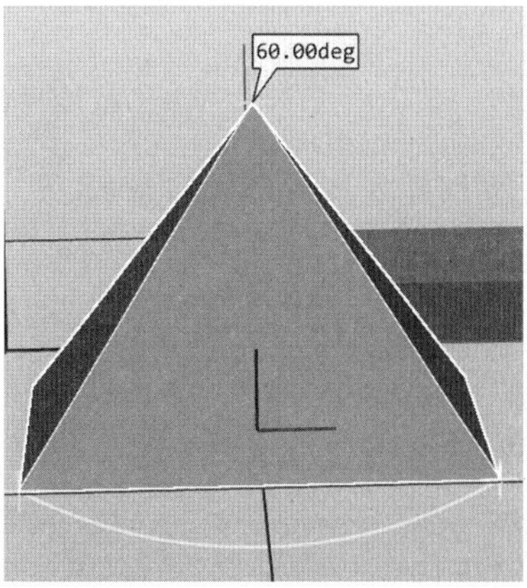
7	测量圆柱体的直径： ① 单击“捕捉边缘”； ② 在“建模”功能选项卡中，单击“直径”； ③ 单击 A 角点； ④ 单击 B 角点； ⑤ 单击 C 角点	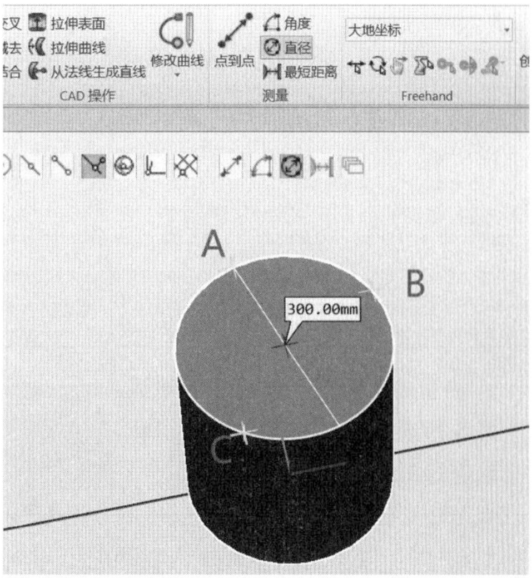

续表5.3

操作步骤	操作说明	示意图
8	圆柱体直径的测量结果的显示如图所示	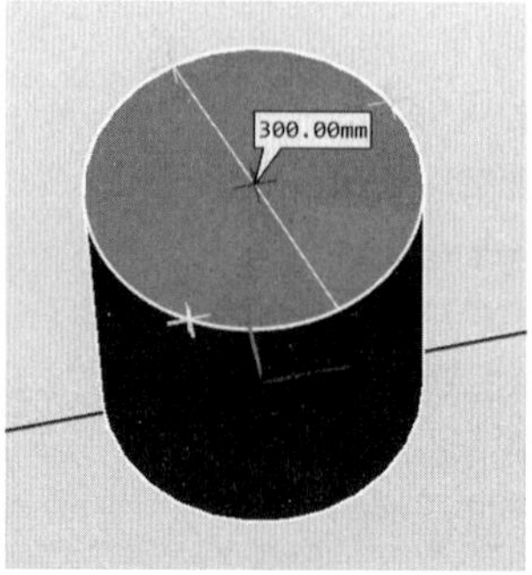
9	测量两个物体之间的最短距离： 在“建模”功能选项卡中，单击“最短距离”。单击A点，然后单击B点	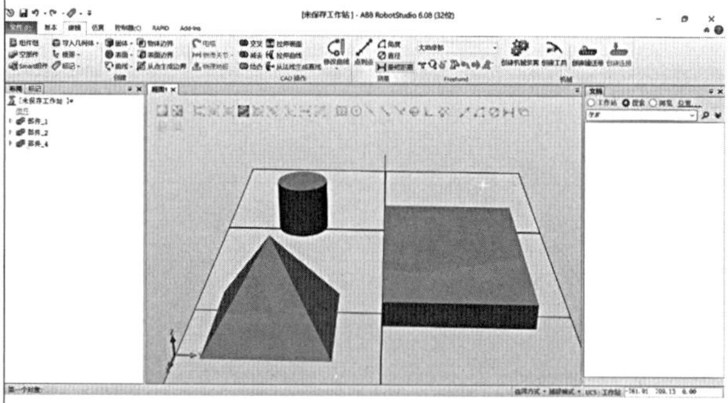
10	最短距离的测量结果的显示如图所示	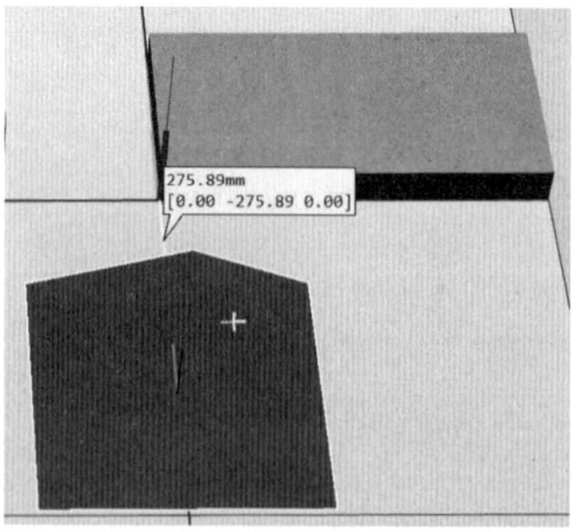
11	测量的技巧主要体现在能够运用各种选择部件和捕捉模式正确地进行测量	

任务 5.2　创建机械装置

创建机械装置

在工作站中，为了更好地展示效果，可以为机器人周边的模型制作动画效果，如输送带、夹具和滑台等。下面以在机械装置中创建一个能够滑动的滑台为例开展这项任务，机械滑台装置如图 5.2 所示。

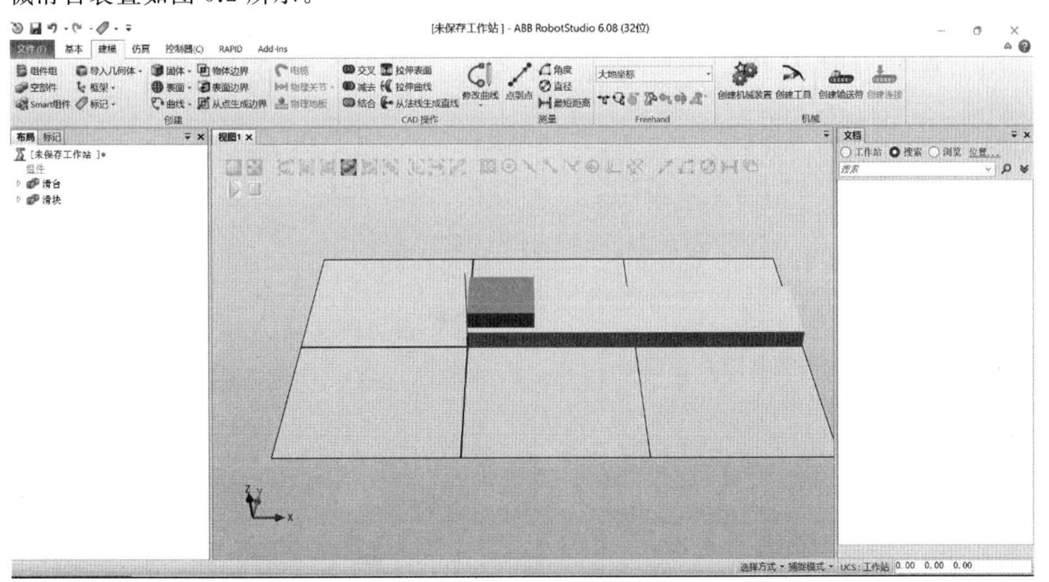

图 5.2　机械滑台装置

创建机械装置具体操作步骤见表 5.4。

表 5.4　创建机械装置具体操作步骤

操作步骤	操作说明	示意图
1	单击“创建”，创建一个新的空工作站	最近 新建 打印 共享 在线 帮助 选项 退出 空工作站 创建空工作站。 文件 RAPID 模块文件 创建一个 RAPID 模块文件，并在编辑器中打开它。 控制器配置文件 创建一个标准配置文件并在编辑器中打开。 创建

续表5.4

操作步骤	操作说明	示意图
2	在“建模”功能选项卡中，单击“固体”，选择“矩形体”	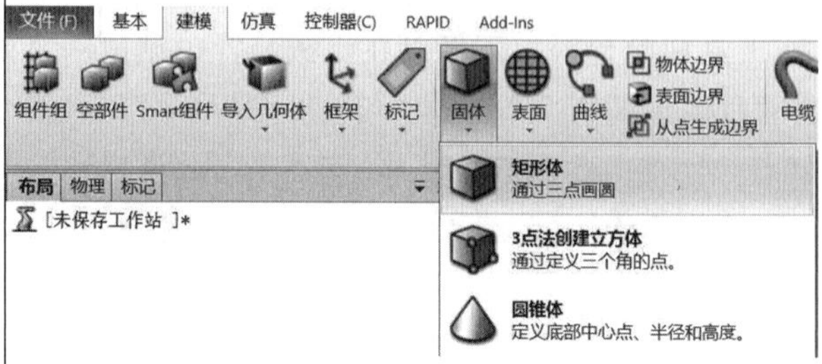
3	按照滑台的数据进行参数输入，“长度”为2 000 mm，“宽度”为500 mm，“高度”为100 mm，然后单击“创建”	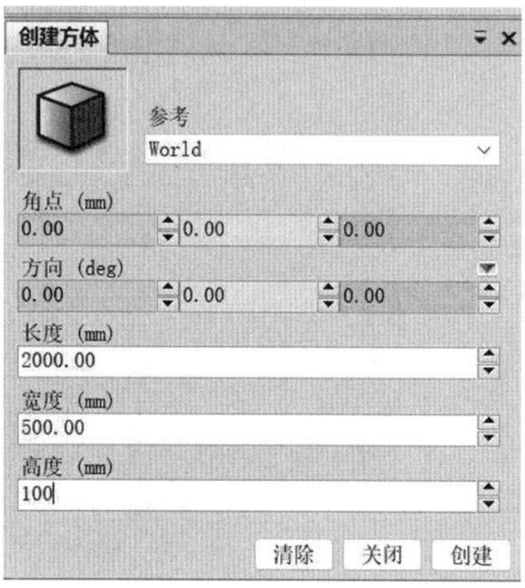
4	在刚创建的滑台对象上单击右键，在弹出的菜单中选择“修改”“设定颜色…”	

续表5.4

操作步骤	操作说明	示意图
5	选择黄色后，单击“确定”	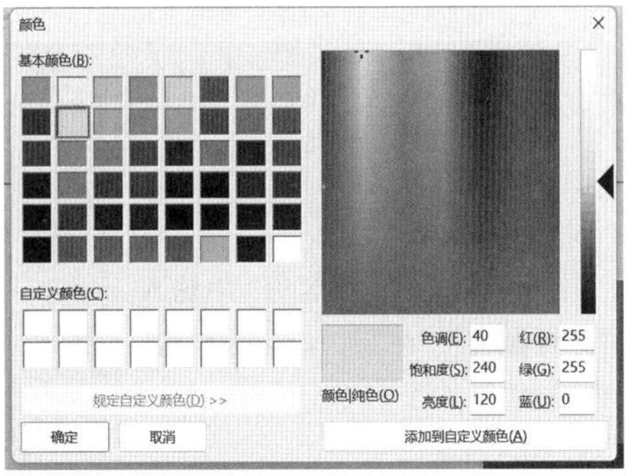
6	创建滑块，按照滑块的数据进行参数输入，角点：Y 值为50 mm、Z 值为100 mm；“长度”为400 mm，“宽度”为400 mm；“高度”为100 mm。然后单击“创建”	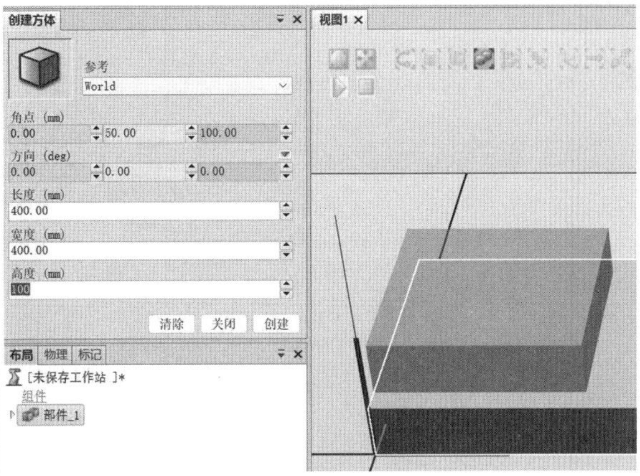
7	将滑块的颜色设定为绿色	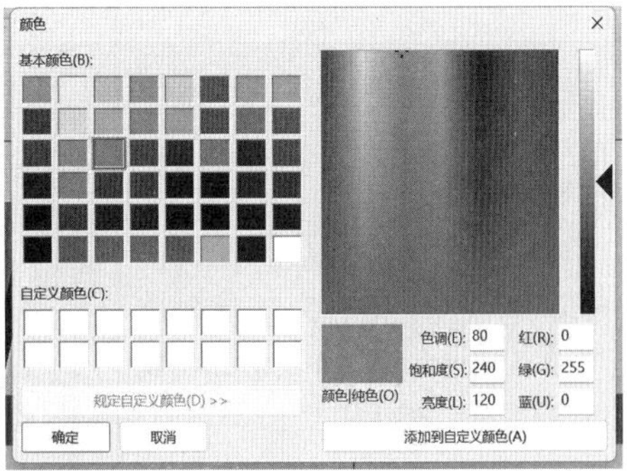
8	双击两个模型，将两个模型的名字重命名为“滑台”和“滑块”，方便识别	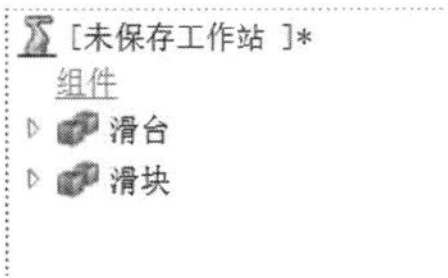

续表5.4

操作步骤	操作说明	示意图
9	在“建模”功能选项卡中单击“创建机械装置”。 在“机械装置模型名称”中输入“滑台装置”，在“机械装置类型”中选择“设备”。 双击“链接”	 创建机械装置 创建工具 创建输送带 创建连接 机械 创建 机械装置 机械装置模型名称 滑台装置 机械装置类型 设备 滑台装置 链接 接点 框架 校准 依赖性
10	展开滑台装置	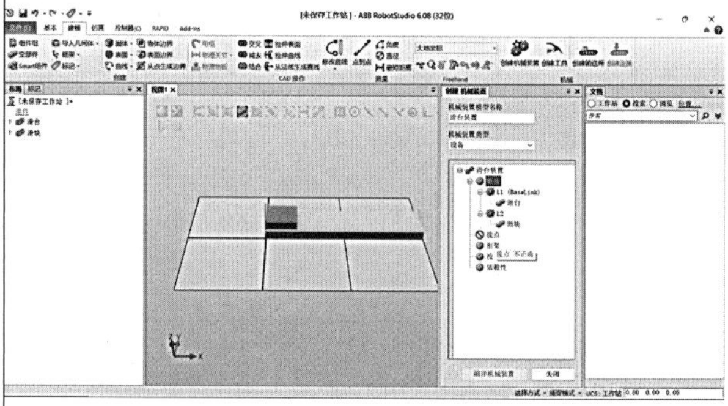 [未保存工作站] - ABB RobotStudio 6.08 (32位) RAPID Add-ins CAD 操作 Freehand L1 (BaseLink) L2 UCS: 工作站 0.00 0.00 0.00
11	将“链接名称”设定为“L1”，“所选组件”选择“滑台”，然后勾选“设置为 BaseLink”，单击右三角按钮，最后单击“应用”	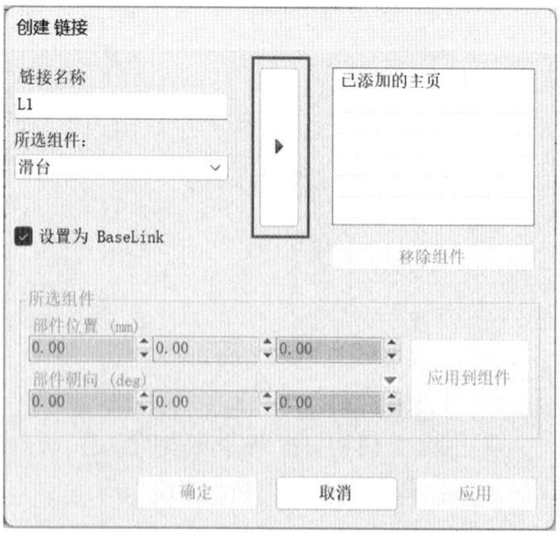 创建 链接 链接名称 L1 所选组件： 滑台 设置为 BaseLink 已添加的主页 移除组件 所选组件 部件位置 (mm) 0.00 0.00 0.00 部件朝向 (deg) 0.00 0.00 0.00 应用到组件 确定 取消 应用

续表5.4

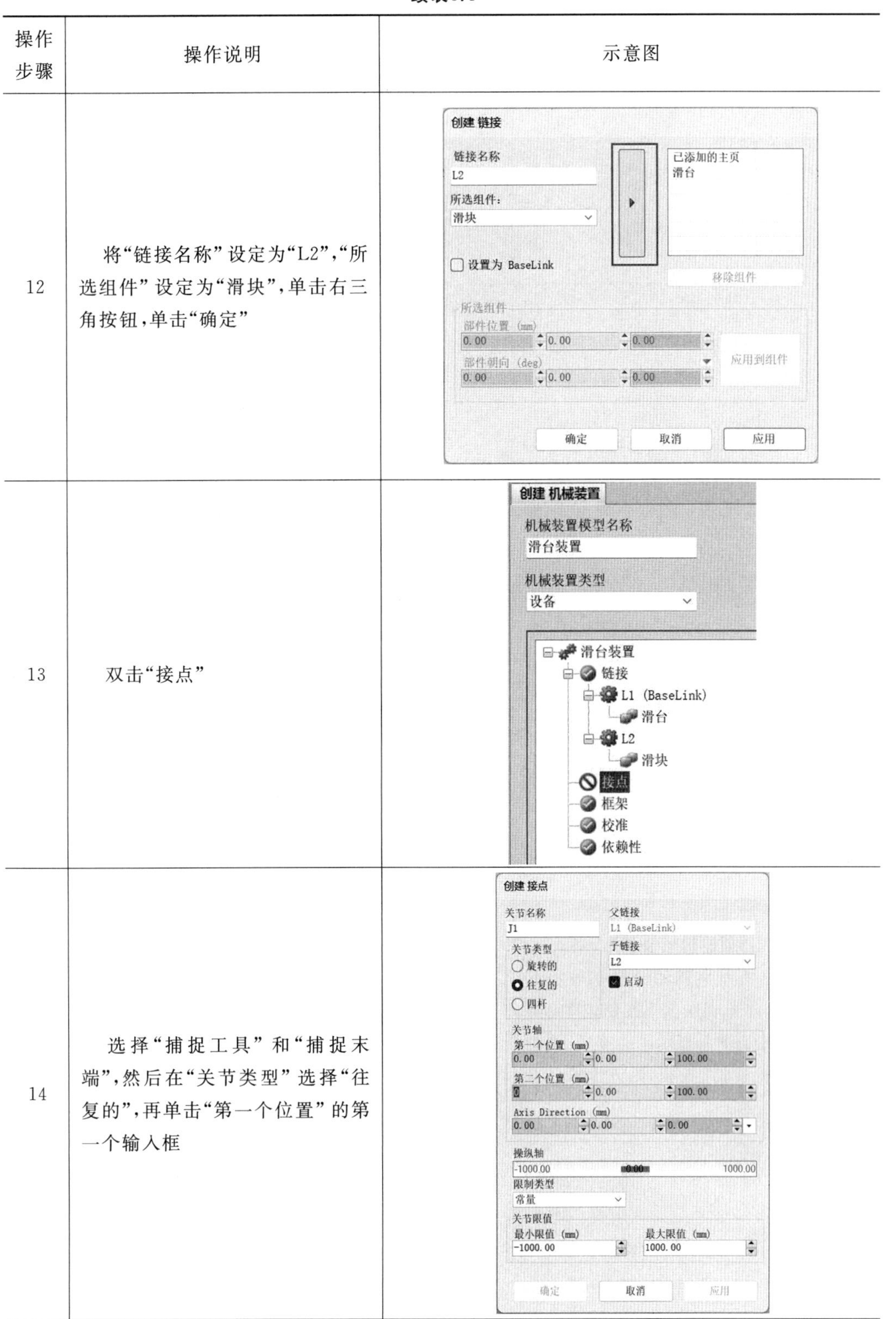

操作步骤	操作说明	示意图
12	将“链接名称”设定为“L2”,“所选组件”设定为“滑块”,单击右三角按钮,单击“确定”	
13	双击“接点”	
14	选择“捕捉工具”和“捕捉末端”,然后在“关节类型”选择“往复的”,再单击“第一个位置”的第一个输入框	

续表5.4

操作步骤	操作说明	示意图
15	先单击滑台的 ① 角点，然后单击滑台的 ② 角点	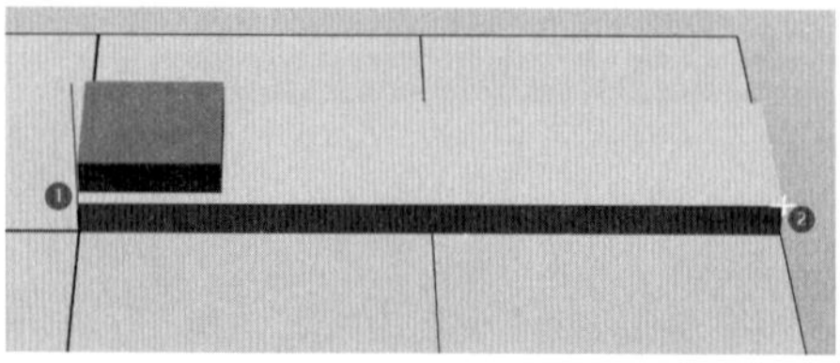
16	运动的参考方向轴数据已添加到窗口中。设定“关节限值”，以限定运动范围：“最小限值”为 0 mm，“最大限值”为 1 500 mm。再单击“确定”	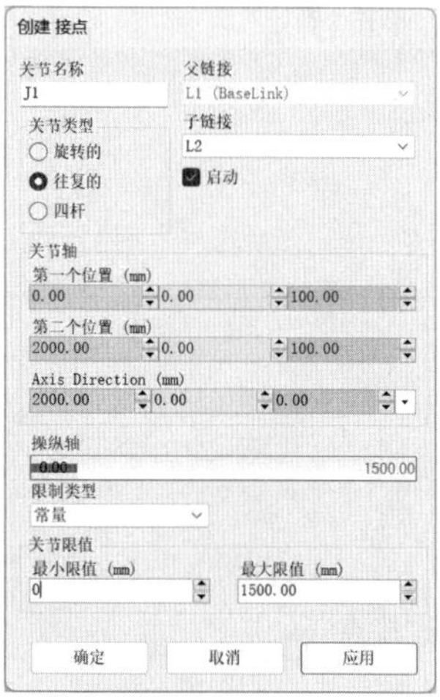
17	双击“创建机械装置”标签。 注：有些电脑的分辨率显示不出“编译机械装置”按钮，因此需要双击。如果显示屏能够显示“编译机械装置”按钮，则该步骤可以跳过	

续表5.4

操作步骤	操作说明	示意图
18	单击“编译机械装置”	
19	单击“添加”，添加滑台定位位置的数据	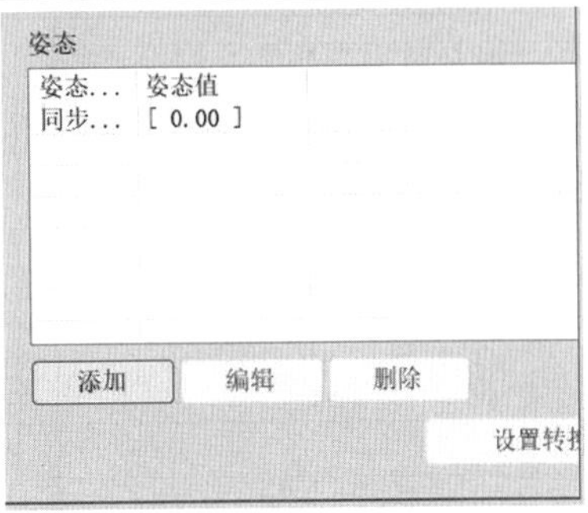
20	“创建 姿态”窗口已打开，此时将滑块拖到 1 500 的位置，然后单击“确定”	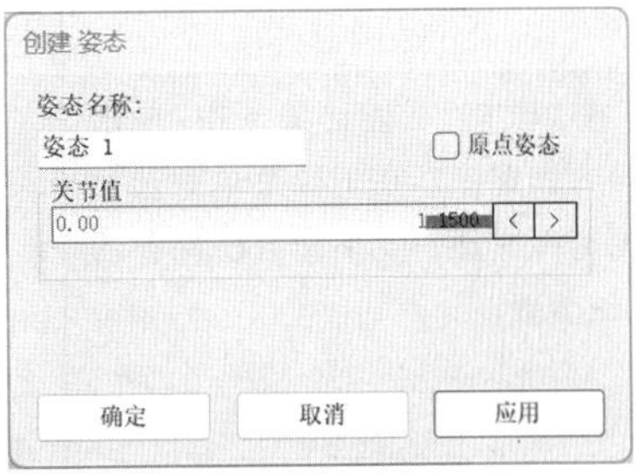
21	单击“设置转换时间”，然后在这里设定滑块在两个位置之间运动的时间为 5 s，完成后单击“确定”	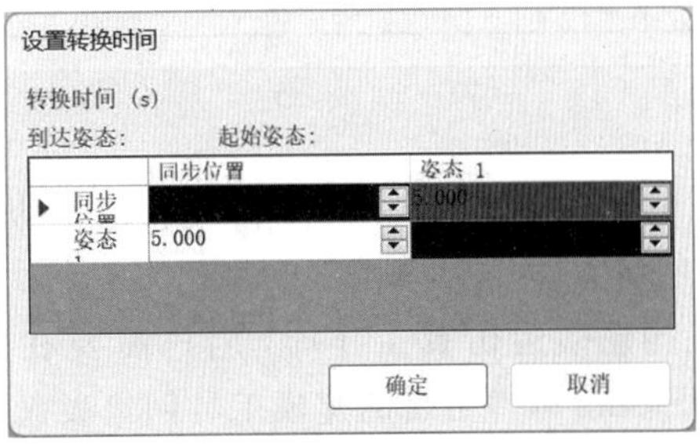
22	在“建模”功能选项卡中，选择“手动关节”，然后用鼠标拖动滑块就可以在滑台上进行运动了	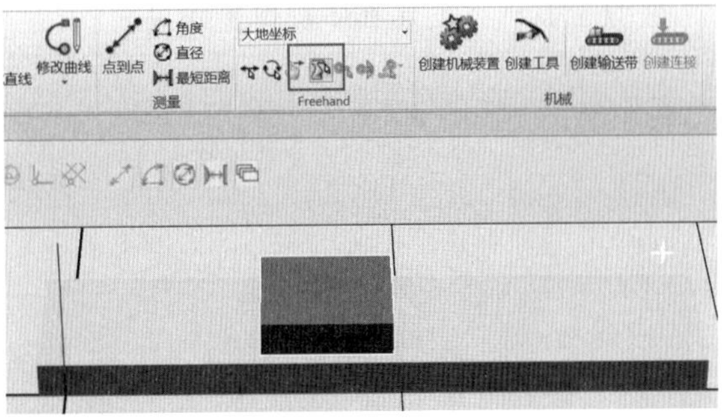

续表5.4

操作步骤	操作说明	示意图
23	在“滑台装置”上单击右键，选择“保存为库文件…”，以便以后在别的工作站中调用	布局 物理 标记 [未保存工作站]* 机械装置 滑台 剪切 Ctrl+X 复制 Ctrl+C 保存为库文件... 断开与库的连接 可见 检查 保存为库文件 将一个组件保存为库文件。 视图1
24	在“基本”功能选项卡中，单击“导入模型库”，在下拉菜单中选择“浏览库文件…”来加载已保存的机械装置	基本 建模 仿真 控制器(C) RAPID Add-Ins 导入模型库 机器人系统 导入几何体 框架 目标点 路径 用户库 设备 解决方案库 文档 位置... 浏览库文件... Ctrl+J 浏览库文件 (Ctrl+J) 导入各设备到工作站。 点击F1获取更多帮助。 视图1

吸盘工具建模

任务5.3　吸盘工具建模

在构建搬运仿真工作时，用户需要在机器人法兰末端创建吸盘工具，本节通过RobotStudio软件自带的建模工具创建吸盘工具，吸盘工具由长方体、圆柱体、圆锥体组合而成，具体的尺寸如图5.3所示。

吸盘工具模型创建具体操作步骤见表5.5。

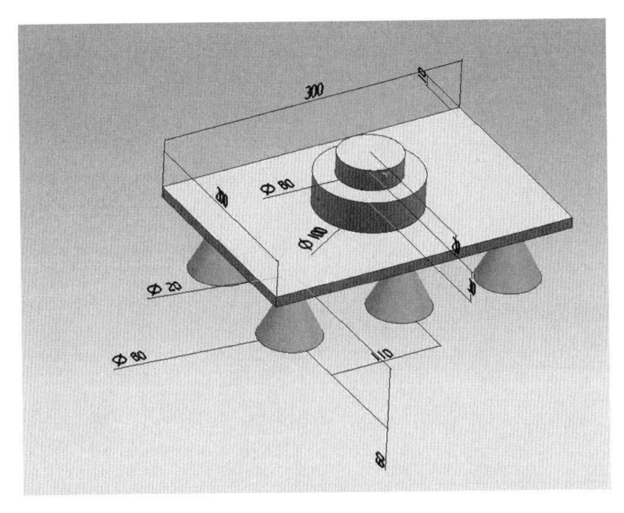

图 5.3 吸盘工具模型

表 5.5 吸盘工具模型创建具体操作步骤

操作步骤	操作说明	示意图
1	创建 2 个圆柱体	创建圆柱体 参考 大地坐标 基座中心点（mm） 0.00 0.00 0.00 方向（deg） 0.00 0.00 0.00 半径（mm） 30.00 直径（mm） 60.00 高度（mm） 20 创建胶囊体 清除 关闭 创建 创建圆柱体 参考 大地坐标 基座中心点（mm） 0.00 0.00 0.00 方向（deg） 0.00 0.00 0.00 半径（mm） 50.00 直径（mm） 100.00 高度（mm） 30 创建胶囊体 清除 关闭 创建
2	移动部件 2，使部件 1 和部件 2 稍微分开	[未保存工作站]* 组件 部件_1 部件_2

续表5.5

操作步骤	操作说明	示意图
3	把部件 2 放置到部件 1 上	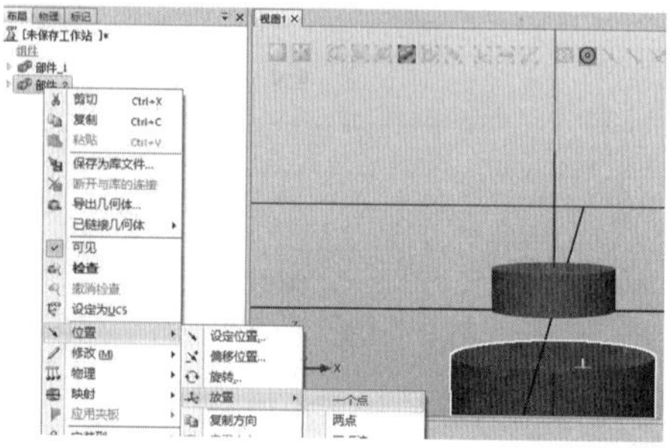
4	捕捉圆心	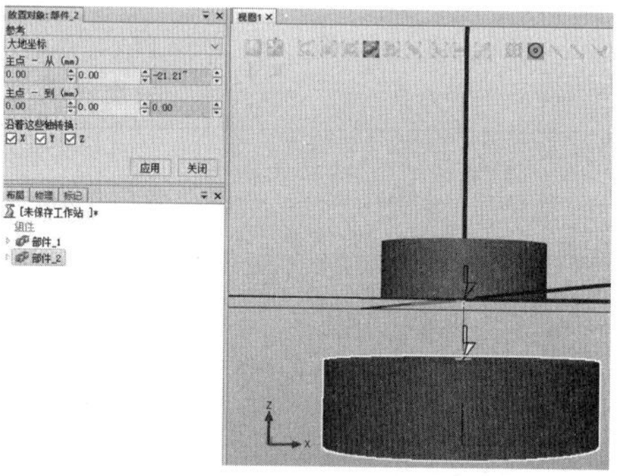
5	单击“应用”	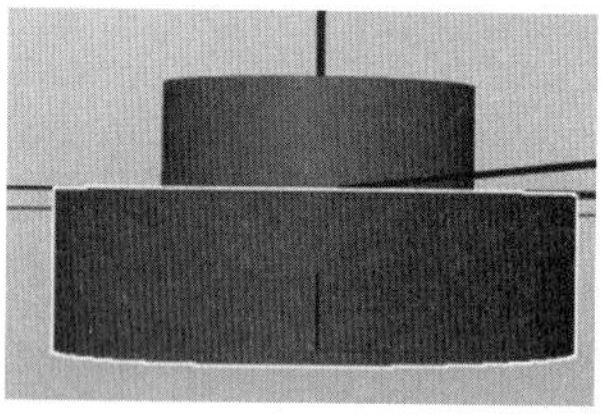
6	创建方体	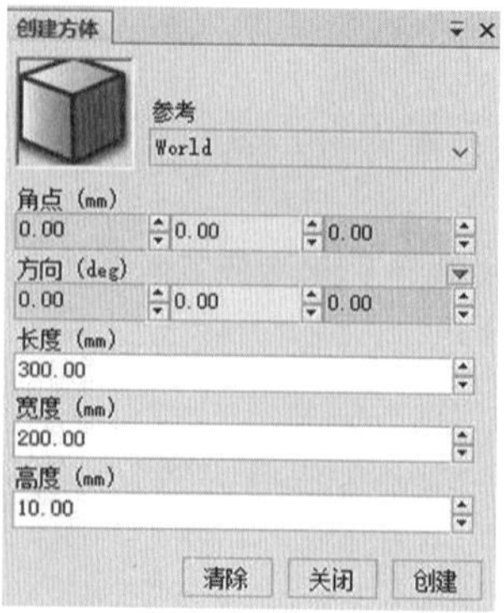

续表5.5

操作步骤	操作说明	示意图
7	右键点击“部件 3”，选择“位置”“放置”“一个点”	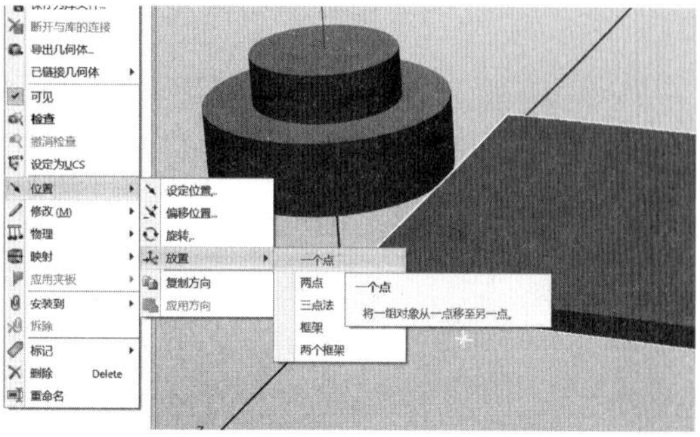
8	将方体放置到圆柱体下表面	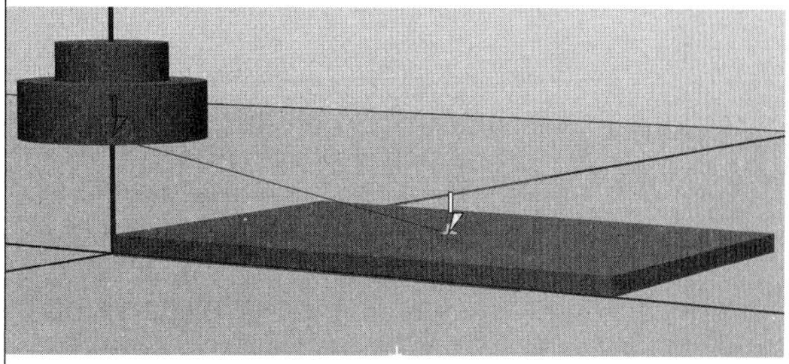
9	单击“应用”	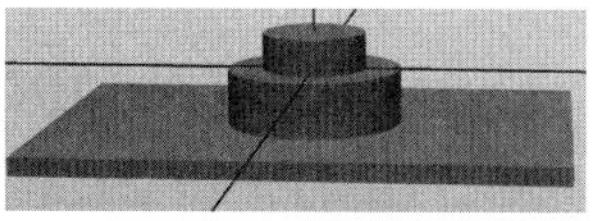
10	创建圆锥体	

续表5.5

操作步骤	操作说明	示意图
11	创建圆柱体	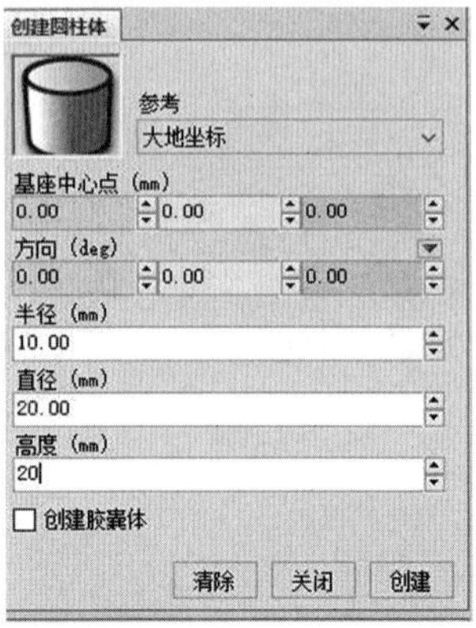
12	为了观察图形，单击取消“可见”	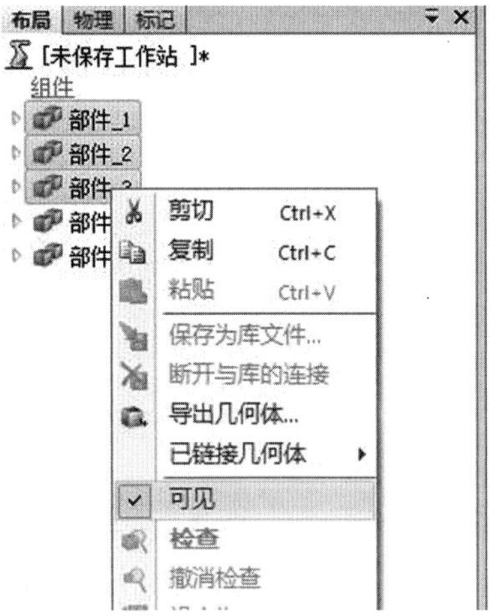
13	将圆柱体向上移动一段距离	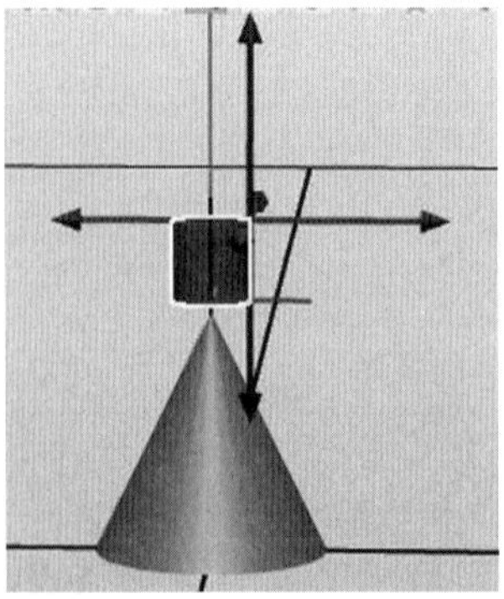

续表5.5

操作步骤	操作说明	示意图
14	将圆柱体上表面放置到锥体的顶点	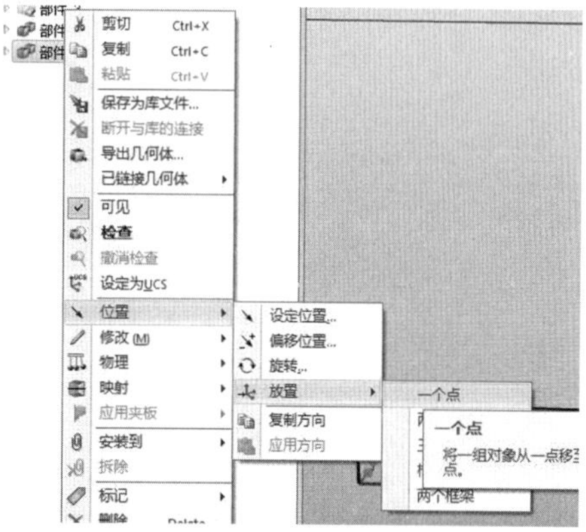
15	单击“应用”	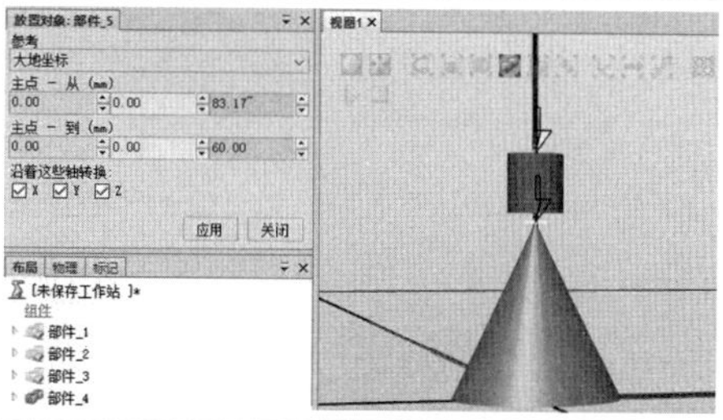
16	在“建模”选项卡中，单击“结合”，把圆柱体和圆锥体结合，取消勾选“保留初始位置”	
17	通过移动测试结合效果	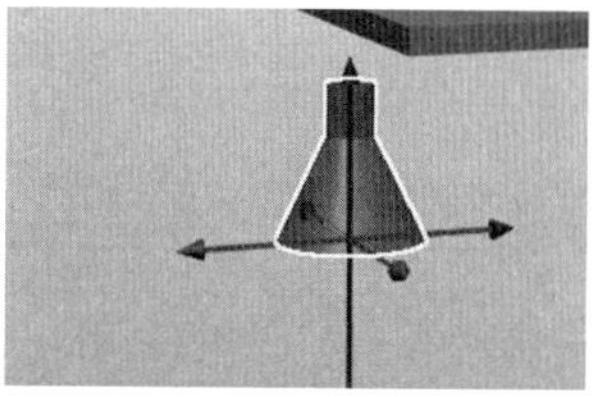

续表5.5

操作步骤	操作说明	示意图
18	结合两个圆柱体	结合 保留初始位置 结合 部件_1 - Body 和 部件_2 - Body 清除 创建 关闭 布局 物理 标记 吸盘工具* 组件 部件_1 物体 吸盘工具:视图1
19	再次结合	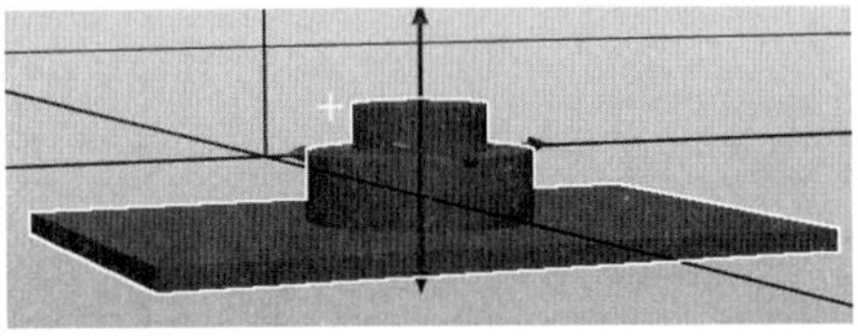
20	将部件 6 放置到方体的一端	放置对象:(多重选择) 参考 大地坐标 主点 - 从 (mm) -34.41 35.95 -63.21 主点 - 到 (mm) -78.48 100.00 -39.54 沿着这些轴转换: X Y Z 应用 关闭 布局 物理 标记 吸盘工具 组件 部件_6 物体 部件_9 物体 物体 吸盘工具:视图1 Z
21	单击“应用”	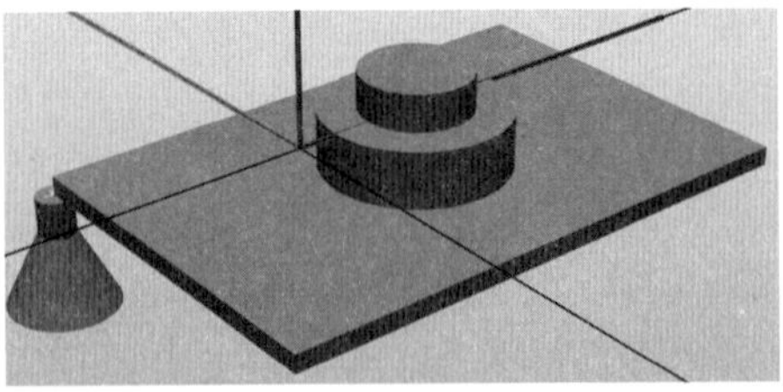
22	命名吸盘和吸盘座	 布局 路径和目标点 标记 吸盘工具* 组件 吸盘 吸盘座

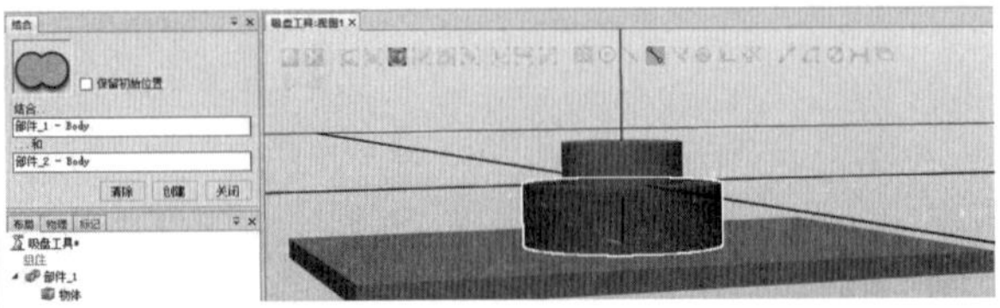

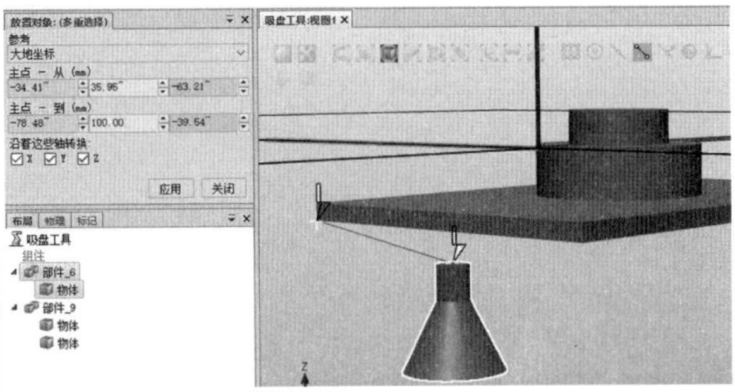

续表5.5

操作步骤	操作说明	示意图
23	偏移吸盘	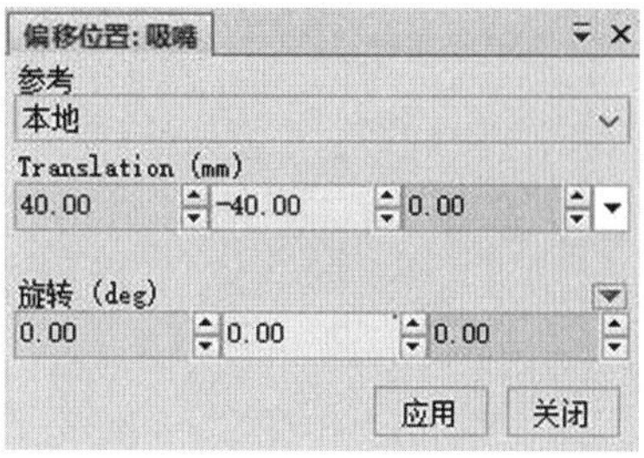
24	单击“应用”	
25	设定吸盘颜色	
26	选择红色	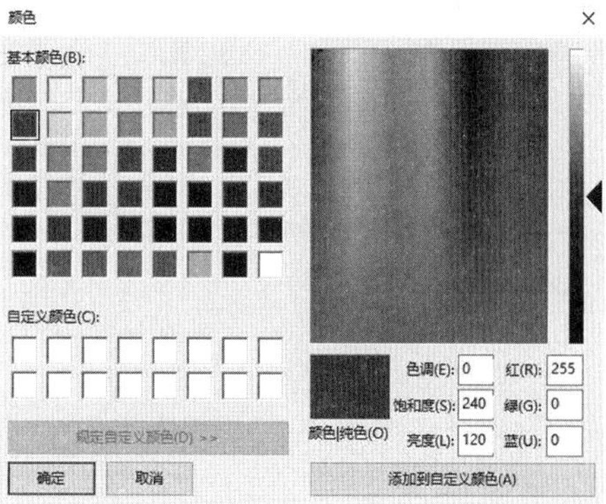

续表5.5

操作步骤	操作说明	示意图
27	单击“确定”	布局 路径和目标点 标记 吸盘工具* 组件 吸盘 吸盘座 吸盘工具:视图1
28	复制吸盘，并命名为“吸盘 2”，然后向 Y 方向偏移 −120 mm	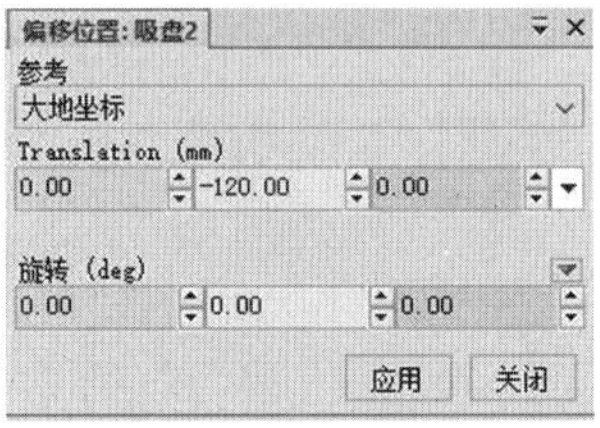 偏移位置: 吸盘2 参考 大地坐标 Translation (mm) 0.00 -120.00 0.00 旋转 (deg) 0.00 0.00 0.00 应用 关闭
29	单击“应用”	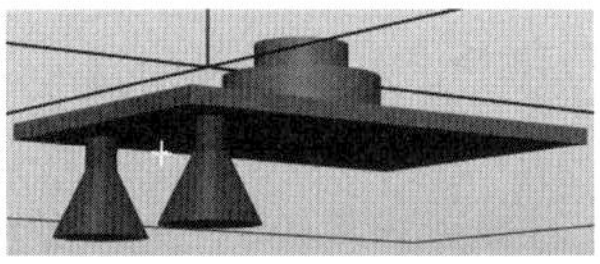
30	用同样的方法，完成另外 4 个吸盘的偏移放置，X 方向间隔为 110 mm	
31	把各个吸盘下的“物体”直接拖入吸盘中	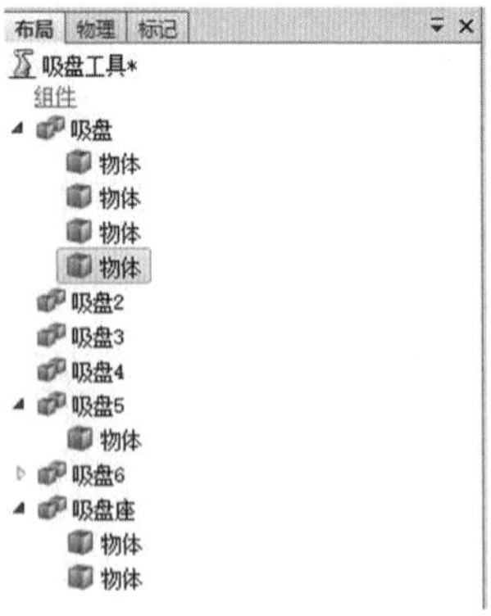 布局 物理 标记 吸盘工具* 组件 吸盘 物体 物体 物体 物体 吸盘2 吸盘3 吸盘4 吸盘5 物体 吸盘6 吸盘座 物体 物体

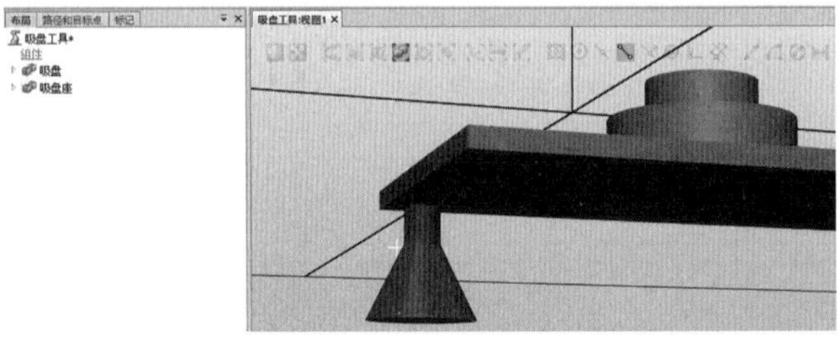

续表5.5

操作步骤	操作说明	示意图
32	把整个吸盘的“物体”放入“吸盘座”中，这样就完成了组合	
33	删去多余的部件，并移动吸盘座，检测所有的部件是否会整体移动	

任务5.4 机器人工具创建

在构建机器人仿真工作站时，机器人法兰盘末端会安装用户自定义的工具，这些工具模型可以像RobotStudio模型库中的工具一样直接安装到机器人法兰盘末端，并保证坐标方向一致，且能够在工具末端自动生成工具坐标系。本任务以工业机器人搬运吸盘工具为例，介绍如何对导入的吸盘夹具模型进行参数设置，使其具有和软件模型库中夹具相同的特性。

机器人工具创建

5.4.1 创建工具框架

创建工具框架具体操作步骤见表5.6。

表5.6 创建工具框架具体操作步骤

操作步骤	操作说明	示意图
1	导入IRB 1200机器人，并加载系统	

续表5.6

操作步骤	操作说明	示意图
2	右击“吸盘座”,选择“修改”“设定本地原点”	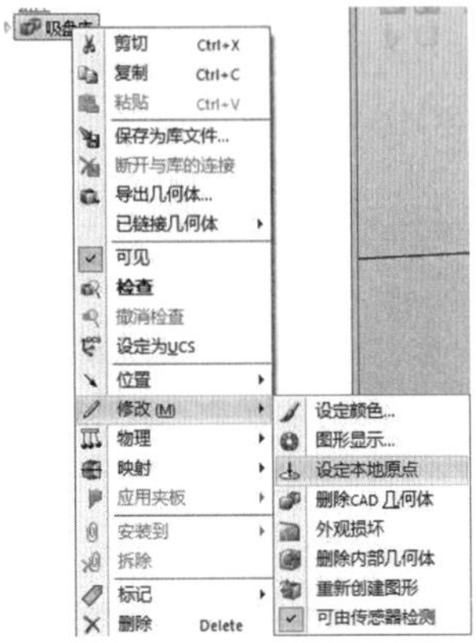
3	捕捉工具法兰中心,将“方向”下的数值全部改为“0.00”	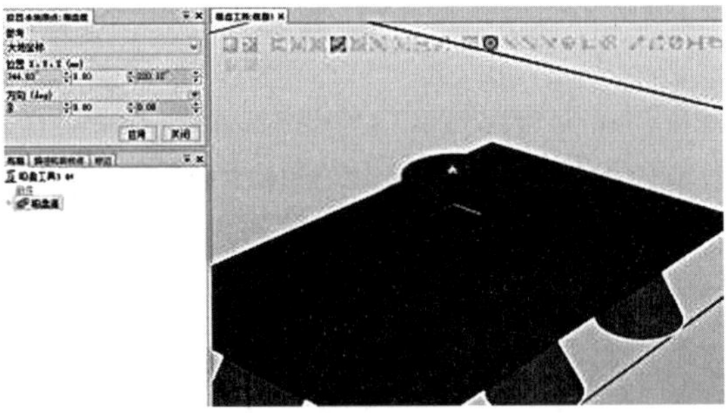
4	右击“吸盘座”,选择“位置”“设定位置”,将所有的数据都设置为“0.00”	
5	右击“吸盘座”,选择“位置”“设定位置”,“方向”下的 Y 值改成“180.00”	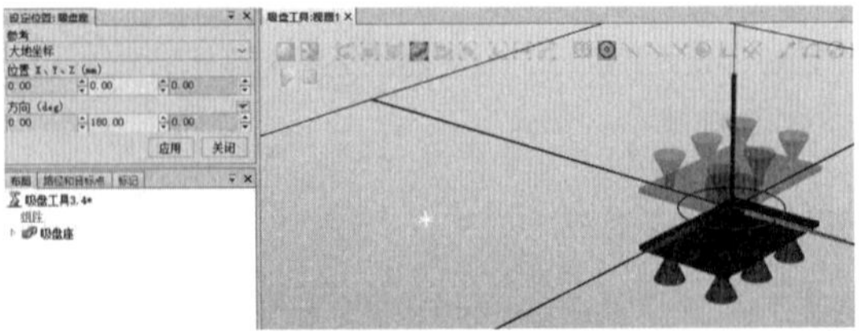

续表5.6

操作步骤	操作说明	示意图
6	右击"吸盘座",选择"修改""本地原点",将"方向"下的数据全部改成"0.00"	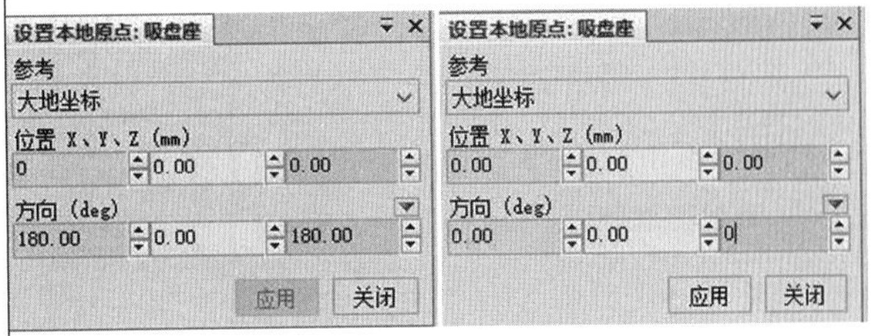
7	左键拖动吸盘座到机器人并测试	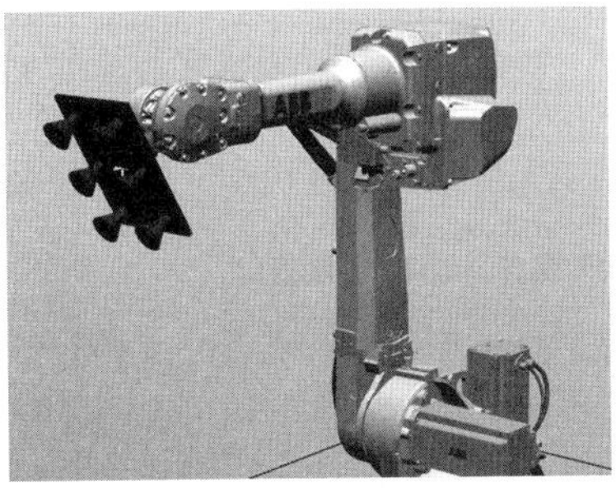

5.4.2　创建工具

创建机械装置具体操作步骤见表5.7。

表5.7　创建机械装置具体操作步骤

操作步骤	操作说明	示意图
1	撤销上一小节最后一步操作,使吸盘工具回到视图中心点	

续表5.7

操作步骤	操作说明	示意图
2	单击“建模”功能选项卡中的“创建框架”	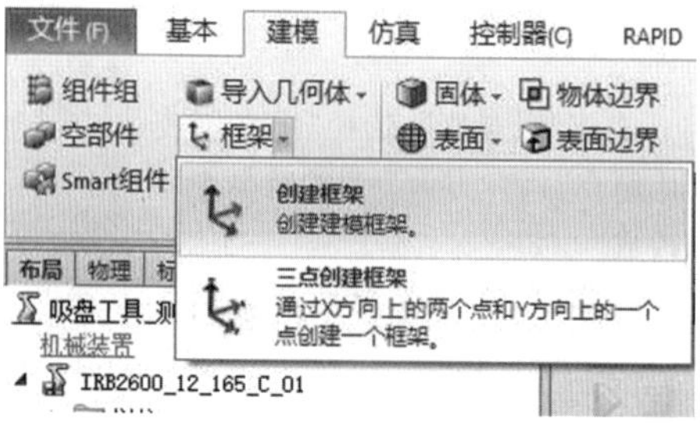
3	捕捉方体的中心位置	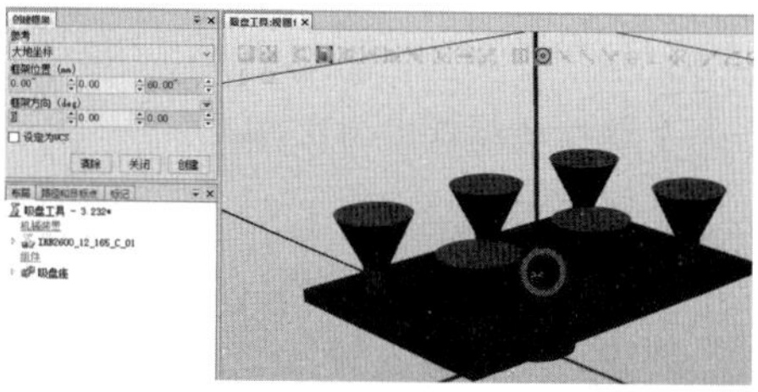
4	右击“框架 1”，选择“偏移位置…”	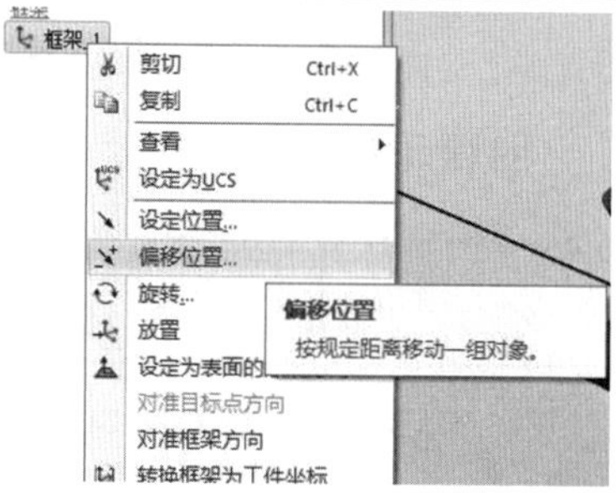
5	向 Z 轴方向偏移 60 mm	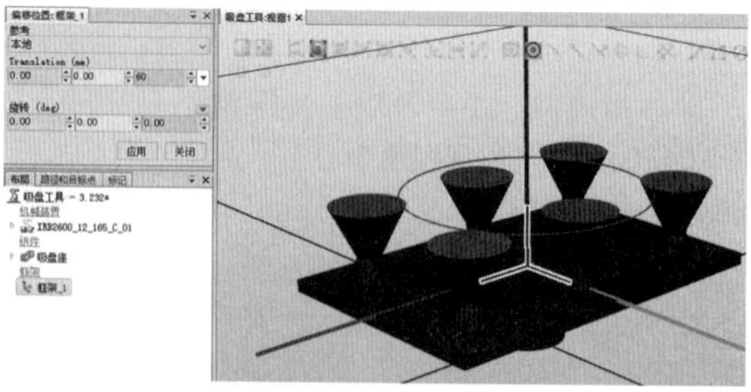

续表5.7

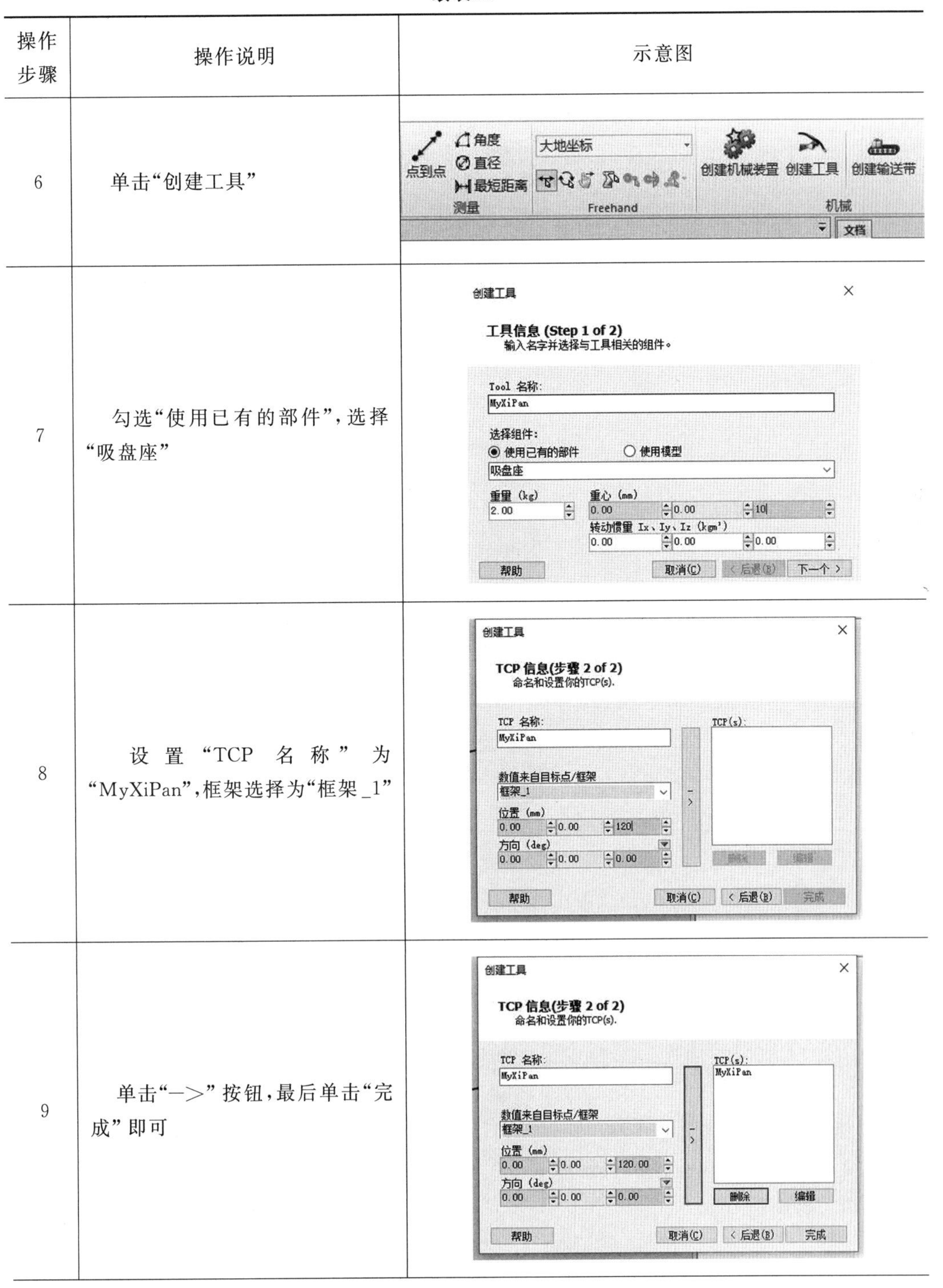

操作步骤	操作说明	示意图
6	单击“创建工具”	
7	勾选“使用已有的部件”，选择“吸盘座”	
8	设置“TCP名称”为“MyXiPan”，框架选择为“框架_1”	
9	单击“—>”按钮，最后单击“完成”即可	

续表5.7

操作步骤	操作说明	示意图
10	右键单击“MyXiPan”，选择“位置”“旋转 …”	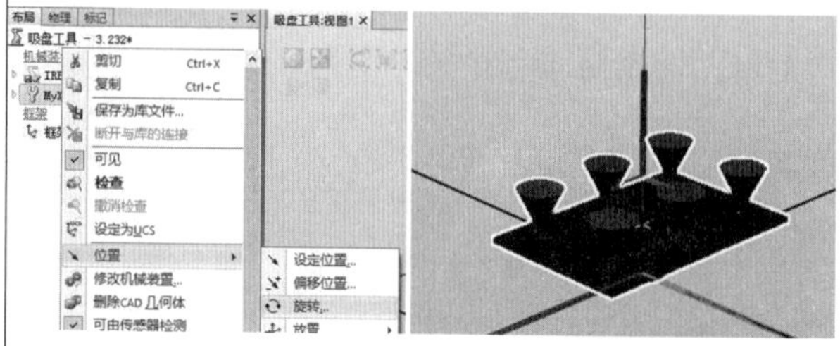 布局 物理 标记 吸盘工具 - 3.232* 机械装置 框架 剪切 Ctrl+X 复制 Ctrl+C 保存为库文件… 断开与库的连接 可见 检查 撤消检查 设定为UCS 位置 修改机械装置… 删除CAD几何体 可由传感器检测 吸盘工具:视图1 设定位置… 偏移位置… 旋转… 放置
11	绕 X 轴旋转 180°	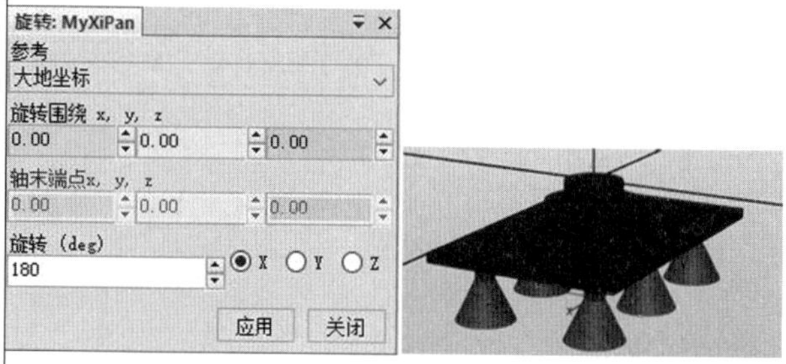 旋转: MyXiPan 参考 大地坐标 旋转围绕 x, y, z 0.00 0.00 0.00 轴末端点x, y, z 0.00 0.00 0.00 旋转 (deg) 180 X Y Z 应用 关闭
12	创建方体	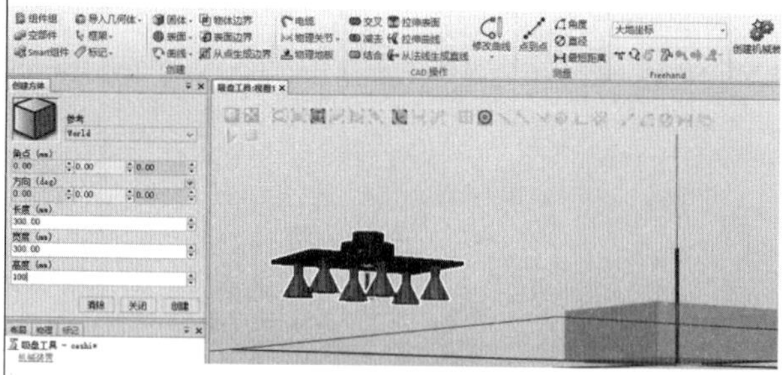 组件组 导入几何体 固体 物体边界 电缆 交叉 拉伸表面 空部件 框架 表面 表面边界 物理关节 减去 拉伸曲线 Smart组件 标记 曲线 从点生成边界 物理地板 结合 从法线生成直线 创建 CAD 操作 修改曲线 点到点 角度 直径 最短距离 测量 大地坐标 Freehand 创建机械装置 创建方体 参考 World 角点 (mm) 0.00 0.00 0.00 方向 (deg) 0.00 0.00 0.00 长度 (mm) 300.00 宽度 (mm) 300.00 高度 (mm) 100 清除 关闭 创建 吸盘工具:视图1 布局 物理 标记 吸盘工具 - ceshi* 机械装置
13	右击“MyXiPan”，依次选择“位置”“放置”“一个点”	 布局 物理 标记 吸盘工具 - ceshi* 机械装置 MyNewTo 组件 部件_1 剪切 Ctrl+X 复制 Ctrl+C 保存为库文件… 断开与库的连接 可见 检查 撤消检查 设定为UCS 位置 修改机械装置… 删除CAD几何体 可由传感器检测 物理 应用夹板 机械装置手动关节 机械装置手动线性 吸盘工具:视图1 设定位置… 偏移位置… 旋转… 放置 复制方向 应用方向 一个点 两点 三点法 框架 两个框架

续表5.7

操作步骤	操作说明	示意图
14	捕捉中心点	
15	右击“MyXiPan”，选择“保存为库文件…”	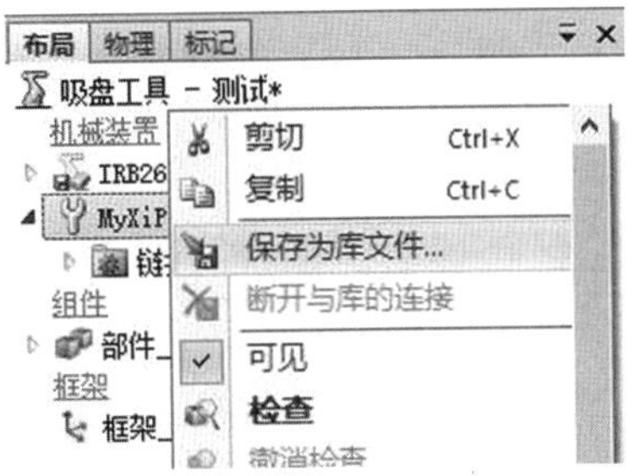
16	单击“保存”	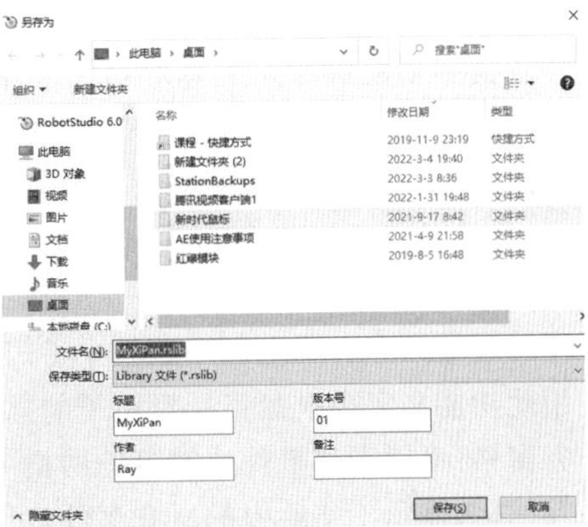
17	把吸盘工具粘贴到用户库路径，单击“确定”	

续表5.7

操作步骤	操作说明	示意图
18	单击用户库，可看到“MyXiPan”工具	

布局搬运仿真工作站

事件管理器的应用

任务 5.5　事件管理器的应用

本任务需要创建机器人工具对箱子的拿放事件管理器信号以及创建机器人运动程序，包括初始化程序、子程序和主程序。机器人运动轨迹要进行优化，避免与周围设备发生碰撞。通过练习本任务，读者可对事件管理器和程序的创建流程有一定的了解。

5.5.1　事件管理器认知

事件管理器是 RobotStudio 软件中专门用于连接 I/O 信号与设备动作的功能，因此需要使用此功能来实现吸盘工具对箱子的抓取。事件管理器视图如图 5.4 所示。

任务窗格：可以新建事件或在事件网格中选择现有事件进行复制或删除。

事件网格：显示工作站中的所有事件，可以在此选择事件进行编辑、复制或删除。

触发编辑器：可以编辑事件触发器的属性。对所有触发器而言，触发编辑器的上半部分相同，而下半部分适合选定触发器类型。

动作编辑器：可以编辑事件触发器的属性。对所有触发器而言，触发编辑器的上半部分相同，而下半部分适合选定触发器类型。

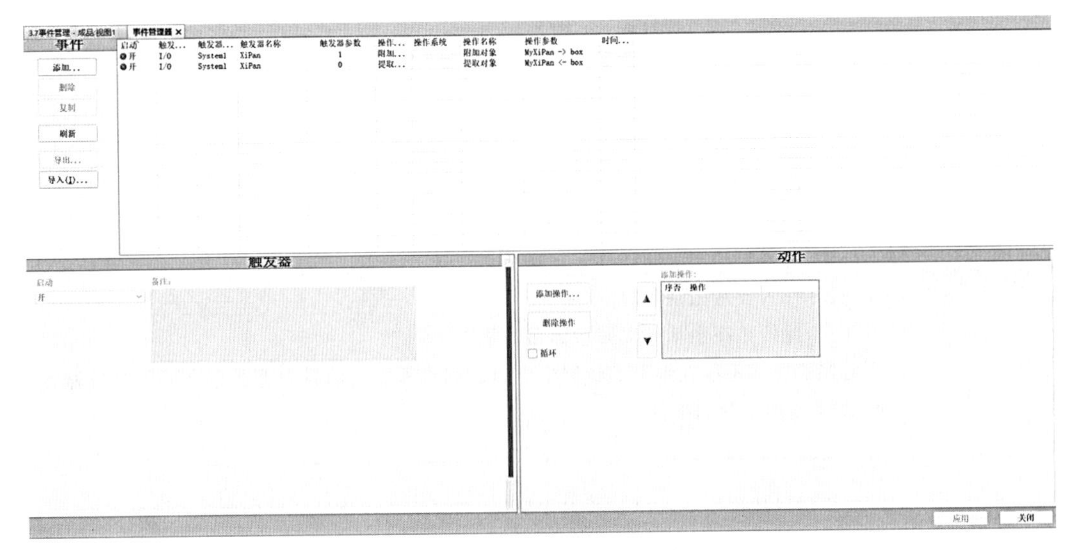

图 5.4　事件管理器视图

(1) 任务窗格部分部件及描述见表 5.8。

表 5.8　任务窗格部分部件及描述

部件	描述
添加	启动、创建新事件向导
删除	删除在事件网格中选中的事件
复制	复制在事件网格中选中的事件
刷新	刷新事件管理器

(2) 事件网格。

在事件网格中,每行均是一个事件,而网格中的各列显示的是其属性。事件网格部分部件及描述见表 5.9。

表 5.9　事件网格部分部件及描述

列	描述
启动	显示事件是否处于活动状态。 开:动作始终在触发事件发生时执行。 关:动作在触发事件时不执行。 仿真:只有触发事件在运行模拟时发生,动作才得以执行

续表5.9

列	描述
触发器类型	显示触发动作的条件类型。 I/O 信号变化:更改 I/O 数字信号。 I/O 连接:模拟可编程逻辑控制器(PLC) 的行为。 碰撞:碰撞集中对象间碰撞开始或结束或接近丢失。 仿真时间:设置激活的时间。 注意,此按钮在激活仿真时被启用。 触发器类型不能在触发编辑器中更改。如果需要当前触发器类型之外的触发器类型,需要创建全新的事件
触发器系统	如果触发器类型是 I/O 信号触发器,此列显示给用作触发器的信号所属的系统。 连字符(-) 表示虚拟信号
触发器名称	用作触发的信号或碰撞集名称
触发器参数	将显示发生触发依据的事件条件。 0:用作触发的 I/O 信号切换至 False。 1:用作触发的 I/O 信号切换至 True。 已开始:碰撞在用作触发的碰撞集中开始。 已结束:碰撞在用作触发的碰撞集中结束。 接近丢失已开始:接近丢失在用作触发的碰撞集中开始。 接近丢失已结束:接近丢失在用作触发的碰撞集中结束
操作类型	显示与触发器一同出现的动作类型。 I/O 信号动作:更改数字输入或输出信号的数值。 连接对象:将一个对象连接到另一个对象。 分离对象:将一个对象从另一个对象上分离。 打开 / 关闭仿真监视器:切换特定机械装置的仿真监视器。 打开 / 关闭计时器:切换过程计时器。 将机械装置移至姿态:将选定机械装置移至预定姿态,然后发送工作站信号,同时启动或停止过程计时器。 移动图形对象:将图形对象移至新位置和新方位。 显示 / 隐藏图形对象:显示或隐藏图形对象。 保持不变:无任何动作发生。 多个:事件同时触发多个动作或在每次启用触发时只触发一个动作。每个动作均可在动作编辑器中查看

续表5.9

列	描述
操作参数	显示动作发生后的条件。 0:I/O 信号将设置为 False。 1:I/O 信号将设置为 True。 打开:打开过程计时器。 关闭:关闭过程计时器。 Object1 -> Object2:当动作类型是连接目标时显示另一个对象将连接至哪一个对象。 Object1 -> Object2:当动作类型是分离目标时显示另一个对象将连接至哪一个对象。 已结束:碰撞在用作触发的碰撞集中结束。 接近丢失已开始:接近丢失在用作触发的碰撞集中开始。 接近丢失已结束:接近丢失在用作触发的碰撞集中结束。 多个:表示多个动作

(3) 触发编辑器。

在触发编辑器中,可以设置触发器的属性。该编辑器的上半部分是所有类型的触发器共有的,而下半部分适合现在的触发器类型。

触发器的公用部分部件及描述见表 5.10。

表 5.10 触发器的公用部分部件及描述

部件	描述
启动	将设置事件是否处于活动状态。 打开:动作始终在触发事件发生时执行。 关闭:动作在触发事件发生时不执行。 仿真:只有触发事件在运行模拟时发生,动作才得以执行
备注	关于事件的注释文本框

关于 I/O 信号触发器的部分部件及描述见表 5.11。

表 5.11 I/O 信号触发器的部分部件及描述

部件	描述
活动控制器	选择 I/O 要用作触发器时所属的系统
信号	显示可用作触发器的所有信号

续表5.11

部件	描述
触发条件	对于数字信号，需设置事件是否将在信号被设为 True 或 False 时触发。 对于模拟信号，只对工作站信号可用，事件将在以下任何条件下触发：大于；大于 / 等于；小于；小于 / 等于；等于；不等于

关于 I/O 连接触发器的部分部件及描述见表 5.12。

表 5.12　I/O 连接触发器的部分部件及描述

部件	描述
添加	打开一个对话框，可以在其中将触发器信号添加至触发器信号窗格
删除	删除所选的触发器信号
添加 >	打开一个对话框，可以在其中将运算符添加至连接窗格
删除 >	删除选定的运算符
延迟	指定延迟（以秒为单位）

（4）动作编辑器。

在动作编辑器中，可以设置事件动作的属性。在该编辑器中，上半部分是所有的动作类型共有的，而下半部分适合选定动作。

所有动作的通用部分部件及描述见表 5.13。

表 5.13　所有动作的通用部分部件及描述

部件	描述
添加动作	添加触发条件满足时所发生的新动作。可添加同时得以执行的若干不同动作，也可以在每一次事件触发时添加一个动作。 以下动作类型可用： 更改 I/O：更改数字输入或输出信号的数值。 连接对象：将一个对象连接到另一个对象。 分离对象：将一个对象从另一个对象上分离。 打开 / 关闭计时器：启用或停用过程计时器。 保持不变：无任何动作发生（可能对操纵动作序列有用）
删除动作	删除已添加动作列表中选定的动作
循环	选中此复选框后，只要发生触发，就会执行相应的动作。执行完列表中的所有操作之后，事件将从列表中的第一个动作重新开始。 清除此复选框后，每次触发发生时会同时执行所有动作
已添加动作	按事件动作，将所有被执行的顺序列出
箭头	重新调整动作的执行顺序

I/O 动作的部分部件及描述见表 5.14。

表 5.14 I/O 动作的部分部件及描述

部件	描述
活动控制器	打开一个对话框,可以在其中将触发器信号添加至触发器信号窗格
信号	删除所选的触发器信号
动作	打开一个对话框,可以在其中将运算符添加至连接窗格

连接动作的特定部分部件及描述见表 5.15。

表 5.15 连接动作的特定部分部件及描述

部件	描述
连接对象	选择工作站中要连接的对象
连接到	选择工作站中要连接到的对象
更新位置 / 保持位置	更新位置:连接时将连接对象移至其他对象的连接点。对于机械装置来说,连接点是 TCP 或凸缘;而对于其他对象来说,连接点就是本地原点。 保持位置:连接时保持对象要连接的当前位置
法兰编号	如果对象所要连接的机械装置拥有多个法兰(添加附件的点),请选择一个要使用的法兰
偏移位置	如有需要,连接时可指定对象间的位置偏移
偏移方向	如有需要,连接时可指定对象间的方向偏移

分离动作的特定部分件及描述见表 5.16。

表 5.16 分离动作的特定部分部件及描述

部件	描述
分离对象	选择工作站中要分离的对象
分离于	选择工作站中要从其上分离附件的上对象

由于本书篇幅有限,事件管理器其他部件的说明可查阅 RobotStudio 官方操作手册。

5.5.2 事件管理器创建

事件管理器可以快速完成一些仿真动画的设置,如机械装置运动、夹具对物体的拿放等动态效果,相比于后面要讲到的 Smart 组件,事件管理器要简单一些。

事件管理器的创建需要在机器人系统中创建 I/O 板,然后在 I/O 板上创建信号。下面介绍标准 I/O 板和 I/O 信号。

ABB 标准 I/O 板下挂在 DeviceNet 总线上,常用型号有 DSQC651(8 个数字准 I/O 板输入,8 个数字输出,2 个模拟输出)、DSQC652(16 个数字输入,16 个数字输出)。在系统中配置标准 I/O 板,至少需要设置 4 项参数,见表 5.17。

表 5.17　ABB 标准 I/O 板参数

参数名称	参数注释
Name	I/O 单元名称
Type of Unit	I/O 单元类型
Connected to Bus	I/O 单元所在总线
DeviceNet Address	I/O 单元所占用总线地址

在 I/O 单元上创建一个数字 I/O 信号，也至少需要设置 4 项参数，见表 5.18。

表 5.18　标准 I/O 信号参数

参数名称	参数注释
Name	I/O 信号名称
Type of Unit	I/O 信号类型
Assigned to Unit	I/O 信号所在单元
Unit Mapping	I/O 信号所占用单元地址

首先创建机器人系统，具体操作参考本书任务 1.3；然后设置标准 I/O 板以及 I/O 信号，具体操作步骤见表 5.19。

表 5.19　设置标准 I/O 板以及 I/O 信号具体操作步骤

操作步骤	操作说明	示意图
1	在“控制器”功能选项卡下，单击“配置编辑器”，选择“I/O System”	
2	右击“DeviceNet Device”，在弹出的快捷菜单中选择“新建 DeviceNet Device…”命令	

续表5.19

操作步骤	操作说明	示意图
3	弹出“实例编辑器”窗口，在“使用来自模板的值”选择 DSQC 651 Combi I/O Device，“Name”设置为“Board10”，“Address”设置为“10”，设置完成后单击“确定”	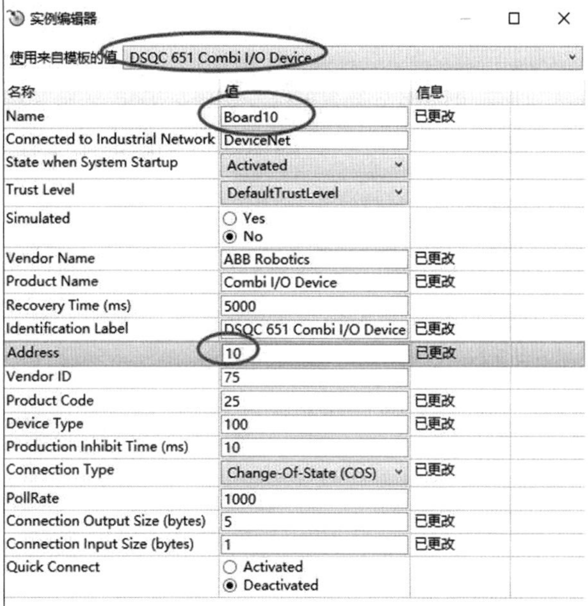
4	根据项目要求，需要添加信号“DO_sucker”，控制工具对“Box”的吸取和释放。右击“Signal”，在弹出的快捷菜单中选择“新建Signal…”命令	
5	弹出“实例编辑器”窗口，将“Name”设置为“DO_sucker”，“Type of Signal”选择“Digital Output”，“Device Mapping”设置为“32”，完成后单击“确定”按钮	

续表5.19

操作步骤	操作说明	示意图
6	设置完成后需要重新启动控制器，重启之后设置的信号才能生效。选择“控制器”“重启”“重启动（热启动）”	
7	在弹出的对话框中单击“确定”按钮	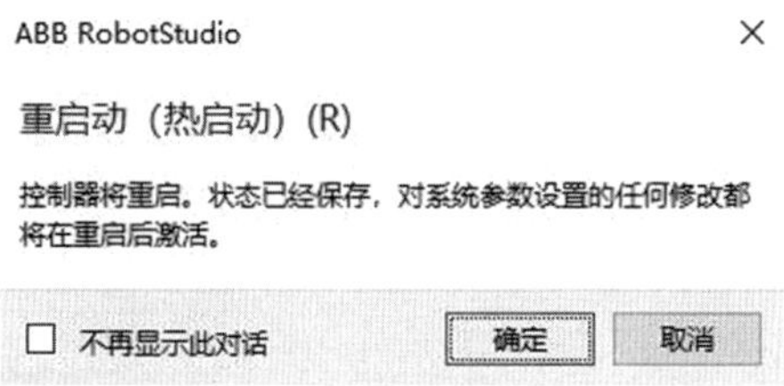
8	只有建立起信号的连接，才能实现机器人对信号的控制。选择“仿真”选项卡，单击“配置”命令组右下角的按钮	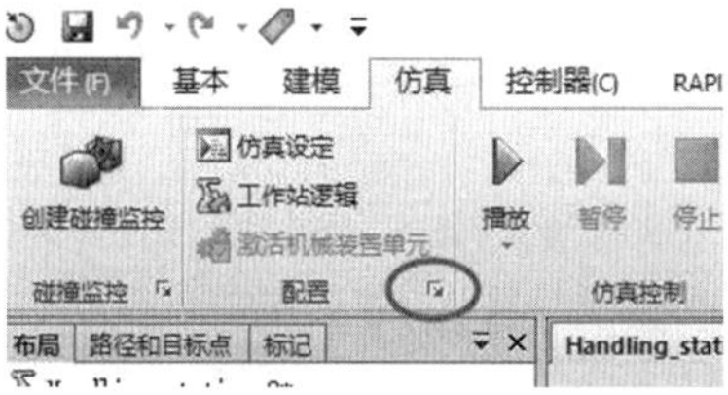
9	打开事件管理器，单击“添加…”按钮	

续表5.19

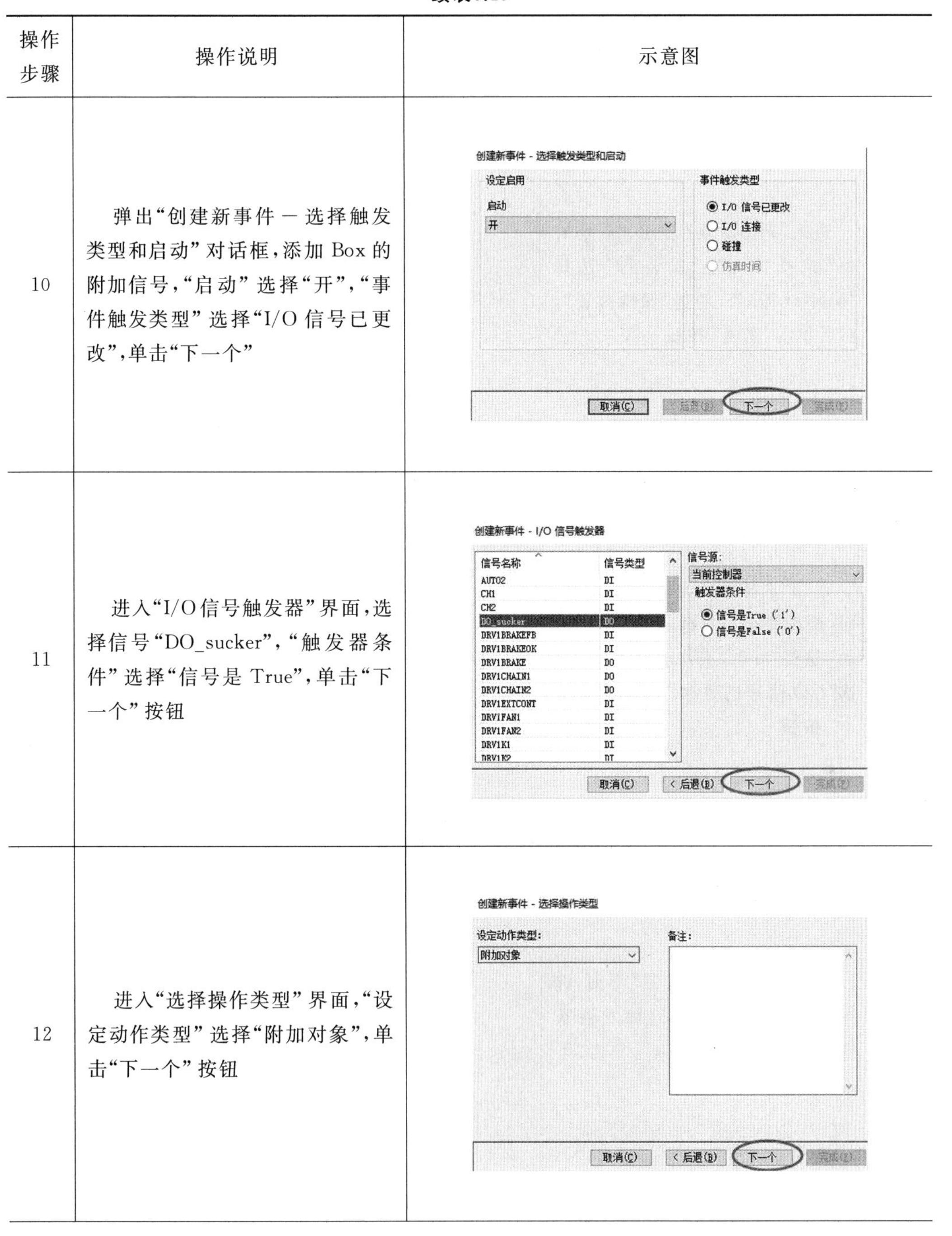

操作步骤	操作说明	示意图
10	弹出“创建新事件 — 选择触发类型和启动”对话框，添加 Box 的附加信号，“启动”选择“开”，“事件触发类型”选择“I/O 信号已更改”，单击“下一个”	
11	进入“I/O信号触发器”界面，选择信号“DO_sucker”，“触发器条件”选择“信号是 True”，单击“下一个”按钮	
12	进入“选择操作类型”界面，“设定动作类型”选择“附加对象”，单击“下一个”按钮	

续表5.19

操作步骤	操作说明	示意图
13	进入“附加对象”界面，“附加对象”选择“Box”，“安装到”选择“MyNewTool”，勾选“保持位置”，然后单击“完成”按钮	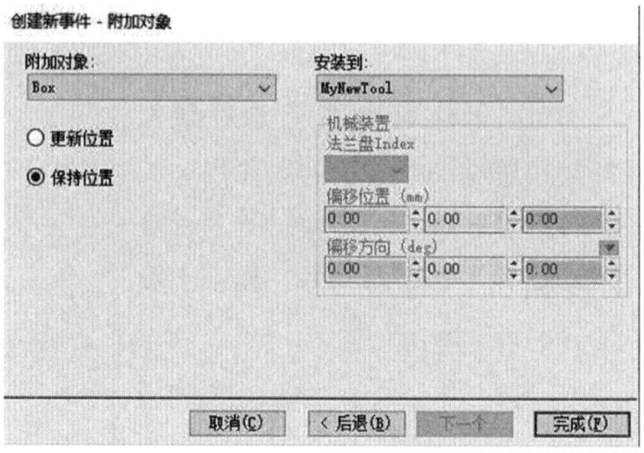
14	返回“选择触发类型和启动”界面，添加“Box”的拆除信号。“启动”选择“开”，“事件触发类型”勾选“I/O 信号已更改”，单击“下一个”按钮	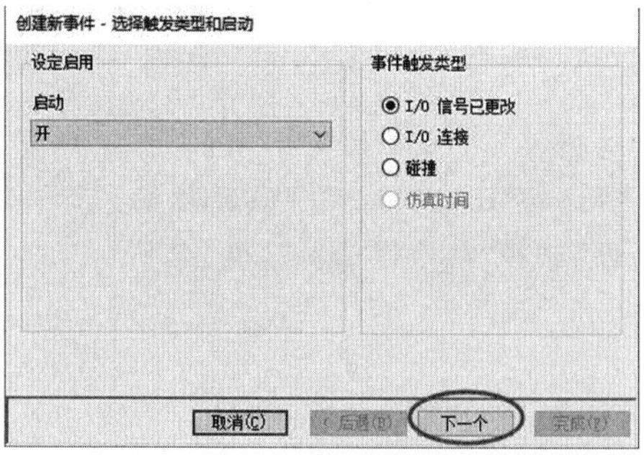
15	进入“I/O信号触发器”界面，选择信号“DO_sucker”，“触发器条件”勾选“信号是 False”，单击“下一个”按钮	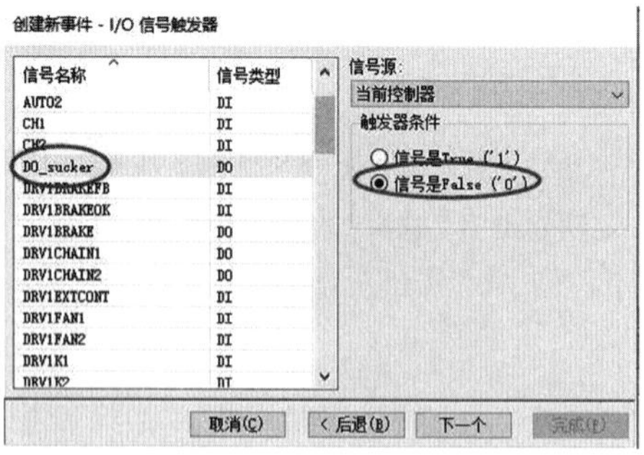

续表5.19

操作步骤	操作说明	示意图
16	进入“选择操作类型”界面,“设定动作类型”选择“提取对象”,单击“下一个”按钮	创建新事件 - 选择操作类型 设定动作类型: 提取对象 备注: 取消(C) < 后退(B) 下一个 完成(F)
17	进入“提取对象”界面,“提取对象”选择“Box”,“提取于”选择“MyNewTool”,单击“完成”按钮	创建新事件 - 提取对象 提取对象: Box 提取于: MyNewTool 取消(C) < 后退(B) 下一个 完成(F)

至此,事件管理信号设置完成。

任务 5.6　程序创建

程序创建

在编程过程中,通常把程序编写在子程序中。通过对项目仿真动作的分析,需要建立3个子程序,分别为初始化程序 PROC_rInitialize、子程序 PROC_r1 和主程序 PROC_Main。

初始化程序:用于初始化一些信号的值,这样可以保证在调用程序之前信号的值是确定的。

子程序:用于创建机器人基本的运动指令和一些数字量控制信号。

主程序:用于对初始化程序和子程序进行调用。

1. 初始化程序创建

初始化程序创建具体操作步骤见表 5.20。

表 5.20　初始化程序创建具体操作步骤

操作步骤	操作说明	示意图
1	选择“基本”“路径”空路径”	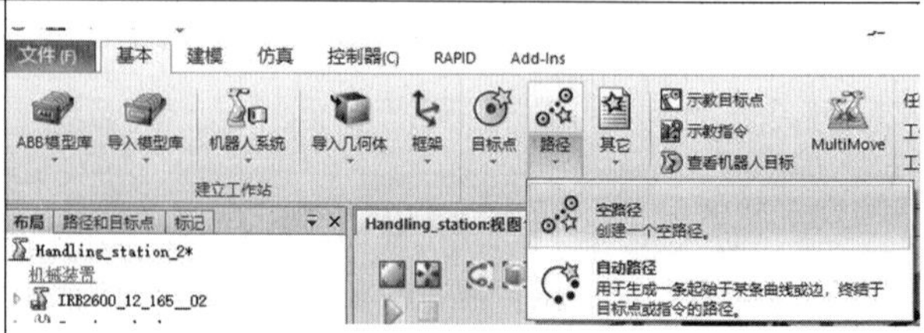
2	将路径名字重命名为“PROC_rInitialize”	
3	右击程序名“PROC_rInitialize”，在弹出的快捷菜单中选择“插入逻辑指令…”	
4	在“创建逻辑指令”面板中，“路径”选择“PROC_rInitialize”，“指令模板”选择“Reset Default”，“Signal”选择“DO_sucker”，设定完成后单击“创建”按钮	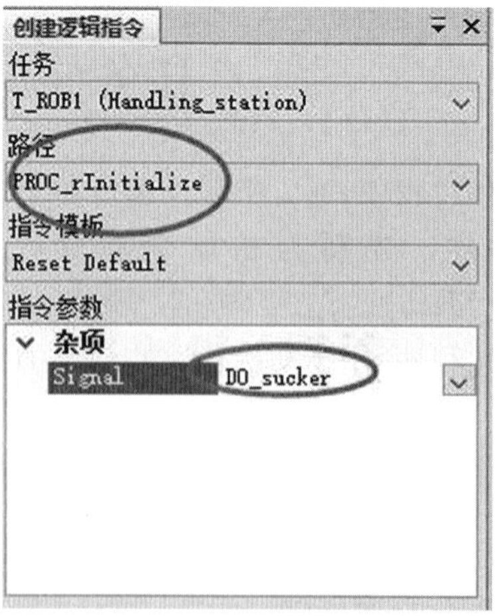

至此，初始化程序 PROC_rInitialize 创建完成。

2. 子程序 PROC_r1 创建

子程序 PROC_r1 创建具体操作步骤见表 5.21。

表 5.21 子程序 PROC_r1 创建具体操作步骤

操作步骤	操作说明	示意图
1	选择“基本”“路径”“空路径”，将程序重命名为“PROC_r1”	
2	移动机器人到一个合适的初始位置，可以采用手动调节的方式。选择“基本”选项卡下的“布局”浏览器，右击机器人“IRB2600_12_165_C_01”，在弹出的快捷菜单中选择“机械装置手动关节”命令	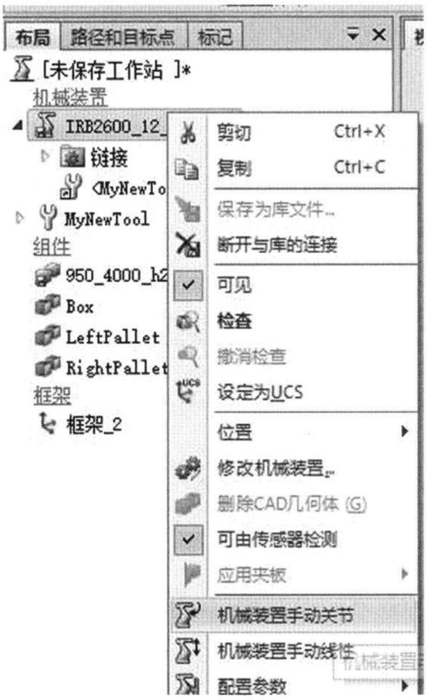
3	把机器人的第五轴调节到 90°，这样可以保证吸盘的表面在水平面上。调节完成后，机器人的初始状态如图	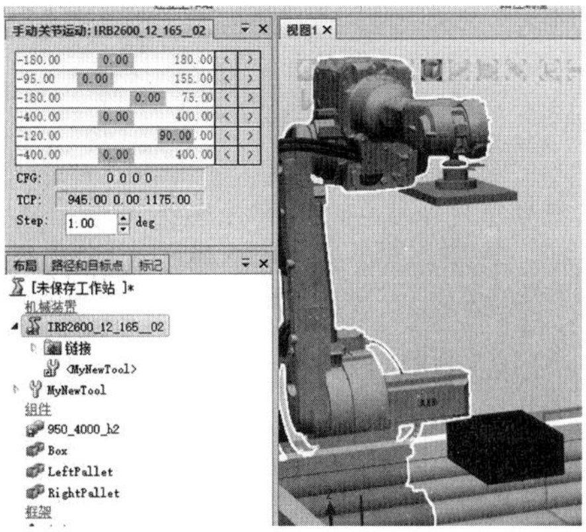

续表5.21

操作步骤	操作说明	示意图
4	在开始编程之前，对运动指令及参数进行设定。在软件界面最下方，设置机器人的运动参数为“MoveJ”“* v200”“fine”“MyNewTool”“\WObj:= wobj0”	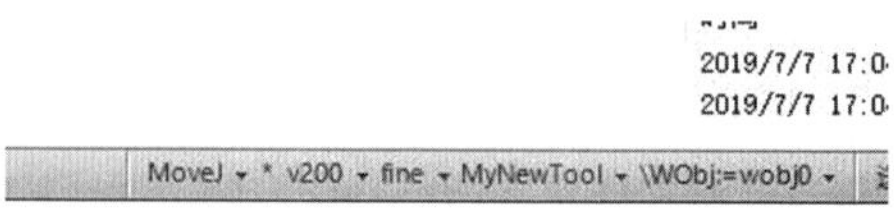
5	选择“示教指令”，生成运动指令“MoveJ Target_10”	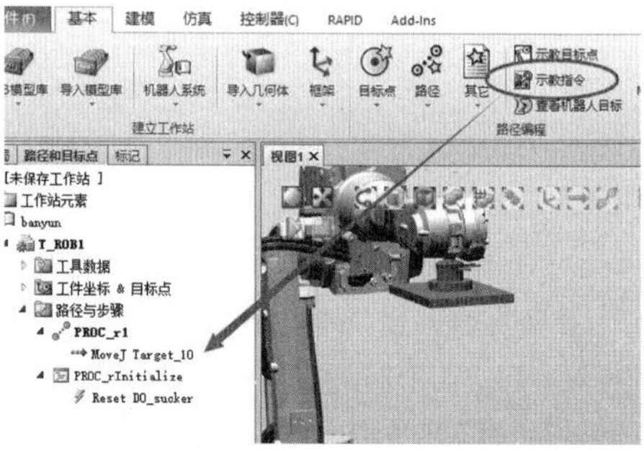
6	选择“手动线性”，然后手动线性拖动机器人到图示位置（即抓料点），尽量保证吸盘在箱子表面的中间位置	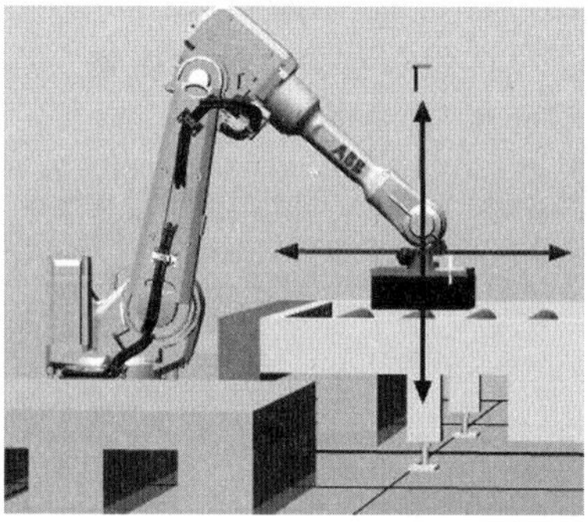
7	可以先不示教这个点，在示教好抓料接近点之后，再来示教抓料点。沿着Z轴手动拖动机器人到抓料接近点，然后选择“示教指令”，生成运动指令“MoveJ Target_20”	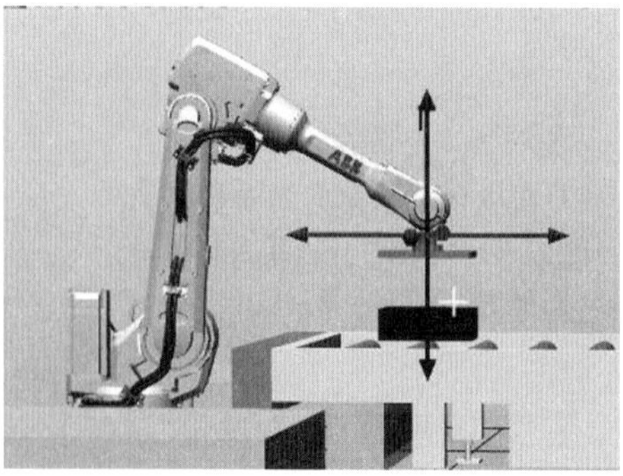

续表5.21

操作步骤	操作说明	示意图
8	从抓料接近点到抓料点要沿着直线运动,所以需要设置机器人的运动参数为“MoveL”“*v200”“fine”“MyNewTool”“\WObj:=wobj0”	 人配置 2019/7/7 17 MoveL * v200 fine MyNewTool \WObj:=wobj0
9	把机器人移动到抓料点,选择“示教指令”,生成运动指令“MoveL Target_30”	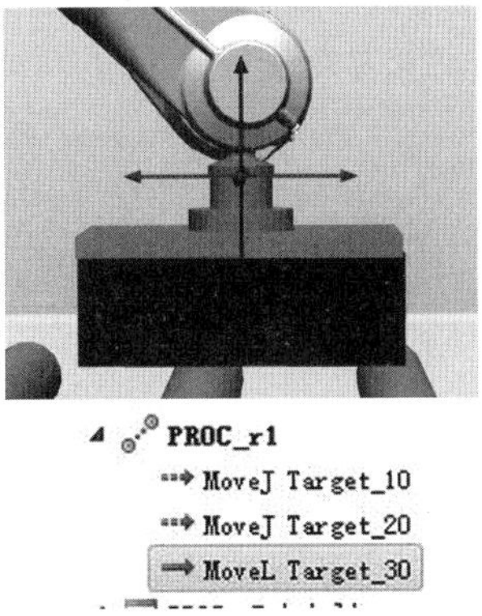 PROC_r1 MoveJ Target_10 MoveJ Target_20 MoveL Target_30
10	机器人已经运动到抓料点,需要在此点之后插入吸盘吸合命令。右击程序“PROC_r1”,在弹出的快捷菜单中选择“插入逻辑指令…”命令	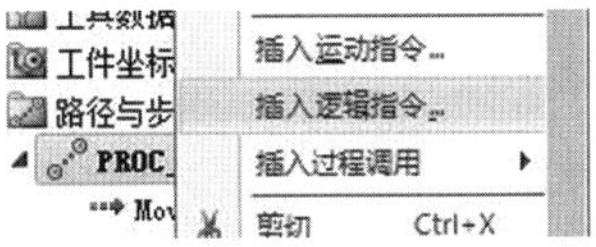 工件坐标 路径与步 PROC_ 插入运动指令... 插入逻辑指令... 插入过程调用 剪切 Ctrl+X
11	在“创建逻辑指令”面板中,“路径”选择“PROC_r1”,“指令模板”选择“Set Default”“Signal”选择“DO_sucker”	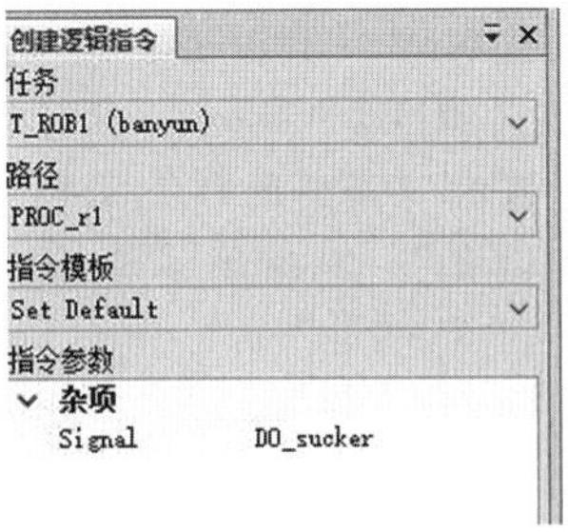 创建逻辑指令 任务 T_ROB1 (banyun) 路径 PROC_r1 指令模板 Set Default 指令参数 杂项 Signal DO_sucker

续表5.21

操作步骤	操作说明	示意图
11	选择“控制器”选项卡下的“控制面板”，在“控制面板”提示中，“操作模式”选择“手动”，设置完成后，会看到软件界面右下角控制器由绿色变为黄色	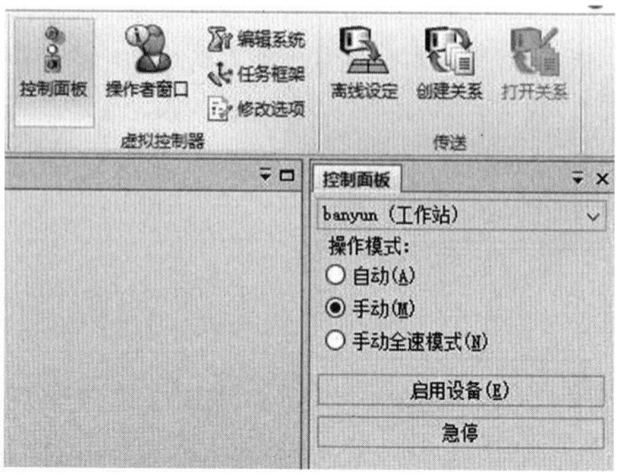
12	选择“输入/输出”，右击信号“DO_sucker”，在弹出的快捷菜单中选择“设置1”命令	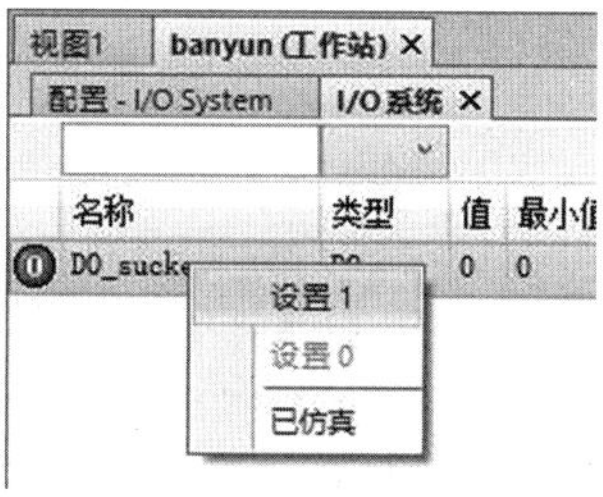
13	沿着Z轴移动机器人到一个合适的位置，作为抓料退出点，选择“示教指令”，生成运动指令“MoveL Target_40”	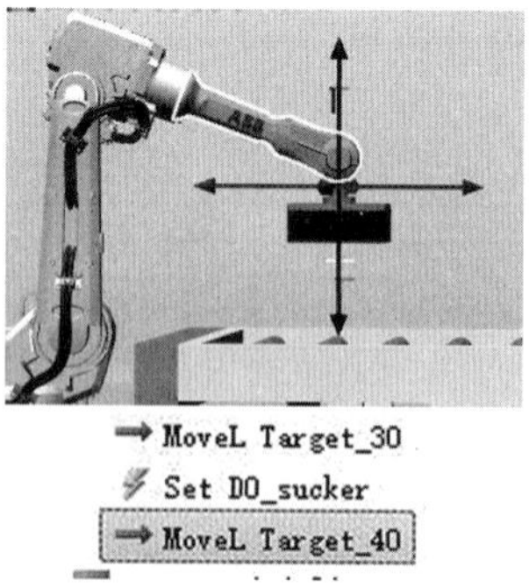

续表5.21

操作步骤	操作说明	示意图
14	选择“手动关节”，移动机器人的第一轴到如图所示位置，设置机器人的运动参数为“MoveJ”“＊ v200”“fine”“Suction_chuck”“\WObj：= wobj0”，然后选择“示教指令”，生成运动指令“MoveJ Target_50”	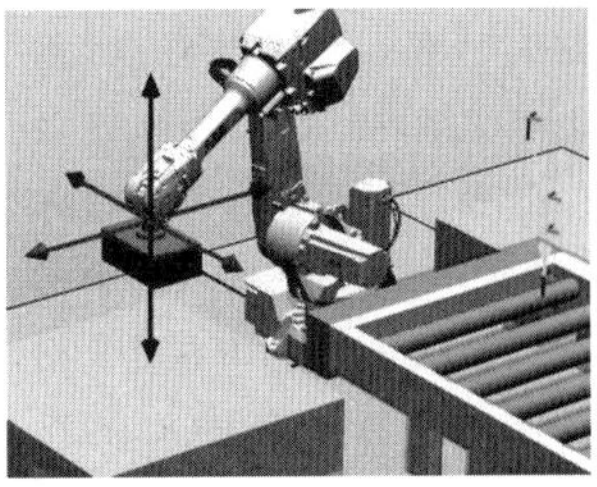 PROC_r1 MoveJ Target_10 MoveJ Target_20 MoveL Target_30 Set DO_sucker MoveL Target_40 MoveJ Target_50
15	选择“手动线性”，移动机器人到放置接近点，选择“示教指令”，生成运动指令“MoveJ Target_60”	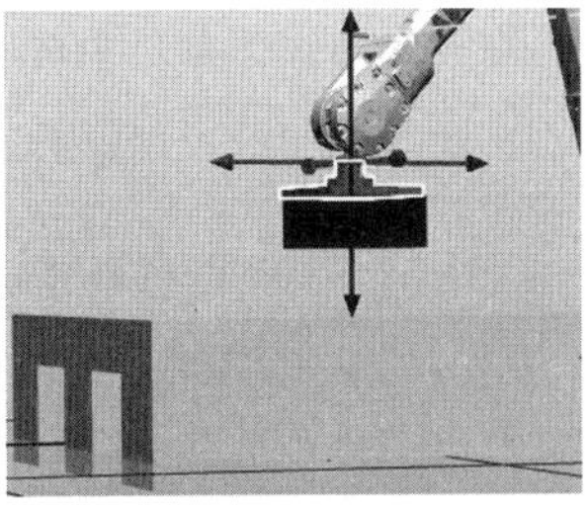 Set DO_sucker MoveL Target_40 MoveJ Target_50 MoveJ Target_60
16	采用手动线性的方式，沿着 Z 轴方向手动移动机器人到达放置点，设置机器人的运动参数为“MoveL”“＊ v200”“fine”“Suction_chuck”“\WObj：= wobj0”，然后选择“示教指令”，生成运动指令“MoveL Target_70”	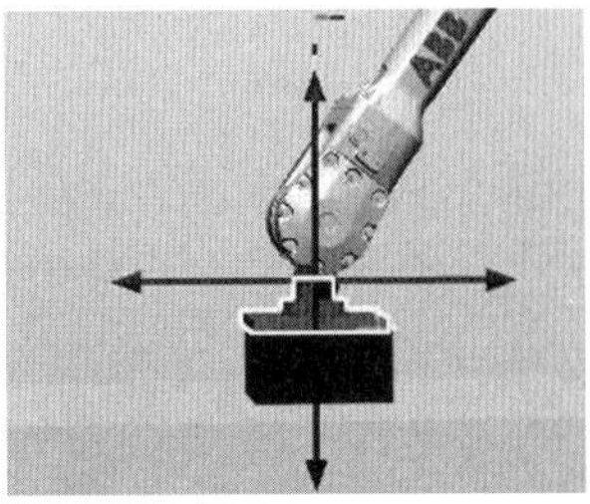 MoveJ Target_60 MoveL Target_70

续表5.21

操作步骤	操作说明	示意图
17	机器人已经运动到放置点，需要在此点之后插入吸盘释放命令。右击程序“PROC_r1”，在弹出的快捷菜单中选择“插入逻辑指令”命令。在“创建逻辑指令”面板中，“路径”选择“PROC_r1”，“指令模板”选择“Reset Default”，“Signal”选择“DO_sucker”，设定完成后单击“创建”按钮	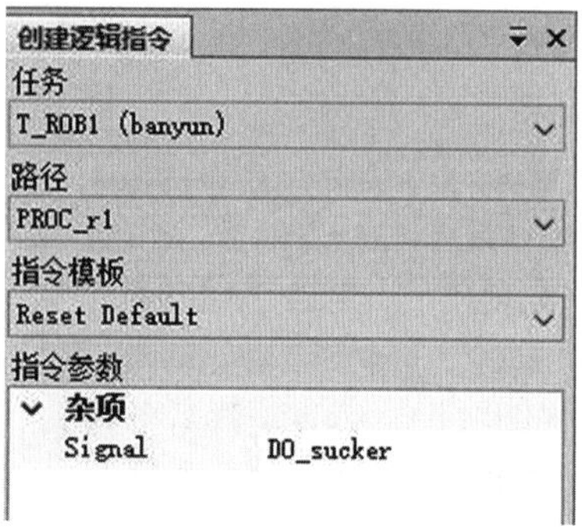
18	手动将信号复位。选择“控制器”选项卡，右击信号“DO_sucker”，在弹出的快捷菜单中选择“设置 0”命令，将信号复位	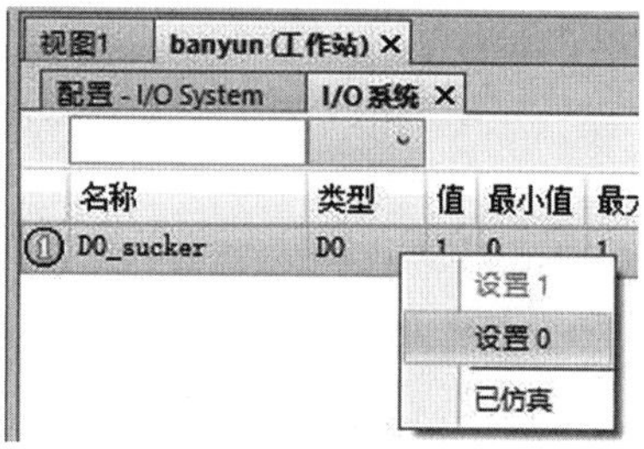
19	手动线性移动机器人到放置离开点，选择“示教指令”，生成运动指令“MoveL Target_80”	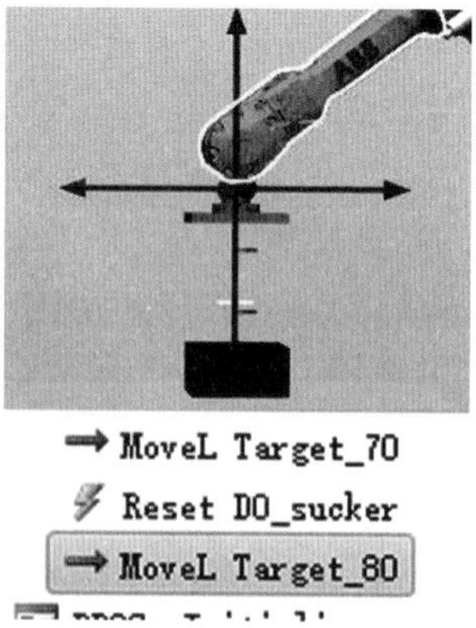

续表5.21

操作步骤	操作说明	示意图
20	使机器人运动到初始位置，为了方便，可以直接把 Target_10 这个点作为初始点，右击“MoveJ Target_10”，在弹出的快捷菜单中选择“跳转到移动指令”命令，机器人就会跳转到 Target_10 点	banyun T_ROB1 工具数据 工件坐标 & 目标点 路径与步骤 PROC_r1 MoveJ Targe MoveJ Targe MoveL Targe Set DO_suck MoveL Targe MoveJ Targe MoveJ Targe MoveL Targe Reset DO_su MoveL Targe PROC_rInitiali Reset DO_su 插入运动指令... 插入逻辑指令... 插入过程调用 剪切 Ctrl+X 复制 Ctrl+C 粘贴 Ctrl+V 移动到路径 复制到路径 视图 查看目标处工具 查看机器人目标 执行移动指令 跳转到移动指令 修改位置
21	修改运动指令为“MoveJ Target_90”，然后单击“示教指令”	MoveL Target_80 MoveJ Target_90
22	右击程序“PROC_r1”，在弹出的快捷菜单中选择“到达能力”命令，“到达能力”面板中的绿色对钩说明目标点都可到达，然后单击“关闭”按钮	路径与步 PROC_ 插入过程调用 剪切 Ctrl+X 复制 Ctrl+C 移动到任务 复制到任务 粘贴 Ctrl+V 查看 沿着路径运动 到达能力 配置参数 验证机器人目标

3. 主程序创建

用与前文相同的方法新建一个路径，将路径名重命名为“PROC_Main”，在程序中插入已经创建好的两个子程序。主程序创建具体操作步骤见表5.22。

表 5.22　主程序创建具体操作步骤

操作步骤	操作说明	示意图
1	新建空路径，重命名为“PROC_Main”	 T_ROB1 工具数据 工件坐标 & 目标点 路径与步骤 PROC_Main PROC_r1
2	右击程序名“PROC_Main”，在弹出的快捷菜单中选择“插入过程调用，选择“PROC_rInitialize”命令	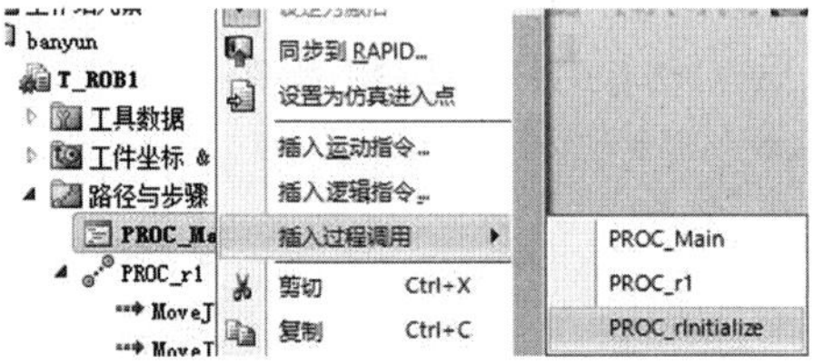 banyun T_ROB1 工具数据 工件坐标 & 路径与步骤 PROC_Ma PROC_r1 MoveJ MoveT 同步到 RAPID... 设置为仿真进入点 插入运动指令... 插入逻辑指令... 插入过程调用 剪切 Ctrl+X 复制 Ctrl+C PROC_Main PROC_r1 PROC_rInitialize
3	把程序“PROC_r1”插入主程序中	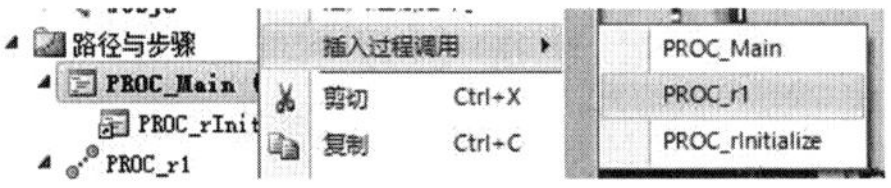 路径与步骤 PROC_Main PROC_rInit PROC_r1 插入过程调用 剪切 Ctrl+X 复制 Ctrl+C PROC_Main PROC_r1 PROC_rInitialize
4	在 RobotStudio 中，为了保证虚拟控制器中的数据与工作站中的数据一致，需要将虚拟控制器与工作站数据进行同步。在“基本”选项卡中，单击“同步”下拉按钮，选择“同步到 RAPID…”	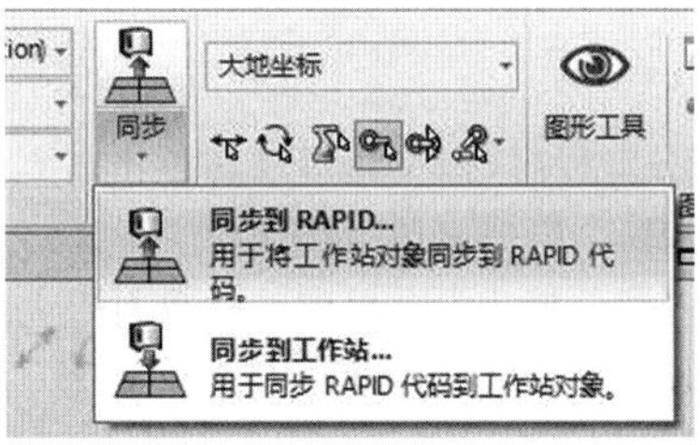 同步 大地坐标 图形工具 同步到 RAPID... 用于将工作站对象同步到 RAPID 代码。 同步到工作站... 用于同步 RAPID 代码到工作站对象。
5	在弹出的“同步到 RAPID”对话框中，将需要同步的项目都选中（一般都选中），单击“确定”按钮	 名称 同步 模块 本地 存储类 banyun T_ROB1 工作坐标 工具数据 MyNewTool CalibData PERS 路径 & 目标 PROC_Main Module1 PROC_r1 Module1 PROC_rInitialize Module1

4.仿真运行

仿真运动创建具体操作步骤见表 5.23。

表 5.23 仿真运动创建具体操作步骤

操作步骤	操作说明	示意图
1	选择“仿真”“仿真设定”，单击“T_ROB1”	
2	程序的“进入点”选择“PROC_Main”	
3	单击“仿真”“播放”，机器人按照程序示教的轨迹进行运动	

知识测试

一、单选题

1. RobotStudio 软件的测量功能不包括（　　）。

A. 直径　　B. 角度　　C. 重心　　D. 最短距离

2. RobotStudio 软件中，创建固体部件，其参考坐标系为（　　）。

A. 基坐标　　B. 大地坐标　　C. 工件坐标　　D. 工具坐标

3. RobotStudio 软件不能创建的 3D 模型类型是（　　）。

A. 圆柱　　B. 圆锥　　C. 球体　　D. 壳体

二、简答题

利用事件管理器方法，继续完成书本上的搬运任务，要求：用 offs 偏移函数，完成 5 个箱子的搬运任务，如图 5.5 所示。

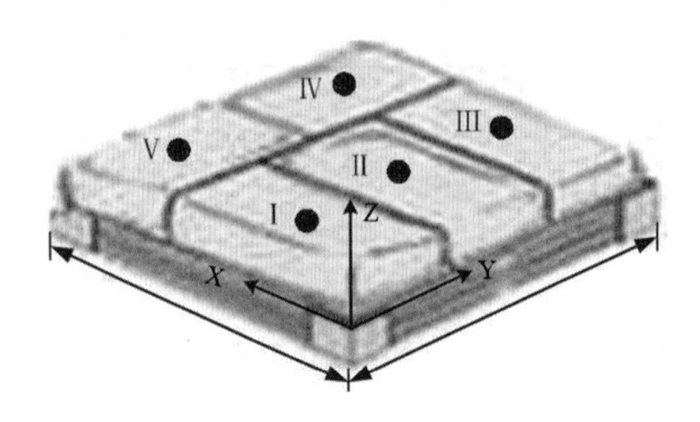

图 5.5　示例

附表 10　项目 5 任务实施记录及检验单 1

项目 5 的任务实施记录及检验单 1 见表 5.24。

表 5.24　项目 5 的任务实施记录及检验单 1

任务名称	模型的建立与测量	实施日期	
任务要求	要求：学会使用 RobotStudio 进行基本的建模，并能够使用测量工具进行长度、角度、直径、最短距离的测量		
计划用时		实际用时	
组别		组长	
组员姓名			
成员任务分工			
实施场地			
实施步骤与信息记录	（任务实施过程中重要的信息记录，是撰写工程说明书和工程交接手册的主要文档资料） (1) 使用 RobotStudio 建模功能进行 3D 模型的创建： (2) 对 3D 模型进行相关设置： (3) 使用测量工具进行测量的操作：		
遇到的问题及解决方案			
总结与反思			

续表5.24

	项目列表	自我检测要点	配分	得分
自我检测评分点	基本素养	纪律(无迟到、早退、旷课)	10	
		安全规范操作,符合 5S 管理规范	10	
		团队协作能力、沟通能力	10	
	理论知识	网络平台理论知识测试	10	
	工程技能	使用 RobotStudio 建模功能进行 3D 模型的创建	20	
		对 3D 模型进行相关设置	20	
		使用测量工具进行测量的操作	20	
	总评得分			

附表 11 项目 5 任务实施记录及检验单 2

项目 5 的任务实施记录及检验单 2 见表 5.25。

表 5.25 项目 5 的任务实施记录及检验单 2

任务名称	创建机械装置	实施日期	
任务要求	要求:学会创建机械装置并进行设置		
计划用时		实际用时	
组别		组长	
组员姓名			
成员任务分工			
实施场地			
实施步骤与信息记录	(任务实施过程中重要的信息记录,是撰写工程说明书和工程交接手册的主要文档资料) (1) 创建一个滑台的模型: (2) 建立滑台的机械运动特性:		
遇到的问题及解决方案			
总结与反思			

续表5.25

	项目列表	自我检测要点	配分	得分
自我检测评分点	基本素养	纪律(无迟到、早退、旷课)	10	
		安全规范操作,符合5S管理规范	10	
		团队协作能力、沟通能力	10	
	理论知识	网络平台理论知识测试	10	
	工程技能	能够正确创建一个滑台的模型	30	
		正确建立滑台的机械运动特性	30	
	总评得分			

附表12　项目5任务实施记录及检验单3

项目5的任务实施记录及检验单3见表5.26。

表5.26　项目5的任务实施记录及检验单3

任务名称	吸盘工具建模	实施日期	
任务要求	要求:利用RobotStudio进行建模,并能够使用结合、偏移功能完成模型的创建		
计划用时		实际用时	
组别		组长	
组员姓名			
成员任务分工			
实施场地			
实施步骤与信息记录	(任务实施过程中重要的信息记录,是撰写工程说明书和工程交接手册的主要文档资料) (1) 基本模型创建: (2) 组合体创建: (3) 组合体位置设定:		
遇到的问题及解决方案			
总结与反思			

续表5.26

	项目列表	自我检测要点	配分	得分
自我检测评分点	基本素养	纪律(无迟到、早退、旷课)	10	
		安全规范操作,符合5S管理规范	10	
		团队协作能力、沟通能力	10	
	理论知识	网络平台理论知识测试	10	
	工程技能	能够创建基本模型	20	
		能够完成组合体创建	20	
		正确设定组合体的位置	20	
	总评得分			

附表13　项目5任务实施记录及检验单4

项目5的任务实施记录及检验单4见表5.27。

表5.27　项目5的任务实施记录及检验单4

任务名称	创建机械装置	实施日期	
任务要求	要求:学会创建机械装置并进行设置		
计划用时		实际用时	
组别		组长	
组员姓名			
成员任务分工			
实施场地			
实施步骤与信息记录	(任务实施过程中重要的信息记录,是撰写工程说明书和工程交接手册的主要文档资料) (1)创建一个滑台的模型: (2)建立滑台的机械运动特性:		
遇到的问题及解决方案			
总结与反思			

续表5.27

自我检测评分点	项目列表	自我检测要点	配分	得分
	基本素养	纪律(无迟到、早退、旷课)	10	
		安全规范操作,符合5S管理规范	10	
		团队协作能力、沟通能力	10	
	理论知识	网络平台理论知识测试	10	
	工程技能	能够正确创建一个滑台的模型	30	
		正确建立滑台的机械运动特性	30	
	总评得分			

附表14　项目5任务实施记录及检验单5

项目5的任务实施记录及检验单5见表5.28。

表5.28　项目5的任务实施记录及检验单5

任务名称	创建机械装置	实施日期	
任务要求	要求:利用事件管理器方法完成工业机器人搬运仿真任务		
计划用时		实际用时	
组别		组长	
组员姓名			
成员任务分工			
实施场地			
实施步骤与信息记录	(任务实施过程中重要的信息记录,是撰写工程说明书和工程交接手册的主要文档资料) (1) ABB标准I/O板信号参数设置: (2) 事件管理器创建流程: (3) 搬运路径关键点设置: (4) 程序创建:		
遇到的问题及解决方案			

续表5.28

<table>
<tr><td>总结与反思</td><td colspan="4"></td></tr>
<tr><td rowspan="10">自我检测
评分点</td><td>项目列表</td><td>自我检测要点</td><td>配分</td><td>得分</td></tr>
<tr><td rowspan="3">基本素养</td><td>纪律(无迟到、早退、旷课)</td><td>10</td><td></td></tr>
<tr><td>安全规范操作,符合 5S 管理规范</td><td>10</td><td></td></tr>
<tr><td>团队协作能力、沟通能力</td><td>10</td><td></td></tr>
<tr><td>理论知识</td><td>网络平台理论知识测试</td><td>10</td><td></td></tr>
<tr><td rowspan="4">工程技能</td><td>ABB 标准 I/O 板信号参数设置</td><td>10</td><td></td></tr>
<tr><td>事件管理器创建流程</td><td>10</td><td></td></tr>
<tr><td>搬运路径关键点设置</td><td>20</td><td></td></tr>
<tr><td>程序创建</td><td>20</td><td></td></tr>
<tr><td colspan="4">总评得分</td></tr>
</table>

项目 6　码垛仿真工作站的构建

知识拓展

高速码垛机器人

ABB 是一家在机器人技术领域拥有近 30 年经验的跨国企业，在 53 个国家和地区设有 100 多个销售服务部门。在 ABB 新推出的码垛产品中，最吸引眼球的是荷重 110 kg 的紧凑型四轴机器人 IRB 460。它是 ABB 最快的码垛机器人，能显著缩短各项作业的节拍，大幅提升生产效率。这款紧凑型的 4 轴机器人最远到达距离为 2.4 m；荷重 60 kg 条件下的操作节拍最高可达 2 190 次循环 /h。

IRB 460 为生产线尾端的码垛和袋码垛应用提供理想解决方案。该四轴机器人是 ABB 同类机器人中速度最快的，它占地面积小，非常适合现有的包装生产线。IRB 460 以汽车行业为标准制造，结构刚稳，设计可靠，正常运行时间长，维护成本低。该机器人配备集成式工艺线缆，可减轻磨损，延长使用寿命。ABB 还提供 RoboCare 3 年质保计划，在不额外增加成本的前提下，确保生产无忧。该计划包含 ABB 无线远程服务，由 ABB 专家监测机器人状态并提供相应的优化维护建议，进一步提高生产效率。

PalletPack460 功能包现已上线，这是一组预制产品，提供生产线末端码垛功能，极大地提高了集成商的易用性，可用于高速包码垛或紧凑的生产线尾箱码垛。该功能包包括 IRB 460 码垛机器人，IRC5 控制器，Flex-Gripper，敷料套件，ABB PLC，Jokab 安全 PLC，自带软件，用户文档和 FlexPendant 示教器与定制的图形界面。

图 6.1　码垛机器人 IRB 460

(资料来源:ABB机器人官方网站)

任务工单

项目6的任务工单见表6.1。

表6.1　项目6的任务工单

任务名称	码垛仿真工作站的构建
设备清单	个人计算机配置要求:Windows 7及以上操作系统,i7及以上CPU,8 GB及以上内存,20 GB及以上空闲硬盘,独立显卡
实施场地	场地具备计算机、能上网的条件即可;也可以在机房、ABB机器人实训室完成任务(后续任务大都可以在具备条件的实训室或装有软件的机房完成)
任务目的	通过码垛仿真工作站的建立,学会设定输送链、夹具等属性;学习创建Smart组件的属性与连结、创建Smart组件的信号与连接、进行Smart组件的模拟动态运行;学会工作站逻辑的设定
任务描述	能够创建码垛仿真工作站,完成工作站的布局,能够用Smart组件创建动态输送链、动态夹具,最后完成工作站逻辑设置并完成仿真运行
知识目标	掌握各子组件的功能;掌握Smart组件的属性与连结、信号与连接功能;掌握工作站逻辑的设定
能力目标	能够创建码垛仿真工作站,完成工作站的布局,能够用Smart组件创建动态输送链,动态夹具,最后完成工作站逻辑设置并完成仿真运行
素养目标	培养学生安全规范意识和纪律意识;培养学生主动探究新知识的意识;培养学生严谨、规范的工匠精神
验收要求	在自己的计算机上成功运行码垛仿真工作站,并能够完成3层工件的摆放

任务6.1　Smart组件介绍

Smart组件认知(1)

Smart组件认知(2)

在RobotStudio中创建码垛仿真工作站,仿真的动态效果对整个工作站起到关键的作用,Smart组件功能就是在RobotStudio中实现动画效果的高效工具。后续任务中会创建一个拥有动态属性的Smart输送链和夹具,体验一下Smart组件的强大功能。

为了在之后的使用中能够很好地发挥Smart组件的功能,在本任务里,列出了常用子组件的详细功能说明,以供参考。

6.1.1 “动作”子组件

1. Attacher

设置 Execute 信号时，Attacher 将 Child 安装到 Parent 上。如果 Parent 为机械装置，还必须指定要安装的 Flange。设置 Execute 输入信号时，子对象将安装到父对象上。如果选中 Mount，还会使用指定的 Offset 和 Orientation 将子对象装配到父对象上。完成时，将设置 Executed 输出信号。Attacher 属性及信号说明见表 6.2。

表 6.2 Attacher 属性及信号说明

属性	说明
Parent	指定子对象要安装在哪个对象上
Flange	指定要机械装置或工具数据安装到……
Child	指定要安装的对象
Mount	如果为 True，子对象装配在父对象上
Offset	当使用 Mount 时，指定相对于父对象的位置
Orientation	当使用 Mount 时，指定相对于父对象的方向
信号	说明
Execute	设为 True 进行安装

2. Detacher

设置 Execute 信号时，Detacher 会将 Child 从其所安装的父对象上拆除。如果选中了 KeepPosition，位置将保持不变；否则相对于其父对象放置子对象的位置。完成时，将设置 Executed 信号。Detacher 属性及信号说明见表 6.3。

表 6.3 Detacher 属性及信号说明

属性	说明
Child	指定要拆除的对象
KeepPosition	如果为 False，被安装的对象将返回其原始的位置
信号	说明
Execute	设该信号为 True，移除安装的物体
Executed	当完成时发出脉冲

3. Source

源组件的 Source 属性表示在收到 Execute 输入信号时应复制的对象。所复制对象的父对象由 Parent 属性定义，而 Copy 属性则允许用户指定是否要在模拟或生成机器人

系统时对源组件进行复制。输出信号 Executed 表示复制已完成。Source 属性及信号说明见表 6.4。

表 6.4 Source 属性及信号说明

属性	说明
Source	指定要复制的对象
Copy	指定复制
Parent	指定要复制的父对象。如果未指定，则将复制与源对象相同的父对象
Position	指定复制相对于其父对象的位置
Orientation	指定复制相对于其父对象的方向
Transient	如果在仿真时创建了复制，Transient 将其标志为瞬时的。这样的复制不会被添加至撤销队列中，且在仿真停止时会自动被删除。这样可以避免在仿真过程中过分消耗内存
信号	说明
Execute	设该信号为 True，创建对象的复制
Executed	当完成时发出脉冲

4. Sink

Sink 会删除 Object 属性参考的对象。收到 Execute 输入信号时开始删除。删除完成时设置 Executed 输出信号。Sink 属性及信号说明见表 6.5。

表 6.5 Sink 属性及信号说明

属性	说明
Object	指定要移除的对象
信号	说明
Execute	设该信号为 True 移除对象

5. Show

设置 Execute 信号时，Show 将显示 Object 中参考的对象；完成时，将设置 Executed 信号。Show 属性及信号说明见表 6.6。

表 6.6 Show 属性及信号说明

属性	说明
Object	指定要显示的对象
信号	说明
Execute	设该信号为 True，以显示对象
Executed	当完成时发出脉冲

6. Hide

设置 Execute 信号时，Hide 将隐藏 Object 中参考的对象；完成时，将设置 Executed 信号。Hide 属性及信号说明见表 6.7。

表 6.7 Hide 属性及信号说明

属性	说明
Object	指定要隐藏的对象
信号	说明
Execute	设置该信号为 True 隐藏对象
Executed	当完成时发出脉冲

6.1.2 “传感器”子组件

1. CollisionSensor

CollisionSensor 检测第一个对象和第二个对象间的碰撞和接近丢失。如果其中一个对象没有被指定，将检测另外一个对象在整个工作站中的碰撞。当 Active 信号为 High、发生碰撞或接近丢失并且组件处于活动状态时，设置 SensorOut 信号并在属性编辑器的第一个碰撞部件和第二个碰撞部件中报告发生碰撞或接近丢失的部件。CollisionSensor 属性及信号说明见表 6.8。

表 6.8 CollisionSensor 属性及信号说明

属性	说明
Object1	检测碰撞的第一个对象
Object2	检测碰撞的第二个对象
NearMiss	指定接近丢失的距离
Part1	第一个对象发生碰撞的部件
Part2	第二个对象发生碰撞的部件
CollisionType	碰撞(2)、接近碰撞(1) 或无(0)
信号	说明
Active	指定 CollisionSensor 是否激活
SensorOut	当发生碰撞或接近丢失时为 True

2. LineSensor

LineSensor 根据 Start、End 和 Radius 定义一条线段。当 Active 信号为 High 时，传感器将检测与该线段相交的对象。相交的对象显示在 ClosestPart 属性中，距线传感器起

点最近的相交点显示在 ClosestPoint 属性中。出现相交时，会设置 SensorOut 输出信号。LineSensor 属性及信号说明见表 6.9。

表 6.9 LineSensor 属性及信号说明

属性	说明
Start	指定起始点
End	指定结束点
Radius	指定半径
SensedPart	指定与 LineSensor 相交的部件。如果有多个部件相交，则列出距起始点最近的部件
SensedPoint	指定相交对象上距离起始点最近的点
信号	说明
Active	指定 LineSensor 是否激活
SensorOut	当 Sensor 与某一对象相交时为 True

3. PlaneSensor

PlaneSensor 通过 Origin、Axis1 和 Axis2 定义平面。设置 Active 输入信号时，传感器会检测与平面相交的对象，相交的对象将显示在 SensedPart 属性中。出现相交时，将设置 SensorOut 输出信号。PlaneSensor 属性及信号说明见表 6.10。

表 6.10 PlaneSensor 属性及信号说明

属性	说明
Origin	指定平面的原点
Axis1	指定平面的第一个轴
Axis2	指定平面的第二个轴
SensedPart	指定与 PlaneSensor 相交的部件，如果多个部件相交，则在布局浏览器中第一个显示的部件将被选中
信号	说明
Active	指定 PlaneSensor 是否被激活
SensorOut	当 Sensor 与某一对象相交时为 True

4. VolumeSensor

VolumeSensor 检测全部或部分位于箱形体积内的对象。体积用角点、边边高、边宽和方位角定义。VolumeSensor 属性及信号说明见表 6.11。

表 6.11 VolumeSensor 属性及信号说明

属性	说明
CornerPoint	指定箱体的本地原点
Orientation	指定对象相对于参考坐标和对象的方向(Euler ZYX)
Length	指定箱体的长度
Width	指定箱体的宽度
Height	指定箱体的高度
Percentage	作出反应的体积百分比。若设为 0,则对所有对象作出反应
PartialHit	允许仅当对象的一部分位于体积传感器内时,才侦测对象
SensedPart	最近进入或离开体积的对象
SensedParts	在体积中侦测到的对象
VolumeSensed	侦测的总体积
信号	**说明**
Active	若设为“高(1)”,将激活传感器
ObjectDetectedOut	当在体积内检测到对象时,该信号将变为“高(1)”。在检测到对象后,该信号将立即被重置
ObjectDeletedOut	当检测到对象离开体积时,该信号将变为“高(1)”。在对象离开体积后,该信号将立即被重置
SensorOut	当体积被充满时,将变为“高(1)”

5. PositionSensor

PositionSensor 监视对象的位置和方向,对象的位置和方向仅在仿真期间被更新。PositionSensor 属性说明见表 6.12。

表 6.12 PositionSensor 属性说明

属性	说明
Object	指定要进行映射的对象
Reference	指定参考坐标系(Parent 或 Global)
ReferenceObject	如果将 Reference 设置为 Object,指定参考对象
Position	指定对象相对于参考坐标和对象的位置
Orientation	指定对象相对于参考坐标和对象的方向(Euler ZYX)

6. ClosestObject

ClosestObject 定义了参考对象或参考点。设置 Execute 信号时,组件会找到

ClosestObject、ClosestPart 和相对于参考对象或参考点的 Distance(如果未定义参考对象)。如果定义了 RootObject,则会将搜索的范围限制为该对象和其同源的对象。完成搜索并更新了相关属性时,将设置 Executed 信号。ClosestObject 属性及信号说明见表 6.13。

表 6.13 ClosestObject 属性及信号说明

属性	说明
ReferenceObject	指定对象,查找该对象最近的对象
ReferencePoint	指定点,查找距该点最近的对象
RootObject	指定对象查找其子对象。该属性为空表示整个工作站
ClosestObject	指定距参考对象或参考点最近的对象
ClosestPart	指定距参考对象或参考点最近的部件
Distance	指定参考对象和最近的对象之间的距离
信号	说明
Execute	设该信号为 True,开始查找最近的部件
Executed	当完成时发出脉冲

6.1.3 “信号与属性”子组件

1. LogicGate

Output 信号由 InputA 和 InputB 这两个信号的 Operator 中指定的逻辑运算设置,延迟在 Delay 中指定。LogicGate 属性及信号说明见表 6.14。

表 6.14 LogicGate 属性及信号说明

属性	说明
Operator	使用的逻辑运算的运算符。 以下列出了各种运算符: · AND · OR · XOR · NOT · NOP
Delay	用于设定输出信号延迟时间
信号	说明
InputA	第一个输入信号
InputB	第二个输入信号
Output	逻辑运算的结果

2. LogicExpression

LogicExpression 用于评估逻辑表达式,其属性及信号说明见表 6.15。

表 6.15 LogicExpression 属性及信号说明

属性	说明
String	要评估的表达式
Operator	以下列出了各种运算符: • AND • OR • NOT • XOR
信号	说明
结果	包含评估结果

3. LogicMux

LogicMux 依照 Output = (InputA * NOT Selector) + (InputB * Selector) 设定 Output。LogicMux 信号说明见表 6.16。

表 6.16 LogicMux 信号说明

信号	说明
Selector	当该信号为低时,选中第一个输入信号; 当该信号为高时,选中第二个输入信号
InputA	指定第一个输入信号
InputB	指定第二个输入信号
Output	指定运算结果

4. LogicSplit

LogicSplit 获得 Input 并将 OutputHigh 设为与 Input 相同,将 OutputLow 设为与 Input 相反。Input 设为 High 时,PulseHigh 发出脉冲;Input 设为 Low 时,PulseLow 发出脉冲。LogicSplit 信号说明见表 6.17。

表 6.17　LogicSplit 信号说明

信号	说明
Input	指定输入信号
OutputHigh	当 Input 设为 1 时，转为 High(1)
OutputLow	当 Input 设为 1 时，转为 High(0)
PulseHigh	当 Input 设为 High 时，发送脉冲
PulseLow	当 Input 设为 Low 时，发送脉冲

5. LogicSRLatch

LogicSRLatch 用于置位 / 复位信号，并带锁定功能。LogicSRLatch 信号说明见表 6.18。

表 6.18　LogicSRLatch 信号说明

信号	说明
Set	设置输出信号
Reset	复位输出信号
Output	指定输出信号
InvOutput	指定反转输出信号

6. Converter

Converter 用于在属性值和信号值之间转换。Converter 属性及信号说明见表 6.19。

表 6.19　Converter 属性及信号说明

属性	说明
AnalogProperty	要评估的表达式
DigitalProperty	转换为 DigitalOutput
GroupProperty	转换为 GroupOutput
BooleanProperty	由 DigitalInput 转换为 DigitalOutput
DigitalInput	转换为 DigitalProperty
DigitalOutput	由 DigitalProperty 转换
AnalogInput	转换为 AnalogProperty
AnalogOutput	由 AnalogProperty 转换
GroupInput	转换为 GroupProperty
GroupOutput	由 GroupProperty 转换

7. VectorConverter

VectorConverter 在 Vector 和 X、Y、Z 值之间转换。VectorConverter 信号说明见表 6.20。

表 6.20　VectorConverter 信号说明

信号	说明
X	指定 Vector 的 Y 值
Y	指定 Vector 的 Y 值
Z	指定 Vector 的 Z 值
Vector	指定向量值

8. Expression

表达式包括数字字符(包括 PI),圆括号,数学运算符 s、+、—、* 、/、^(幂) 和数学函数 sin、cos、sqrt、atan、abs,任何其他字符串被视作变量,作为添加的附加信息。计算结果将显示在 Result 框中。Expression 信号说明见表 6.21。

表 6.21　Expression 信号说明

信号	说明
Expression	指定要计算的表达式
Result	显示计算结果

9. Comparer

Comparer 使用 Operator 对第一个值和第二个值进行比较。当满足条件时,将 Output 设为 1。Comparer 属性及信号说明见表 6.22。

表 6.22　Comparer 属性及信号说明

属性	说明
ValueA	指定第一个值
ValueB	指定第二个值
Operator	指定比较运算符。 以下列出了各种运算符: •<= •>=
信号	说明
Output	当比较结果为 True 时,表示为 True;否则为 False

10. Counter

设置输入信号为 Increase 时，Count 增加；设置输入信号为 Decrease 时，Count 减少；设置输入信号为 Reset 时，Count 被重置。Counter 属性及信号说明见表 6.23。

表 6.23 Counter 属性及信号说明

属性	说明
Count	指定当前值
信号	说明
Output	当该信号设为 True 时，将在 Count 中加 1
Decrease	当该信号设为 True 时，将在 Count 中减 1
Reset	当 Reset 设为 high 时，将 Count 复位为 0

11. Repeater

Repeater 为脉冲 Output 信号的 Count 次数，其属性及信号说明见表 6.24。

表 6.24 Repeater 属性及信号说明

属性	说明
Count	指定当前值
信号	说明
Output	当该信号设为 True 时，将在 Count 中加 1
Decrease	当该信号设为 True 时，将在 Count 中减 1
Reset	当 Reset 设为 high 时，将 Count 复位为 0

12. Timer

Timer 用于指定间隔脉冲 Output 信号。如果未选中 Repeat，在 Interval 中指定的间隔后将触发一个脉冲；如果选中，在 Interval 指定的间隔后重复触发脉冲。Timer 属性及信号说明见表 6.25。

表 6.25 Timer 属性及信号说明

属性	说明
StartTime	指定触发第一个脉冲前的时间
Interval	指定每个脉冲间的仿真时间
Repeat	指定信号是重复还是仅执行一次
Currenttime	指定当前仿真时间
信号	说明
Active	将该信号设为 True，启用 Timer；设为 False，停用 Timer
Output	在指定时间间隔发出脉冲

13. StopWatch

StopWatch 计量了仿真的时间(TotalTime)。触发 Lap,输入信号将开始新的循环;LapTime 指定当前单圈循环的时间。只有 Active 设为 1 时才开始计时。当设置 Reset 输入信号时,时间将被重置。StopWatch 属性及信号说明见表 6.26。

表 6.26 StopWatch 属性及信号说明

属性	说明
TotalTime	指定累计时间
LapTime	指定当前单圈循环的时间
AutoReset	如果是 True,当仿真开始时 TotalTime 和 LapTime 将被设为 0
信号	说明
Active	该信号设为 True 时启用 StopWatch,该信号设为 False 时停用 StopWatch
Reset	当该信号为 High 时,将重置 Totaltime 和 Laptime
Lap	开始新的循环

6.1.4 “本体”子组件

1. LinearMover

LinearMover 会按 Speed 属性指定的速度,沿 Direction 属性中指定的方向,移动 Object 属性中参考的对象;设置 Execute 信号时开始移动,重设 Execute 时停止。LinearMover 属性及信号说明见表 6.27。

表 6.27 LinearMover 属性及信号说明

属性	说明
Object	指定要移动的对象
Direction	指定要移动对象的方向
Speed	指定移动速度
Reference	指定参考坐标系,可以是 Global、Local 或 Object。如果将 Reference 设置为 Object,指定参考对象
信号	说明
Execute	将该信号设为 True 时开始旋转对象,设为 False 时停止

2. LinearMover2

LinearMover2 将指定物体移动到指定的位置。LinearMover2 属性及信号说明见表 6.28。

表 6.28　LinearMover2 属性及信号说明

属性	说明
Object	指定要移动的对象
Direction	指定要移动对象的方向
Distance	指定移动距离
Duration	指定移动时间
Reference	指定参考坐标系，可以是 Global、Local 或 Object
ReferenceObject	如果将 Reference 设置为 Object，指定参考对象
信号	说明
Execute	将该信号设为 True 时开始旋转对象，设为 False 时停止
Executed	移动完成后输出脉冲信号
Executing	移动执行过程中输出执行信号

3. Rotator

Rotator 会按 Speed 属性指定的旋转速度旋转 Object 属性中参考的对象。旋转轴通过 CenterPoint 和 Axis 进行定义。设置 Execute 输入信号时开始运动，重设 Execute 时停止运动。Rotator 属性及信号说明见表 6.29。

表 6.29　Rotator 属性及信号说明

属性	说明
Object	指定旋转围绕的点
CenterPoint	指定要移动对象的方向
Axis	指定旋转轴
Speed	指定旋转速度
Reference	指定参考坐标系，可以是 Global、Local 或 Object
ReferenceObject	如果将 Reference 设置为 Object，指定参考对象
信号	说明
Execute	将该信号设为 True 时开始旋转对象，设为 False 时停止

4. Rotator2

Rotator2 使指定物体绕着指定坐标轴旋转指定的角度，其属性及信号说明见表 6.30。

表 6.30 Rotator2 属性及信号说明

属性	说明
Object	指定旋转围绕的点
CenterPoint	指定要移动对象的方向
Axis	指定旋转轴
Angle	指定旋转角度
Duration	指定旋转时间
Reference	指定参考坐标系，可以是 Global、Local 或 Object
ReferenceObject	如果将 Reference 设置为 Object，指定参考对象
信号	说明
Execute	将该信号设为 True 时开始旋转对象，设为 False 时停止
Executed	旋转完成后输出脉冲信号
Executing	旋转过程中输出执行信号

5. Positioner

Positioner 具有对象、位置和方向属性。设置 Execute 信号时，开始将对象向相对于 Reference 的给定位置移动，完成时设置 Executed 输出信号。Positioner 属性及信号说明见表 6.31。

表 6.31 Positioner 属性及信号说明

属性	说明
Object	指定要放置的对象
Position	指定对象要放置到的新位置
Orientation	指定对象的新方向
Reference	指定参考坐标系，可以是 Global、Local 或 Object
ReferenceObject	如果将 Reference 设置为 Object，指定相对于 Position 和 Orientation 的对象
信号	说明
Execute	将该信号设为 True 时开始移动对象，设为 False 时停止
Executed	当操作完成时设为 1

6. PoseMover

PoseMover 包含 Mechanism、Pose 和 Duration 等属性。设置 Execute 输入信号时，机械装置的关节值移向给定姿态。达到给定姿态时，设置 Executed 输出信号。PoseMover 属性及信号说明见表 6.32。

表 6.32 PoseMover 属性及信号说明

属性	说明
Mechanism	指定要进行移动的机械装置
Pose	指定要移动到的姿势的编号
Duration	指定机械装置移动到指定姿态的时间
信号	说明
Execute	将该信号设为 True 时开始移动对象，设为 False 时停止
Pause	暂停动作
Cancel	取消动作
Executed	当机械装置达到位姿时为 Pulses high
Executing	在运动过程中为 High
Paused	当暂停时为 High

7. JointMover

JointMover 包含机械装置、关节值和执行时间等属性。当设置 Execute 信号时，机械装置的关节向给定的位姿移动。当达到位姿时，设置 Executed 输出信号。使用 GetCurrent 信号可找回机械装置当前的关节值。JointMover 属性及信号说明见表6.33。

表 6.33 JointMover 属性及信号说明

属性	说明
Mechanism	指定要进行移动的机械装置
Relative	指定 J1 ～ Jx 是否是起始位置的相对值，而非绝对关节值
Duration	指定机械装置移动到指定姿态的时间
J1 ～ Jx	关节值
信号	说明
GetCurrent	找回当前关节值
Execute	该信号设为 True，开始或重新开始移动机械装置
Pause	暂停动作
Cancel	取消运动
Executed	当机械装置达到位姿时为 Pulses high
Executing	在运动过程中为 High

8. MoveAlongCurve

MoveAlongCurve 会按 Speed 属性指定的速度，沿 Direction 属性中指定的方向，移动 Object 属性中参考的对象。设置 Execute 信号时开始移动，重设 Execute 时停止。MoveAlongCurve 属性及信号说明见表 6.34。

表 6.34 MoveAlongCurve 属性及信号说明

属性	说明
Object	指定要移动的对象
Direction	指定要移动对象的方向
Speed	指定移动速度
Reference	指定参考坐标系，可以是 Global、Local 或 Object
ReferenceObject	如果将 Reference 设置为 Object，指定参考对象
信号	说明
Execute	将该信号设为 True 时开始旋转对象，设为 False 时停止

6.1.5 “其他”子组件

1. GetParent

GetParent 返回输入对象的父对象。找到父对象时，将触发“已执行”信号。GetParent 属性及信号说明见表 6.35。

表 6.35 GetParent 属性及信号说明

属性	说明
Child	指定一个对象，寻找该对象的父级
Parent	指定子对象的父级
信号	说明
Output	如果父级存在则为 High(1)

2. GraphicSwitch

GraphicSwitch 通过单击图形中的可见部件或重置输入信号，在两个部件之间进行转换。GraphicSwitch 属性及信号说明见表 6.36。

表 6.36 GraphicSwitch 属性及信号说明

属性	说明
PartHigh	在信号为 High 时显示
PartLow	在信号为 Low 时显示
信号	说明
Input	输入信号
Output	输出信号

3. Highlighter

Highlighter 用于临时将所选对象显示为定义了 RGB 值的高亮色彩。高亮色彩混合了对象的原始色彩,通过 Opacity 进行定义。当信号 Active 被重设,对象恢复原始颜色。Highlighter 属性及信号说明见表 6.37。

表 6.37 Highlighter 属性及信号说明

属性	说明
Object	指定要高亮显示的对象
Color	指定高亮颜色的 RGB 值
Opacity	指定对象原始颜色和高亮颜色混合的程度
信号	说明
Active	当该信号为 True 时高亮显示,当该信号为 False 时恢复原始颜色

4. Logger

Logger 用于打印输出窗口的信息。Logger 属性及信号说明见表 6.38。

表 6.38 Logger 属性及信号说明

属性	说明
Format	字符串,支持变量如{id:type},类型可以为 d(double),i(int),s(string),o(object)
Message	信息
Severity	信息级别:0(Information),1(Warning),2(Error)
信号	说明
Execute	设该信号为 High(1) 打印信息

5. MoveToViewPoint

当设置输入信号 Execute 时，MoveToViewPoint 用于在指定时间内移动到选中的视角。当操作完成时，设置输出信号 Executed。MoveToViewPoint 属性及信号说明见表 6.39。

表 6.39　MoveToViewPoint 属性及信号说明

属性	说明
ViewPoint	指定要移动到的视角
Time	指定完成操作的时间
信号	说明
Execute	设该信号为 High(1) 开始操作
Executed	当操作完成时该信号转为 High(1)

6. ObjectComparer

ObjectComparer 用于比较 ObjectA 与 ObjectB 是否相同。ObjectComparer 属性及信号说明见表 6.40。

表 6.40　ObjectComparer 属性及信号说明

属性	说明
ObjectA	指定要进行对比的组件
ObjectB	指定要进行对比的组件
信号	说明
Output	如果两对象相等，则为 High

7. Queue

Queue 表示 FIFO(first in，first out) 队列。当信号 Enqueue 被设置时，在 Back 中的对象将被添加到队列中，队列前端对象将显示在 Front 中；当设置 Dequeue 信号时，Front 对象将从队列中移除，如果队列中有多个对象，下一个对象将显示在前端。当设置 Clear 信号时，队列中所有对象将被删除。如果 Transformer 组件以 Queue 组件作为对象，该组件将转换 Queue 组件中的内容而非 Queue 组件本身。Queue 属性及信号说明见表 6.41。

表 6.41　Queue 属性及信号说明

属性	说明
Back	指定 Enqueue 的对象
Front	指定队列的第一个对象
Queue	包含队列元素的唯一 ID 编号

续表6.41

属性	说明
NumberOfObjects	指定队列中的对象数目
信号	说明
Enqueue	将在 Back 中的对象添加至队列末尾
Dequeue	将队列前端的对象移除
Clear	将队列中所有对象移除
Delete	将在队列前端的对象移除,并将该对象从工作站移除
DeleteAll	清空队列,并将所有对象从工作站中移除

8. SoundPlayer

SoundPlayer 用于当输入信号被设置时,播放使用 SoundAsset 指定的声音文件,必须为 wav 格式文件。SoundPlayer 属性及信号说明见表 6.42。

表 6.42 SoundPlayer 属性及信号说明

属性	说明
SoundAsset	指定要播放的声音文件,必须为 wav 格式文件
信号	说明
Execute	设该信号为 High 时播放声音

9. StopSimulation

StopSimulation 用于当设置了输入信号 Execute 时,停止仿真。StopSimulation 属性说明见表 6.43。

表 6.43 StopSimulation 属性说明

属性	说明
Execute	设该信号为 High 时停止仿真

10. Random

当 Execute 被触发时,Random 生成最大最小值间的任意值。Random 属性及信号说明见表 6.44。

表 6.44 Random 属性及信号说明

属性	说明
Min	指定最小值

续表6.44

属性	说明
Max	指定最大值
Value	在最大和最小值之间任意指定一个值
信号	**说明**
Execute	设该信号为 High 时生成新的任意值
Executed	当操作完成时设为 High

11. SimulationEvents

SimulationEvents 用于在仿真开始和停止时发出脉冲信号。SimulationEvents 信号说明见表 6.45。

表 6.45　SimulationEvents 信号说明

信号	说明
SimulationStarted	仿真开始时，输出脉冲信号
SimulationStopped	仿真停止时，输出脉冲信号

Smart 组件的简单应用

任务 6.2　Smart 组件创建动态输送链

Smart 组件输送链动态效果包含：输送链前端自动生成工件、工件随着输送链向前运动、工件到达输送链末端后停止运动、工件被移走后输送链前端再次生成工件，依次循环。

6.2.1　设定输送链的工件源(Source)

Smart 组件创建动态输送链

设定输送链的工件源具体操作步骤见表 6.46。

表 6.46　设定输送链的工件源具体操作步骤

操作步骤	操作说明	示意图
1	按照第 5 章的方法完成工作站的布局，并完成系统的创建	

续表6.46

操作步骤	操作说明	示意图
2	点击“建模”功能选项卡中“Smart 组件”，新建一个 Smart 组件	
3	右击该组件，将其重命名为“SC_ShuSongLian”	
4	单击“添加组件”	

续表6.46

操作步骤	操作说明	示意图
5	选择“动作”列表中的“Source”	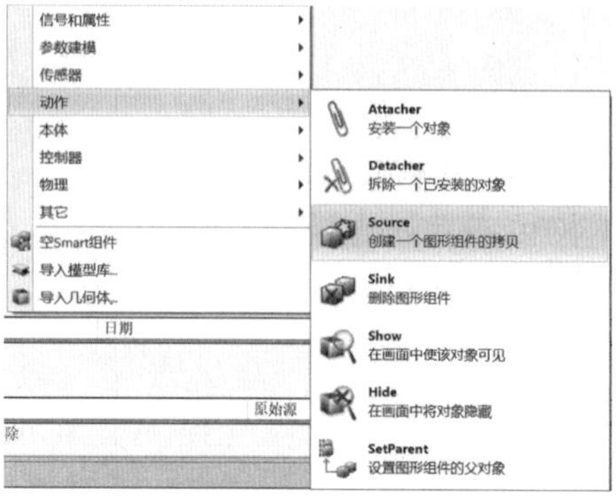
6	将“Source”栏选为“box”，设置完成后单击“应用”	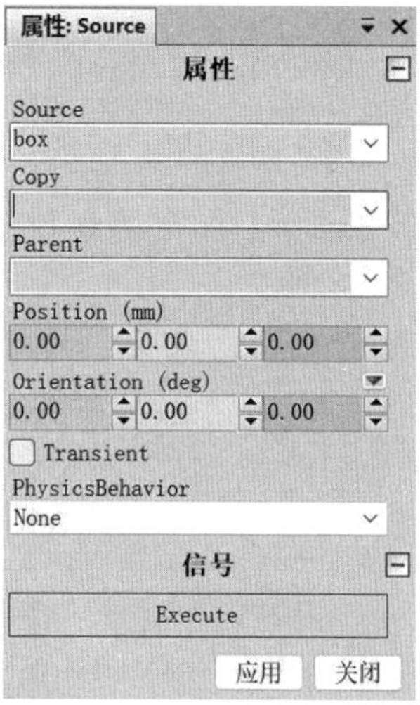
7	把工件移动到输送链的另外一端	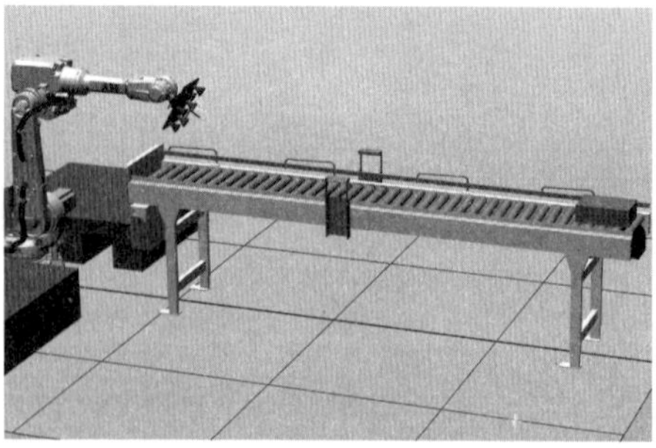

续表6.46

操作步骤	操作说明	示意图
8	修改工件的本地原点。右键选择“box”，单击“修改”，选择“设定本地原点”，将参数都修改为0	

子组件Source用于设定工件源，每当触发一次Source执行，都会自动生成一个工件源的复制品。

此处将要码垛的工件设为工件源，则每次触发后都会产生一个码垛工件的复制品。

6.2.2 设定输送链的运动属性

设定输送链的运动属性具体操作步骤见表6.47。

表6.47 设定输送链的运动属性具体操作步骤

操作步骤	操作说明	示意图
1	单击“添加组件”	

续表6.47

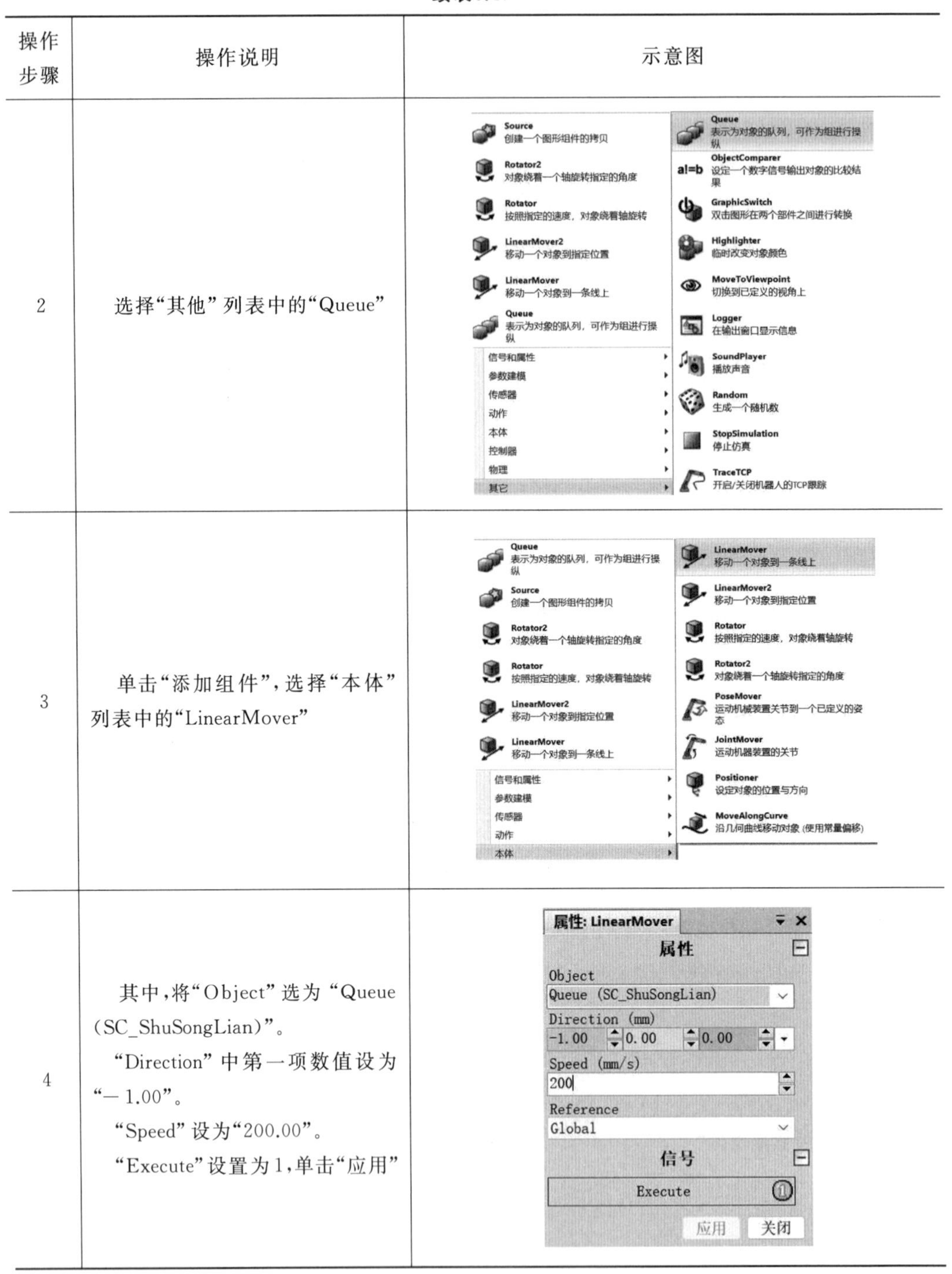

操作步骤	操作说明	示意图
2	选择“其他”列表中的“Queue”	
3	单击“添加组件”，选择“本体”列表中的“LinearMover”	
4	其中，将“Object”选为“Queue (SC_ShuSongLian)”。 “Direction”中第一项数值设为“－1.00”。 “Speed”设为“200.00”。 “Execute”设置为1，单击“应用”	

子组件 LinearMover 用于设定运动属性，其属性包含指定运动物体、运动方向、运动速度、参考坐标系等，此处将之前设定的 Queue 设为运动物体，运动方向为大地坐标的 X 轴负方向，运动长度值为1，速度为200 mm/s，将“Execute”设置为1，则该运动处于一直执行的状态。

6.2.3 设定输送链限位传感器

设定输送链限位传感器具体操作步骤见表 6.48。

表 6.48 设定输送链限位传感器具体操作步骤

操作步骤	操作说明	示意图
1	单击“添加组件”，选择“传感器”列表中的“PlaneSensor”①	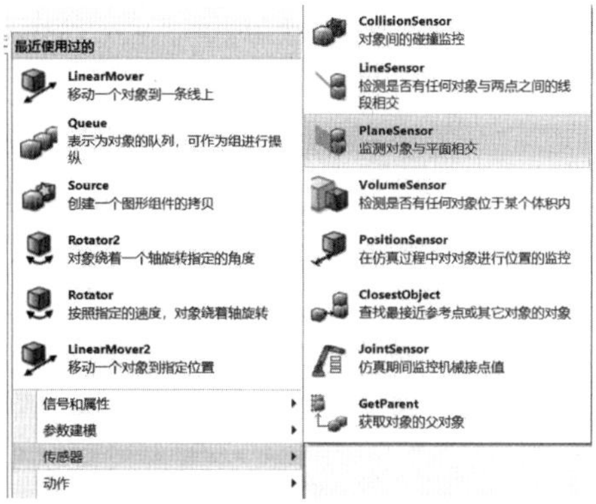
2	选择合适的捕捉方式	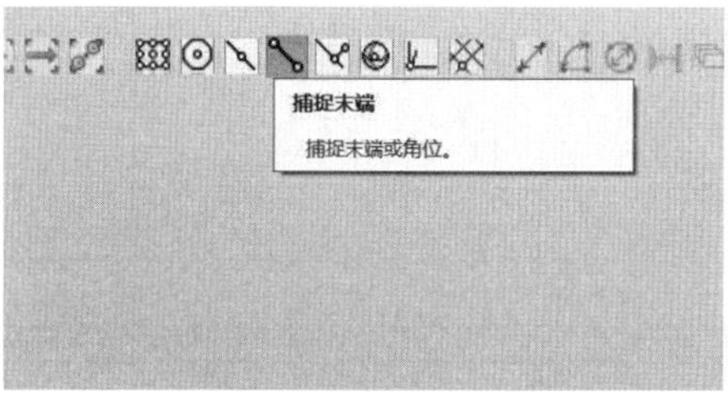
3	单击“Origin”输入框	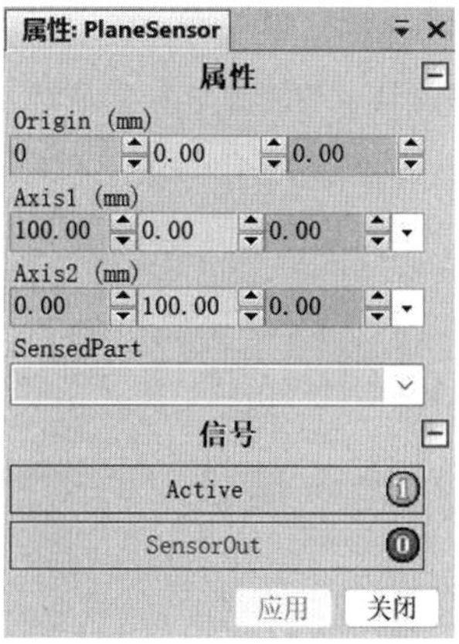

续表6.48

操作步骤	操作说明	示意图
4	单击一下A点,作为原点	 A
5	将图中所示的数值输入"Axis1"和"Axis2",完成图中所示参数的设定后单击"应用"	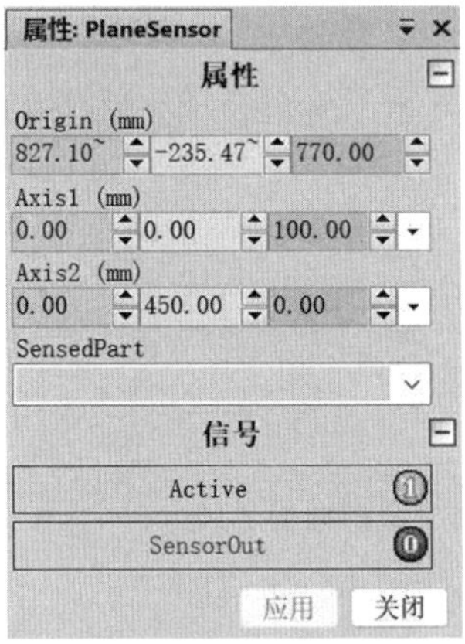 属性: PlaneSensor 属性 Origin (mm) 827.10 -235.47 770.00 Axis1 (mm) 0.00 0.00 100.00 Axis2 (mm) 0.00 450.00 0.00 SensedPart 信号 Active SensorOut 应用 关闭
6	在输送链末端创建了一个面传感器[②]	

续表6.48

操作步骤	操作说明	示意图
7	在建模或布局窗口中右击“400_guide”，单击“修改”，将“可由传感器检测”前面的对号去掉	
8	将“400_guide”拖放到Smart组件“SC_ShuSongLian”中去[③]	
9	单击“添加组件”，选择“信号和属性”列表中的“LogicGate”	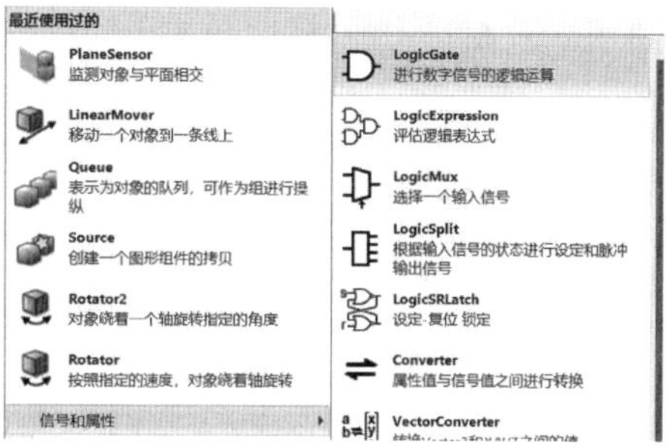

续表6.48

操作步骤	操作说明	示意图
10	“Operator”栏设为“NOT”，设置完成后单击“应用”	

注：① 在输送链末端的挡板处设置面传感器，图中设定方法为捕捉一个点作为面的原点 A，然后设定基于原点 A 的两个延伸轴的方向及长度（参考大地坐标方向），这样就构成一个平面。在此工作站中，也可以直接将属性框中的数值输入对应的数值框中（步骤 3、5）来创建平面，此平面作为面传感器来检测工件是否到位，并会自动输出一个信号，用于逻辑控制。

② 虚拟传感器一次只能检测一个物体，所以这里需要保证所创建的传感器不能与周边设备接触，否则无法检测运动到输送链末端的工件。可以在创建虚拟传感器时避开周边设备，但通常将可能与该传感器接触的周边设备的属性设为“不可由传感器检测”。

③ 为了方便处理输送链，将“400_guide”也放到 Smart 组件中，用左键点住“400_guide”不要松开，将其拖放到“SC_ShuSongLian”处再松开左键。

6.2.4 创建属性与连结

属性连结指的是各 Smart 子组件的某项属性之间的连结，例如，组件 A 中的某项属性 a1 与组件 B 中的某项属性 b1 建立属性连结，则当 a1 发生变化时，b1 也会随着一起变化。属性连结是在 Smart 窗口中的“属性与连结”选项卡中进行设定的，其具体操作步骤见表 6.49。

表 6.49 创建属性与连结的具体操作步骤

操作步骤	操作说明	示意图
1	进入“属性与连结”	

续表6.49

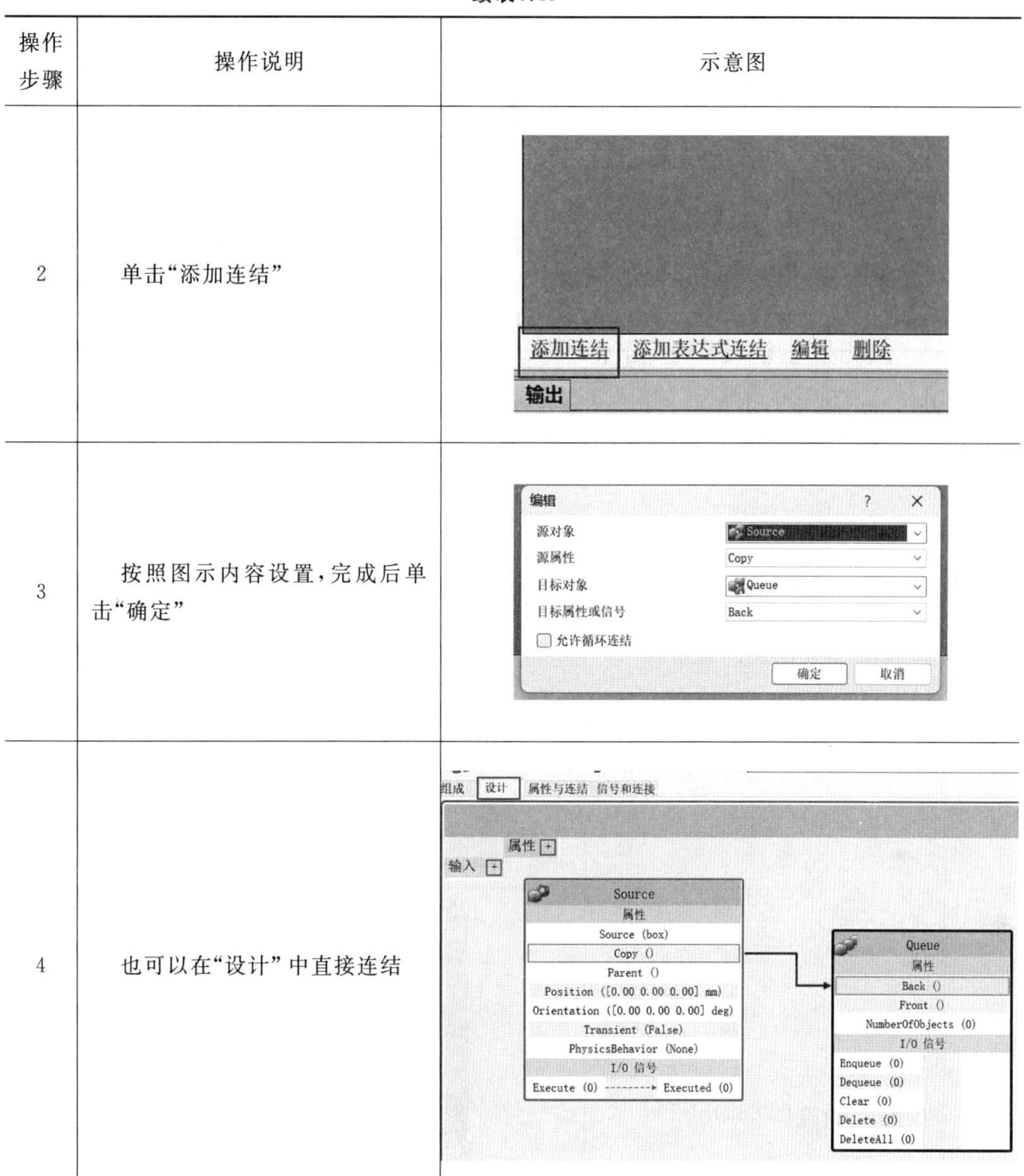

操作步骤	操作说明	示意图
2	单击“添加连结”	
3	按照图示内容设置，完成后单击“确定”	
4	也可以在“设计”中直接连结	

注：属性与连结里面的动态属性用于创建动态属性以及编辑现有动态属性，这里暂不涉及此类设定。

“Source”下的“Copy”指的是源的复制品，“Queue”下的“Back”指的是下一个将要加入队列的物体。通过这样的连结，可实现在本任务中的工件源产生一个复制品，执行加入队列动作后，该复制品会自动加入队列“Queue”中；而“Queue ”是一直执行线性运动的，则生成的复制品也会随着队列进行线性运动，而当执行退出队列操作时，复制品退出队列之后即停止线性运动。

6.2.5 创建信号和连接

I/O 信号指的是在本工作站中自行创建的数字信号，用于与各个 Smart 子组件间进行信号交互。

I/O 连接指的是设定创建的 I/O 信号与 Smart 子组件信号的连接关系，以及各 Smart 子组件之间的信号连接关系。

信号与连接是在 Smart 组件窗口中的“信号和连接”选项卡中进行设置的，过程见表 6.50。首先需要添加一个数字信号 diStart，用于启动 Smart 输送链。

表 6.50 创建信号和连接的具体操作步骤

操作步骤	操作说明	示意图
1	进入“信号和连接”选项卡	
2	单击“添加 I/O Signals”	

续表6.50

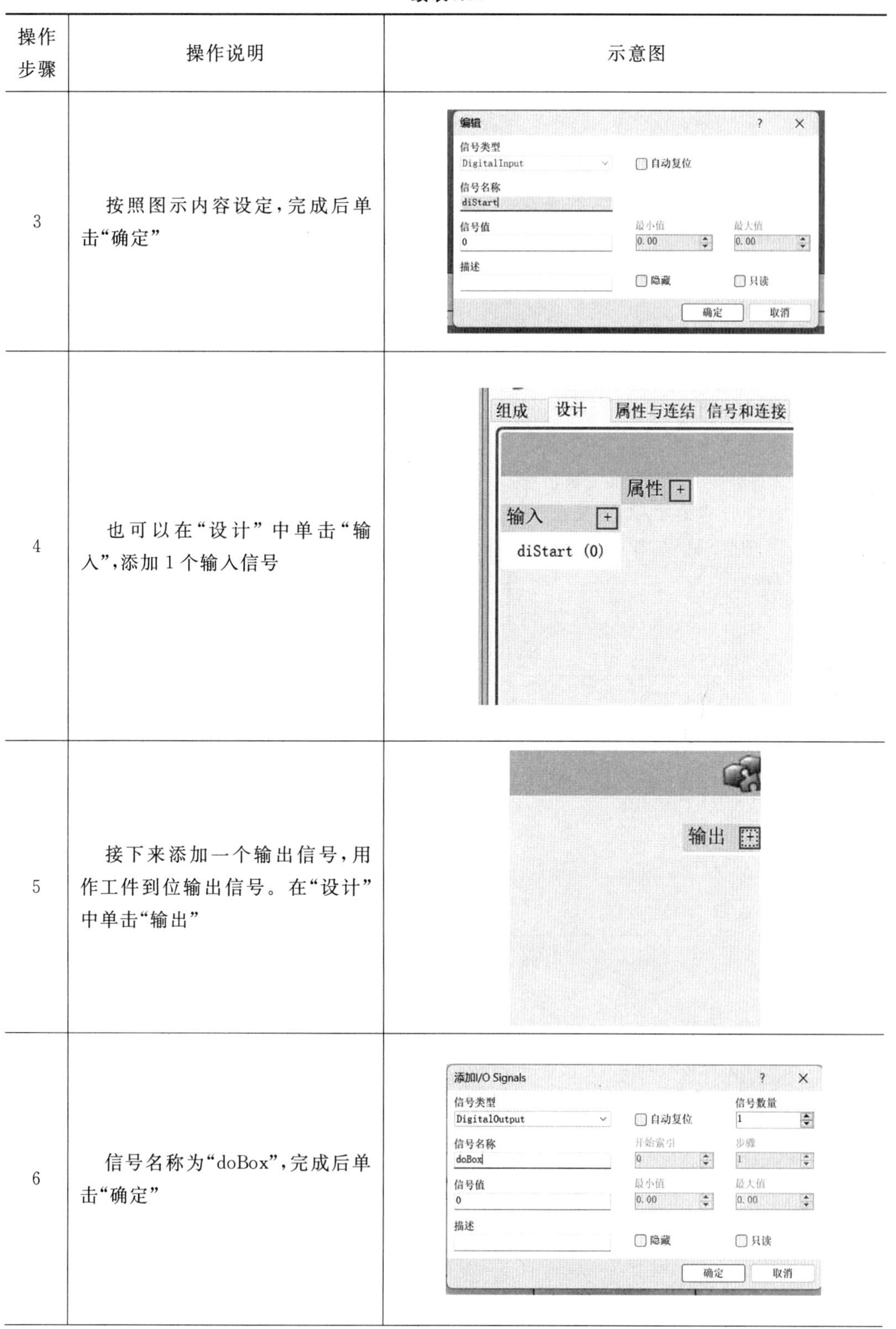

操作步骤	操作说明	示意图
3	按照图示内容设定，完成后单击“确定”	编辑 信号类型 DigitalInput 自动复位 信号名称 diStart 信号值 0 最小值 0.00 最大值 0.00 描述 隐藏 只读 确定 取消
4	也可以在“设计”中单击“输入”，添加1个输入信号	组成 设计 属性与连结 信号和连接 属性 输入 diStart (0)
5	接下来添加一个输出信号，用作工件到位输出信号。在“设计”中单击“输出”	输出
6	信号名称为“doBox”，完成后单击“确定”	添加I/O Signals 信号类型 DigitalOutput 自动复位 信号数量 1 信号名称 doBox 开始索引 0 步骤 1 信号值 0 最小值 0.00 最大值 0.00 描述 隐藏 只读 确定 取消

续表6.50

操作步骤	操作说明	示意图
7	用创建的“diStart”去触发“Source”组件执行动作，则工件源会自动产生一个复制品	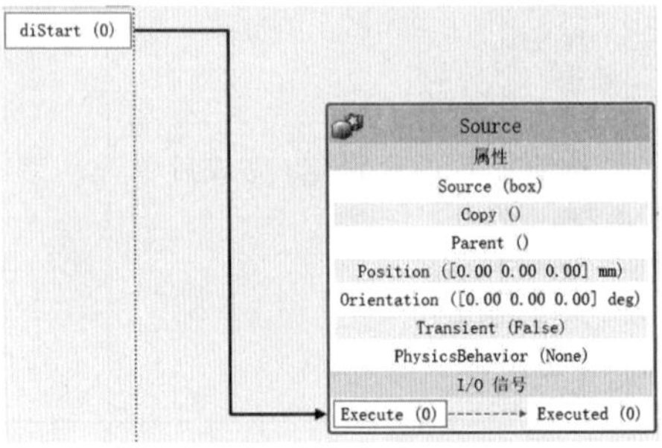 diStart (0) Source 属性 Source (box) Copy () Parent () Position ([0.00 0.00 0.00] mm) Orientation ([0.00 0.00 0.00] deg) Transient (False) PhysicsBehavior (None) I/O 信号 Execute (0)　Executed (0)
8	工件源产生的复制品完成信号触发“Queue”的加入队列动作，则产生的复制品自动加入队列“Queue”	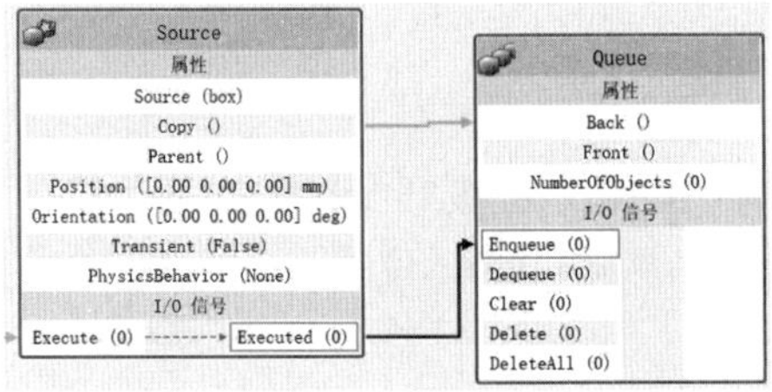 Source 属性 Source (box) Copy () Parent () Position ([0.00 0.00 0.00] mm) Orientation ([0.00 0.00 0.00] deg) Transient (False) PhysicsBehavior (None) I/O 信号 Execute (0)　Executed (0) Queue 属性 Back () Front () NumberOfObjects (0) I/O 信号 Enqueue (0) Dequeue (0) Clear (0) Delete (0) DeleteAll (0)
9	取消勾选“T_ROB1”	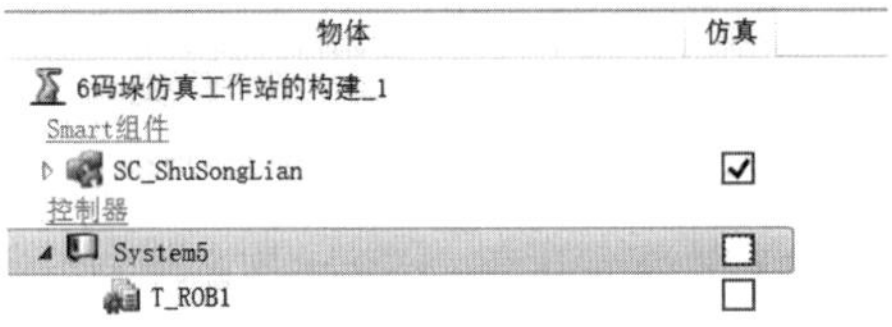 物体　仿真 6码垛仿真工作站的构建_1 Smart组件 SC_ShuSongLian 控制器 System5 T_ROB1
10	单击“I/O仿真器”	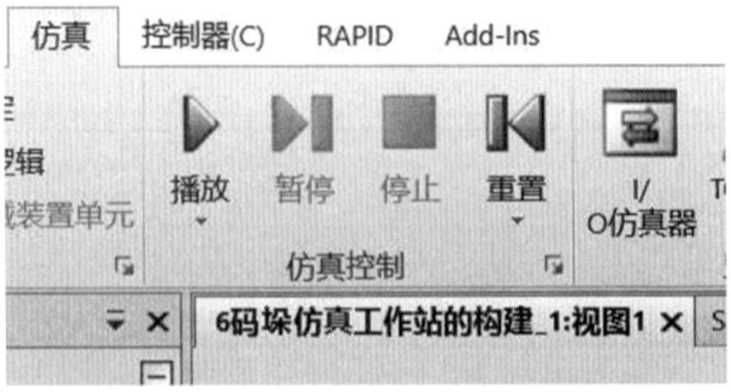 仿真　控制器(C)　RAPID　Add-Ins 播放　暂停　停止　重置　I/O仿真器 仿真控制 6码垛仿真工作站的构建_1:视图1

续表6.50

操作步骤	操作说明	示意图
11	系统选择“SC_ShuSongLian”	
12	单击“播放”,进行测试	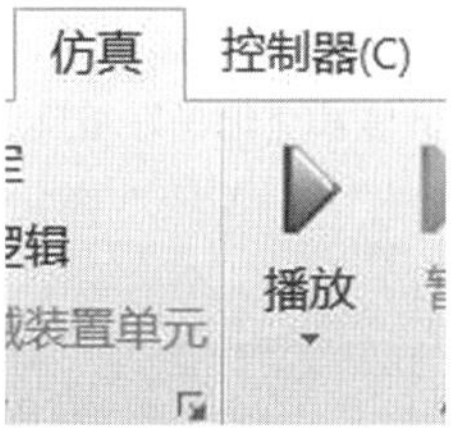
13	单击“diStart”(只可以点击一次,否则会出错)	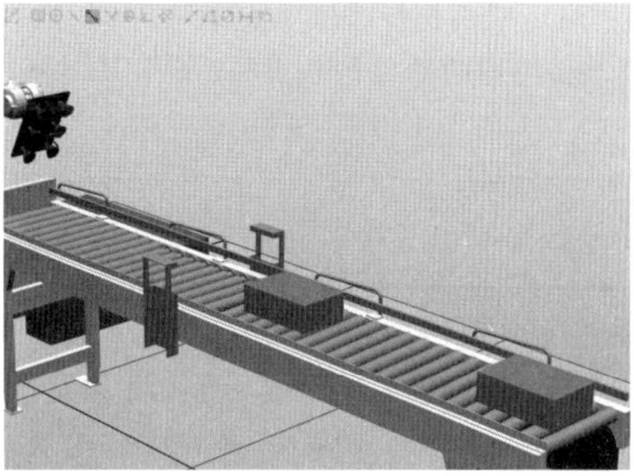
14	当复制品与输送链末端的传感器发生接触后,传感器将其本身的输出信号“SensorOut”置为1,利用此信号触发“Queue”的退出队列动作,则队列里面的复制品自动退出队列	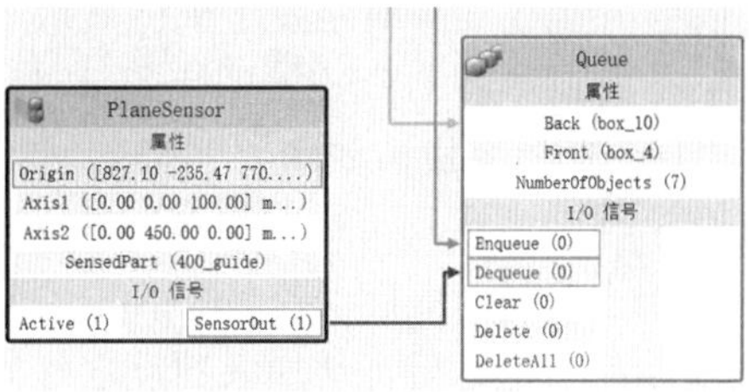

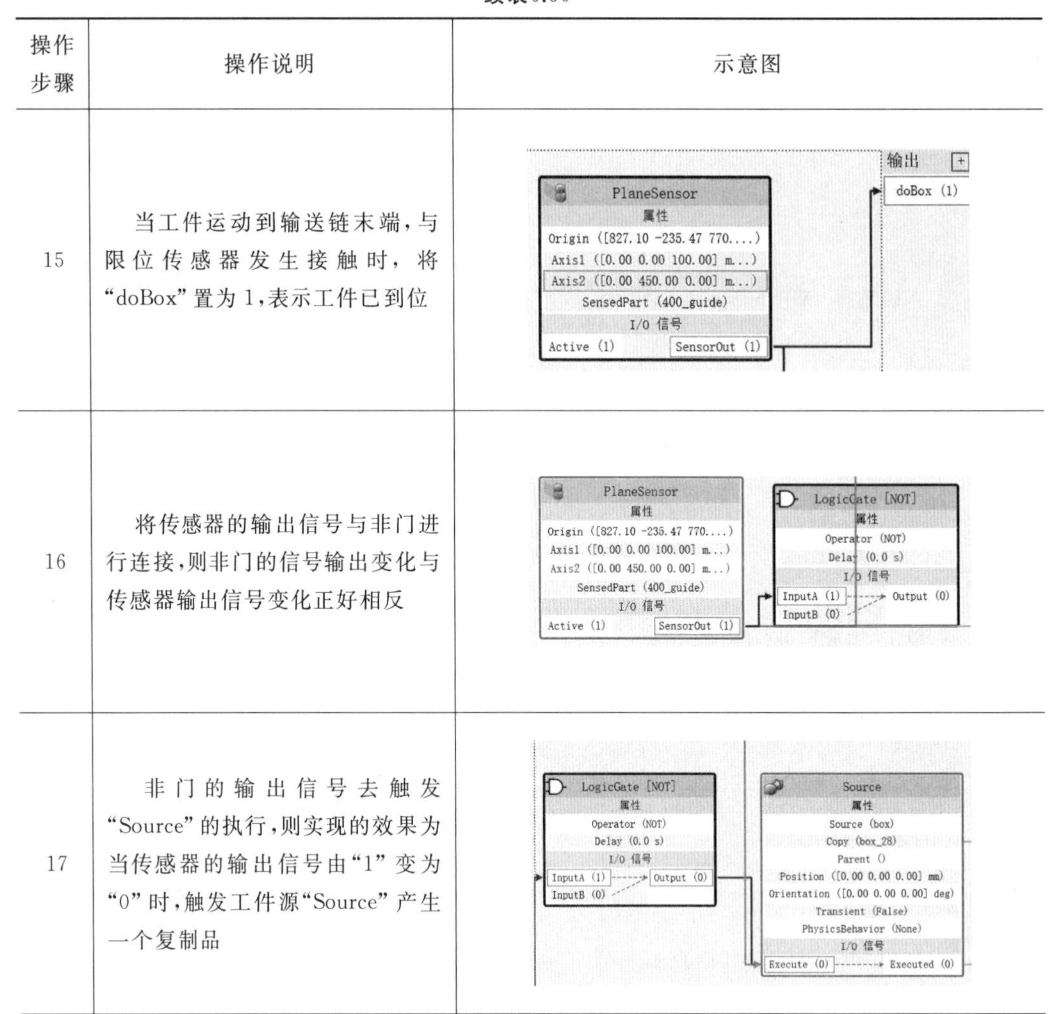

续表6.50

操作步骤	操作说明	示意图
15	当工件运动到输送链末端，与限位传感器发生接触时，将“doBox”置为1，表示工件已到位	
16	将传感器的输出信号与非门进行连接，则非门的信号输出变化与传感器输出信号变化正好相反	
17	非门的输出信号去触发“Source”的执行，则实现的效果为当传感器的输出信号由“1”变为“0”时，触发工件源“Source”产生一个复制品	

在 Smart 组件应用中只有信号发生 0→1 的变化时，才可以触发事件。假如有一个信号 A，我们希望当信号 A 由 0 变 1 时触发事件 B1，信号 A 由 1 变 0 时触发事件 B2；前者可以直接连接进行触发，但是后者就需要引入一个非门与信号 A 相连接，这样当信号 A 由 1 变 0 时，经过非门运算之后则转换成了由 0 变 1，然后再与事件 B2 连接，实现的最终效果就是当信号 A 由 1 变 0 时触发了事件 B2。

按照表 6.50 中各 I/O 连接图片所示，仔细设定各个 I/O 连接中的源对象、源信号、目标对象、目标信号，完成后如图 6.2 所示。一共创建了 6 个 I/O 连接，经梳理，整个事件触发过程如下：

① 利用自己创建的启动信号“diStart”触发一次“Source”，使其产生一个复制品；

② 复制品产生之后自动加入到设定好的队列“Queue”中，则复制品随着“Queue”一起沿着输送链运动；

③ 当复制品运动到输送链末端，与设置的面传感器“PlaneSensor”接触后，该复制品退出队列“Queue”，并且将工件到位信号“doBox”置为 1；

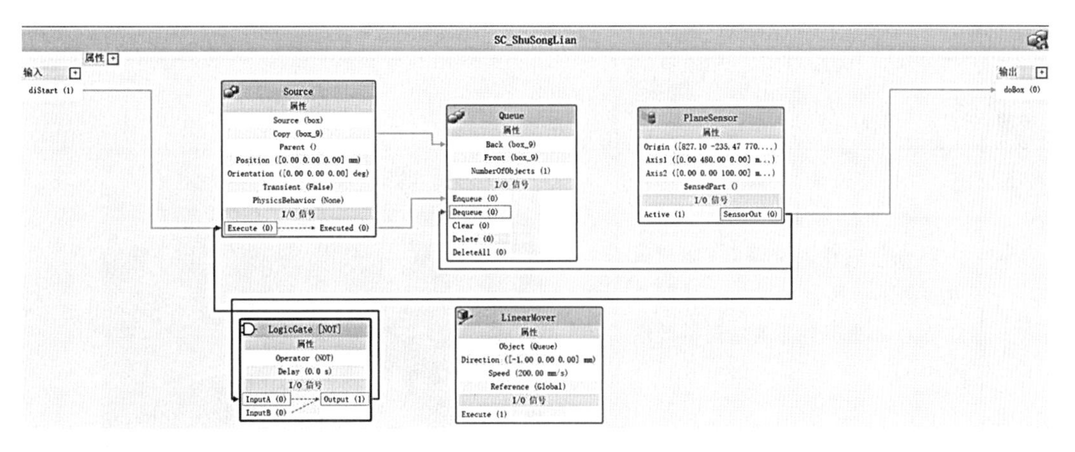

图 6.2　输送链组件设计

④ 通过非门的中间连接，最终实现：当该复制品与面传感器不再接触后，自动触发“Source”再产生一个复制品。

此后进行下一个循环。

6.2.6　仿真运行

Smart 输送链的设置已完成，接下来验证设定的动画效果，见表 6.51。

表 6.51　仿真运行具体操作步骤

操作步骤	操作说明	示意图
1	在“仿真”功能选项卡中单击“I/O 仿真器”，单击“播放”进行播放，复制品运动到输送链末端，与限位传感器接触后停止运动	
2	接下来，可以利用 Freehand 中的“线性移动”将复制品移开，使其与面传感器不接触，则输送链前端会再次产生一个复制品，进入下一个循环。 在“基本”功能选项卡中选中“Freehand”中的“线性移动”	

续表6.51

操作步骤	操作说明	示意图
3	移动已到位的复制品，使其与传感器不再接触。下一个复制品自动生成，并开始沿着输送链线性运动	
4	完成动画效果验证后，删除生成的复制品。 右击产生的复制品，将其删除。一般复制品名称为设定的源名称＋数字(如 box_1)。注意：千万不要误删除源 box	
5	为了避免在后续的仿真过程中不停地产生大量的复制品，从而导致整体仿真运行不流畅，以及仿真结束后需要手动删除等问题，在设置“Source”属性时，可以设置成产生临时性复制品，当仿真停止后，所生成的复制品会自动消失。 在属性选项中勾选“Transient”，则完成了相应的修改，单击“Execute”单击“应用”。	

Smart 组件创建动态夹具

任务 6.3　Smart 组件创建动态夹具

在 RobotStudio 中创建码垛仿真工作站，夹具的动态效果是最为重要的部分。本节使用一个真空吸盘来进行工件的拾取、释放，基于此吸盘来创建一个具有 Smart 组件特性的夹具。夹具动态效果包含在输送链末端拾取工件、在放置位置释放工件、自动置位复位真空反馈信号(以下操作在任务 6.2 的基础上进行)。

6.3.1 设定夹具属性

设定夹具属性具体操作步骤见表 6.52。

表 6.52 设定夹具属性具体操作步骤

操作步骤	操作说明	示意图
1	先将机器人吸盘工具调整到水平位置。右键点击"IRB 2600_12_165_C_01",单击"机械装置手动关节"	属性: SC_XiPan 应用 关闭 布局 路径和目标点 标记 6.2码垛仿真工作站的构建_1* 机械装置 IRB2600_12_165_C_01 XiPan 组件 box SC_ShuSo 400_g Linea PlaneS Queue Source SC_XiPan 托盘 托盘 剪切 Ctrl+X 复制 Ctrl+C 保存为库文件... 断开与库的连接 可见 检查 撤消检查 设定为UCS 位置 修改机械装置... 删除CAD几何体 可由传感器检测 物理 应用夹板 机械装置手动关节 机械装置手 配置参数 回到机械原 机械装置手动关节 运动机械装置的关节。 点击F1获取更多帮助。 6.2码垛仿真工作站的构建_1:视图
2	将轴 5 调整到 90°	手动关节运动: IRB2600_12_165... 6.2码垛仿真工作站的构建_1:视图1 SC_ShuSongLian SC_XiPan CFG: 0 0 0 0 TCP: 945.00 0.00 1175.00 Step: 1.00 deg 布局 路径和目标点 标记 6.2码垛仿真工作站的构建_1* 机械装置 IRB2600_12_165_C_01 XiPan 组件 box SC_ShuSongLian 400_guide LinearMover PlaneSensor Queue Source SC_XiPan 托盘 托盘

续表6.52

操作步骤	操作说明	示意图
3	在“建模”功能选项卡中单击“Smart组件”，单击右键，将其命名为“SC_XiPan”	 SC_ShuSongLian 400_guide LinearMover PlaneSensor Queue Source SC_XiPan 托盘 托盘
4	需要将吸盘工具从机器人末端拆卸下来，以便对独立后的“XiPan”进行处理。在“布局”窗口的“XiPan”上单击右键，单击“拆除”	 剪切 Ctrl+X 复制 Ctrl+C 保存为库文件... 断开与库的连接 可见 检查 撤消检查 设定为UCS 位置 修改机械装置... 删除CAD几何体 可由传感器检测 物理 应用夹板 机械装置手动关节 机械装置手动线性 配置参数 回到机械原点 显示机器人工作区域 安装到 拆除 标记 删除 重命名 拆除 将一个对象进行拆除。 点击F1获取更多帮助。
5	单击“否”	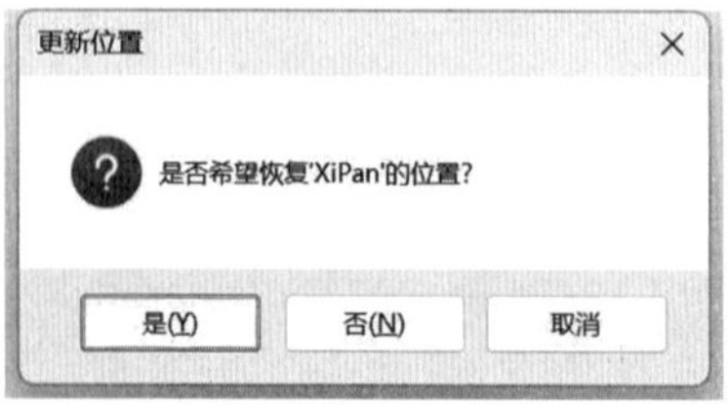 更新位置 是否希望恢复'XiPan'的位置? 是(Y) 否(N) 取消

续表6.52

操作步骤	操作说明	示意图
6	在“布局”窗口中，用左键点住“XiPan”，拖放到“SC_XiPan”上面后松开，则将“XiPan”添加到了“Smart”组件中	6.2码垛仿真工作站的构建_1* 机械装置 IRB2600_12_165_C_01 组件 box SC_ShuSongLian 400_guide LinearMover PlaneSensor Queue Source SC_XiPan XiPan 托盘 托盘
7	在Smart组件编辑窗口的“组成”选项卡中，单击“XiPan”，勾选“设定为Role”	子对象组件 添加组件 其它 XiPan 编辑 删除 在浏览栏中显示 设定为Role 属性
8	用左键点住“SC_XiPan”，将其拖放到机器人“IRB2600_12_165_C_01”上面松开，将Smart工具安装到机器人末端	IRB2600_12_165_C_01 组件 box SC_ShuSongLian 400_guide LinearMover PlaneSensor Queue Source SC_XiPan XiPan 部件_1 部件_5

续表6.52

操作步骤	操作说明	示意图
9	单击“否”	 更新位置 是否希望更新'SC_XiPan'的位置? 是(Y) 否(N) 取消

上述操作步骤目的是将Smart工具“XiPan”当作机器人的工具。“设定为Role”可以让Smart组件获得“Role”的属性。在本任务中,工具“XiPan”包含一个工具坐标系,将其设为“Role”,则“XiPan”继承工具坐标系属性,就可以将“XiPan”完全当作机器人的工具来处理。

6.3.2 设定检测传感器

设定检测传感器具体操作步骤见表6.53。

表6.53 设定检测传感器具体操作步骤

操作步骤	操作说明	示意图
1	单击“添加组件”,在选项卡中选择“传感器”中的“LineSensor”	 最近使用过的 LinearMover 移动一个对象到一条线上 Queue 表示为对象的队列，可作为组进行操纵 Source 创建一个图形组件的拷贝 Timer 在仿真时，在指定的距离间隔脉冲输出一个数据信号 LogicGate 进行数字信号的逻辑运算 PlaneSensor 监测对象与平面相交 信号和属性 参数建模 传感器 CollisionSensor 对象间的碰撞监控 LineSensor 检测是否有任何对象与两点之间的线段相交 PlaneSensor 监测对象与平面相交 VolumeSensor 检测是否有任何对象位于某个体积内 PositionSensor 在仿真过程中对对象进行位置的监控 ClosestObject 查找最接近参考点或其它对象的对象 JointSensor 仿真期间监控机械接点值 GetParent 获取对象的父对象
2	捕捉中心位置,设定线传感器的“Start”点,该位置为吸盘中心位置	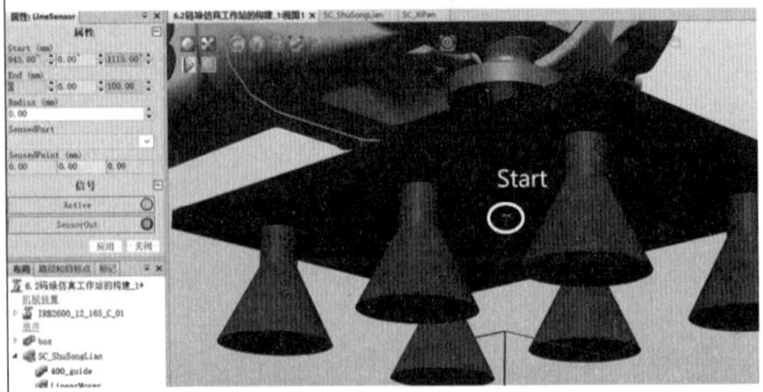 属性: LineSensor 属性 Start (mm) End (mm) Radius (mm) SensedPart SensedPoint (mm) 信号 Active SensorOut 应用 关闭 Start

续表6.53

操作步骤	操作说明	示意图
3	终点“End”先选择与起始点相同的位置	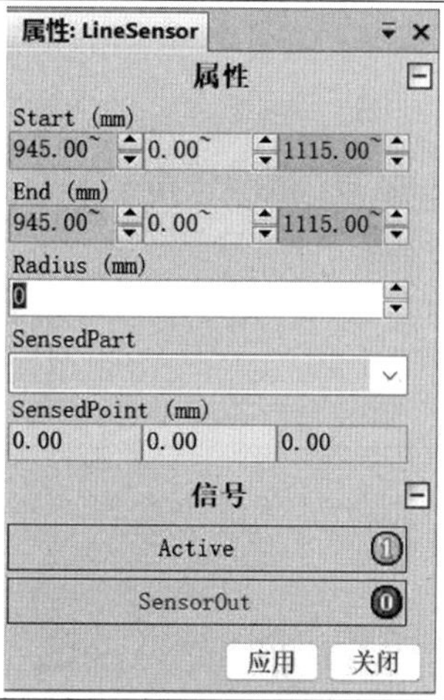
4	传感器长度为 100 mm，因此修改 Z 轴的数值为 1115 − 100，即“1015.00”。 “Radius”设定线传感器半径，为了便于观察进行加粗，此处设为“3.00 mm”	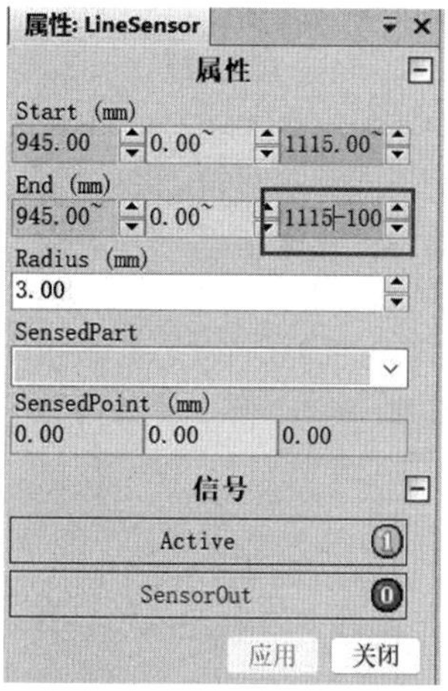
5	“Active”置为 0，暂时关闭传感器检测	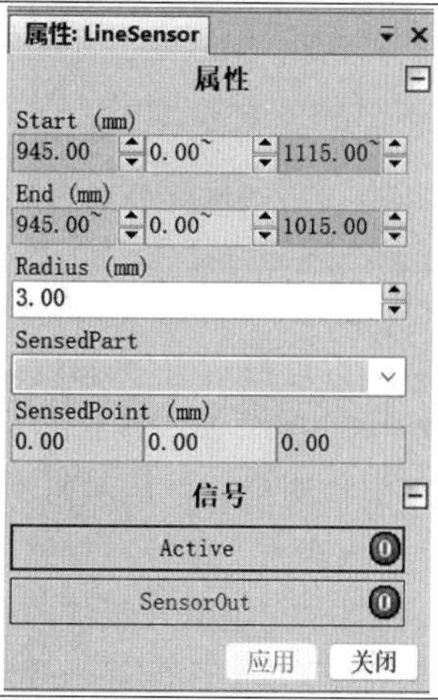

续表6.53

操作步骤	操作说明	示意图
6	设定完成后单击“应用”，线传感器已生成	
7	设置传感器后，仍需将工具设为不可由传感器检测，以免传感器与工具发生干涉。在“XiPan”上单击右键，单击“可由传感器检测”，取消勾选	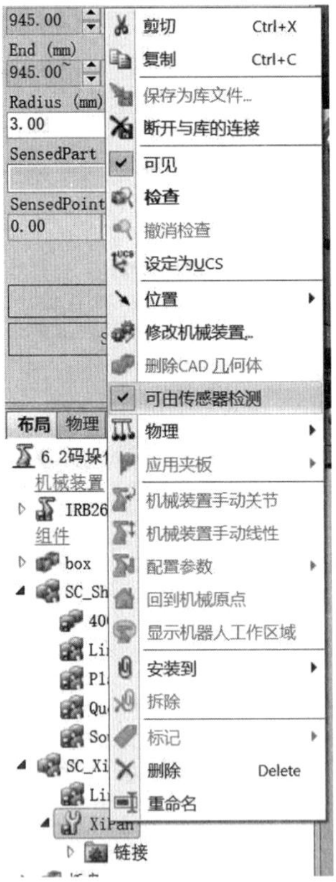

在当前工具姿态下，终点“End”只是相对于起始点“Start”在大地坐标系 Z 轴负方向偏移一定距离，所以可以参考“Start”点直接输入“End”点的数值。此外，关于虚拟传感器的使用还有一项限制，即当物体与传感器接触时，如果接触部分完全覆盖了整个传感器，则传感器不能检测到与之接触的物体。换言之，若要传感器准确检测到物体，则必须保证在接触时传感器的一部分在物体内部，一部分在物体外部。所以为了避免在吸盘拾取工件时该线传感器完全浸入工件内部，人为将起始点“Start”的 Z 值加大，保证在拾取时该线传感器一部分在工件内部，一部分在工件外部，这样才能够准确地检测到该工件。

6.3.3 设定拾取放置动作

设定拾取动作效果使用的是子组件“Attacher”，具体操作步骤见表 6.54。

表 6.54 设定拾取动作效果具体操作步骤

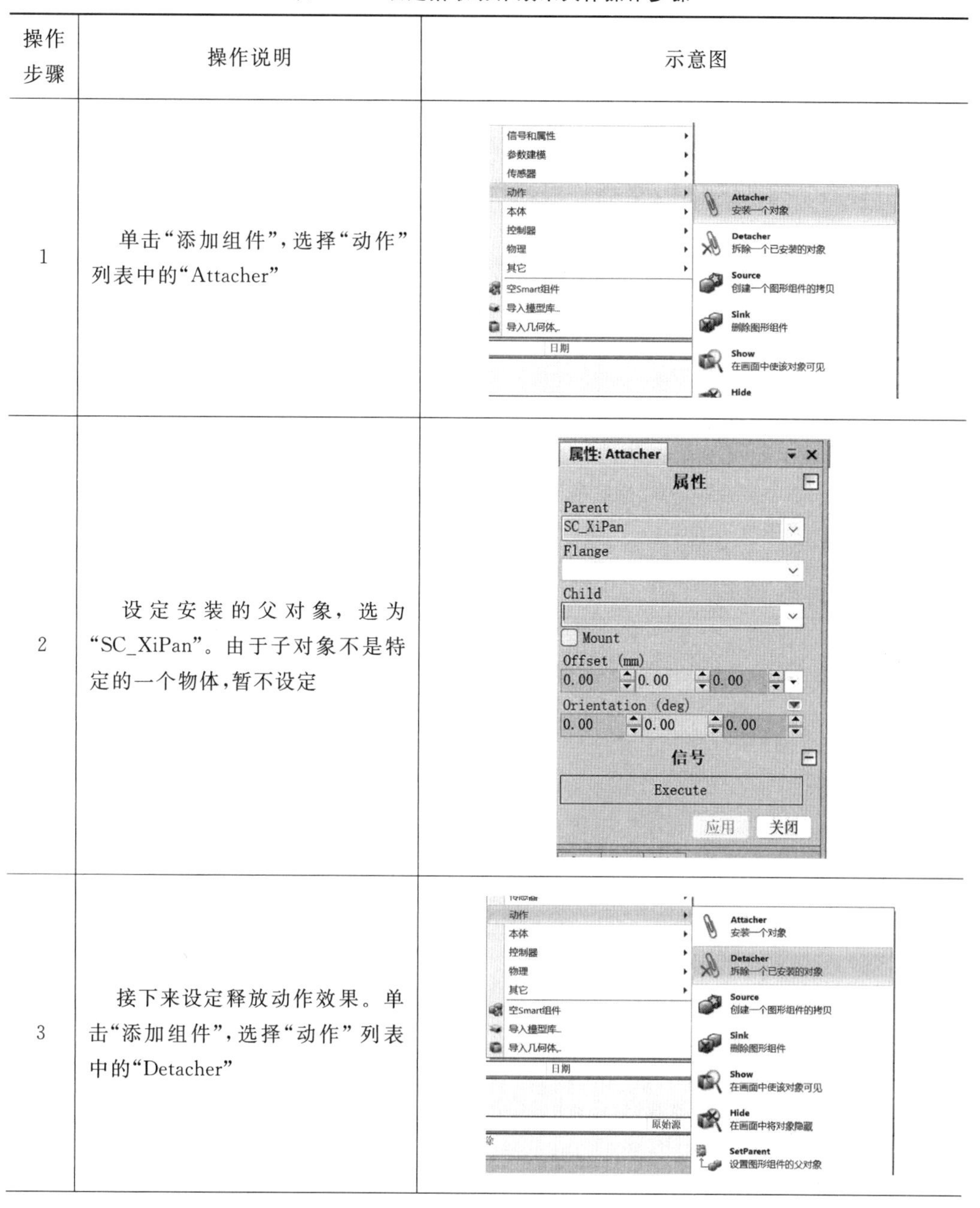

操作步骤	操作说明	示意图
1	单击“添加组件”，选择“动作”列表中的“Attacher”	
2	设定安装的父对象，选为“SC_XiPan”。由于子对象不是特定的一个物体，暂不设定	
3	接下来设定释放动作效果。单击“添加组件”，选择“动作”列表中的“Detacher”	

续表6.54

操作步骤	操作说明	示意图
4	由于子对象不是特定的一个物体，此处暂不设定。确认面板中的“KeepPosition”已勾选，即释放后子对象保持当前的空间位置	 属性: Detacher 属性 Child KeepPosition 信号 Execute 应用 关闭
5	下一步添加信号与属性相关子组件。 首先创建一个非门，详细说明可参考任务 6.2 中的相关内容。 单击“添加组件”，选择“信号和属性”列表中的“LogicGate”	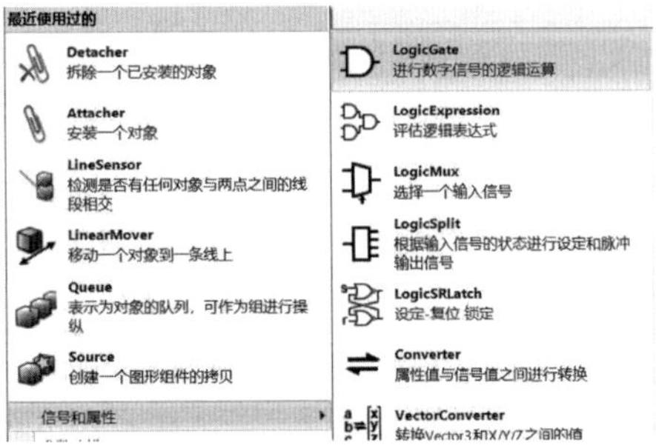 最近使用过的 Detacher 拆除一个已安装的对象 Attacher 安装一个对象 LineSensor 检测是否有任何对象与两点之间的线段相交 LinearMover 移动一个对象到一条线上 Queue 表示为对象的队列，可作为组进行操纵 Source 创建一个图形组件的拷贝 信号和属性 LogicGate 进行数字信号的逻辑运算 LogicExpression 评估逻辑表达式 LogicMux 选择一个输入信号 LogicSplit 根据输入信号的状态进行设定和脉冲输出信号 LogicSRLatch 设定-复位 锁定 Converter 属性值与信号值之间进行转换 VectorConverter
6	“Operator”栏选为“NOT”	 属性: LogicGate [NOT] 属性 Operator NOT Delay (s) 0.0 信号 InputA 0 Output 1 应用 关闭
7	接下来添加一个信号置位、复位子组件 LogicSRLatch。子组件 LogicSRLatch 用于置位、复位信号，并且自带锁定功能。选择“信号和属性”列表中的“LogicSRLatch”	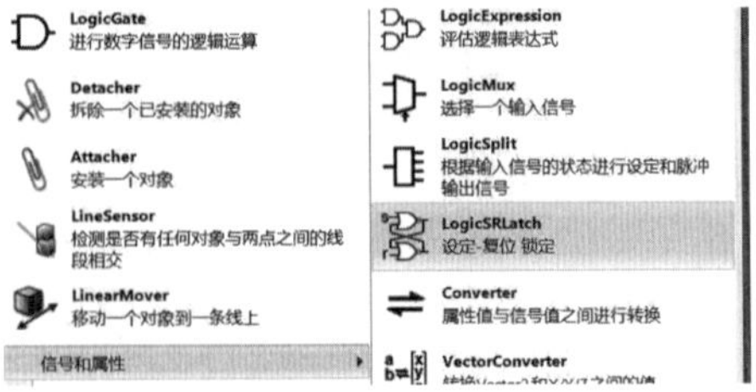 LogicGate 进行数字信号的逻辑运算 Detacher 拆除一个已安装的对象 Attacher 安装一个对象 LineSensor 检测是否有任何对象与两点之间的线段相交 LinearMover 移动一个对象到一条线上 信号和属性 LogicExpression 评估逻辑表达式 LogicMux 选择一个输入信号 LogicSplit 根据输入信号的状态进行设定和脉冲输出信号 LogicSRLatch 设定-复位 锁定 Converter 属性值与信号值之间进行转换 VectorConverter

注：在上述设置过程中，拾取动作“Attacher”和释放动作“Detacher”中关于子对象“Child”暂时都未进行设定，是因为在本任务中处理的并不是同一个工件，而是工件源生成的各个复制品，所以无法在此处直接指定子对象。之后会在属性与连结里面来设定此项属性的关联。

6.3.4 创建属性与连结

创建属性与连结具体操作步骤见表 6.55。

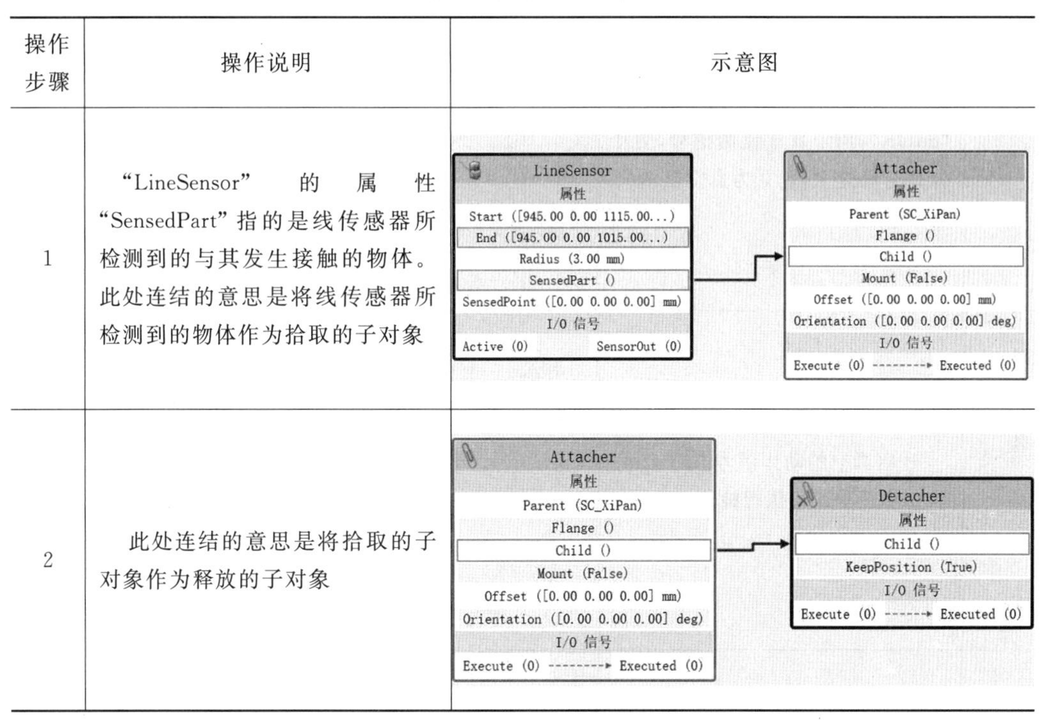

表 6.55 创建属性与连结具体操作步骤

操作步骤	操作说明	示意图
1	“LineSensor” 的属性“SensedPart”指的是线传感器所检测到的与其发生接触的物体。此处连结的意思是将线传感器所检测到的物体作为拾取的子对象	LineSensor 属性 Start ([945.00 0.00 1115.00...) End ([945.00 0.00 1015.00...) Radius (3.00 mm) SensedPart () SensedPoint ([0.00 0.00 0.00] mm) I/O 信号 Active (0) SensorOut (0) Attacher 属性 Parent (SC_XiPan) Flange () Child () Mount (False) Offset ([0.00 0.00 0.00] mm) Orientation ([0.00 0.00 0.00] deg) I/O 信号 Execute (0) Executed (0)
2	此处连结的意思是将拾取的子对象作为释放的子对象	Attacher 属性 Parent (SC_XiPan) Flange () Child () Mount (False) Offset ([0.00 0.00 0.00] mm) Orientation ([0.00 0.00 0.00] deg) I/O 信号 Execute (0) Executed (0) Detacher 属性 Child () KeepPosition (True) I/O 信号 Execute (0) Executed (0)

当机器人的工具运动到工件的拾取位置，工具上面的线传感器 LineSensor 检测到了工件 A，工件 A 即作为所要拾取的对象。将工件 A 拾取之后，机器人工具运动到放置位置执行工具释放动作，则工件 A 作为释放的对象，被工具放下。

6.3.5 创建信号和连接

创建信号和连接具体操作步骤见表 6.56。

表 6.56 创建信号和连接具体操作步骤

操作步骤	操作说明	示意图
1	创建一个数字输入信号“diXiPan”，用于控制夹具拾取、释放动作，置 1 为打开真空拾取，置 0 为关闭真空释放	属性 输入 添加I/O Signals 信号类型 DigitalInput 自动复位 信号数量 1 信号名称 diXiPan 开始索引 0 步骤 1 信号值 0 最小值 0.00 最大值 0.00 描述 隐藏 只读 确定 取消

续表6.56

操作步骤	操作说明	示意图
2	创建一个数字输出信号“doOK”,用于真空反馈信号,置1为真空已建立,置0为真空已消失	
3	开启真空的动作信号“diXiPan”触发传感器开始执行检测	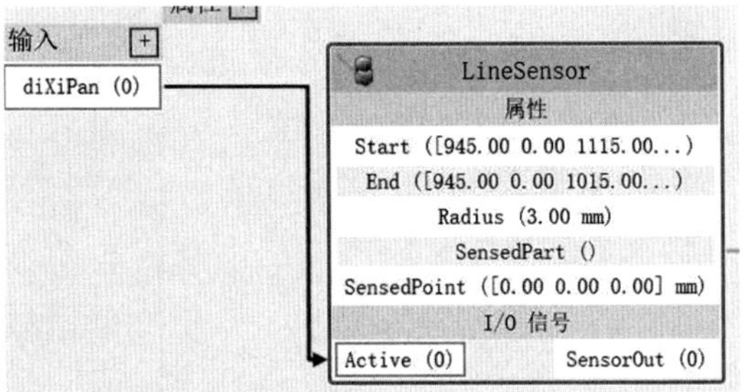
4	传感器检测到物体之后触发拾取动作	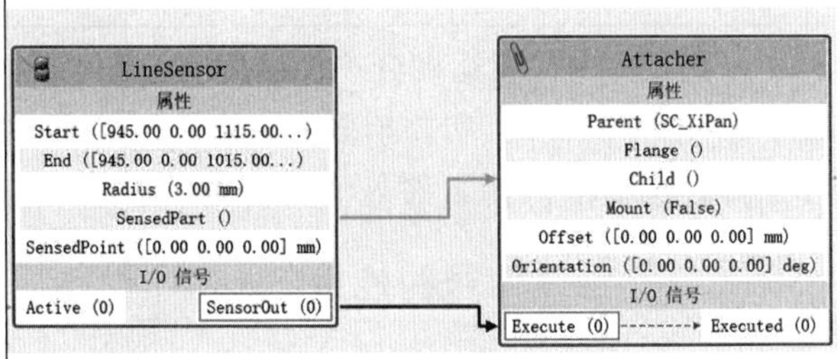
5	利用非门的中间连接,实现关闭真空后触发释放动作	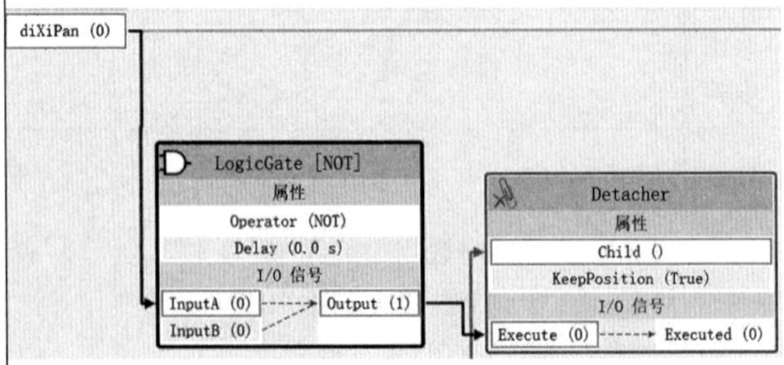

续表6.56

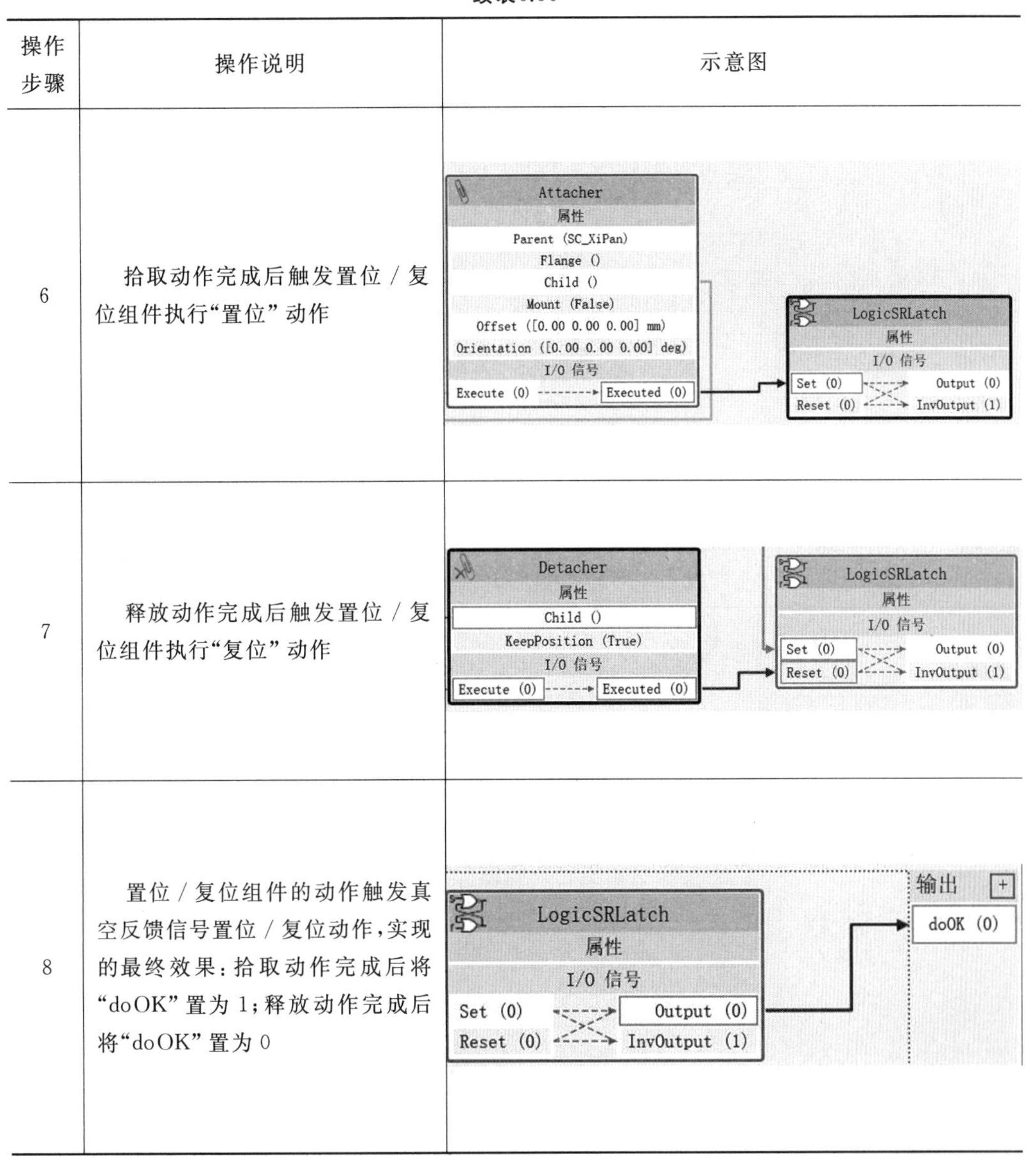

操作步骤	操作说明	示意图
6	拾取动作完成后触发置位/复位组件执行“置位”动作	
7	释放动作完成后触发置位/复位组件执行“复位”动作	
8	置位/复位组件的动作触发真空反馈信号置位/复位动作，实现的最终效果：拾取动作完成后将“doOK”置为1；释放动作完成后将“doOK”置为0	

设置完成后如图6.3所示。经梳理，整个动作过程如下：机器人夹具运动到拾取位置，打开真空以后，线传感器开始检测，如果检测到工件A与其发生接触，则执行拾取动作，夹具将工件A拾取，并将真空反馈信号置为1，然后机器人夹具运动到放置位置；关闭真空以后，执行释放动作，工件A被夹具放下，同时将真空反馈信号置为0，机器人夹具再次运动到拾取位置去拾取下一个工件，进入下一个循环。

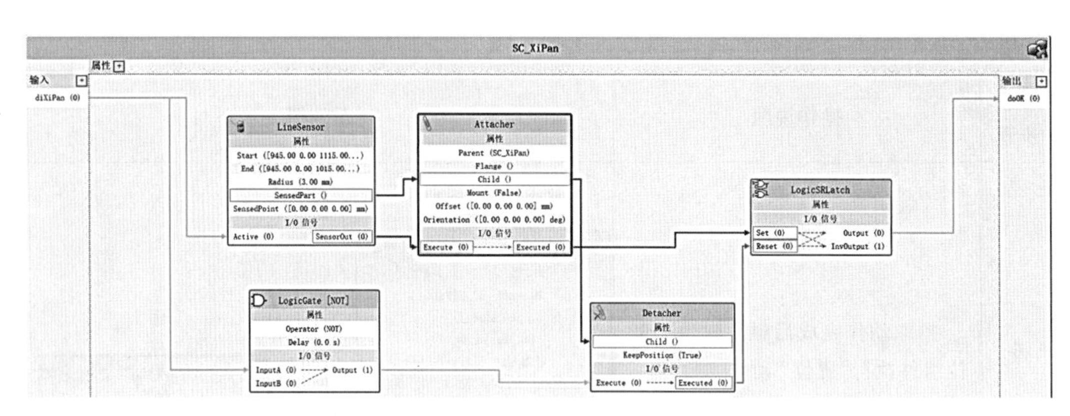

图 6.3　吸盘组件设计

6.3.6　Smart 组件的动态模拟运行

在输送链末端已预置了一个专门用于演示用的工件“box2”。Smart 组件的动态模拟运行具体操作步骤见表 6.57。

Smart 组件的动态模拟运行

表 6.57　动态模拟运行具体操作步骤

操作步骤	操作说明	示意图
1	复制粘贴“box”，将粘贴后的工件重命名为“box2”	
2	单击“播放”，让工件运输到末端	

续表6.57

操作步骤	操作说明	示意图
3	右击到达输送链的末端工件，单击“位置”，选择“设定位置…”	box_13 SC_ SC_ 托盘 托盘 剪切 Ctrl+X 复制 Ctrl+C 粘贴 Ctrl+V 保存为库文件... 断开与库的连接 导出几何体... 已链接几何体 可见 检查 撤消检查 设定为UCS 位置 修改 (M) 物理 映射 应用夹板 安装到 设定位置... 偏移位置... 旋转... 放置 复制方向 应用方向 设定位置 在指定 点击
4	记录该位置值	参考 大地坐标 位置 X、Y、Z (mm) -2659.2 0.00 0.00 方向 (deg) 0.00 0.00 0.00 应用 关闭
5	右击“box2”，单击“位置”，选择“设定位置…”	box SC_ SC_ 托盘 托盘 剪切 Ctrl+X 复制 Ctrl+C 粘贴 Ctrl+V 保存为库文件... 断开与库的连接 导出几何体... 已链接几何体 可见 检查 撤消检查 设定为UCS 位置 修改 (M) 物理 映射 应用夹板 安装到 设定位置... 偏移位置... 旋转... 放置 复制方向 应用方向 设定位置 在指定的坐标系统中定位对象。 点击F1获取更多帮助。
6	把上面记录的值输入“box2”中，单击应用	设定位置: box2 参考 大地坐标 位置 X、Y、Z (mm) -2659.20 0.00 0.00 方向 (deg) 0.00 0.00 0.00 应用 关闭 布局 路径和目标点 标记 6.2码垛仿真工作站的构建_1* 机械装置 IRB2600_12_165_C_01 组件 box box2 SC_ShuSongLian 400_guide 6.2码垛仿真工作站的构建_1:视图1 SC_ShuSongLian

续表6.57

操作步骤	操作说明	示意图
7	在“基本”功能选项卡中选取“手动线性”	
8	单击末端法兰盘，出现坐标框架后，用鼠标点住坐标轴进行线性拖动，将吸盘移到工件拾取位置	
9	单击“仿真”功能选项卡中的“I/O仿真器”	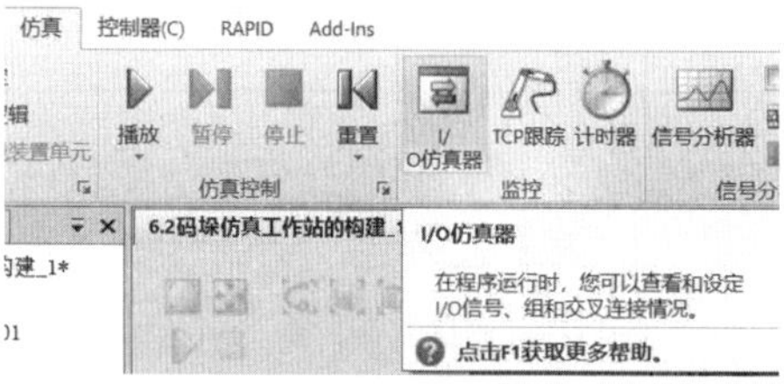
10	在“选择系统”选取“SC_XiPan”	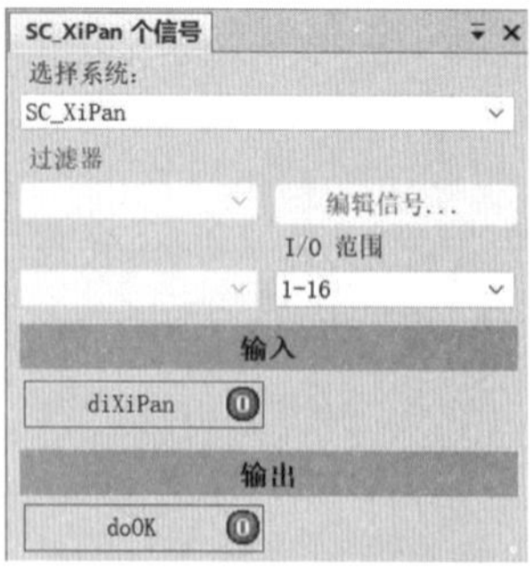

续表6.57

操作步骤	操作说明	示意图
11	将“diXiPan”置为1	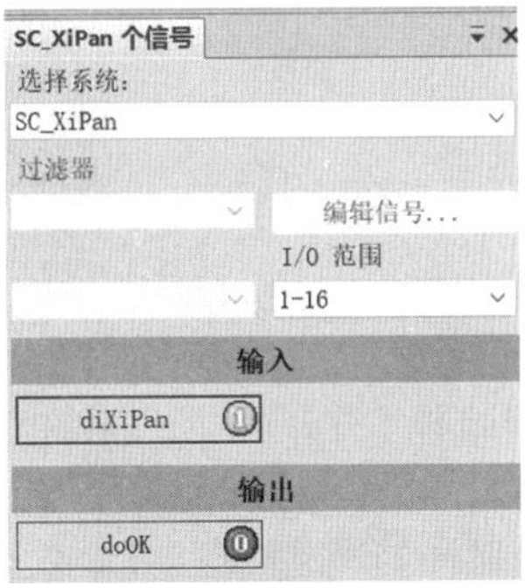
12	再次拖动坐标框架进行线性移动	
13	接下来再执行一下释放动作。将“diXiPan”置为0	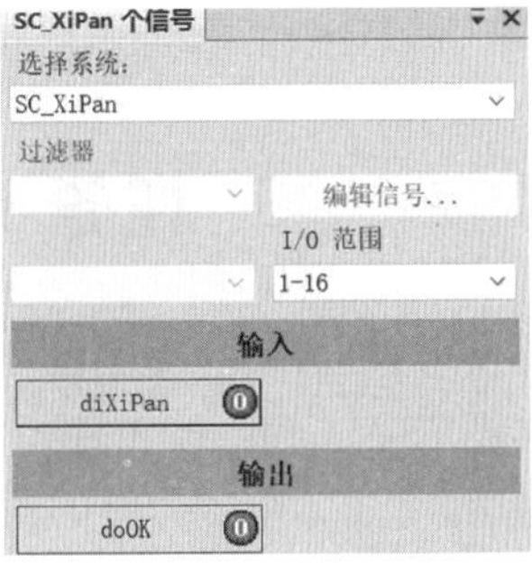
14	在此拖动坐标框架进行线性运动后，夹具释放搬运对象	

续表6.57

操作步骤	操作说明	示意图
15	夹具已将工件释放，同时真空反馈信号 doOK 信号自动置为 0；验证完成后，将演示用的工件取消“可见”，并且取消“可由传感器检测”。在“布局”窗口中，在“box2”上单击右键，单击“修改”，取消勾选“可由传感器检测”	

释放点位置坐标分析

任务 6.4　程序创建

在本工作站中，机器人的程序以及 I/O 信号已提前设定完成，无须再进行编辑。前面的任务已基本设定完成 Smart 组件的动态效果，接下来需要设定 Smart 组件与机器人端的信号通信，从而完成整个工作站的仿真动画。工作站逻辑设定：将 Smart 组件的输入 / 输出信号与机器人端的输入 / 输出信号进行信号关联。Smart 组件的输出信号作为机器人端的输入信号，机器人端的输出信号作为 Smart 组件的输入信号，此处就可以将 Smart 组件当作一个与机器人进行 I/O 通信的 PLC 来看待。

程序创建

6.4.1　设置标准 I/O 板以及 I/O 信号

设置标准 I/O 板以及 I/O 信号具体操作步骤见表 6.58。

表 6.58 设置标准 I/O 板以及 I/O 信号具体操作步骤

操作步骤	操作说明	示意图
1	在“控制器”功能选项卡下，单击“配置”，选择“I/O System”	
2	右击“DeviceNet Device”，在弹出的快捷菜单中选择“新建 DeviceNet Device…”命令	
3	弹出“实例编辑器”窗口，在“使用来自模板的值”下拉菜单中选择“DSQC 651 Combi I/O Device”，“Name”设置为“Board10”，“Address”设置为 10，设置完成后单击“确定”	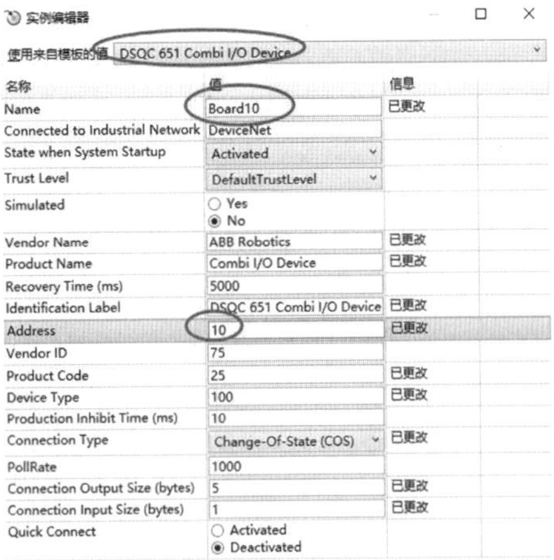
4	双击“Signal”	

续表6.58

操作步骤	操作说明	示意图
5	将 diBox 数字输入信号用作工件到位信号	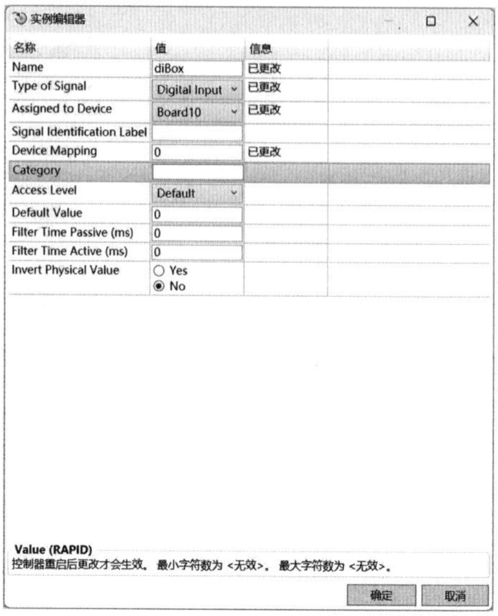 实例编辑器 名称 值 信息 Name diBox 已更改 Type of Signal Digital Input 已更改 Assigned to Device Board10 已更改 Signal Identification Label Device Mapping 0 已更改 Category Access Level Default Default Value 0 Filter Time Passive (ms) 0 Filter Time Active (ms) 0 Invert Physical Value ○ Yes ◉ No Value (RAPID) 控制器重启后更改才会生效。最小字符数为 <无效>。最大字符数为 <无效>。 确定 取消
6	将 doXiPan 数字输出信号用于控制真空吸盘动作	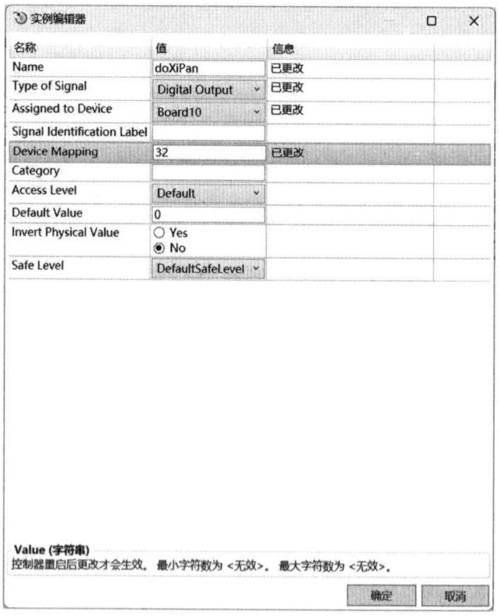 实例编辑器 名称 值 信息 Name doXiPan 已更改 Type of Signal Digital Output 已更改 Assigned to Device Board10 已更改 Signal Identification Label Device Mapping 32 已更改 Category Access Level Default Default Value 0 Invert Physical Value ○ Yes ◉ No Safe Level DefaultSafeLevel Value (字符串) 控制器重启后更改才会生效。最小字符数为 <无效>。最大字符数为 <无效>。 确定 取消

6.4.2 程序创建

要创建程序的大致流程:机器人在输送链末端等待,工件到位后将其拾取,放置在机器人右侧托盘上面,12 个工件竖着放置,码垛计 12 个即满载,机器人回到起始位置,仿真结束,程序创建具体操作步骤见表 6.59。

表 6.59 程序创建具体操作步骤

操作步骤	操作说明	示意图
1	由于拷贝出来的工件原点位置发生改变，因此需要创建一个与工件一模一样的方体	
2	放置方体工件到达输送链末端的位置	
3	主体为部件 2，从点位拷贝出来的矩形体如图所示	

续表6.59

操作步骤	操作说明	示意图
4	单击“基本”选项卡，然后单击“目标点”	
5	捕捉“选择目标点/框架”和“捕捉中心”	
6	选择部件2中心位置	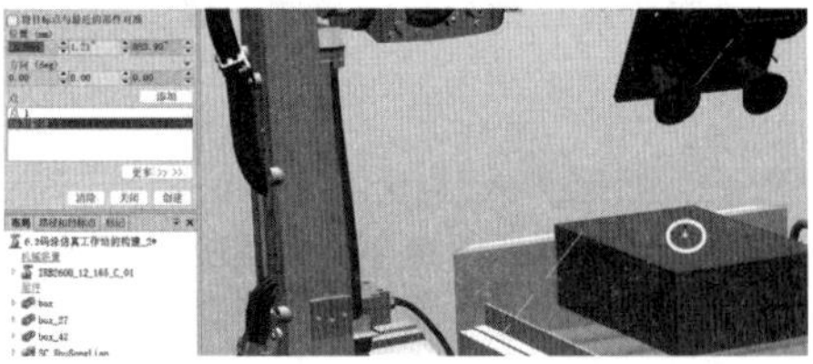
7	创建第二个目标点，选择“捕捉末端”	

续表6.59

操作步骤	操作说明	示意图
8	单击“创建”	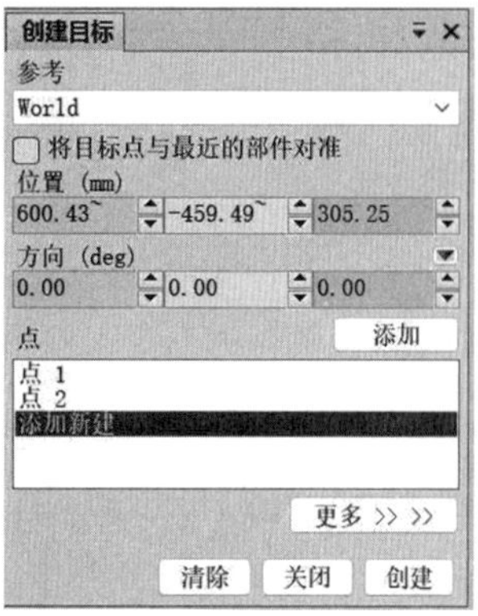
9	部件2隐藏，并设置不可由传感器检测	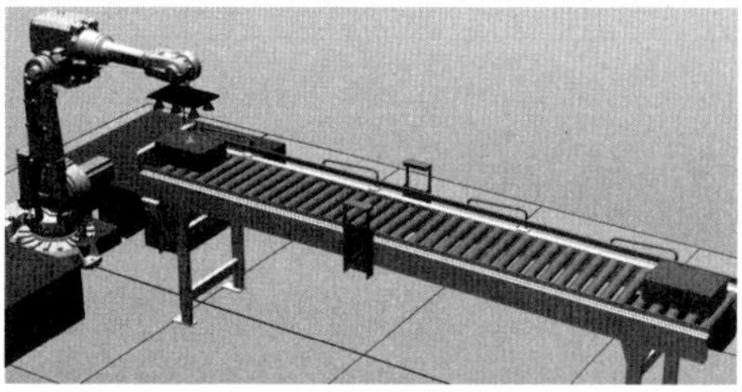
10	右击“Target_10”，选择“查看目标处工具”	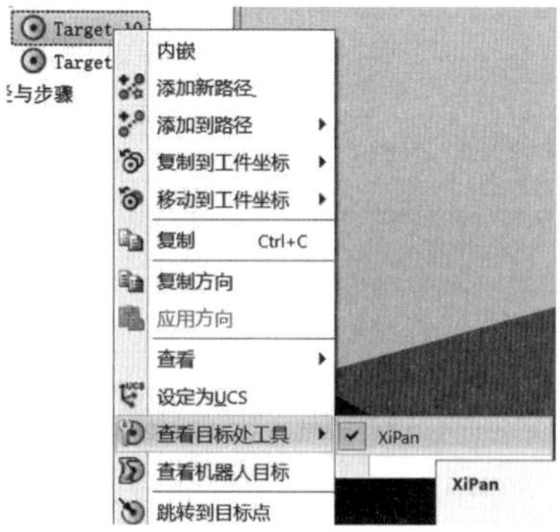
11	“Target_10”的工具方向与机器人工具方向相反	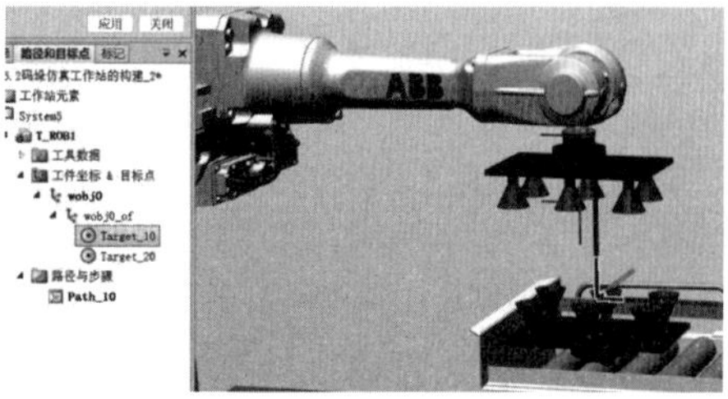

续表6.59

操作步骤	操作说明	示意图
12	沿 *Y* 轴旋转 180°	旋转: Target_10 参考 本地 旋转围绕 x, y, z 0.00 0.00 0.00 轴末端点x, y, z 0.00 0.00 0.00 旋转 (deg) 180.00 X Y Z 应用 关闭
13	机器人工具在正确的位置	
14	用同样的方法设置“Target_20”，选择“查看目标处工具”	
15	沿 *Y* 轴旋转 180°	旋转: Target_20 参考 本地 旋转围绕 x, y, z 0.00 0.00 0.00 轴末端点x, y, z 0.00 0.00 0.00 旋转 (deg) 180.00 X Y Z 应用 关闭

续表6.59

操作步骤	操作说明	示意图
16	机器人工具在正确的位置	
17	调整运动指令为“MoveJ”，速度为“＊v200”，转弯半径为“fine”，参考吸盘工具，默认工件坐标系	
18	“Target_30”作为机器人工作的起始点	
19	创建空路径“Path_10”，并把“Target_10”“Target_20”以及“Target_30”拖入路径“Path_10”中	
20	同步RAPID后的程序代码	

续表6.59

操作步骤	操作说明	示意图
21	将起始点“Target_30”指令复制到 main 函数中	PROC main() !Add your code here MoveJ Target_30,v200,fine,XiPan\WObj:=wobj0; ENDPROC PROC Path_10() MoveJ Target_10,v200,fine,XiPan\WObj:=wobj0; MoveJ Target_20,v200,fine,XiPan\WObj:=wobj0; MoveJ Target_30,v200,fine,XiPan\WObj:=wobj0; ENDPROC

22	创建 for 循环指令，从 0 到 11，共运行 12 次	PROC main()
		!Add your code here
		MoveJ Target_30,v200,fine,XiPan\WObj:=wobj0;
		FOR i FROM 0 TO 11 DO
		
		ENDFOR
		
		ENDPROC

23	机器人运动到抓取点的正上方 200 mm 位置	FOR i FROM 0 TO 11 DO
		MoveJ Offs(Target_10,0,0,200),v200,fine,XiPan\WObj:=wobj0;
		
		ENDFOR

24	等待输送链有工件到达末端的信号	FOR i FROM 0 TO 11 DO
		MoveJ Offs(Target_10,0,0,200),v200,fine,XiPan\WObj:=wobj0;
		WaitDI diBox,1;
		
		ENDFOR

25	复制粘贴上面一行语句，同时运动指令修改为 MoveL，相对位置为(0,0,0)	FOR i FROM 0 TO 11 DO
		MoveJ Offs(Target_10,0,0,200),v200,fine,XiPan\WObj:=wobj0;
		WaitDI diBox,1;
		MoveL Offs(Target_10,0,0,0),v200,fine,XiPan\WObj:=wobj0;
		
		ENDFOR

续表6.59

操作步骤	操作说明	示意图

26	打开真空，并等待 0.5 s	FOR i FROM 0 TO 11 DO
		MoveJ Offs(Target_10,0,0,200),v200,fine,XiPan\WObj:=wobj0;
		WaitDI diBox,1;
		MoveL Offs(Target_10,0,0,0),v200,fine,XiPan\WObj:=wobj0;
		Set doXiPan;
		WaitTime 0.5;
		ENDFOR

27	机器人回到过渡点，可复制第一条语句，运动指令修改为 MoveL	FOR i FROM 0 TO 11 DO
		MoveJ Offs(Target_10,0,0,200),v200,fine,XiPan\WObj:=wobj0;
		WaitDI diBox,1;
		MoveL Offs(Target_10,0,0,0),v200,fine,XiPan\WObj:=wobj0;
		Set doXiPan;
		WaitTime 0.5;
		MoveL Offs(Target_10,0,0,200),v200,fine,XiPan\WObj:=wobj0;
		ENDFOR

28	新建 TEST 指令，用于查找各个工件的坐标值	FOR i FROM 0 TO 11 DO MoveJ Offs(Target_10,0,0,200),v200,fine,XiPan\WObj:=wobj0; WaitDI diBox,1; MoveL Offs(Target_10,0,0,0),v200,fine,XiPan\WObj:=wobj0; Set doXiPan; WaitTime 0.5; MoveL Offs(Target_10,0,0,200),v200,fine,XiPan\WObj:=wobj0; TEST <EXP> CASE <EXP>: DEFAULT: ENDTEST
29	将工件分为 4 组	TEST i CASE 0,1,2: CASE 3,4,5: CASE 6,7,8: CASE 9,10,11: DEFAULT: ENDTEST
30	编写各个工件的坐标值	CASE 0,1,2: MoveJ RelTool(Target_20,150+300*i,-100-200*(i div 3),-500),v200,fine,XiPan\WObj:=wobj0; MoveL RelTool(Target_20,150+300*i,-100-200*(i div 3),-100),v200,fine,XiPan\WObj:=wobj0; Reset doXiPan; WaitTime 1; CASE 3,4,5: MoveJ RelTool(Target_20,150+300*(i-3),-100-200*(i div 3),-500),v200,fine,XiPan\WObj:=wobj0; MoveL RelTool(Target_20,150+300*(i-3),-100-200*(i div 3),-100),v200,fine,XiPan\WObj:=wobj0; Reset doXiPan; WaitTime 1; CASE 6,7,8: MoveJ RelTool(Target_20,150+300*(i-6),-100-200*(i div 3),-500),v200,fine,XiPan\WObj:=wobj0; MoveL RelTool(Target_20,150+300*(i-6),-100-200*(i div 3),-100),v200,fine,XiPan\WObj:=wobj0; Reset doXiPan; WaitTime 1; CASE 9,10,11: MoveJ RelTool(Target_20,150+300*(i-9),-100-200*(i div 3),-500),v200,fine,XiPan\WObj:=wobj0; MoveL RelTool(Target_20,150+300*(i-9),-100-200*(i div 3),-100),v200,fine,XiPan\WObj:=wobj0; Reset doXiPan; WaitTime 1;

完整代码如下：

```
MODULE Module1
    CONST robtarget Target_10:=[[975.278,1.212,883.985],[0,0,1,0],[0,0,0,0],[9E+09,9E+09,9E+09,9E+09,9E+09,9E+09]];
    CONST robtarget Target_20:=[[600.426,-459.489,305.25],[0,0,1,0],[0,0,0,0],[9E+09,9E+09,9E+09,9E+09,9E+09,9E+09]];
    CONST robtarget Target_30:=[[1122.535207776,0,1157.5],[0.5,0,0.866025404,0],[0,0,0,0],[9E+09,9E+09,9E+09,9E+09,9E+09,9E+09]];
    PROC main( )
        ! Add your code here
        FOR i FROM 0 TO 11 DO
          MoveJ Offs(Target_10,0,0,200),v200,fine,XiPan\\WObj:=wobj0;
          WaitDI diBox,1;
          MoveL Offs(Target_10,0,0,0),v200,fine,XiPan\\WObj:=wobj0;
          Set doXiPan;
          WaitTime 0.5;
          MoveL Offs(Target_10,0,0,200),v200,fine,XiPan\\WObj:=wobj0;
          TEST i
          CASE 0,1,2:
              MoveJ RelTool(Target_20,150+300*i,-100-200*(i div 3),-500),v200,fine,XiPan\\WObj:=wobj0;
              MoveL RelTool(Target_20,150+300*i,-100-200*(i div 3),-100),v200,fine,XiPan\\WObj:=wobj0;
              Reset doXiPan;
              WaitTime 1;
          CASE 3,4,5:
              MoveJ RelTool(Target_20,150+300*(i-3),-100-200*(i div 3),-500),v200,fine,XiPan\\WObj:=wobj0;
              MoveL RelTool(Target_20,150+300*(i-3),-100-200*(i div 3),-100),v200,fine,XiPan\\WObj:=wobj0;
              Reset doXiPan;
              WaitTime 1;
          CASE 6,7,8:
              MoveJ RelTool(Target_20,150+300*(i-6),-100-200*(i div 3),-500),v200,fine,XiPan\\WObj:=wobj0;
              MoveL RelTool(Target_20,150+300*(i-6),-100-200*(i div 3),-100),v200,fine,XiPan\\WObj:=wobj0;
              Reset doXiPan;
              WaitTime 1;
          CASE 9,10,11:
              MoveJ RelTool(Target_20,150+300*(i-9),-100-200*(i div 3),-500),
```

```
v200,fine,XiPan\\WObj:= wobj0;
                MoveL RelTool(Target_20,150+300*(i-9),-100-200*(i div 3),-100),
v200,fine,XiPan\\WObj:= wobj0;
                Reset doXiPan;
                WaitTime 1;
            DEFAULT:
            ENDTEST
        ENDFOR
        MoveJ Target_30,v200,fine,XiPan\\WObj:= wobj0;
        MoveJ Target_30,v200,fine,XiPan\\WObj:= wobj0;
    ENDPROC
    PROC Path_10 (    )
        MoveJ Target_10,v200,fine,XiPan\\WObj:= wobj0;
        MoveJ Target_20,v200,fine,XiPan\\WObj:= wobj0;
        MoveJ Target_30,v200,fine,XiPan\\WObj:= wobj0;
    ENDPROC
ENDMODULE
```

任务 6.5　设定工作站逻辑与仿真调试

6.5.1　设定工作站逻辑

设定工作站逻辑具体操作步骤见表 6.60。

表 6.60　设定工作站逻辑具体操作步骤

操作步骤	操作说明	示意图
1	在“仿真”功能选项卡中单击“工作站逻辑”	
2	进入“设计”选项卡	

续表6.60

操作步骤	操作说明	示意图
3	单击“System5”下拉列表，选择“diBox”和“doXiPan”	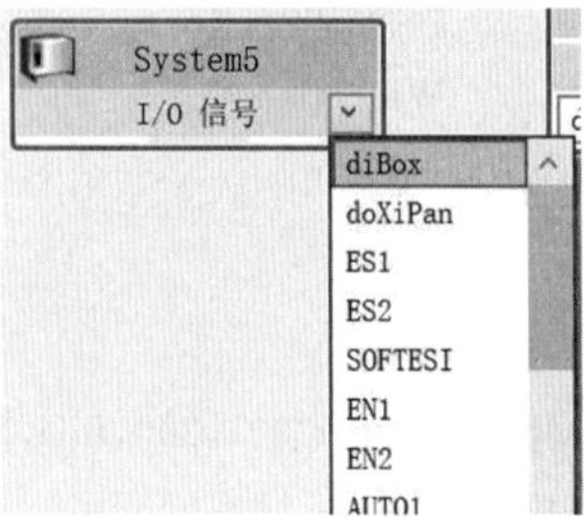
4	Smart 输送链的工件到位信号与机器人端的工件到位信号相关联	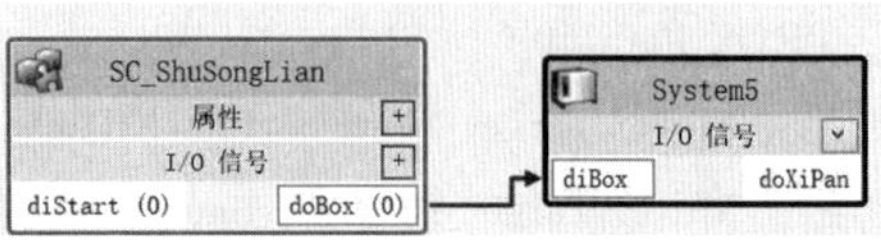
5	机器人端的控制真空吸盘动作的信号与 Smart 夹具的动作信号相关联	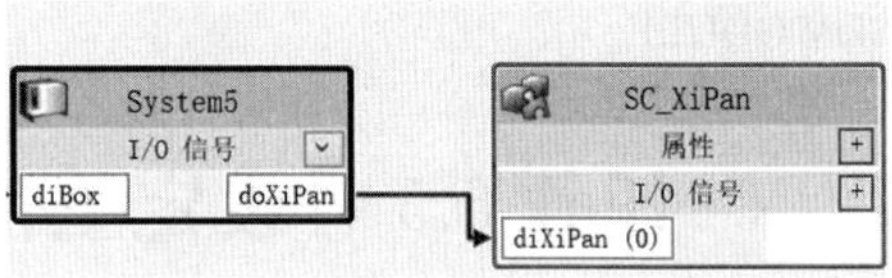

6.5.2 仿真调试

仿真调试具体操作步骤见表 6.61。

表 6.61 仿真调试具体操作步骤

操作步骤	操作说明	示意图
1	单击“仿真”功能选项卡中的“I/O 仿真器”	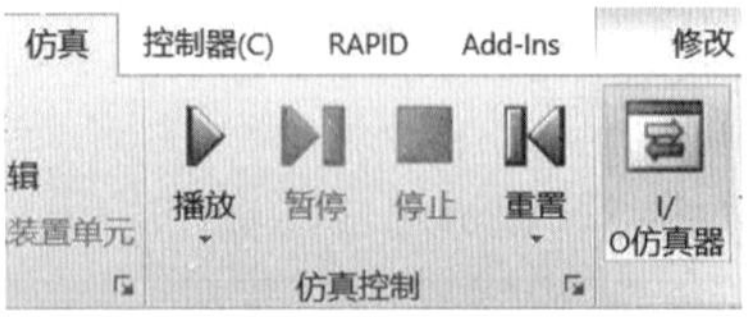

续表6.61

操作步骤	操作说明	示意图
2	将“选择系统”下拉列表设为“SC_ShuSongLian”	 SC_ShuSongLian 个信号 选择系统: SC_ShuSongLian 过滤器 编辑信号... I/O 范围 1-16 输入 diStart 输出 doBox
3	单击“播放”	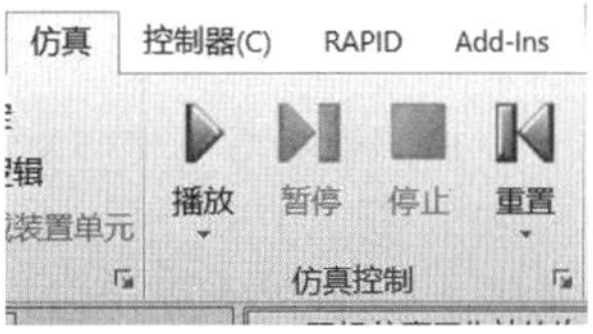 仿真 控制器(C) RAPID Add-Ins 播放 暂停 停止 重置 仿真控制
4	单击“diSart”	 SC_ShuSongLian 个信号 选择系统: SC_ShuSongLian 过滤器 编辑信号... I/O 范围 1-16 输入 diStart 输出 doBox
5	输送链前端产生复制品，并沿着输送链运动，复制品到达输送链末端后，机器人接收到工件到位信号，则将复制品拾取起来并放置到托盘的指定位置	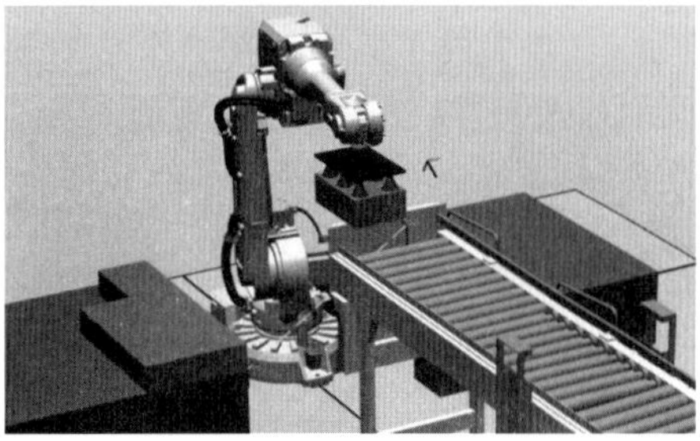

续表6.61

操作步骤	操作说明	示意图
6	依次循环，直至码垛 12 个工件后，机器人回到起始点	
7	单击“停止”，则所有工件的复制品自动消失，仿真结束	
8	可以利用共享中的打包功能，将制作完成的码垛仿真工作站进行打包并与他人进行分享	

至此，已经完成了码垛仿真工作站动画效果的制作，之后可以在此基础上进行扩展练习，例如修改程序，完成更多层数的码垛或者完成左右双边交替码垛；引入自己制作的夹具（如夹板、夹爪等）、输送链、工件等其他素材，模拟实际项目的仿真动画效果。

知识测试

一、单选题

1. 下列 Smart 组件中，不属于子组件“动作”的有（　　）。

A. Attacher　　B. Rotator　　C. Detacher　　D. Show

2. 在 RobotStudio 软件中，要使机器人吸盘工具自动检测到吸取的工件，需要添加

(　　)组件。

A. PlaneSensor　　B. LineSensor　　C. linearMover　　D. Attacher

3. 下列 Smart 组件中,不属于子组件"传感器"的有(　　)。

A. PlaneSensor　　B. LineSensor　　C. PositionSensor　D. Rotator

二、简答题

1. 简述创建动态输送链的过程。

2. 在本章的基础上完成左边托盘的双层码垛仿真任务。

3. 创建 4 个矩形体,长宽高均为 100 mm,再创建一个托盘,长度为 600 mm,宽度为 200 mm,高度为 20 mm。手动移动托盘,4 个矩形体会跟随托盘一起移动,如图 6.4 所示。请用 Smart 组件创建该效果。

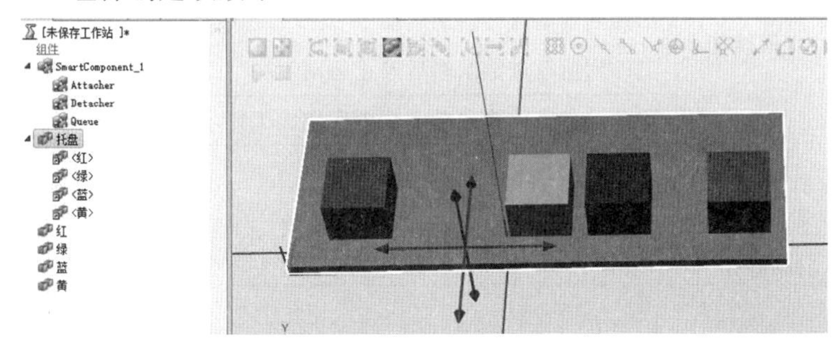

图 6.4　问题 3 示意图

4. 请用 Smart 组件创建灯泡闪烁的效果,灯泡大小、时间间隔等自定义。

附表 15　项目 6 任务实施记录及检验单 1

项目 6 的任务实施记录及检验单 1 见表 6.62。

表 6.62　项目 6 的任务实施记录及检验单 1

任务名称	用 Smart 组件创建动态输送链	实施日期	
任务要求	要求:输送链前端自动生成工件、工件随着输送链向前运动、工件到达输送链末端后停止运动、工件被移走后输送链前端再次生成工件……,依次循环		
计划用时		实际用时	
组别		组长	
组员姓名			
成员任务分工			
实施步骤与信息记录	(任务实施过程中重要的信息记录,是撰写工程说明书和工程交接手册的主要文档资料)		

续表6.62

遇到的问题及解决方案				
总结与反思				
自我检测评分点	项目列表	自我检测要点	配分	得分
	基本素养	纪律(无迟到、早退、旷课)	10	
		安全规范操作,符合5S管理规范	10	
		团队协作能力、沟通能力	10	
	理论知识	网络平台理论知识测试	20	
	工程技能	输送链前端能够自动生成工件	10	
		工件随着输送链向前运动	10	
		工件到达输送链末端后停止运动	20	
		工件被移走后输送链前端再次生成工件	10	
	总评得分			

附表16　项目6任务实施记录及检验单2

项目6的任务实施记录及检验单2见表6.63。

表6.63　项目6的任务实施记录及检验单2

任务名称	用Smart组件创建动态夹具	实施日期	
任务要求	要求:在输送链末端拾取工件、在放置位置释放工件、自动置位和复位真空反馈信号		
计划用时		实际用时	
组别		组长	
组员姓名			
成员任务分工			
实施步骤与信息记录	(任务实施过程中重要的信息记录,是撰写工程说明书和工程交接手册的主要文档资料)		

续表6.63

<table>
<tr><td>遇到的问题
及解决方案</td><td colspan="4"></td></tr>
<tr><td>总结与反思</td><td colspan="4"></td></tr>
<tr><td rowspan="10">自我检测
评分点</td><td>项目列表</td><td>自我检测要点</td><td>配分</td><td>得分</td></tr>
<tr><td rowspan="3">基本素养</td><td>纪律(无迟到、早退、旷课)</td><td>10</td><td></td></tr>
<tr><td>安全规范操作,符合 5S 管理规范</td><td>10</td><td></td></tr>
<tr><td>团队协作能力、沟通能力</td><td>10</td><td></td></tr>
<tr><td>理论知识</td><td>网络平台理论知识测试</td><td>10</td><td></td></tr>
<tr><td rowspan="4">工程技能</td><td>能够在末端拾取工件</td><td>20</td><td></td></tr>
<tr><td>能够释放工件</td><td>10</td><td></td></tr>
<tr><td>能够自动置位和复位真空反馈信号</td><td>10</td><td></td></tr>
<tr><td>能够动态模拟运行</td><td>20</td><td></td></tr>
<tr><td colspan="4">总评得分</td></tr>
</table>

附表 17　项目 6 任务实施记录及检验单 3

项目 6 的任务实施记录及检验单 3 见表 6.64。

表 6.64　项目 6 的任务实施记录及检验单 3

<table>
<tr><td>任务名称</td><td>工作站逻辑设定与仿真运行</td><td>实施日期</td><td></td></tr>
<tr><td>任务要求</td><td colspan="3">要求:设置码垛仿真工作站逻辑,并完善程序,完成双层码垛的要求</td></tr>
<tr><td>计划用时</td><td></td><td>实际用时</td><td></td></tr>
<tr><td>组别</td><td></td><td>组长</td><td></td></tr>
<tr><td>组员姓名</td><td colspan="3"></td></tr>
<tr><td>成员任务分工</td><td colspan="3"></td></tr>
<tr><td>实施步骤与
信息记录</td><td colspan="3">(任务实施过程中重要的信息记录,是撰写工程说明书和工程交接手册的主要文档资料)</td></tr>
</table>

续表6.64

<table>
<tr><td>遇到的问题
及解决方案</td><td colspan="4"></td></tr>
<tr><td>总结与反思</td><td colspan="4"></td></tr>
<tr><td rowspan="9">自我检测
评分点</td><td>项目列表</td><td>自我检测要点</td><td>配分</td><td>得分</td></tr>
<tr><td rowspan="3">基本素养</td><td>纪律(无迟到、早退、旷课)</td><td>10</td><td></td></tr>
<tr><td>安全规范操作,符合 5S 管理规范</td><td>10</td><td></td></tr>
<tr><td>团队协作能力、沟通能力</td><td>10</td><td></td></tr>
<tr><td>理论知识</td><td>网络平台理论知识测试</td><td>10</td><td></td></tr>
<tr><td rowspan="3">工程技能</td><td>完成工作站逻辑设置</td><td>20</td><td></td></tr>
<tr><td>正确进行仿真调试</td><td>20</td><td></td></tr>
<tr><td>录制工作站视图文件,并按要求命名</td><td>20</td><td></td></tr>
<tr><td colspan="4">总评得分</td></tr>
</table>

项目 7　焊接仿真工作站的构建

知识拓展

大国工匠 | 手握"金刚钻""焊"卫祖国长空

如今,制造业已经进入智能化时代,很多工业机器人走上了生产线。但是,面对突发的疑难杂症和复杂部件的加工,手握"绝活儿"的技师必不可少,他们还成了这些机器人的师傅。来认识航天科工三院239厂的焊接首席技师陈久友。

半夜12时,航天科工三院239厂首席技师陈久友紧急赶往车间,因为某飞航武器装备关键零部件在加工过程中,出现了两个月牙形的凹坑,急需补救。目前,产品的研制生产周期由5年以上缩短到2年左右,工厂的加工周期都是在按小时排班。这个产品一旦无法修复,至少要花2个月才能重新加工交付。为此,焊接专业的博士韩翼龙与其他师傅小心翼翼地设法补焊了一次,却没有成功。

面对难题,陈久友已经习惯了说"没问题"。在厂里,只要遇到啃不动的"硬骨头",大家第一个想到的就是他。陈久友说:"我自己如果说认定这件事了,那我肯定要把这个事要干好。干好的前提是我自己有这个能力。没有这个"金刚钻",绝对不揽这"瓷器活"。这个零部件凹下去的部分只有1毫米厚,焊接时稍有不慎,焊接面就可能瞬间开裂。两个多小时后,陈久友终于完成了这个关键部件的补焊。补焊后,原来的凹陷处看起来已经平滑如镜。X光将检测补焊的最终质量是否合格。

让韩博士十分佩服的陈久友中专毕业于北京市机械工业学院,他在焊接一线已经扎根了23年。手持焊枪、火光四溅,这是传统焊接工匠给我们的印象。当航天产品进入智能化时代,陈久友这样的焊接高手,已经深度参与到了智能化设备的科研进程中。他正在操作的就是航天系统第一台国产万瓦级智能激光焊接装备(图7.1)。以前这些只能用进口的激光焊接设备加工,不但价格昂贵,还受到国外的技术封锁。为了解决这个"卡脖子"难题,厂里成立了攻关小组。就在第一代国产激光焊接装备开始调试时,大家发现,它只能进行两个方向的简单平面加工,远远不能满足需要。要实现复杂零部件的智能加工,最大的难点在于焊接路径的规划。焊接路径规划,关键在于重新建立一套适用于国产激光器的焊接参数。攻关小组进行了反复实验,都失败了。当同事们备受打击,甚至有的人想放弃的时候,陈久友却始终坚持着。一年多里,他跟设备厂家无数次地沟通,还自学机器人的工作原理,主导了大量的实验,终于攻克了复杂结构焊接路径规划的难题。如今,这套12 000 W国产激光焊装备,已经广泛应用于飞行器复杂构件的焊接,有效缓解了高端装备受制于国外的局面。

图 7.1　大国工匠

（资料来源：央视网）

任务工单

本项目的任务工单见表 7.1。

表 7.1　项目 7 的任务工单

任务名称	焊接仿真工作站的构建
设备清单	个人计算机配置要求：Windows 7 及以上操作系统，i7 及以上 CPU，8 GB 及以上内存，20 GB 及以上空闲硬盘，独立显卡
实施场地	场地具备计算机、能上网的条件即可；也可以在机房、ABB 机器人实训室完成任务（后续任务大都可以在具备条件的实训室或装有软件的机房完成）
任务目的	本项目分为 4 个单独的可运行的子项目，分别为带导轨的仿真工作站、带变位机的仿真工作站、输送链跟踪的仿真工作站和弧焊视觉的仿真工作站，需要在这 4 个工作站中创建系统、创建运动轨迹以及调试仿真运行
任务描述	能够创建带导轨的仿真工作站、带变位机的仿真工作站、输送链跟踪的仿真工作站和弧焊视觉的仿真工作站，完成各个工作站的布局、系统创建、程序编制和仿真调试
知识目标	掌握输送带的功能和使用方法；掌握变位机的功能和使用方法；掌握 ABB 机器人输送带跟踪功能和使用方法；掌握弧焊视觉的功能和使用方法
能力目标	能够使用 RobotStudio 软件中的 IRBT 4004 输送带、变位机 IRBP A、输送带跟踪、弧焊视觉功能进行操作
素养目标	培养学生安全规范意识和纪律意识；培养学生主动探究新知识的意识；培养学生严谨、规范的工匠精神
验收要求	完成带导轨的仿真工作站、带变位机的仿真工作站、输送链跟踪的仿真工作站和弧焊视觉的仿真工作站任务，详见任务实施记录单和任务验收单

任务 7.1 创建带导轨的仿真工作站

7.1.1 创建带导轨的机器人系统

创建带导轨的仿真工作站

在 RobotStudio 软件中，不仅可以对机器人本体进行虚拟仿真，还能够对机器人的行走轴进行虚拟仿真。行走轴作为机器人的外部轴，既可以独立运行也可以与机器人联动运行，能够大大扩展机器人的可达范围，提高加工灵活性。

RobotStudio 软件对机器人行走轴的仿真支持两种方式，一种是导入外部行走轴模型的虚拟仿真，另一种是直接使用软件自带的模型库中提供的模型进行虚拟仿真。软件模型库中的行走轴模型均为 ABB 机器人厂商的原厂模型，与真实的行走轴一样，当系统集成项目中使用的是 ABB 厂商原厂行走轴时，可以直接使用软件模型库中的模型。

ABB 机器人原厂的行走轴也被称为导轨，根据适用机器人范围的不同，行走轴大致分为 4 个系列，见表 7.2。每个系列的行走轴与所适用的机器人相互匹配，不能混用。在使用 RobotStudio 软件进行虚拟仿真时，机器人模型与行走轴模型也要按照适用范围进行匹配，否则无法正确创建机器人系统。

表 7.2 导轨类型参数

导轨类型	适用范围	有效行程
IRBT 2005	IRB 1520、IRB 1600、IRB 2600、IRB 4600	2 ～ 21 m
IRBT 4004	IRB 4400、IRB 4600	2 ～ 20 m
IRBT 6004	IRB 6620、IRB 6640、IRB 6650S、IRB 6700	2 ～ 20 m
IRBT 7004	IRB 7600	2 ～ 20 m

ABB 的导轨运动(track motion)是模块化设计的，能够支持不同的市场需求。它适用于大型机器人 IRB 4X00、IRB 66XX 系列以及 IRB 6700 和 IRB 7600。导轨运动具有独特的性能，其内置的运动规划在设计机器人与轨道运动的组合路径时，充分考虑了所有动态影响。IRBT 4004(图 7.2)在循环时间、最高速度和路径精度方面表现优异，导轨运动具有以下特色和标准功能：

- 性能一流。
- 简洁、坚固、紧凑的设计。
- 多个通用模块，适用于全系列。
- 启动时易于调整。
- 支持的所有机器人模型轨道的机械足迹相同。
- 标准车厢、镜像车厢和双车厢。
- 支持广泛的应用程序。

创建带导轨的机器人系统具体操作步骤见表 7.3。

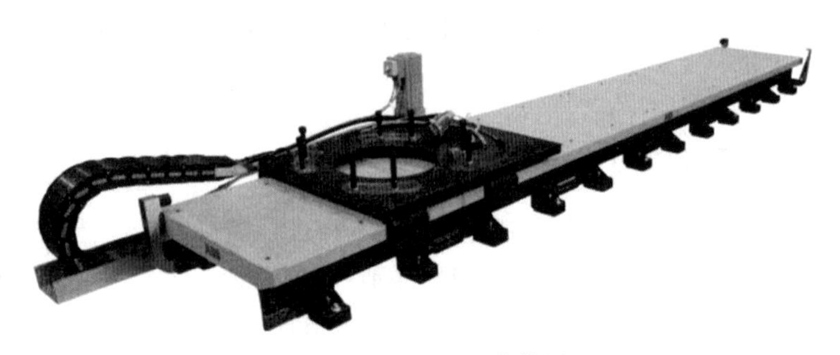

图 7.2　IRBT 4004 实物图

表 7.3　创建带导轨的机器人系统具体操作步骤

操作步骤	操作说明	示意图
1	在“基本”功能选项卡中单击“ABB 模型库”,选择“IRB 4600”	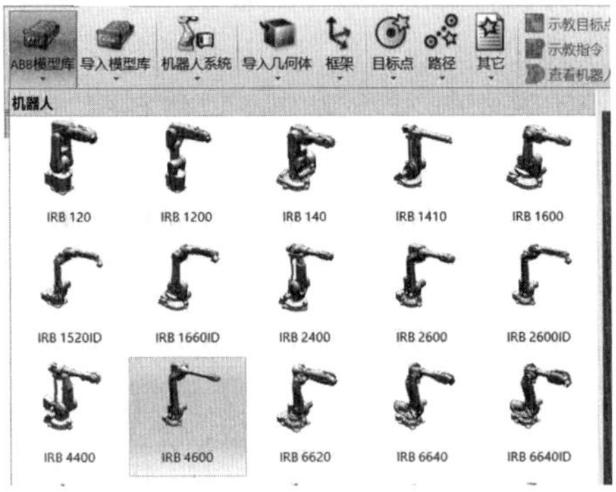
2	选择默认规格“IRB 4600-20/2.50”,单击“确定”	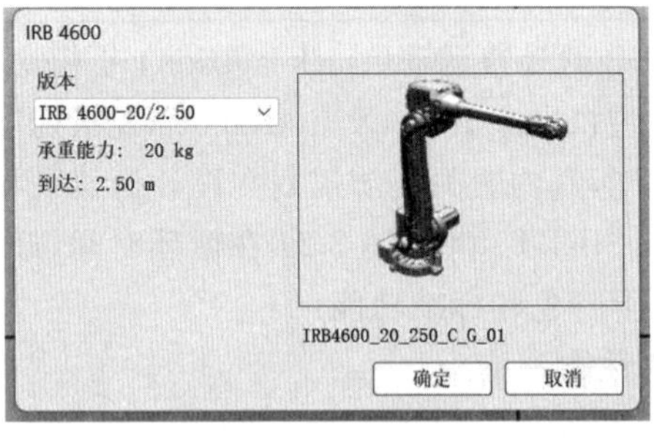
3	接下来添加导轨模型。再次单击“ABB 模型库”,在“导轨”栏中选择“IRBT 4004”	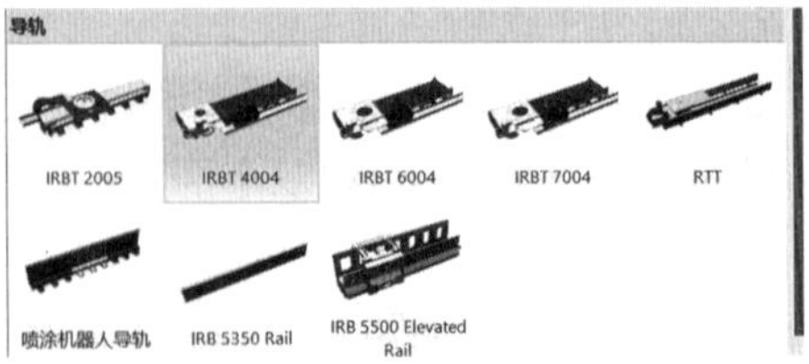

续表7.3

操作步骤	操作说明	示意图
4	“行程”选择 5 m，其余默认，然后单击“确定”。其中，“行程”指导轨的可运行长度；“基座高度”指导轨上面再加装机器人底座的高度；“机器人角度”指加装的机器人底座的方向选择，有 0° 和 90° 可选	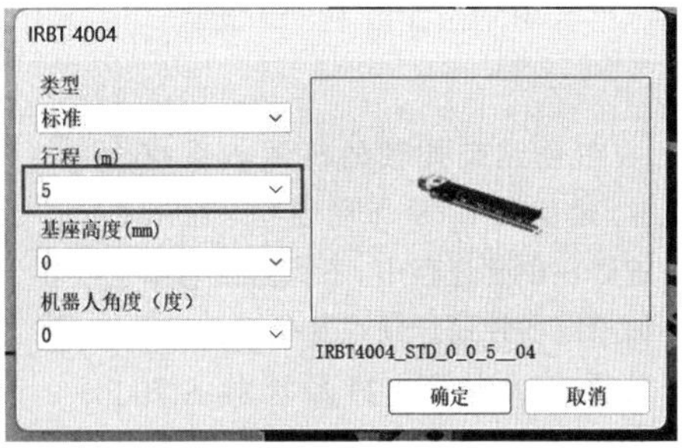
5	在左边“布局”窗口中，左键点住“IRB 4600_20_250_C_01”，将其拖放到导轨 IRBT 4004 上面，然后松开	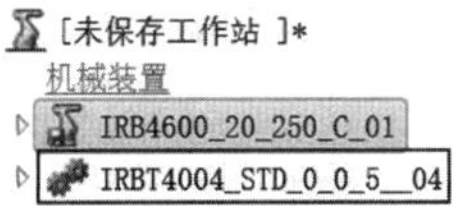
6	单击“是”，更新机器人的位置	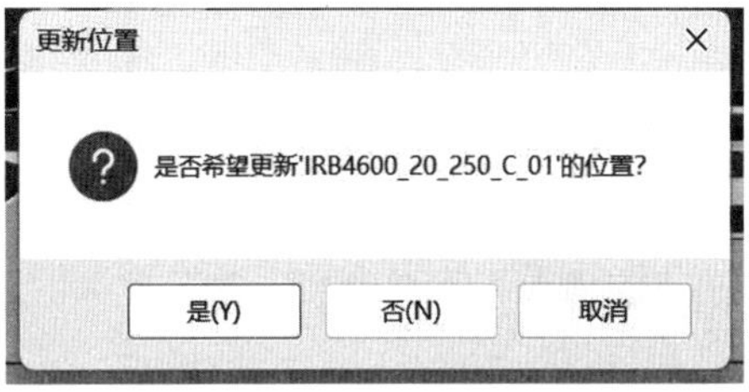
7	单击“是”，则机器人与导轨进行同步运动，即机器人基坐标系随着导轨同步运动	
9	安装完成后，接下来创建机器人系统。单击“机器人系统”，选择“从布局…”	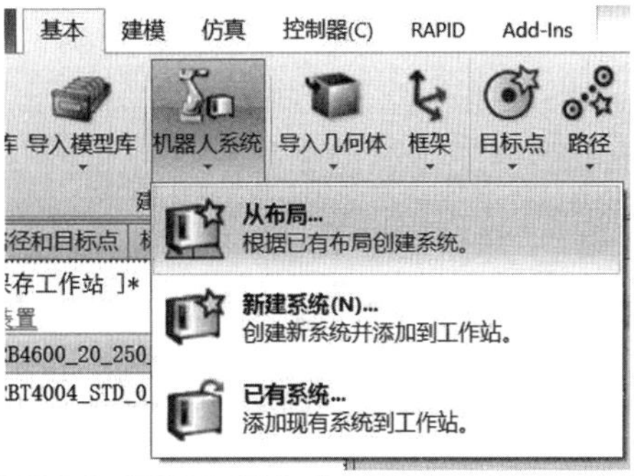

续表7.3

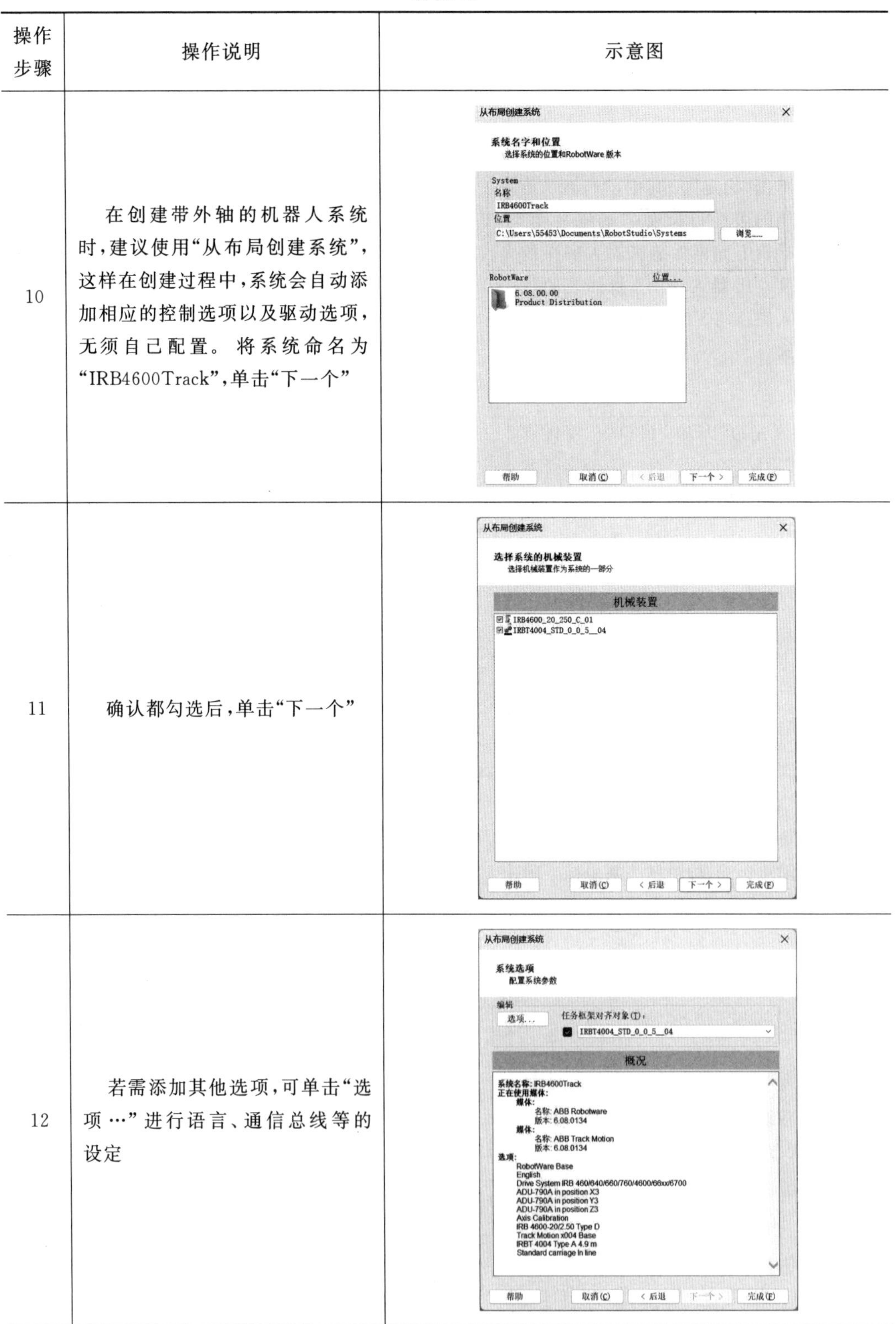

操作步骤	操作说明	示意图
10	在创建带外轴的机器人系统时，建议使用“从布局创建系统”，这样在创建过程中，系统会自动添加相应的控制选项以及驱动选项，无须自己配置。将系统命名为“IRB4600Track”，单击“下一个”	
11	确认都勾选后，单击“下一个”	
12	若需添加其他选项，可单击“选项…”进行语言、通信总线等的设定	

续表7.3

操作步骤	操作说明	示意图
13	设定完成后,单击“完成”	

7.1.2 创建运动轨迹并仿真运行

导轨作为机器人的外轴,在示教目标点时,既保存了机器人本体的位置数据,又保存了导轨的位置数据。接下来在此系统中创建几个简单的目标点,生成运动轨迹,使机器人与导轨同步运动,具体操作步骤见表7.4。

表7.4 创建运动轨迹并仿真运行具体操作步骤

操作步骤	操作说明	示意图
1	在“基本”功能选项卡中单击“示教目标点”	
2	利用手动拖动方式将机器人以及导轨运动到另一个位置,并记录该目标点。选中“Freehand”中的“手动关节”	

续表7.4

操作步骤	操作说明	示意图
3	拖动导轨基座，正向移动至另外一点	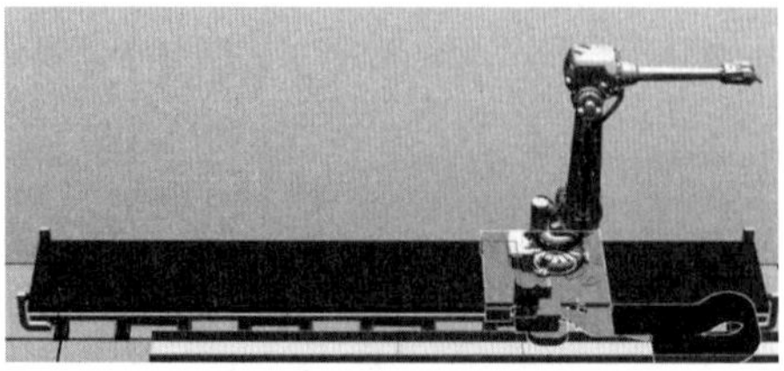
4	单击机器人，然后选中“Freehand”中的“手动线性”	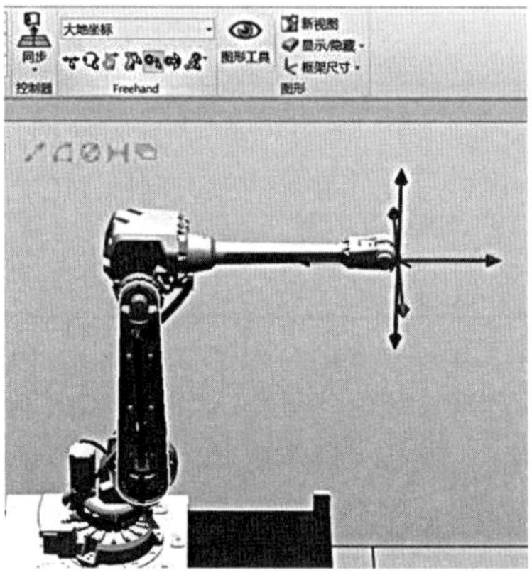
5	拖动机器人末端，移动至另外一点	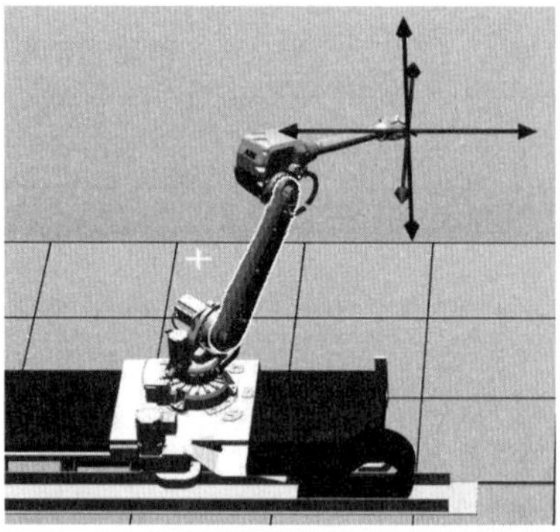
6	单击“示教目标点”，将此位置作为第二个目标点。然后利用这两个目标点生成运动轨迹	

续表7.4

操作步骤	操作说明	示意图
7	将运动类型设置为“MoveJ”，并可根据实际情况设定相关的参数	MoveJ ▾ * v200 ▾ fine ▾ tool0 ▾ \WObj:=wobj0 ▾ 控制器状态： 1/1
8	在“路径和目标点”窗口中，找到这两个目标点，全部选中后，单击右键，选择“添加新路径”	T_ROB1 / 工具数据 / 工件坐标 & 目标点 / wobj0 / wobj0_of / Target_10 / Target / 路径与步骤 / 内嵌 / 添加新路径 / 添加到路径 / 复制到工件 / 移动到工件 / 复制 Ctrl+C / 添加新路径 为选中的目标点创建新的路径。
9	接着为生成的路径 Path_10 自动配置轴配置参数。在“Path_10”上面单击右键，在“自动配置”中选择“所有移动指令”	自动配置 / 路径 / 修改外轴… / 合并外轴… / 定位目标 / 标记 / 线性/圆周移动指令 计算线性和圆周运动的新配置，但是维持关节运动的配置。 / 所有移动指令 计算路径中所有移动指令的新配置。
10	将此条轨迹同步到虚拟控制器。在“Path_10”上单击右键，选择“同步到 RAPID…”	路径与步骤 / Path_10 / 设定为激活 / 同步到 RAPID… / 设置为仿真 / 插入运动指令 / 插入逻辑指令 / 同步到 RAPID 将工作站对象与RAPID代码匹配。 / 点击F1获取更多帮助。
11	勾选所有内容，然后单击“确定”	同步到 RAPID / 名称 同步 模块 本地 存储类 内嵌 / System9Track / T_ROB1 / 工作坐标 / 工具数据 / 路径 & 目标 / Path_10 Module1 / 确定 取消

续表7.4

操作步骤	操作说明	示意图
12	在“仿真”功能选项卡中单击“仿真设定”，进行仿真设置，选择“进入点”为“Path_10”	
13	在“仿真”功能选项卡中单击“播放”	

任务 7.2　创建带变位机的仿真工作站

创建带变位机的仿真工作站

7.2.1　创建带变位机的机器人系统

变位机是用于改变位置状态的一个机器，是专门用于焊接或装配的辅助设备，适用于回转工作的变位，以得到理想的加工位置，进而满足焊接或装配的需要。常见的变位机主要有双立柱单回转式变位机、U 型双座式头尾双回转型式变位机、L 型双回转变位机、C 型双回转焊接变位机、座式通用变位机，其中部分如图 7.3 所示。

变位机易于使用，具有清晰、简单的编程说明。ABB 提供一系列的变位机类型，可在编程时与机器人完全协调移动，它们采用与 ABB 机器人相同的驱动系统和软件。IRBP A 型变位机如图 7.4 所示，可用于弧焊、热切割和其他应用中的工件操作。在编程和操作过程中，所有轴都可以与机器人完全协调。变位机适用于必须绕两个轴旋转才能达到最佳工艺位置的工件和需要一个或两个工作站的应用。IRBP A 型变位机有 3 种变体，用于处理工件，包括重量高达 750 kg 的夹具。模块化设计、少量重型移动部件以及最低的维护要求使 IRBP A 型变位机具有服务友好的特点；而动态自适应软件加上高速驱动器可实现快速切换和高生产率。除了小型 IRB 120 之外，所有变位机都可以与任何 ABB 六轴机器人组合。控制设备位于机器人控制器中，并使用与机器人相同的驱动系统和软件。

ABB 的变位机设计功能性强、结构紧凑，可最大限度地利用占地空间；所有旋转板的尺寸标准化，大大简化了夹具的更换。同时，为了满足用户的要求，变位机可以提供或改装一系列气动旋转接头（1 或 2 个通道）和滑环（10 个电源信号和 ProfiBus）。

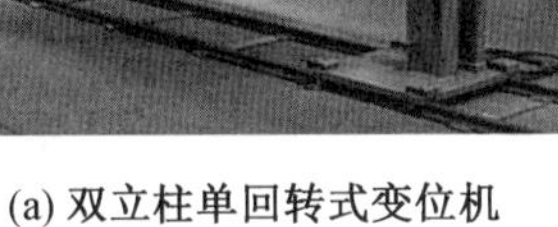

(a) 双立柱单回转式变位机　　(b) U型双座式头尾双回转型式变位机

(c) L型双回转变位机　　(d) C型双回转焊接变位机

图 7.3　变位机类型

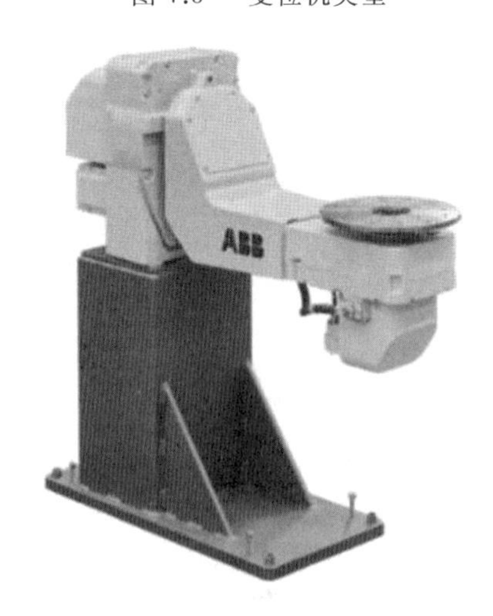

图 7.4　IRBP A 型变位机

创建带变位机的机器人系统具体操作步骤见表 7.5。

表 7.5　创建带变位机的机器人系统具体操作步骤

操作步骤	操作说明	示意图
1	在“基本”功能选项卡中单击“ABB模型库”，选择“IRB 2600”。选择默认规格，单击“确定”	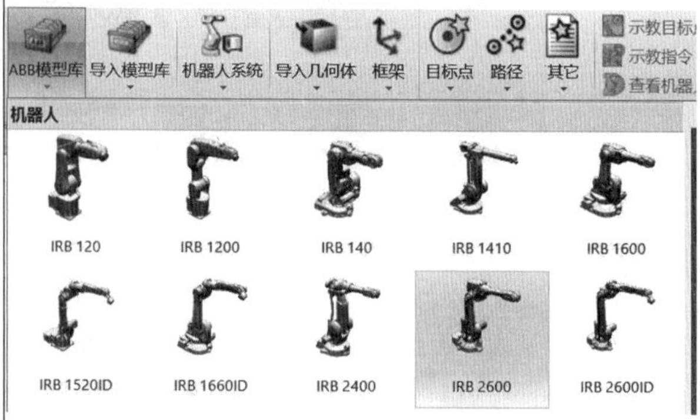
2	单击“ABB模型库”，选择变位机类别中的“IRBP A”	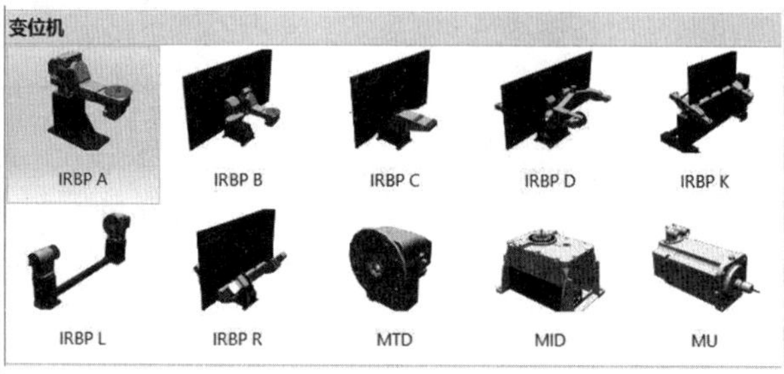
3	选择默认规格，单击“确定”	
4	添加之后，在“布局”窗口中，用右键单击变位机“IRBP_A250_D1000_M2009_REV1_01”，单击“位置”，选择“设定位置 …”	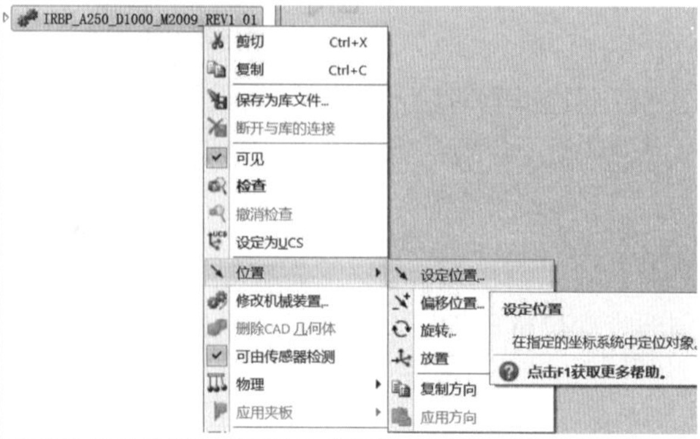

续表7.5

操作步骤	操作说明	示意图
5	X 方向数值设为“1000.00”，Z 方向数值设为“−400.00”，其余默认，然后单击“应用”	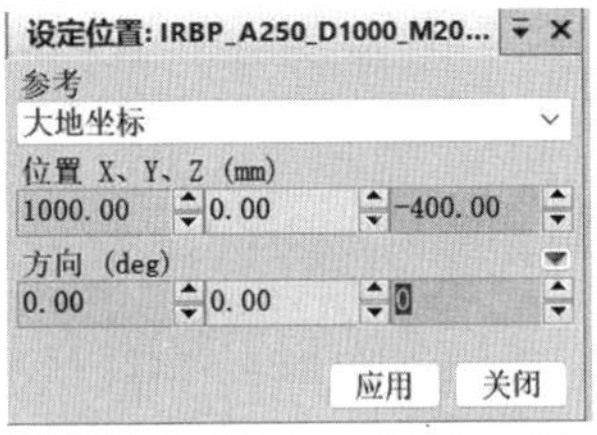
6	在“基本”功能选项卡中单击“导入模型库”，在“设备”中的工具类型里面选择“Binzel water 22”	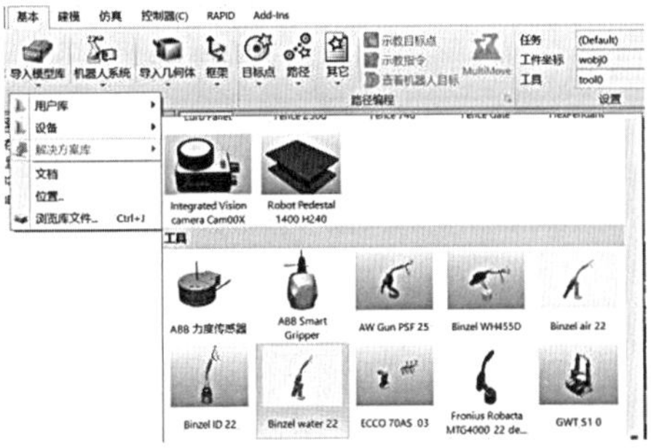
7	然后将工具安装到机器人法兰盘上。用鼠标点住“Binzel_water_22”，将其拖放到机器人上，松开鼠标。最后更新的工具位置如图所示	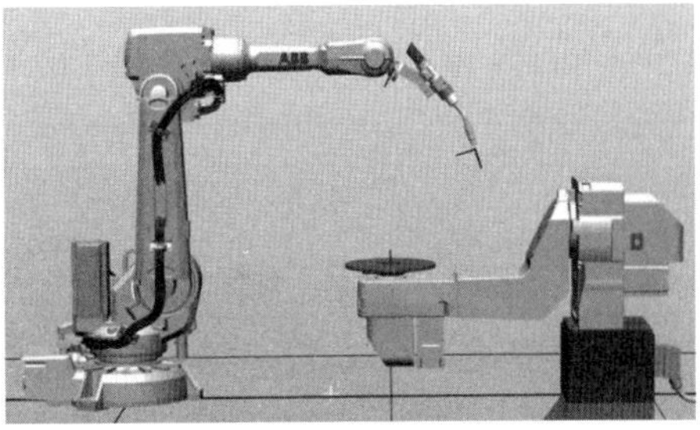
8	单击“导入模型库”，选择“浏览库文件…”，加载待加工工件	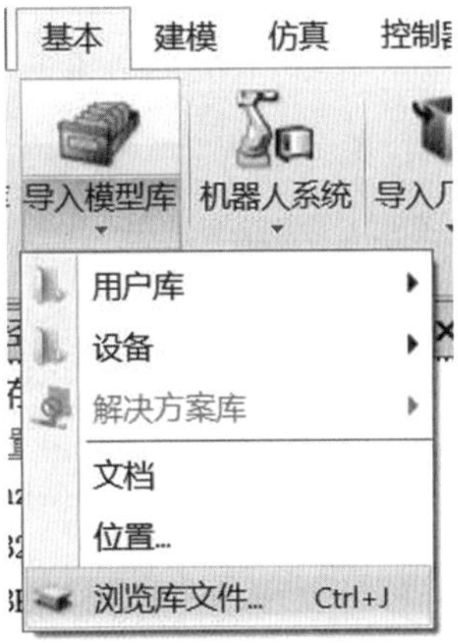

续表7.5

操作步骤	操作说明	示意图
9	浏览库文件，找到“Fixture_EA”，单击“打开”	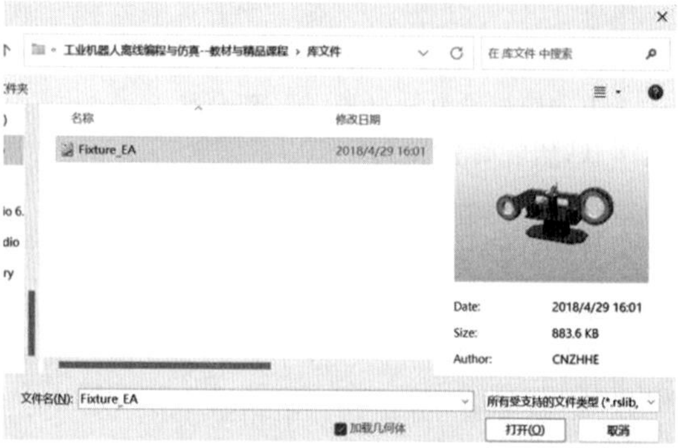
10	在“布局”窗口中，用左键点住“Fixture_EA”，将其拖放到变位机上	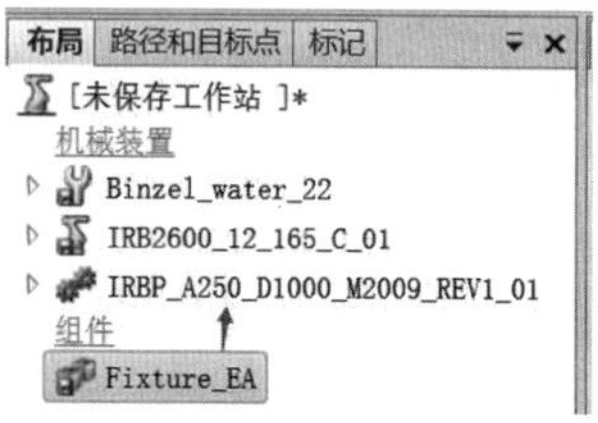
11	单击“是”，更新“Fixture_EA”的位置	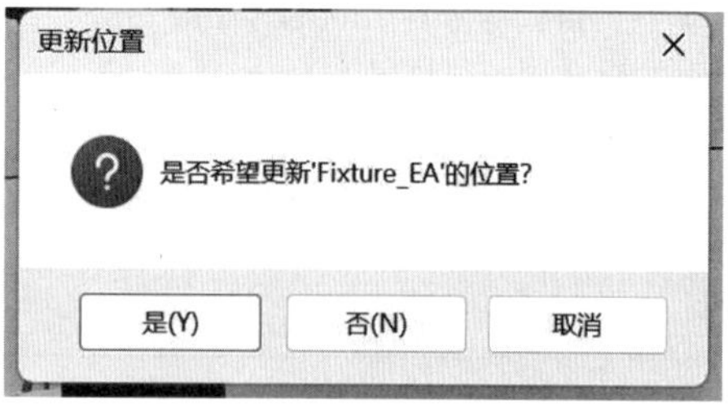
12	单击“机器人系统”，选择“从布局…”	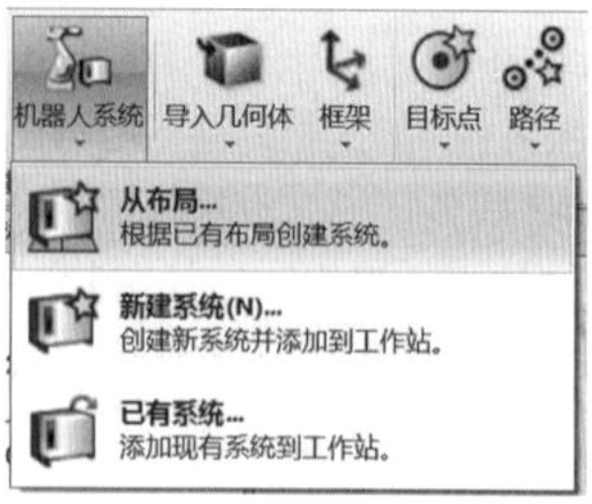

续表7.5

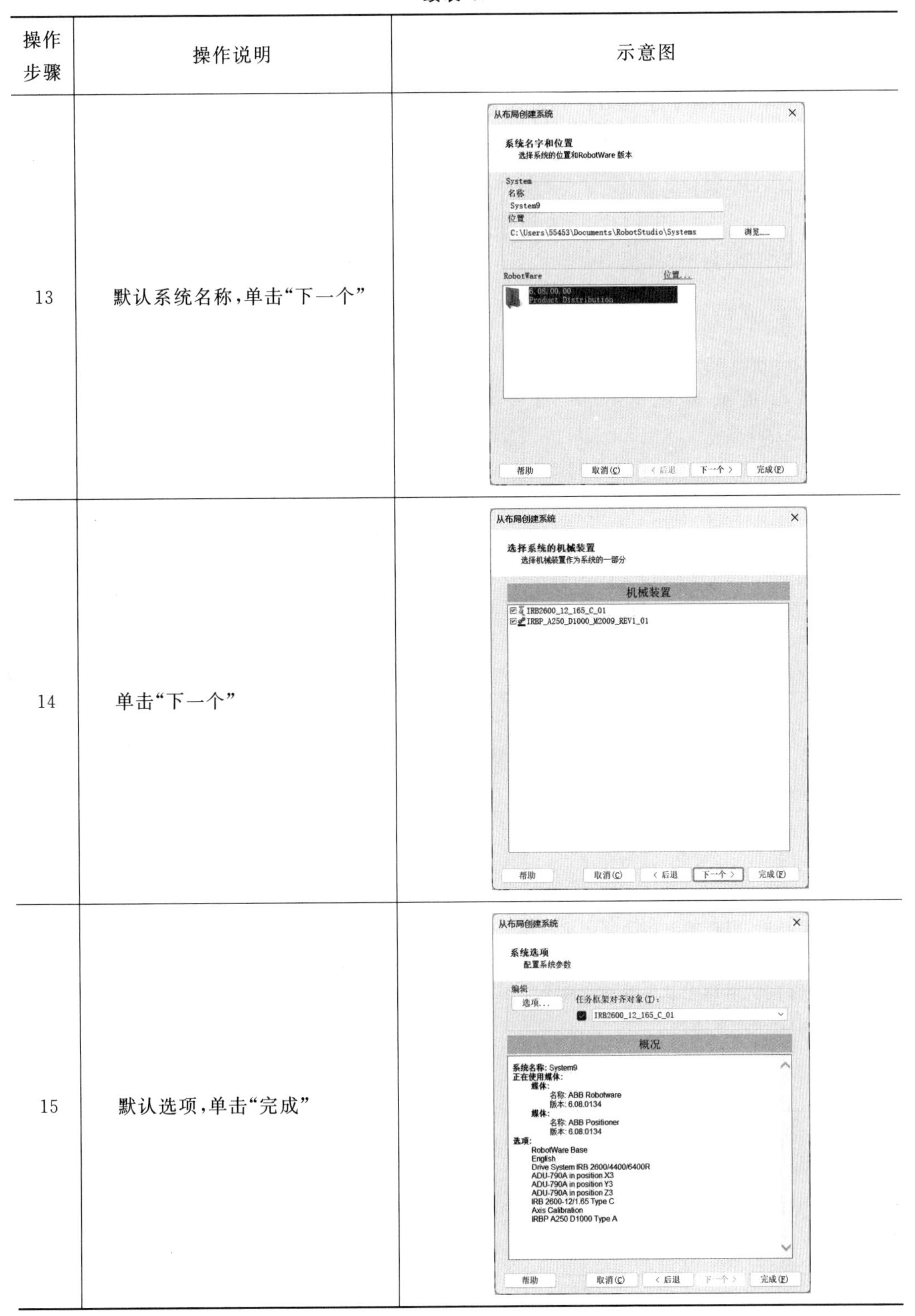

操作步骤	操作说明	示意图
13	默认系统名称，单击“下一个”	
14	单击“下一个”	
15	默认选项，单击“完成”	

7.2.2　创建运动轨迹并仿真运行

在本小节中，仍使用示教目标点的方法，对工件的大圆孔部位进行轨迹处理，创建运动轨迹并仿真。其运行过程见表 7.6。

表 7.6　创建运动轨迹并仿真

操作步骤	操作说明	示意图
1	在“仿真”功能选项卡中单击“激活机械装置单元”，勾选“STN1”	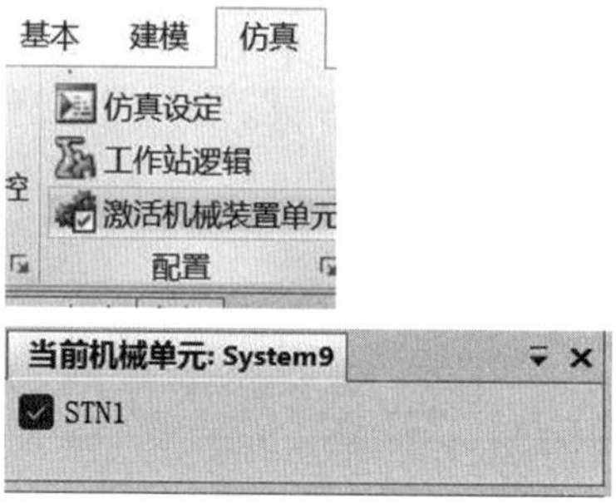
2	在“基本”功能选项卡中，“工具”设置为“tWeldGun”	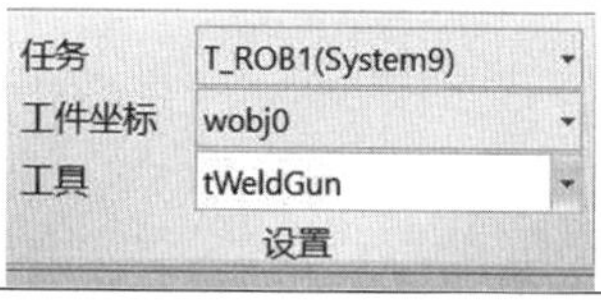
3	在视图右下角修改速度为“ * v200”和转弯半径为“fine”	
4	利用“Freehand”中的“手动线性”功能，将机器人运动到图示中的位置，避开变位机旋转工作范围以防干涉，并将工具末端调整成大致垂直于水平面的姿态	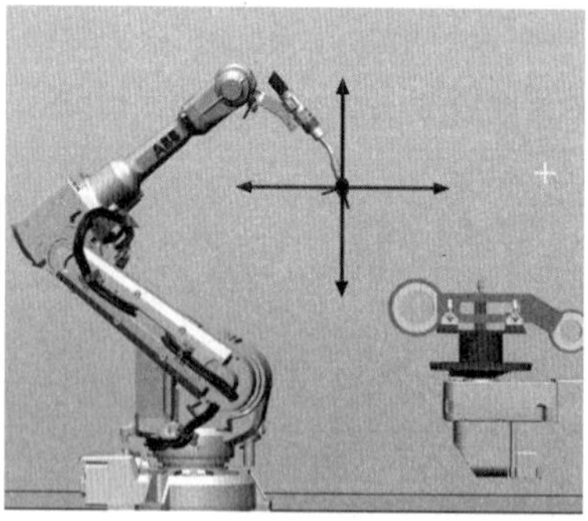
5	单击“示教目标点”，记录该位置	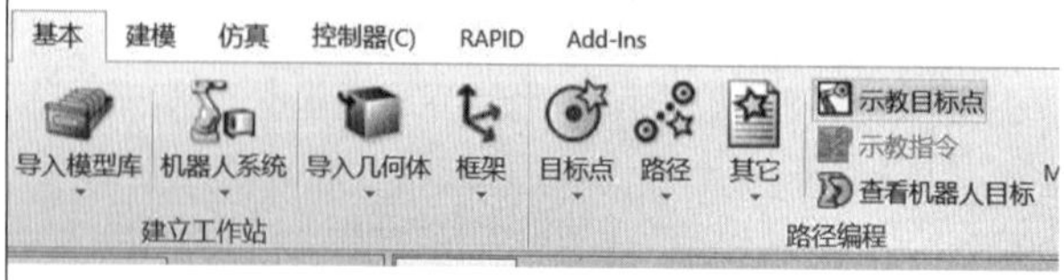

续表7.6

操作步骤	操作说明	示意图
6	在“布局”窗口中,用鼠标右击变位机,单击“机械装置手动关节”	IRBP_A250_D1000 组件 Fixture_EA 剪切 Ctrl+X 复制 Ctrl+C 保存为库文件... 断开与库的连接 可见 检查 撤消检查 设定为UCS 位置 修改机械装置... 删除CAD几何体 可由传感器检测 物理 应用夹板 机械装置手动关节 机械装置手动线性 配置参数 回到机械原点 机械装置手动关节 运动机械装置的关节。 点击F1获取更多帮助。
7	单击第一个关节条,键盘输入“90.00”,按下回车键,则变位机关节1运动至正90°位置	TCP: 515.81 0.00 1101.36 Step: 1.00 deg 布局 路径和目标点 标记 [未保存工作站]* 机械装置 Binzel_water_22 链接 IRB2600_12_165_C_01 链接 IRBP_A250_D1000_M2009_REV1_01 组件 Fixture_EA
8	单击“示教目标点”,将此位置记录下来	基本 建模 仿真 控制器(C) RAPID Add-Ins 导入模型库 机器人系统 导入几何体 框架 目标点 路径 其它 示教目标点 示教指令 查看机器人目 建立工作站 路径编程
9	先选取捕捉点工具,然后利用“Freehand”中的“手动线性”移动机器人,机器人到达目标点后,单击“示教目标点”	示教目标点 示教指令 查看机器人目标 MultiMove 任务 T_ROB1(System9) 工件坐标 wobj0 工具 tWeldGun Freehand 1 2 3

续表7.6

操作步骤	操作说明	示意图
10	利用“Freehand”中的“手动线性”并配合捕捉点的工具，依次示教工件表面的5个目标点	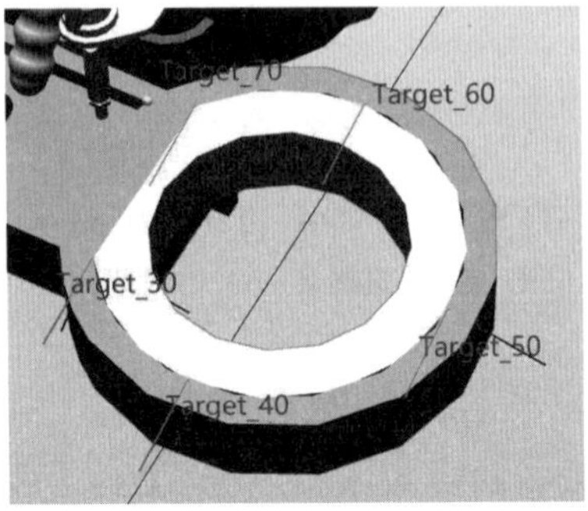
11	修改运动指令类型为“MoveL”，速度为“＊v300”，转弯半径为“fine”	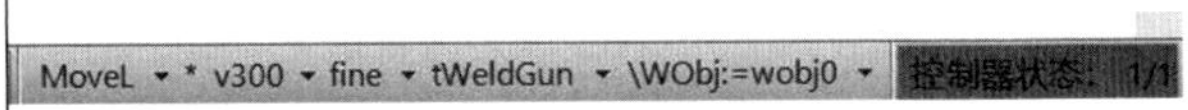
12	选中所有点位，单击右键，选择“添加新路径”	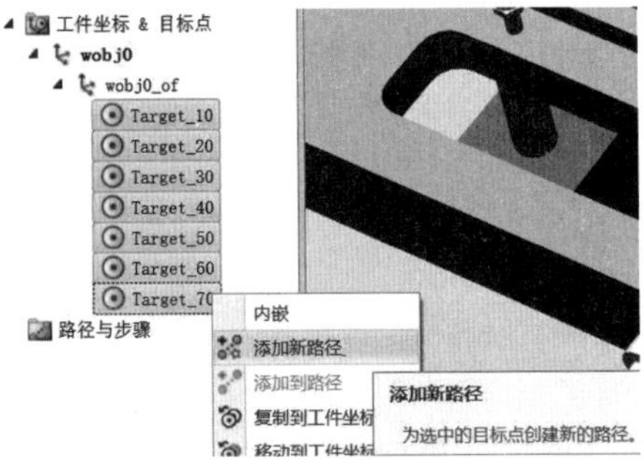
13	用鼠标点住“Target_30”，将其拖放到“MoveL Target_70”上松开，则可在此条路径末端添加一条“MoveL Target_30”的指令，重复操作，将“Target_20”“Target_10”依次添加至路径末端	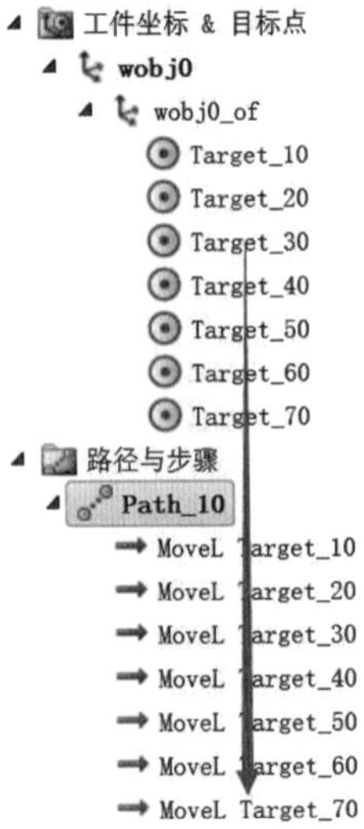

续表7.6

操作步骤	操作说明	示意图
14	添加后的路径如图所示	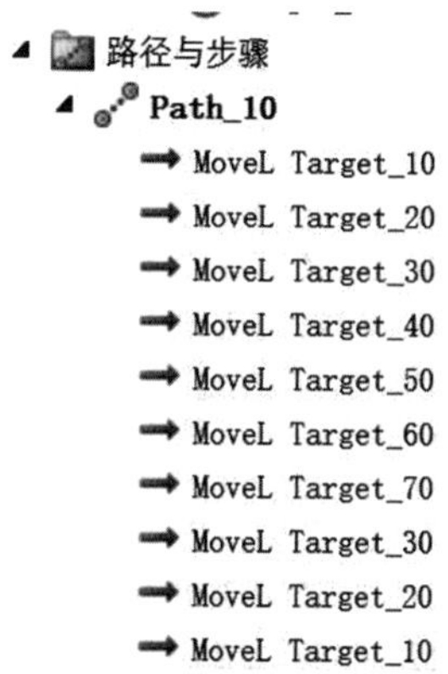 路径与步骤 Path_10 MoveL Target_10 MoveL Target_20 MoveL Target_30 MoveL Target_40 MoveL Target_50 MoveL Target_60 MoveL Target_70 MoveL Target_30 MoveL Target_20 MoveL Target_10
15	选中“MoveL Target_40”“MoveL Target_50”，右击，选择“修改指令”“转换为 MoveC”	 Target_70 路径与步骤 Path_10 MoveL Target MoveL Target MoveL Target MoveL Target MoveL Target_50 修改指令 定位目标 合并外轴.. 反转路径(R) 删除 Delete 重命名目标点.. 速度 区域 工具 参数配置.. 修改外轴.. 转换为MoveC 设定颜色..
16	重复上述步骤，之后的“MoveL Target_60”“MoveL Target_70”也选择“修改指令”“转换为 MoveC”	 路径与步骤 Path_10 MoveL Target_ MoveL Target_ MoveL Target_ MoveC Target_ MoveL Target_ MoveL Target_70 MoveL Target 30 修改指令 定位目标 合并外轴.. 反转路径(R) 删除 Delete 重命名目标点.. 速度 区域 工具 参数配置.. 修改外轴.. 转换为MoveC 设定颜色..
17	运动轨迹前后的接近和离开运动修改为“MoveJ”运动类型。右击“MoveL Target_10”，选择“编辑指令”	 Path_10 MoveL Target_1 MoveL Target_2 MoveL Target_3 MoveC Target_4 MoveC Target_6 MoveL Target_3 MoveL Target_2 MoveL Target_1 剪切 Ctrl+X 复制 Ctrl+C 粘贴 Ctrl+V 移动到路径 复制到路径 视图 查看目标处工具 查看机器人目标 检查可达性 执行移动指令 跳转到移动指令 修改位置 编辑指令(I)..

续表7.6

操作步骤	操作说明	示意图
18	“动作类型”改为“Joint”，单击“应用”	
19	继续将第二条运动指令“MoveL Target_20”和最后两条指令也修改为“MoveJ”类型	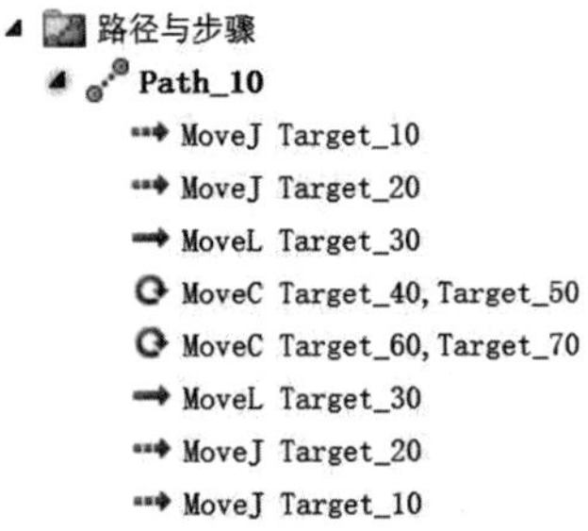
20	在“Path_10”上单击右键，单击“插入逻辑指令…”	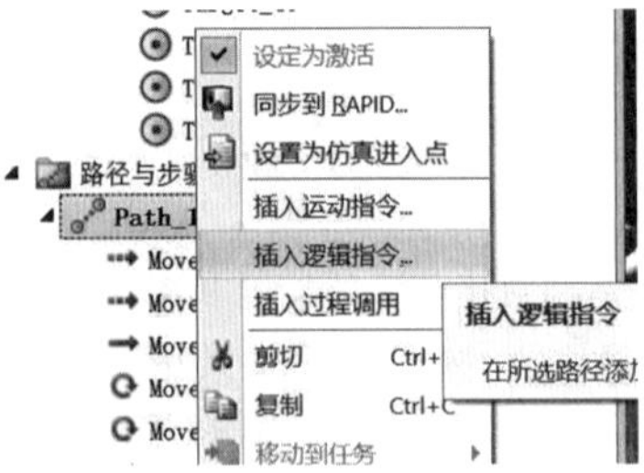

续表7.6

操作步骤	操作说明	示意图
21	此外，还需添加外轴控制指令“ActUnit”和“DeactUnit”，控制变位机的激活与失效。在“指令模板”选择“ActUnit”。“指令参数”处默认选择“STN1”	创建逻辑指令 任务 T_ROB1 (System9) 路径 Path_10 指令模板 ActUnit 指令参数 杂项 MechUnit STN1 创建 关闭
22	之后仿照上述步骤，在“Path_10”的最后一行单击鼠标右键，单击“插入逻辑指令”，加入“DeactUnit”“STN1”指令	创建逻辑指令 任务 T_ROB1 (System9) 路径 Path_10 指令模板 DeactUnit 指令参数 杂项 MechUnit STN1 创建 关闭

23	设置完成后的最终轨迹如图所示	Path_10
		ActUnit STN1
		MoveJ Target_10
		MoveJ Target_20
		MoveL Target_30
		MoveC Target_40, Target_50
		MoveC Target_60, Target_70
		MoveL Target_30
		MoveJ Target_20
		MoveJ Target_10
		DeactUnit STN1

续表7.6

操作步骤	操作说明	示意图
24	在“Path10”上单击右键，单击“自动配置”中的“所有移动指令”	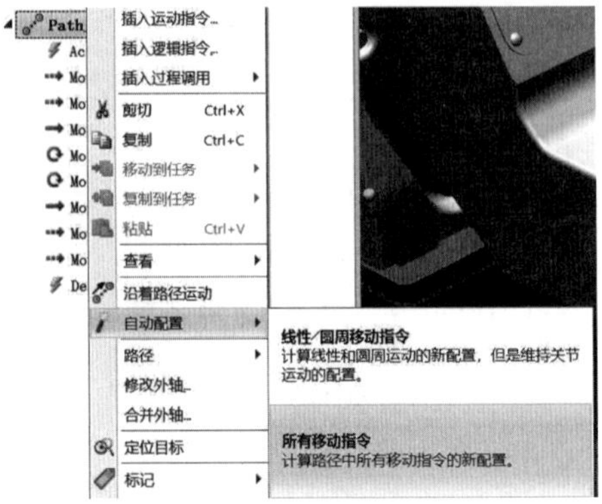 Path 插入运动指令… 插入逻辑指令… 插入过程调用 剪切 Ctrl+X 复制 Ctrl+C 移动到任务 复制到任务 粘贴 Ctrl+V 查看 沿着路径运动 自动配置 路径 修改外轴… 合并外轴… 定位目标 标记 线性/圆周移动指令 计算线性和圆周运动的新配置，但是维持关节运动的配置。 所有移动指令 计算路径中所有移动指令的新配置。
25	在“Path_10”上单击右键，选择“同步到 RAPID…”，勾选所有同步内容，然后单击“确定”	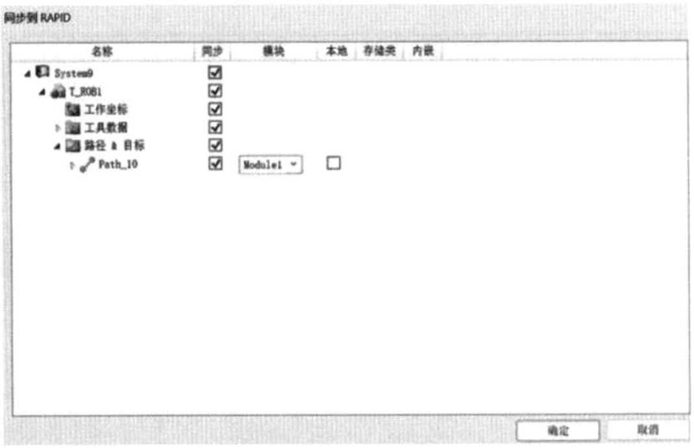 同步到 RAPID 名称 同步 模块 本地 存储类 内嵌 System9 T_ROB1 工作坐标 工具数据 路径 & 目标 Path_10 Module1 确定 取消
26	在“仿真”功能选项卡中选择“仿真设定”。“进入点”选中“Path_10”	 活动仿真场景：(SimulationConfiguration) 添加... 删除 重命名 场景设置 初始状态：<无> 管理状态 仿真对象： 物体 仿真 (工作站) 控制器 System9 T_ROB1 T_ROB1 的设置 进入点：Path_10 main Path_10
27	在“仿真”功能选项卡中执行仿真，观察机器人与变位机的运动	

任务 7.3 创建输送带跟踪的仿真工作站

创建输送带跟踪的仿真工作站

7.3.1 创建输送链跟踪的机器人系统

RobotStudio 软件中，输送带是可以直接通过“创建输送带”命令自主定义的，定义成功的输送带在仿真过程中能够自动复制物料，并完成物料的跟踪、上料与下料，与现实的输送带在功能上毫无差别。创建输送链跟踪的机器人系统，见表 7.7。

表 7.7 创建输送链跟踪的机器人系统

操作步骤	操作说明	示意图
1	创建空工作站	
2	添加机器人 IRB 2600	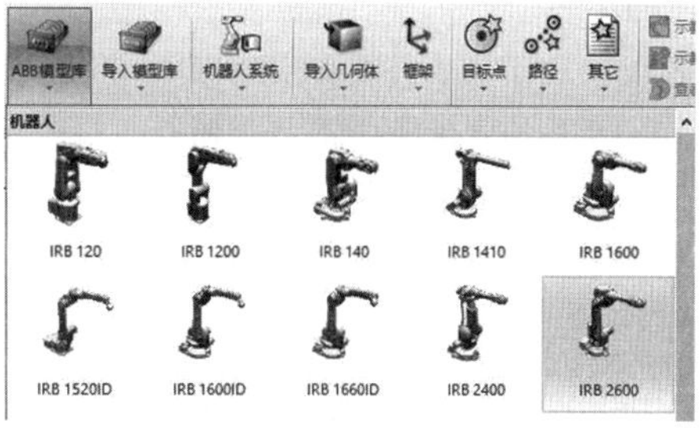
3	默认参数，单击“确定”	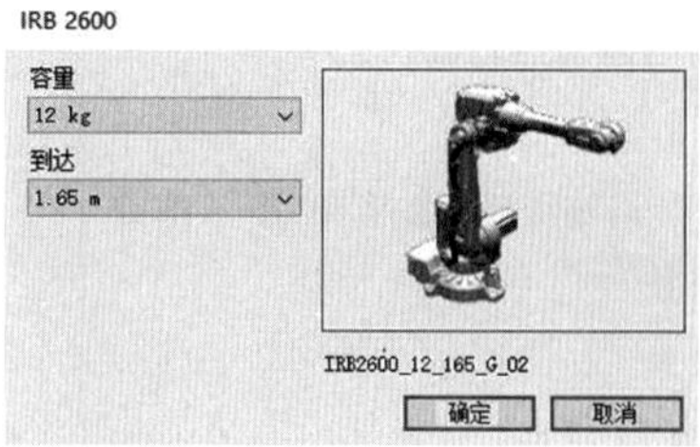

续表7.7

操作步骤	操作说明	示意图
4	选择焊枪“AW Gun PSF 25”，并安装到机器人上	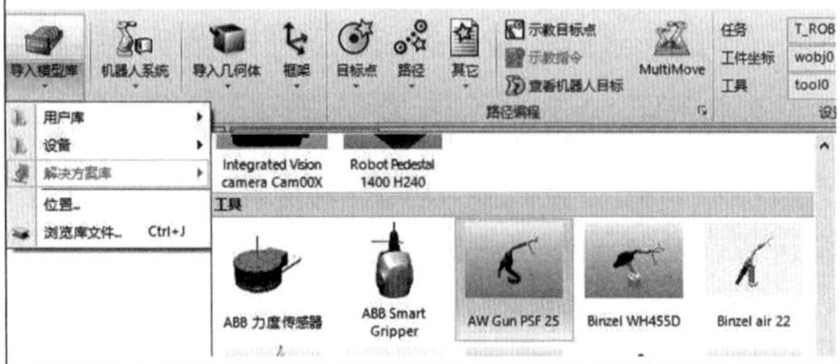
5	添加输送链，宽度为 950 mm，长度为 4.8 m	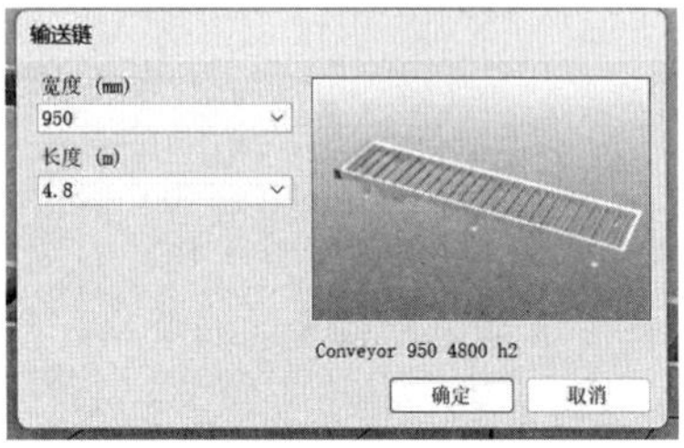
6	右击输送链，选择“断开与库的连接”，将输送带模型与软件模型库断开连接关系，使其成为一个独立的个体。 注：若是从软件设备模型库中导入的输送带模型，则需要先断开与库的连接，否则在创建输送带时，无法选取输送带模型	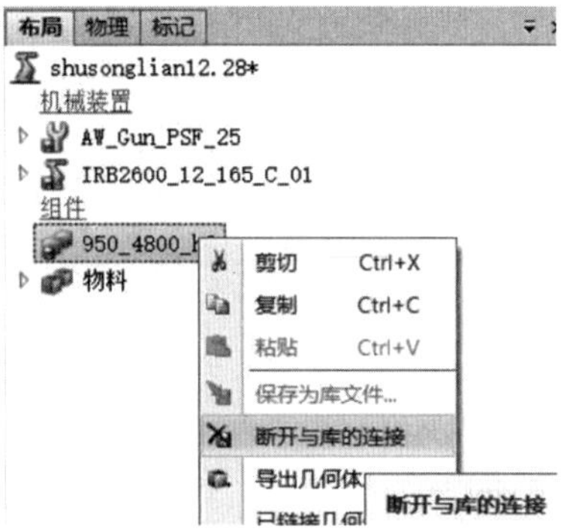
7	右击输送链，选择“位置”，单击“旋转 …”	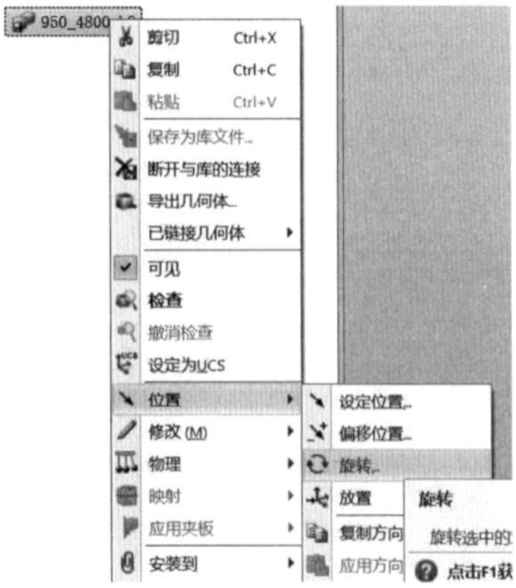

续表7.7

操作步骤	操作说明	示意图
8	把输送链沿 Z 轴旋转 90°	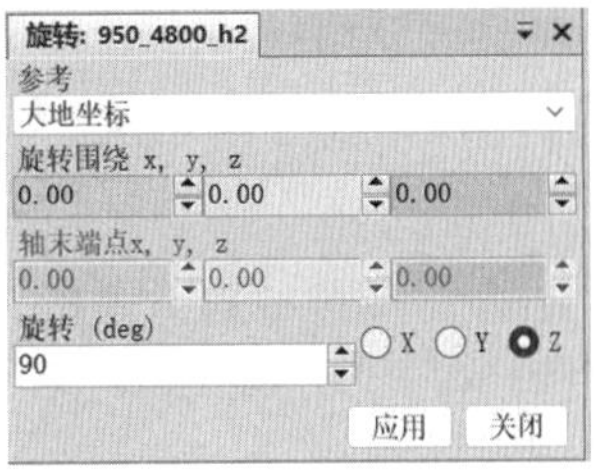
9	移动输送链到机器人可加工的工作区域	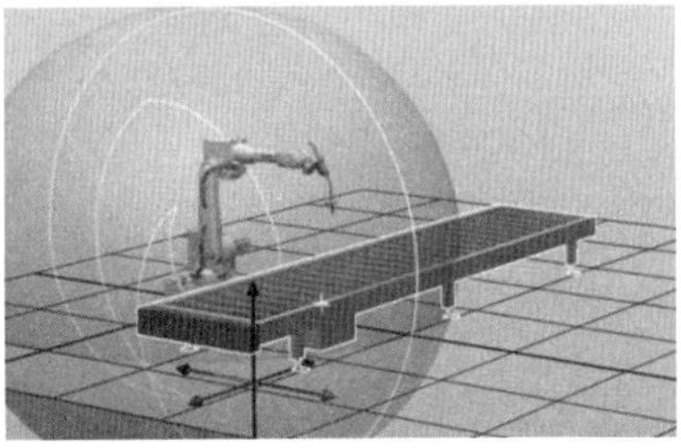
10	创建矩形体作为本项目的物料，长、宽、高均为 400 mm，并重命名为“物料”，修改颜色为黄色	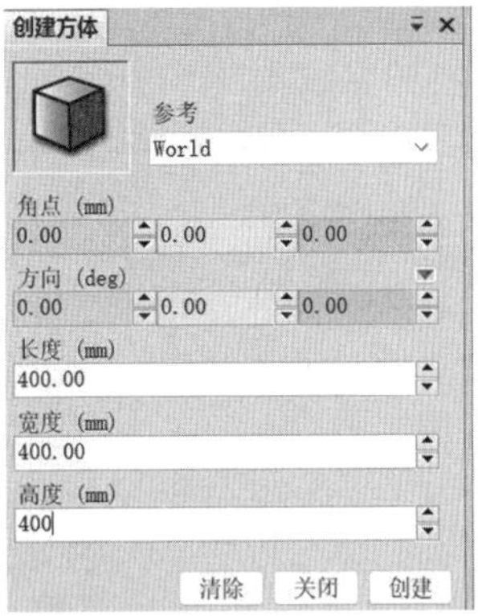
11	通过一点法将物料放置在输送链上	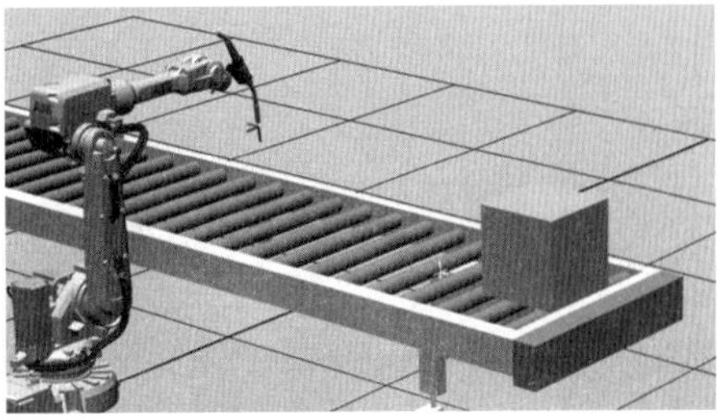
12	单击“创建输送带”	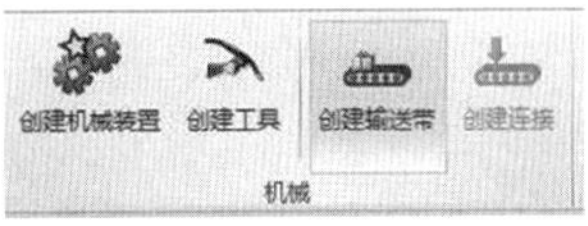

续表7.7

操作步骤	操作说明	示意图
13	在“传送带几何结构”选择“950_4800_h2”，并设定长度为4 000 mm	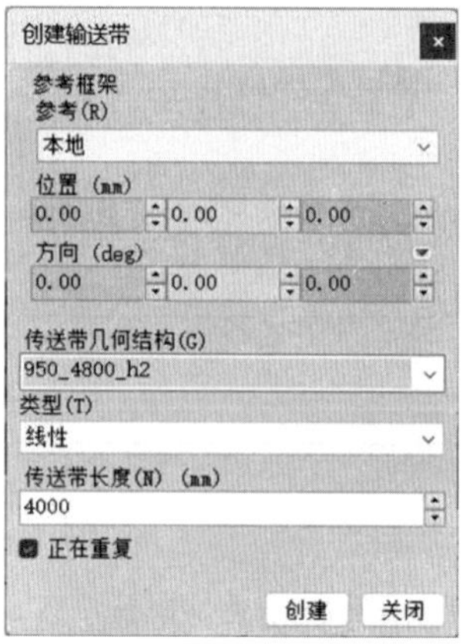
14	创建完毕之后出现了输送链的图标	
15	右击“输送链”，选择“添加对象”，把物料添加到输送链中	

续表7.7

操作步骤	操作说明	示意图
16	在“部件”选择“物料”，节距为1 000 mm，也就是将每个物料间隔设置为1 000 mm	传送带对象 部件 物料 节距 (mm) 1000.00 偏移位置 (mm) 0.00 0.00 0.00 偏移朝向 (deg) 0.00 0.00 0.00 创建 关闭
17	创建之后，物料消失。需要把物料放在传送带上才能显示。展开“输送链”，右击“物料[1000.00]”，选择“放在传送带上”	输送链 连接 对象源 物料 [1000.00] 对象实 放在传送带上 连接工件 设置节距与 删除 放在传送带上 将选定部分放置在输送器上。
18	物料位置发生偏移	
19	右击“物料[1000.00]”，选择“设置节距与偏移”	对象源 物料 [1000.00] 对象实例 放在传送带上 连接工件 设置节距与偏移 删除 设置节距与偏移 打开输送器对象窗格 度，并抵消选定部分

续表7.7

操作步骤	操作说明	示意图
20	Y 轴偏移 300 mm，Z 轴偏移400 mm	
21	单击“仿真”“播放”	
22	停止仿真，并清除输送链上的物料	

续表7.7

操作步骤	操作说明	示意图
23	单击“机器人系统”，选择“从布局…”	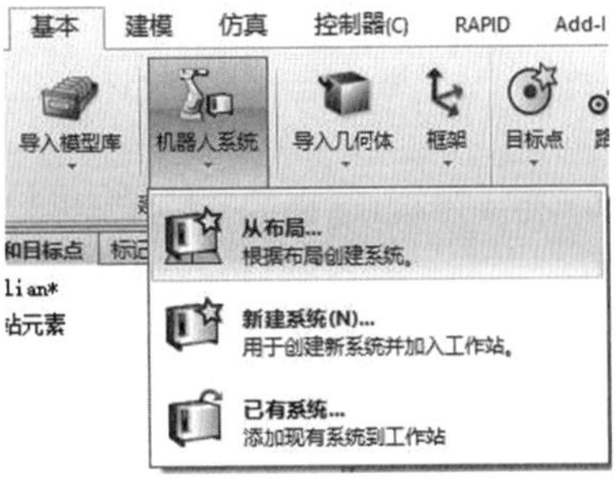
24	语言选择“Chinese”	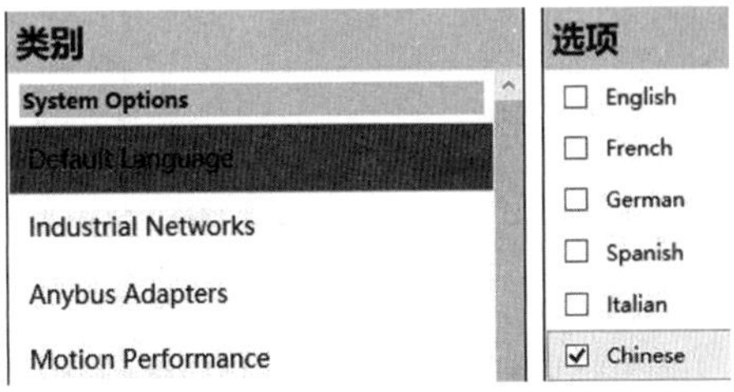
25	工业网络选择“709-1 DeviceNet Master/Slave”	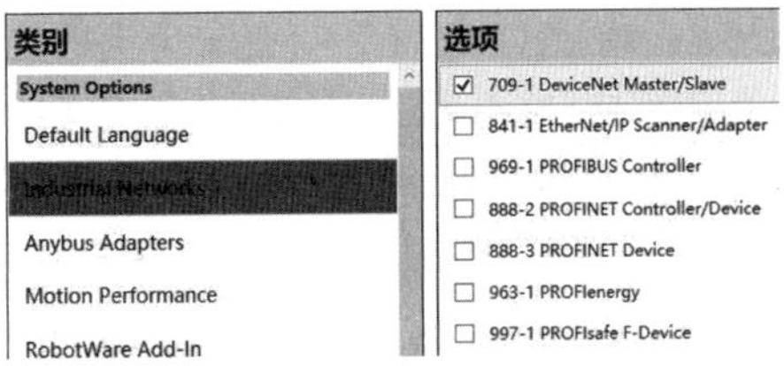
26	单击“Motion Coordination”，选择“606-1 Conveyor Tracking”	
27	全部勾选	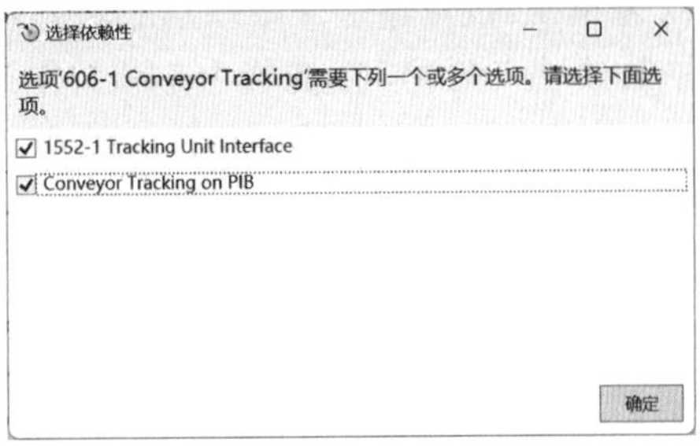

续表7.7

操作步骤	操作说明	示意图
28	单击“完成”	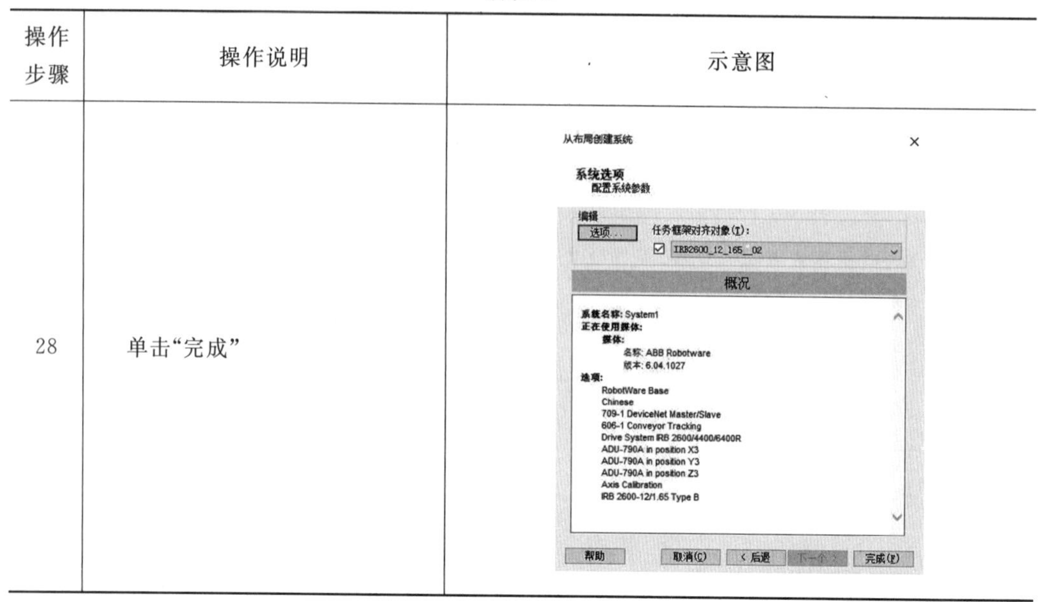

7.3.2 创建运动轨迹并仿真运行

创建运动轨迹之前需要创建输送带的连接，如图 7.5 所示，这里有几个重要的参数：

(1) 输送链：选择要连接机器人控制器的输送链。

(2) 机械单元：选择要连接输送链的机器人控制器。

(3) 偏移：设置输送带机械装置(模型)基准坐标系位置与输送带跟踪基准坐标系位置(连接窗口)的偏移值，机器人将在工件运行到输送带基准坐标系位置处时开始执行跟踪任务。

(4) 启动窗口宽度：设置以输送带跟踪基准坐标系为起始位置沿着输送带输送方向的偏移值，这个偏移距离所在位置与输送带跟踪基准坐标系所在位置将形成一个区域(跟踪窗口)，机器人将在这个区域内完成输送带跟踪任务。

(5) 工作区域：设置在跟踪窗口中，机器人能够顺利完成工件加工的工作区域，通过设置“最小距离”与“最大距离”来控制区域范围大小。

(6) 基框架：设置输送带跟踪基准坐标系坐标值更新的方式，包含“使用工作站值”与“使用控制器值”两种，在选择“使用工作站值”时，可以勾选“对齐任务框架”，以使 RAPID 中的任务坐标系与连接的工作站中的基准坐标系对齐。

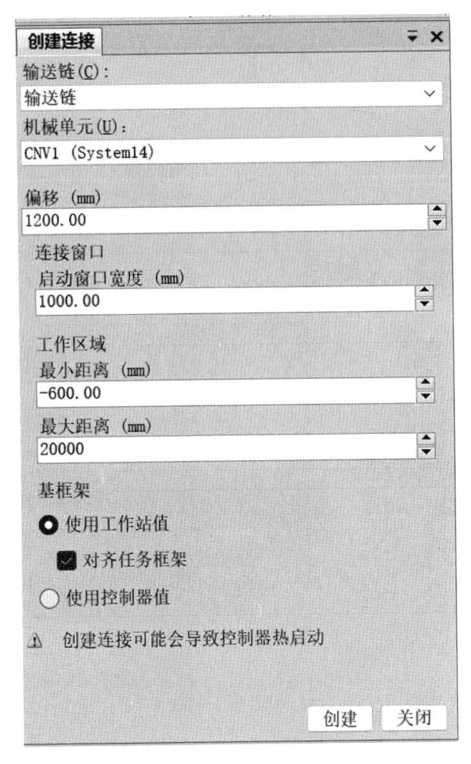

图 7.5 创建连接

创建运动轨迹并仿真,见表 7.8。

表 7.8 创建运动轨迹并仿真

操作步骤	操作说明	示意图
1	右击“输送链”,选择“创建连接”	输送链 组件 物料 剪切 Ctrl+X 复制 Ctrl+C 粘贴 Ctrl+V 可见 检查 撤消检查 设定为UCS 操纵(J) 运动 清除 位置 修改传送带 创建连接

续表7.8

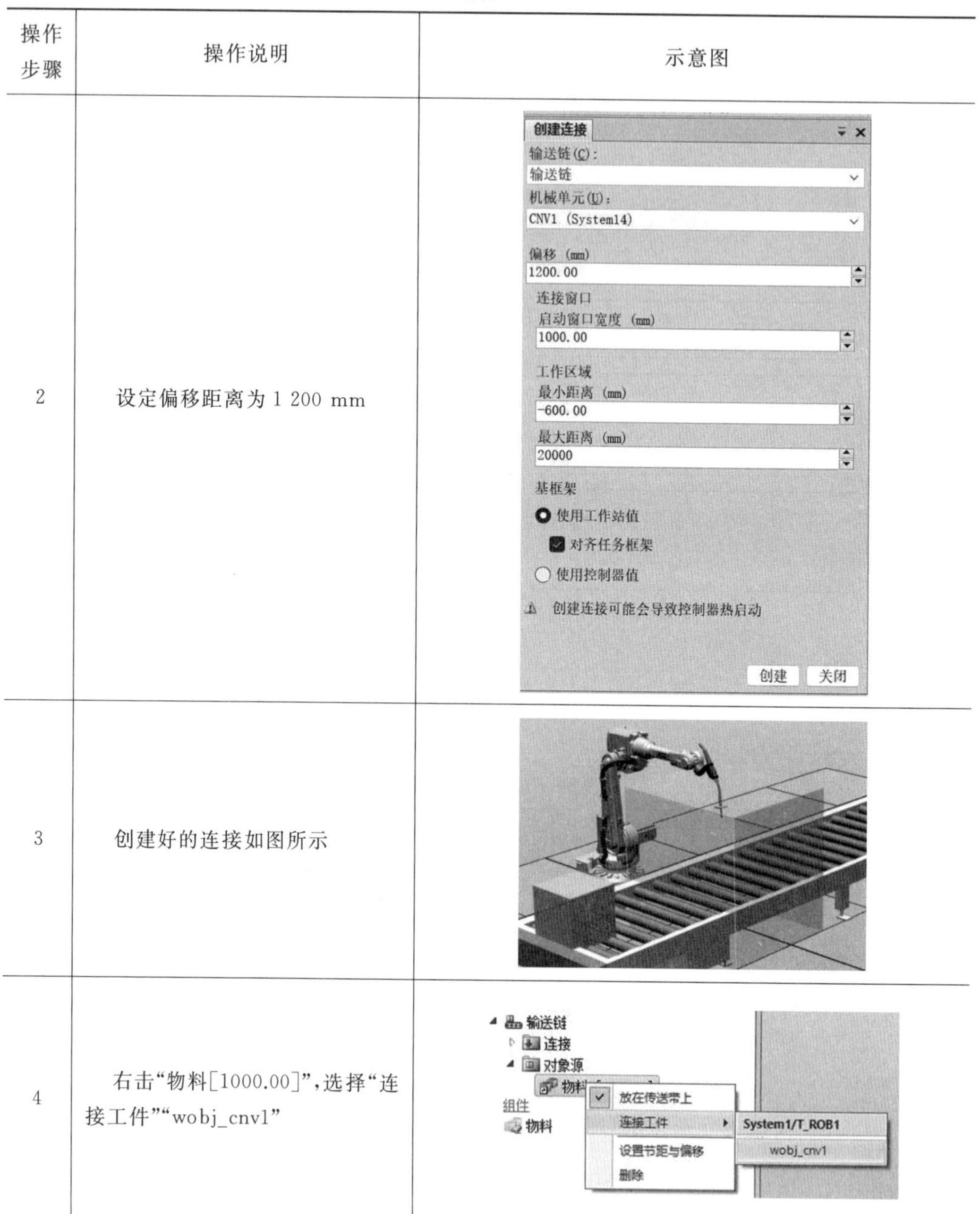

操作步骤	操作说明	示意图
2	设定偏移距离为 1 200 mm	
3	创建好的连接如图所示	
4	右击“物料[1000.00]”，选择“连接工件”“wobj_cnv1”	

续表7.8

操作步骤	操作说明	示意图
5	先将物料放在传送带上，然后右击“输送链”，选择“操纵”，把物料移动到工作区	
6	物料移动到如图所示区域内	
7	编程之前确认工具和工件坐标	
8	与步骤 7 同步修改右下角参数指令	
9	单击“路径”“自动路径”	

续表7.8

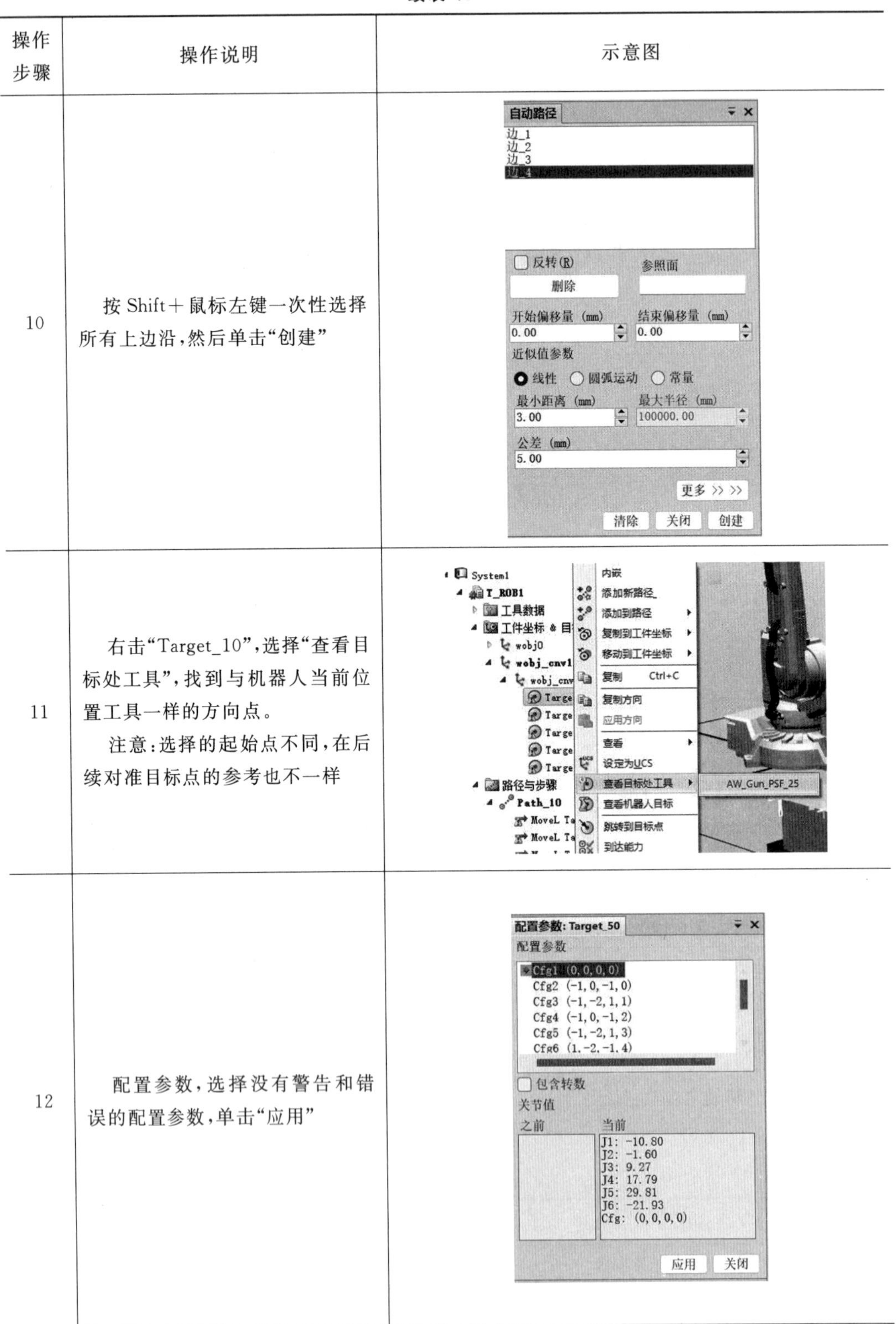

操作步骤	操作说明	示意图
10	按 Shift+鼠标左键一次性选择所有上边沿,然后单击“创建”	
11	右击“Target_10”,选择“查看目标处工具”,找到与机器人当前位置工具一样的方向点。 注意:选择的起始点不同,在后续对准目标点的参考也不一样	
12	配置参数,选择没有警告和错误的配置参数,单击“应用”	

续表7.8

操作步骤	操作说明	示意图
13	依次选中“Target_10”到“Target_50”,右击并选择“修改目标”“对准目标点方向”	
14	参考点选择“Target_50(System10shusonglian/T_ ROB1)”	参考: Target_50 (System10shusonglian/T_ROB1 对准轴: X 锁定轴: Z
15	调整好的工具位姿如图所示	
16	右击“Path_10”,选择“自动配置”中的“所有移动指令”	

续表7.8

操作步骤	操作说明	示意图
17	新建“空路径”	 路径 其它 示教目标点 示教指令 查看机器人目标 MultiMove 任务 工件坐 工具 空路径 创建无指令的新路径。 自动路径 从几何体边缘创建一条路径或曲线。
18	右击“Path_20”，重命名为主程序“rMain”	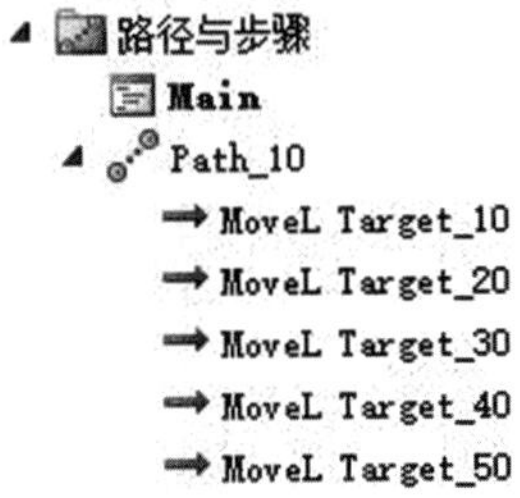 路径与步骤 Main Path_10 MoveL Target_10 MoveL Target_20 MoveL Target_30 MoveL Target_40 MoveL Target_50
19	右击“rMain”函数，选择“插入逻辑指令…”	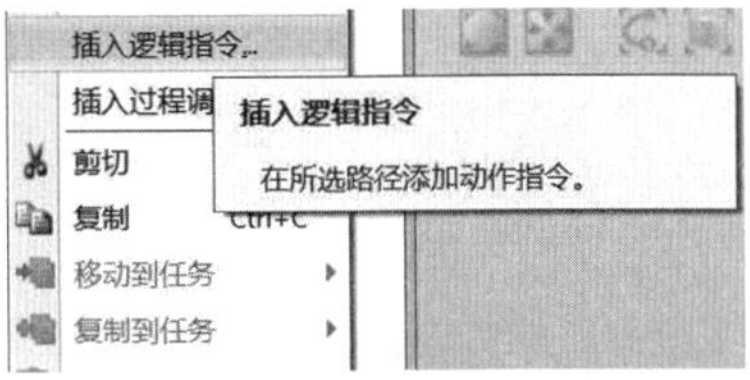 插入逻辑指令… 插入过程调 剪切 复制 Ctrl+C 移动到任务 复制到任务 插入逻辑指令 在所选路径添加动作指令。
20	参数默认，单击“创建”	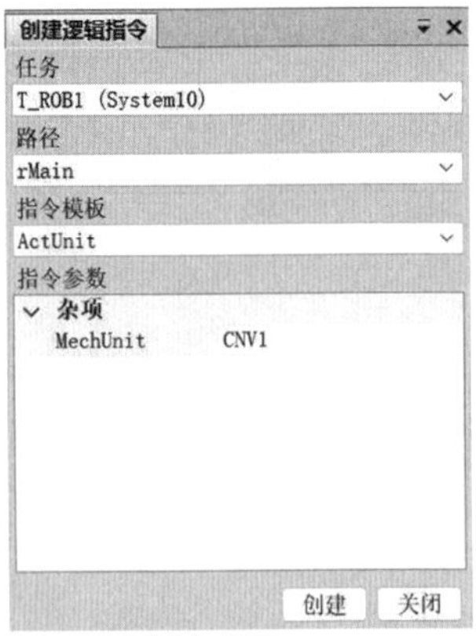 创建逻辑指令 任务 T_ROB1 (System10) 路径 rMain 指令模板 ActUnit 指令参数 杂项 MechUnit CNV1 创建 关闭

续表7.8

操作步骤	操作说明	示意图
21	单击“插入逻辑指令”，“指令模版”选择“DropWObj”，在“指令参数”中将 WObj 后的下拉列表选择为“wobj_cnv1”，单击“创建”	创建逻辑指令 任务 T_ROB1 (System15) 路径 rMain 指令模板 DropWObj 指令参数 杂项 WObj wobj_cnv1 创建 关闭
22	用同样的方法插入逻辑指令 WaitWObj	创建逻辑指令 任务 T_ROB1 (System15) 路径 rMain 指令模板 WaitWObj 指令参数 杂项 WObj wobj_cnv1 \RelDist 禁用 \MaxTime 禁用 \TimeFlag 禁用 创建 关闭
23	插入如图所示 3 个逻辑指令	rMain ActUnit CNV1 DropWObj wobj_cnv1 WaitWObj wobj_cnv1
24	创建初始点，在此之前必须更换“工件坐标”为“wobj0”	任务 T_ROB1(System2) 工件坐标 wobj0 工具 AW_Gun 设置
25	修改参数指令为“MoveJ”	MoveJ * v1000 z0 AW_Gun \WObj:=wobj_cnv1 控制器状态:

续表7.8

操作步骤	操作说明	示意图
26	让机器人回到机械原点位置，单击“示教指令”	T_ROB1 工具数据 工件坐标 & 目标点 wobj0 wobj0_of Target_60 wobj_cnvl wobj_cnvl_of Target_10 Target_20 Target_30 Target_40 Target_50
27	把“Target_60”重命名为“pHome”，并将“pHome”移动到“rMain”函数中，结果如图所示	rMain ActUnit CNV1 DropWObj wobj_cnvl WaitWObj wobj_cnvl MoveJ pHome
28	右击“MoveJ pHome”，选择“插入过程调用”，单击“Path_10”	插入过程调用 Path_10 rMain Path_10 剪切 Ctrl+X 复制 Ctrl+C 粘贴 Ctrl+V 移动到路径 复制到路径 视图 查看目标处工具 查看机器人目标 检查可达性 执行移动指令 跳转到移动指令 修改位置 编辑指令(I)... 修改指令 定位目标 合并外轴... 反转路径(R) 删除 Delete 重命名目标点...

续表7.8

操作步骤	操作说明	示意图
29	最后将“pHome”移动到“Path_10”之后	工件坐标 & 目标点 wobj0 wobj0_of pHome wobj_cnv1 wobj_cnv1_of Target_10 Target_20 Target_30 Target_40 Target_50 路径与步骤 Path_10 (进入点) MoveL Target_10 MoveL Target_20 MoveL Target_30 MoveL Target_40 MoveL Target_50 rMain ActUnit CNV1 DropWObj wobj_cnv1 WaitWObj wobj_cnv1 MoveJ pHome Path_10
30	创建好的主程序如图所示。先激活输送链系统,后断开跟踪(以防上次没断开,系统报错),等待输送链建立关系,然后移动机器人到初始点,调用跟踪程序,最后返回初始点	rMain ActUnit CNV1 DropWObj wobj_cnv1 WaitWObj wobj_cnv1 MoveJ pHome Path_10 MoveJ pHome
31	单击“同步到 RAPID…”,然后勾选全部同步项目	任务 T_ROB1(System1) 工件坐标 wobj0 工具 AW_Gun 设置 同步 大地坐标 图形工具 同步到 RAPID... 用于将工作站对象同步到 RAPID 代码。 同步到工作站... 用于同步 RAPID 代码到工作站对象。
32	在仿真设定中的“运行模式”勾选“连续”	shusonglian视图1 仿真设定 活动仿真场景: (SimulationConfiguration) - sl 添加... 重命名 场景设置 初始状态: <无> 管理状态 仿真对象: 物体 仿真 shusonglian 控制器 System1 T_ROB1 输送链 输送链 System1 的设置 当仿真开始时自动开始所选任务的执行。 运行模式 单个周期 连续

续表7.8

操作步骤	操作说明	示意图
33	“进入点”选择“rMain”	
34	单击“播放”	
35	最终的演示效果如图所示	

任务 7.4　创建弧焊视觉的仿真工作站

7.4.1　创建机器人运动轨迹

创建弧焊视觉的仿真工作站

弧焊焊接是机器人最常见的一种应用工艺，因此在机器人虚拟仿真工作中同样需要进行弧焊焊接虚拟仿真。本小节拟完成一个弧焊视觉的照明效果，且能够自动生成焊缝。单击“基本”选项卡中的“图形工具”，弹出图 7.6 所示工具栏，如果需要有焊接的照明效果，需要打开“高级照明”工具。

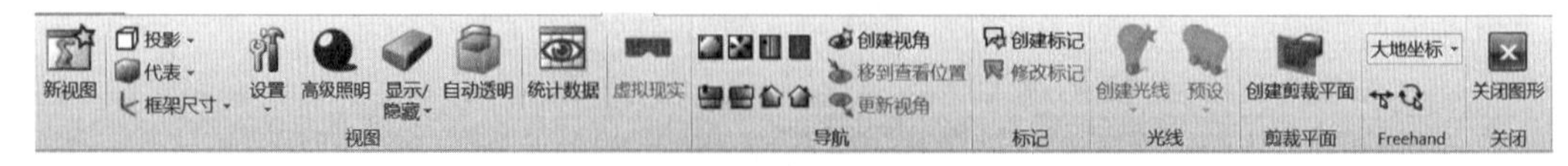

图 7.6　图形工具

首先创建机器人运动轨迹，创建过程见表 7.9。

表 7.9 创建机器人运动轨迹

操作步骤	操作说明	示意图
1	创建空工作站，然后加载 IRB 2600 机器人，参数默认	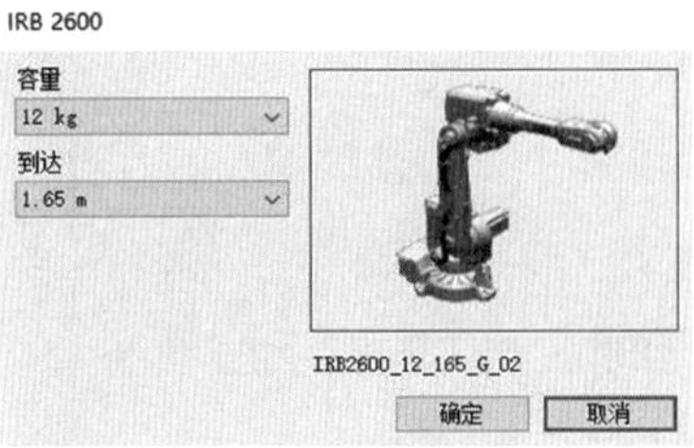
2	选择焊枪“Binzel water 22”，并装在机器人上	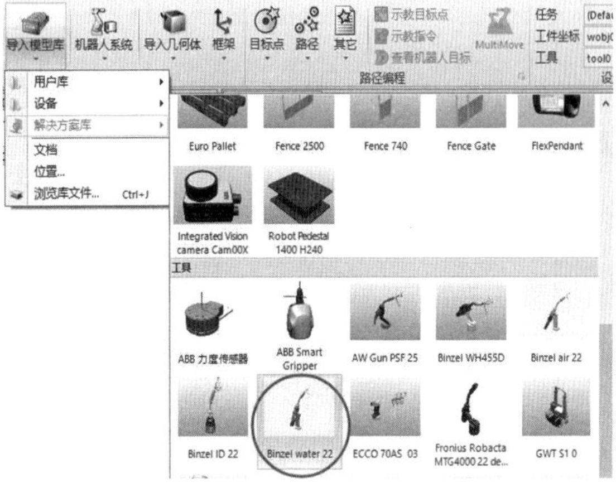
3	创建系统	

续表7.9

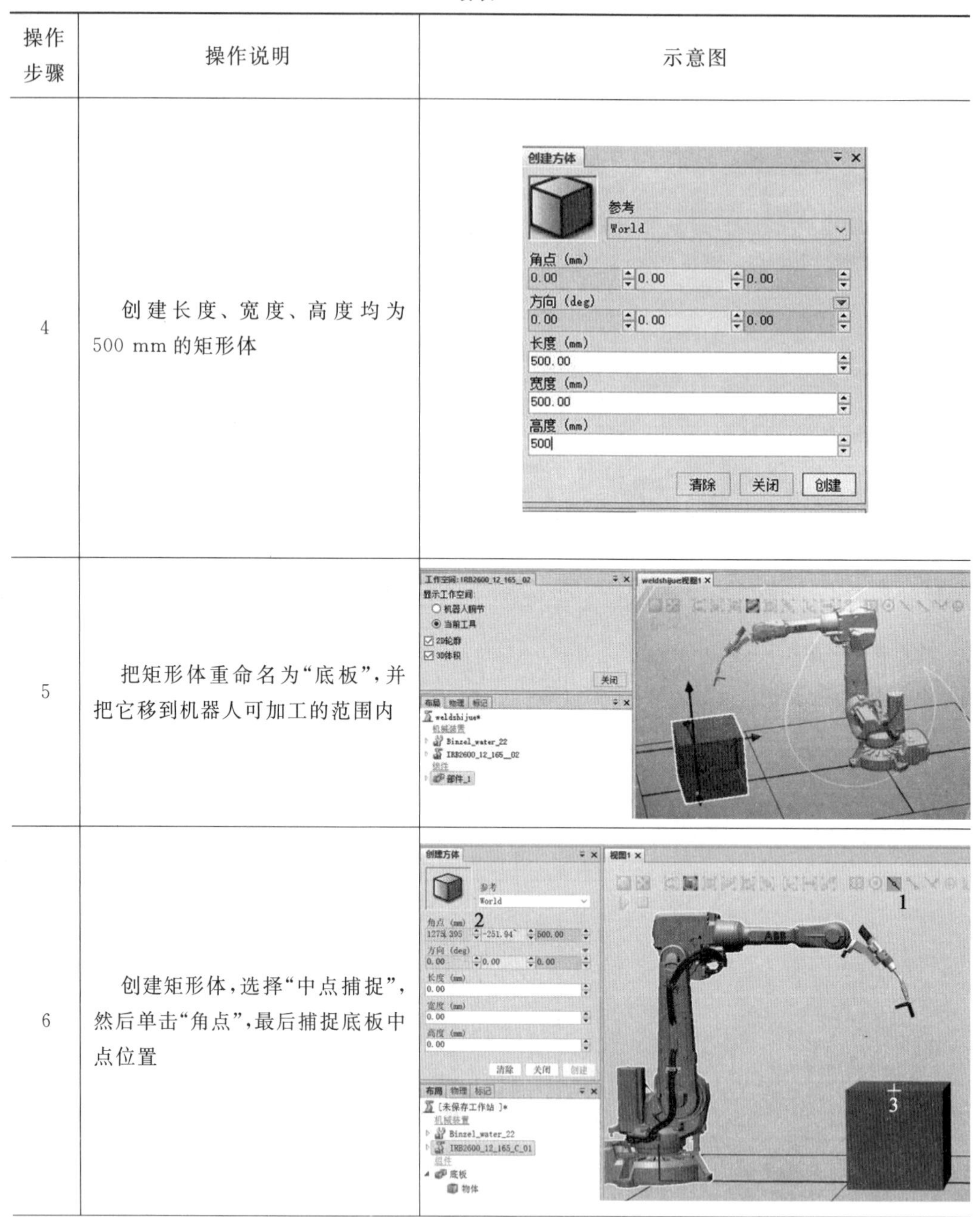

操作步骤	操作说明	示意图
4	创建长度、宽度、高度均为500 mm的矩形体	
5	把矩形体重命名为“底板”，并把它移到机器人可加工的范围内	
6	创建矩形体，选择“中点捕捉”，然后单击“角点”，最后捕捉底板中点位置	

续表7.9

操作步骤	操作说明	示意图
7	再次创建矩形体。矩形体长度为 50 mm，宽度为 500 mm，高度为 200 mm，单击“创建”	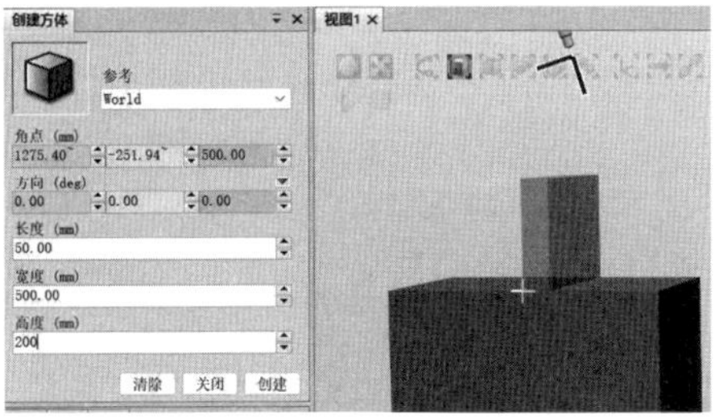 创建方体 视图1 参考 World 角点 (mm) 1275.40 -251.94 500.00 方向 (deg) 0.00 0.00 0.00 长度 (mm) 50.00 宽度 (mm) 500.00 高度 (mm) 200 清除 关闭 创建
8	将“部件 2”命名为“支撑板”	 weldshijue* 机械装置 Binzel_water_22 IRB2600_12_165__02 组件 底板 支撑板
9	修改“工具”	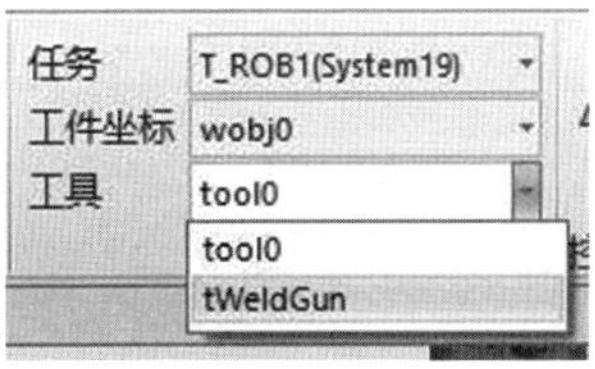 任务 T_ROB1(System19) 工件坐标 wobj0 工具 tool0 tool0 tWeldGun
10	单击“路径”，选择“空路径”，得到 Path_10	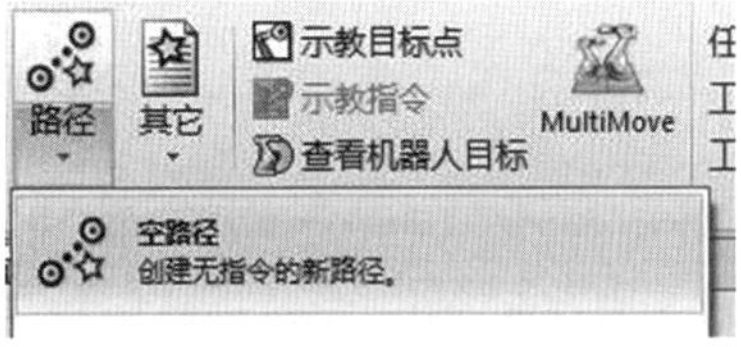 路径 其它 示教目标点 示教指令 查看机器人目标 MultiMove 空路径 创建无指令的新路径。
11	在视图右下角修改运动指令参数，如图所示	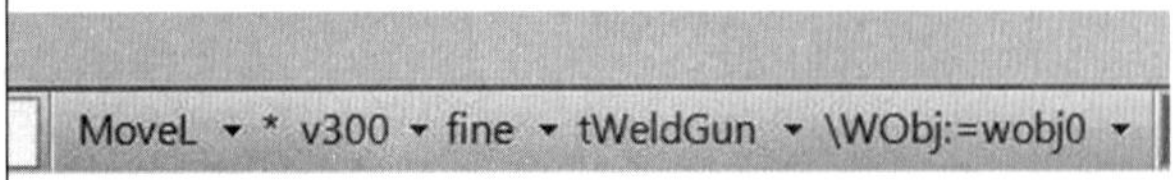 MoveL * v300 fine tWeldGun \WObj:=wobj0

续表7.9

操作步骤	操作说明	示意图
12	在机器人机械原点位置示教一个目标点，得到“Target_10”	B模型库 导入模型库 机器人系统 导入几何体 框架 目标点 路径 其它 示教目标点 示教指令 查看机器人目标 建立工作站 路径编程 路径和目标点 标记 weldshijue视图1 weldshijue* 工作站元素 System19 T_ROB1 工具数据 工件坐标 & 目标点 wobj0 wobj0_of Target_10 路径与步骤 Path_10
13	选择“手动线性”，捕捉末端点，把焊枪拖到焊接起始点	坐标 wobj0 tWeldGun 设置 同步 控制器 大地坐标 Freehand
14	示教目标点，得到“Target_20”，这个作为焊接起始点	示教目标点 示教指令 查看机器人目标 路径编程 MultiMove 任务 T_ROB1(System11weld) 工件坐标 wobj0 工具 tWeldGun 设置 同步 控制器 大地坐标 Freehand 图形工具

续表7.9

操作步骤	操作说明	示意图
15	将焊枪线性移动到焊接终点，然后示教目标点，得到“Target_30”	
16	把这3个目标点拖动到“Path_10”路径中	
17	复制“MoveL Target_10”，粘贴在最后一条指令后。机器人运动路径为从机器人原点到焊接起始点，再到焊接终止点，最后回到机器人原点	
18	右击“Path_10”，选择“自动配置”，单击“所有移动指令”	

续表7.9

操作步骤	操作说明	示意图
19	单击“沿着路径运动”，观察实际运行效果	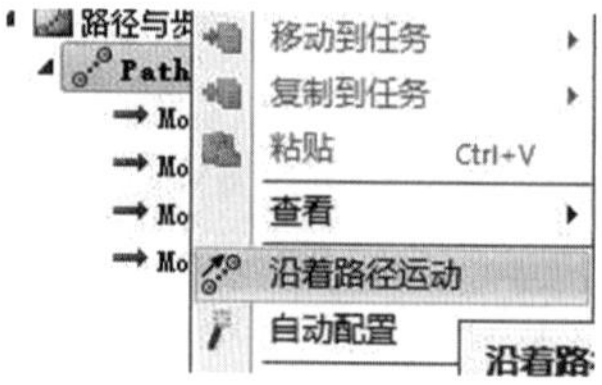
20	选择“同步”“同步到RAPID…”，在打开的窗口中勾选所有同步项目后单击“确定”	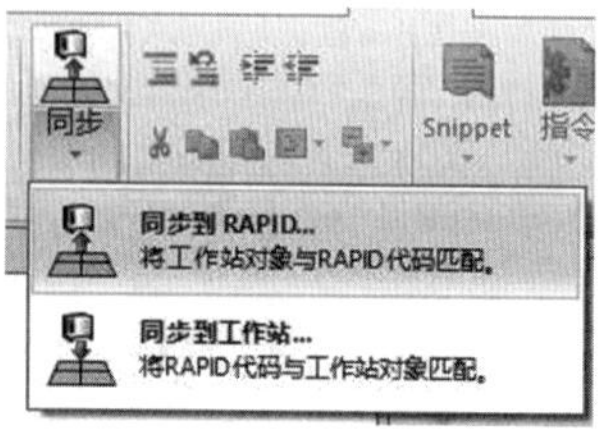
21	在main函数中输入Path_10	
22	单击“同步”和“同步到工作站…”，全部选中后打开窗口中的所有项目，单击“确定”	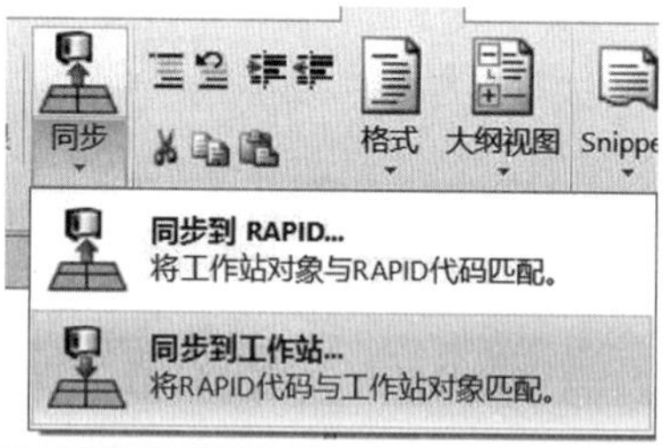
23	点击仿真，观察运行效果	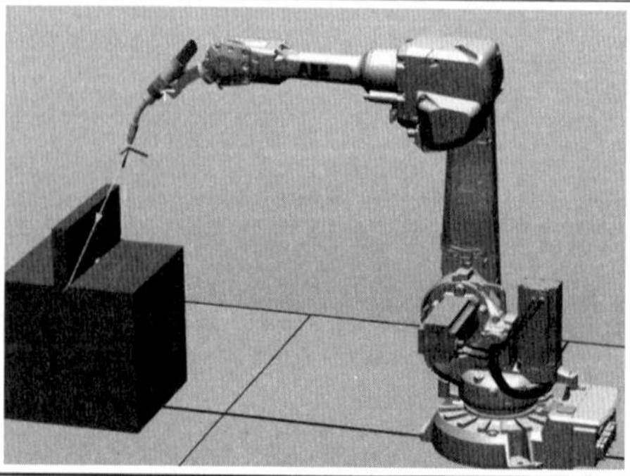

7.4.2 制作光源

光源的制作需要打开照明工具,利用点光的效果产生模拟电弧光,过程见表 7.10。

表 7.10 光源的制作具体操作步骤

操作步骤	操作说明	示意图
1	把机器人移动到焊接起始位置或者单击“Target_20”跳转至目标点	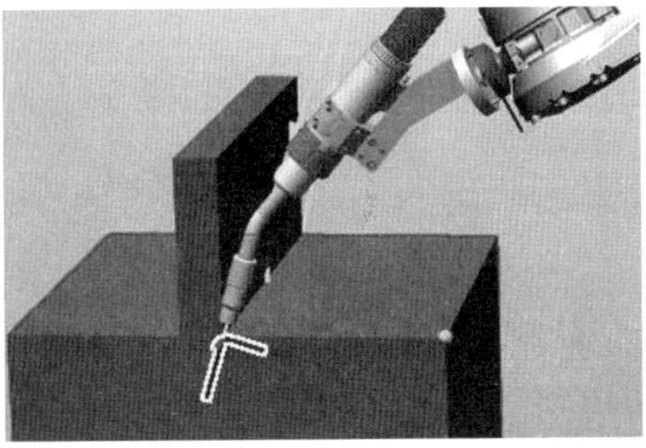
2	单击“基本”选项卡中的“图形工具”	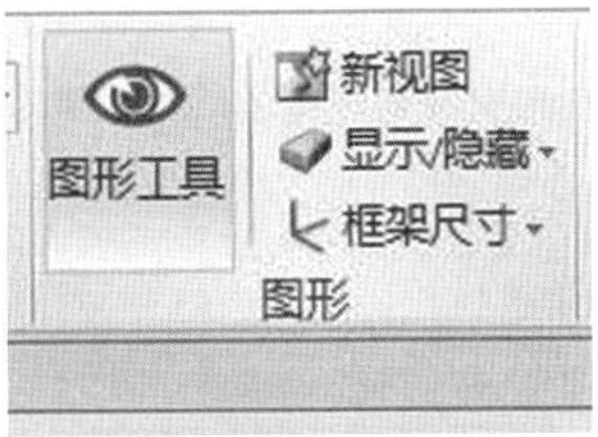
3	单击“高级照明”	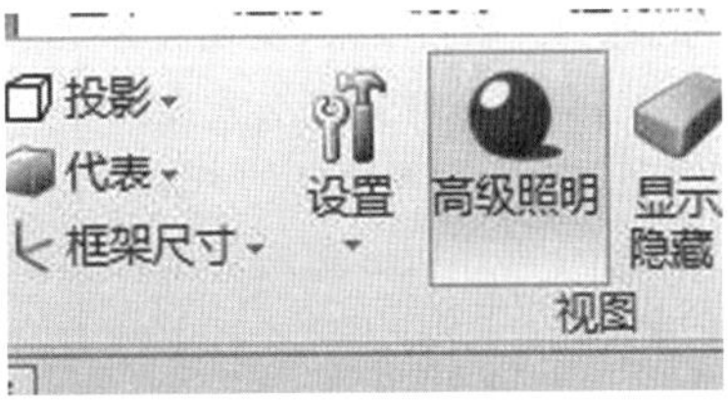
4	单击“创建光线”,选择“点光”	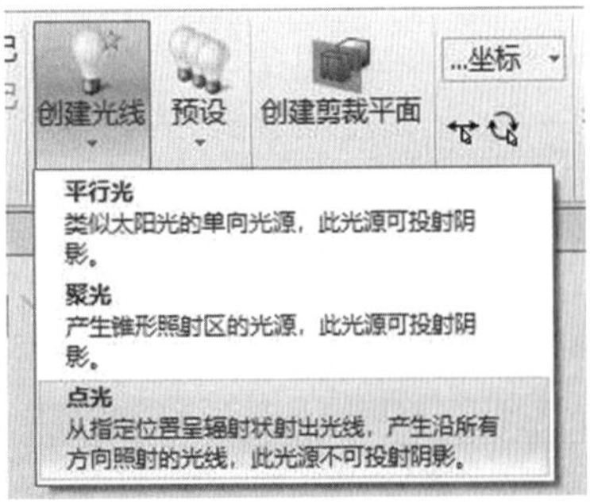

续表7.10

操作步骤	操作说明	示意图
5	选择要捕捉的末端，位置为焊接起始点	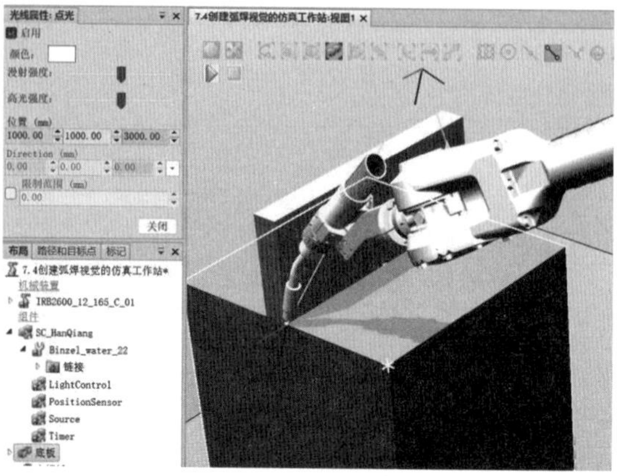 光线属性：点光 启用 颜色： 漫射强度： 高光强度： 位置（mm） 1000.00 1000.00 3000.00 Direction（mm） 0.00 0.00 0.00 限制范围（mm） 0.00 关闭 7.4创建弧焊视觉的仿真工作站:视图1 布局 路径和目标点 标记 7.4创建弧焊视觉的仿真工作站* 机械装置 IRB2600_12_165_C_01 组件 SC_HanQiang Binzel_water_22 链接 LightControl PositionSensor Source Timer 底板
6	把点光安装到焊枪上，在“位置更新”选择“否”	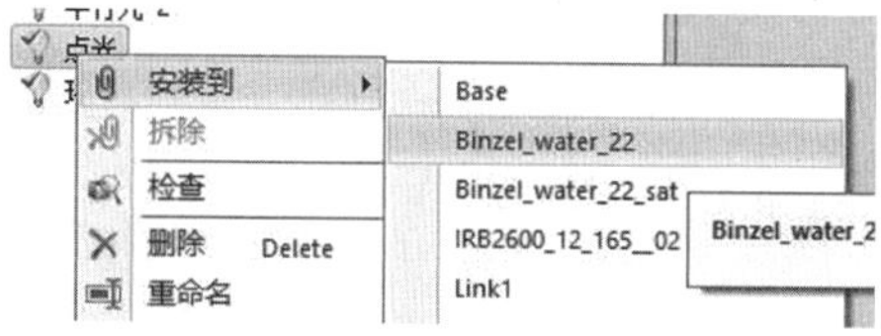 点光 安装到 拆除 检查 删除 Delete 重命名 Base Binzel_water_22 Binzel_water_22_sat IRB2600_12_165__02 Link1 Binzel_water_2
7	重新仿真，观察效果，发现机器人在没有焊接的时候都会发出光亮，这显然与实际不符合。 注意：高级照明一定要处于打开的状态	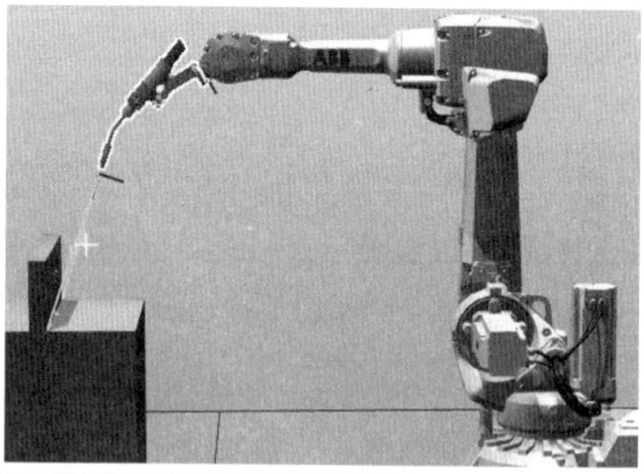
8	添加smart组件，在“其他”中选择“控制光源”	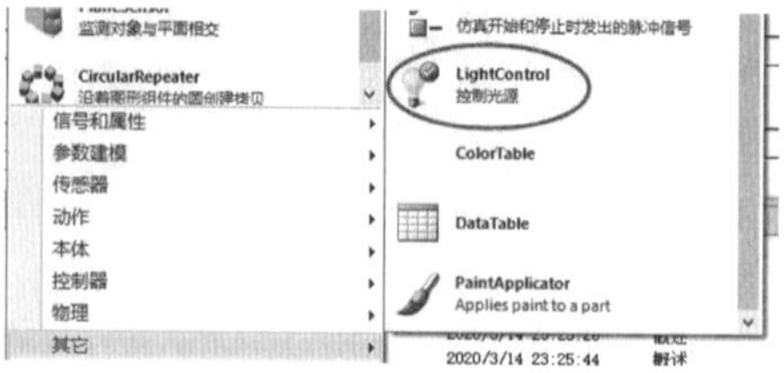 监测对象与平面相交 CircularRepeater 沿着圆形组件的圆创建副本 信号和属性 参数建模 传感器 动作 本体 控制器 物理 其它 仿真开始和停止时发出的脉冲信号 LightControl 控制光源 ColorTable DataTable PaintApplicator Applies paint to a part 2020/3/14 23:25:44 解译

续表7.10

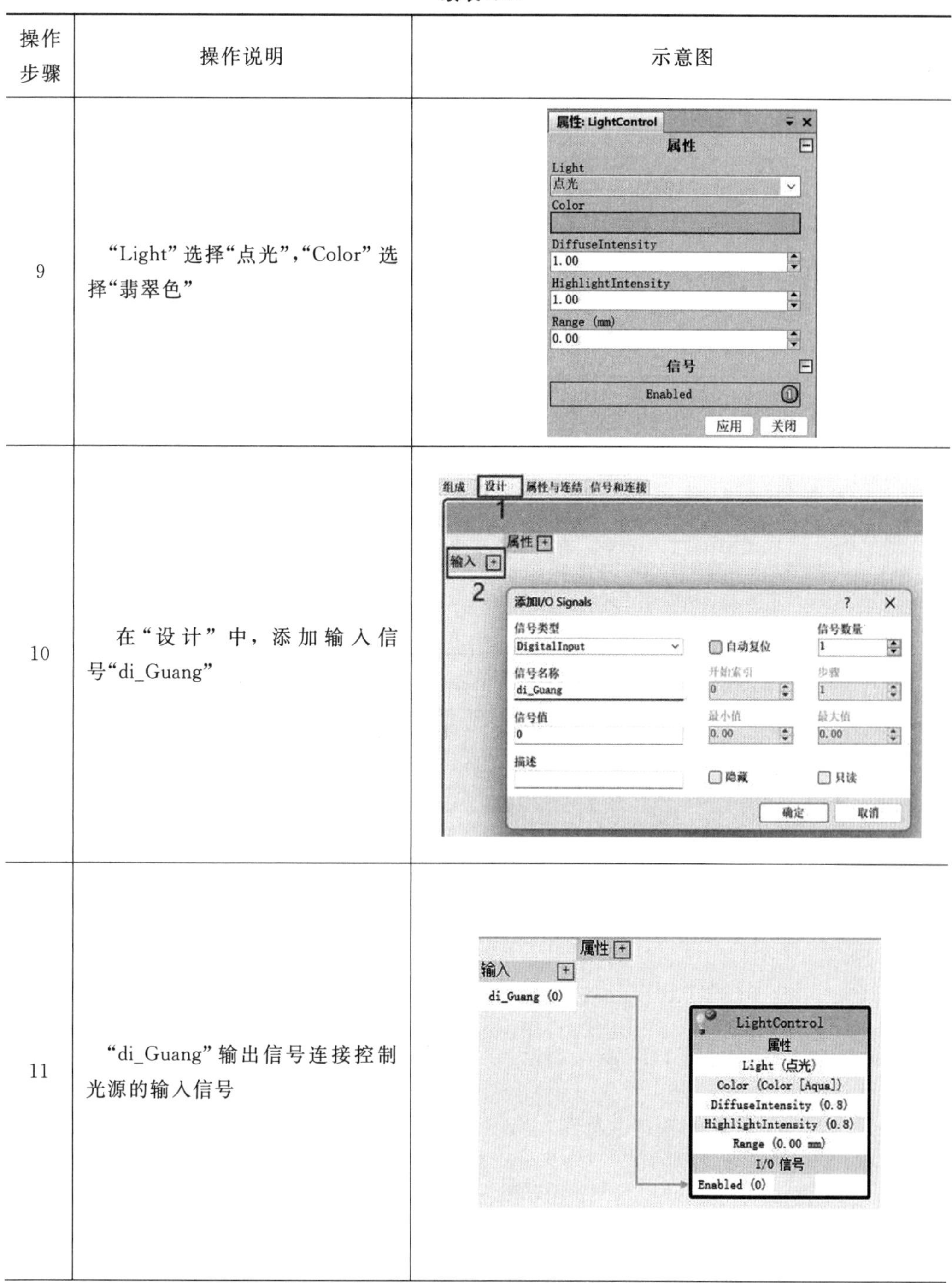

操作步骤	操作说明	示意图
9	“Light”选择“点光”,“Color”选择“翡翠色”	
10	在“设计”中,添加输入信号“di_Guang”	
11	“di_Guang”输出信号连接控制光源的输入信号	

续表7.10

操作步骤	操作说明	示意图
12	选择“同步”“同步到RAPID…”,在打开窗口中勾选所有项目后单击“确定”	
13	单击“配置”,选择“添加信号…”	
14	“信号类型”选择“数字输出”,名称为“do_guangyuan”,“分配给设备”选择“无”	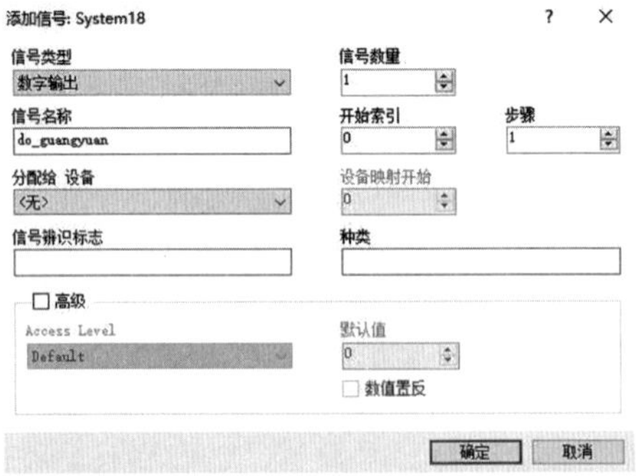
15	重启控制器之后,添加2条指令:SetDO打开/关闭光源	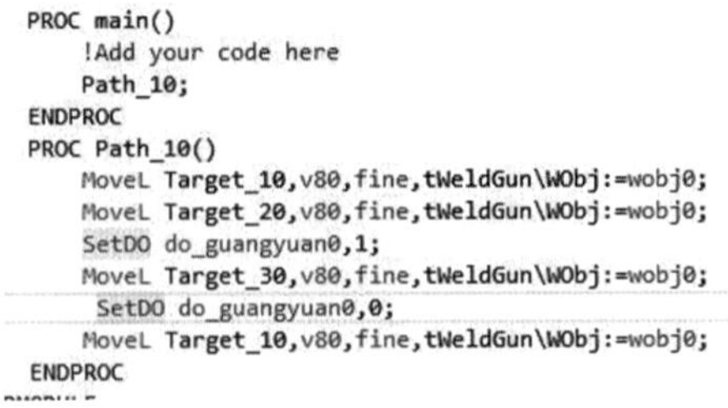

续表7.10

操作步骤	操作说明	示意图
16	单击“同步”和“同步到工作站…”,在打开的窗口中勾选所有的同步项目,然后单击“确定”	
17	单击“仿真”功能选项卡,单击“工作站逻辑”	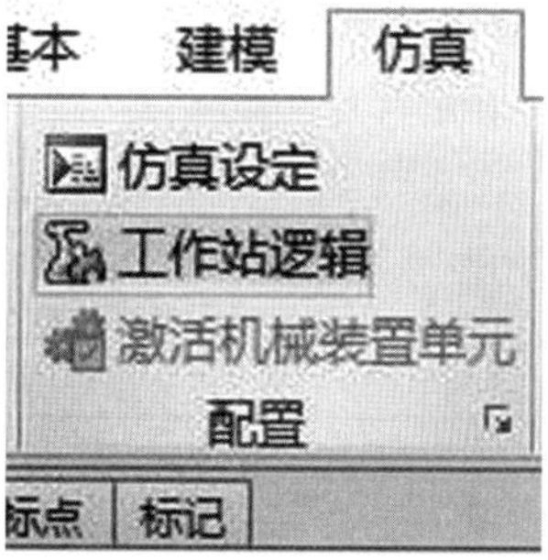
18	设置“do_Guangyuan0”来控制光源	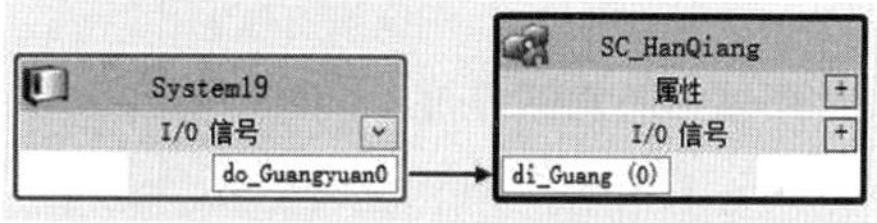
19	仿真运行,发现焊枪在加工的时候就正常发光了,加工结束光源自然消失,这与实际生产是一致的	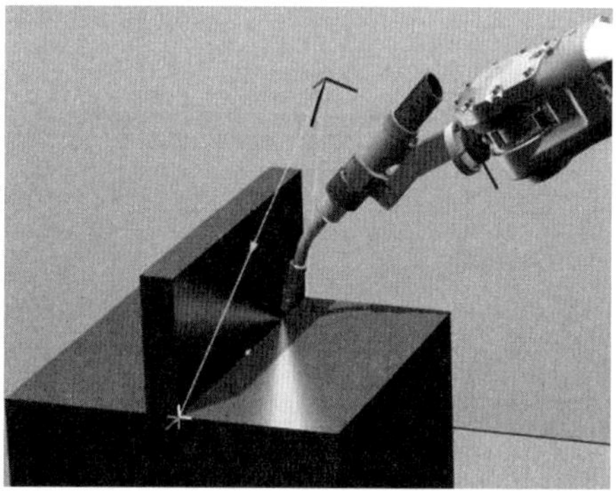

7.4.3 焊缝生成

熔化焊接时,在热源作用下,焊件上形成的具有一定形状的液态金属部分被称为焊接熔池。弧焊过程中,电弧下的熔池金属在电弧力的作用下克服重力和表面张力被排向熔池尾部。随着电弧前移,熔池尾部金属冷却并结晶形成焊缝。焊缝的形状取决于熔池的形状，熔池的形状又与接头的形式和空间位置、坡口和间隙的形状尺寸、母材边缘、焊丝金属的熔化情况、熔滴的过渡方式等有关。接头的形式和空间位置不同，则重力对熔池的作用不同；焊接工艺方法和规范参数不同，则熔池的体积和长度等都不同。为了简化仿真过程，熔池大小用球体代替，焊缝生成具体操作步骤见表 7.11。

表 7.11　焊缝生成具体操作步骤

操作步骤	操作说明	示意图
1	创建球体，直径为 10 mm，并重命名为“熔池”	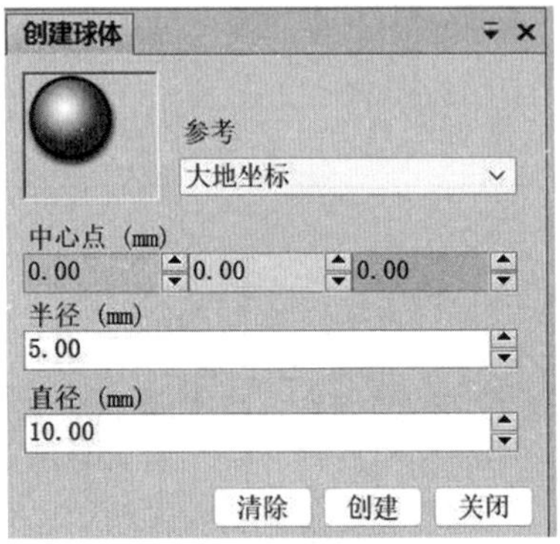
2	把熔池装置到焊枪上，并更新位置	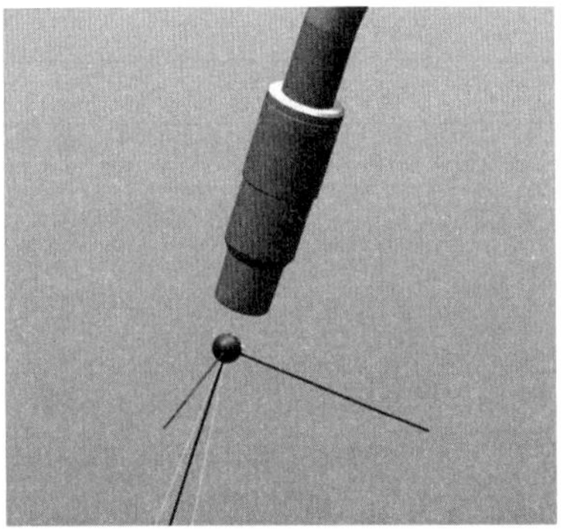
3	把组件重命名为“SC_HanQiang”，然后把焊枪装载到组件中	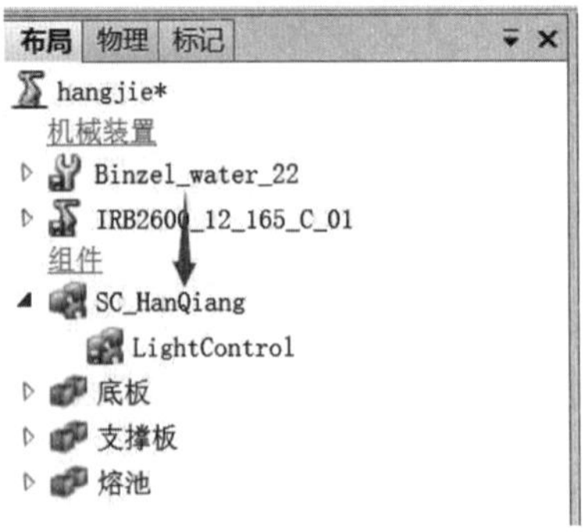

续表7.11

操作步骤	操作说明	示意图
4	单击“Binzel_water_22”“设定为Role”	hangjie:视图1 SC_HanQiang 仿真设定 SC_HanQiang 组成 设计 属性与连结 信号和连接 子对象组件 Smart组件 LightControl 其它 编辑 删除 在浏览栏中显示 设定为Role 属性
5	把“熔池”装载到组件之中	IRB2600_12_165_C_01 组件 SC_HanQiang LightControl 底板 支撑板 熔池
6	把“SC_HanQiang”装载到机器人上	布局 物理 标记 hangjie* 机械装置 IRB2600_12_165_C_01 组件 SC_HanQiang Binzel_water_22 LightControl 底板 支撑板 熔池
7	单击“否”,不更新组件位置	更新位置 是否希望更新'SC_HanQiang'的位置? 是(Y) 否(N) 取消

续表7.11

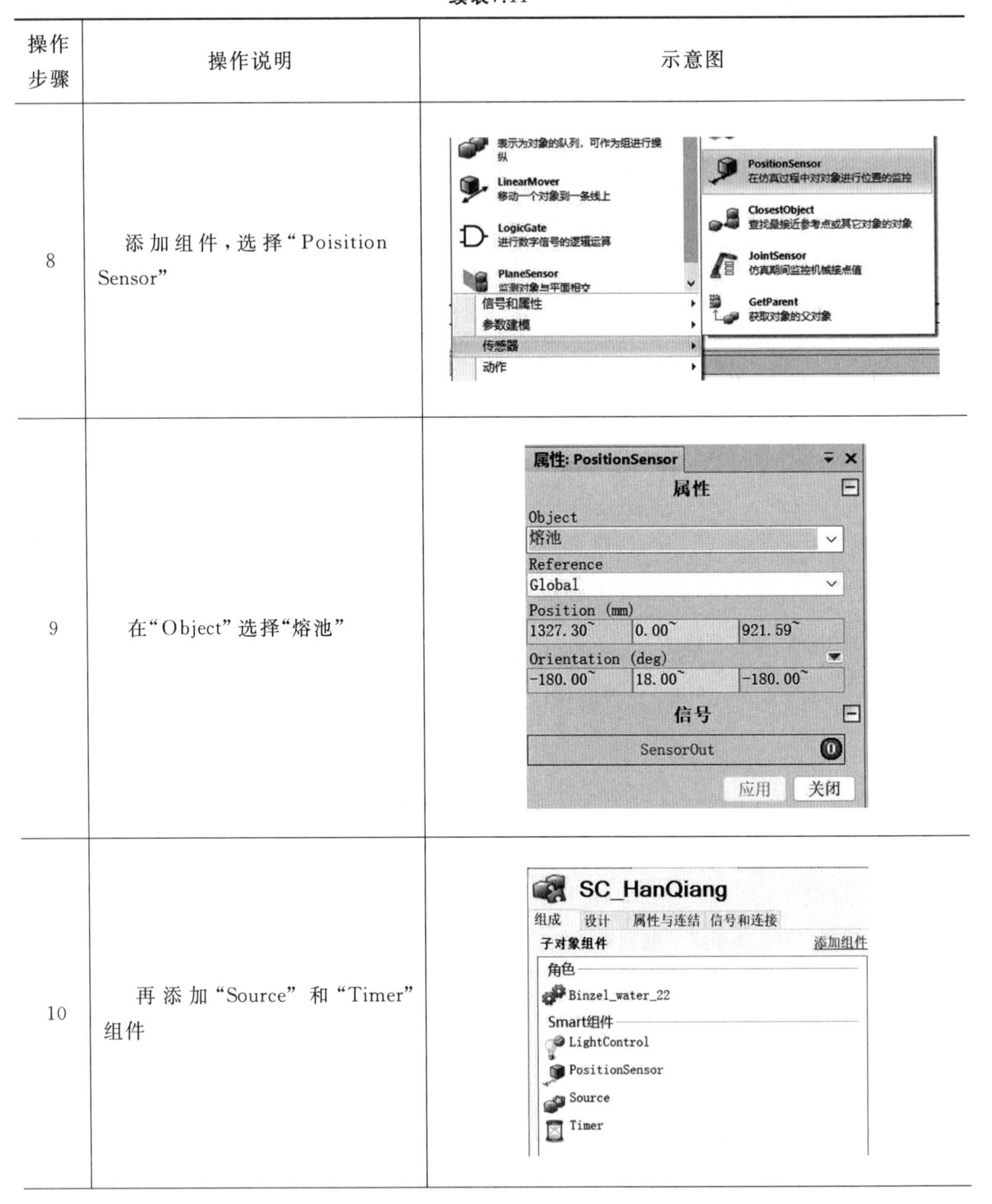

操作步骤	操作说明	示意图
8	添加组件，选择“Poisition Sensor”	
9	在“Object”选择“熔池”	
10	再添加“Source”和“Timer”组件	

续表7.11

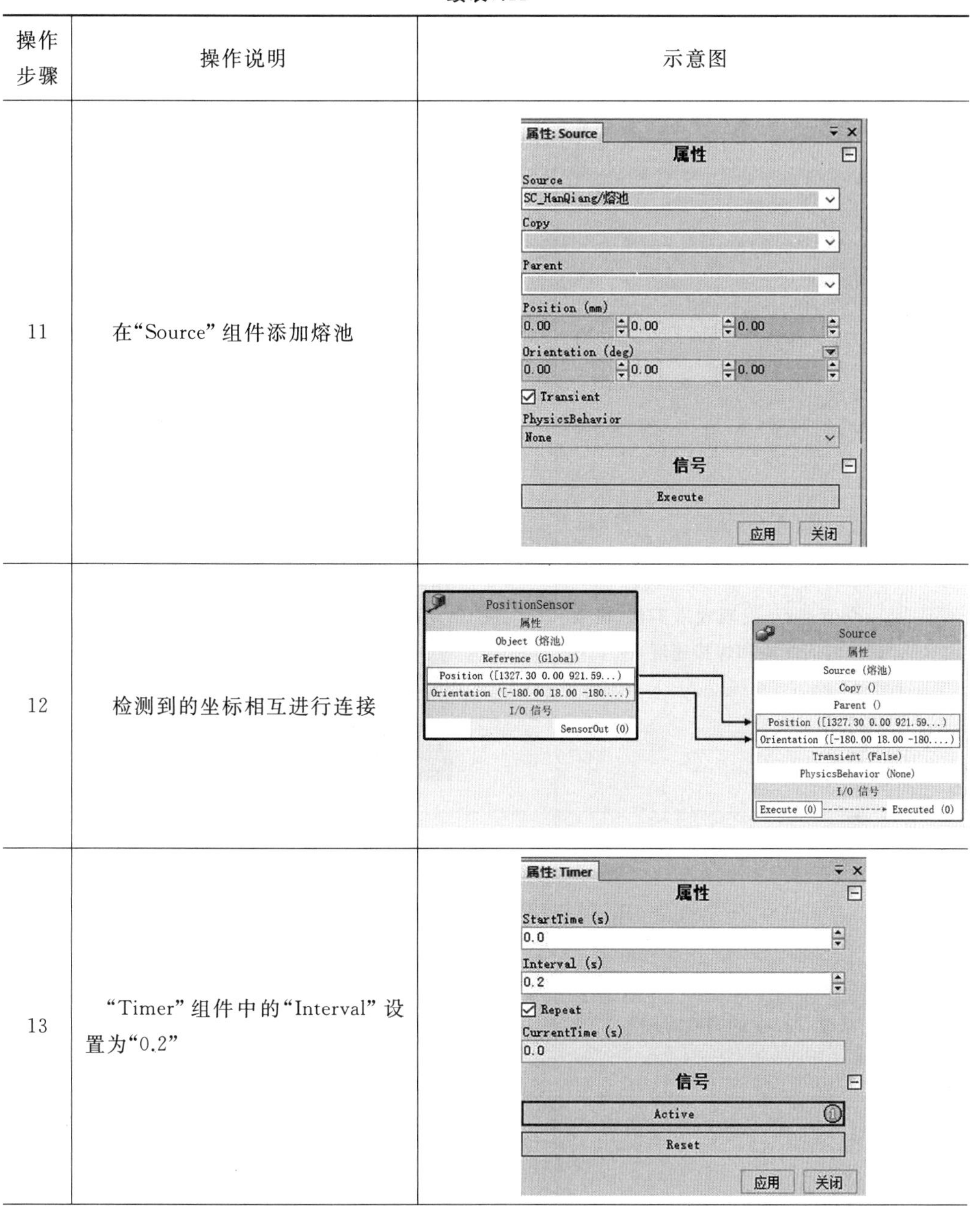

操作步骤	操作说明	示意图
11	在“Source”组件添加熔池	
12	检测到的坐标相互进行连接	
13	“Timer”组件中的“Interval”设置为“0.2”	

续表7.11

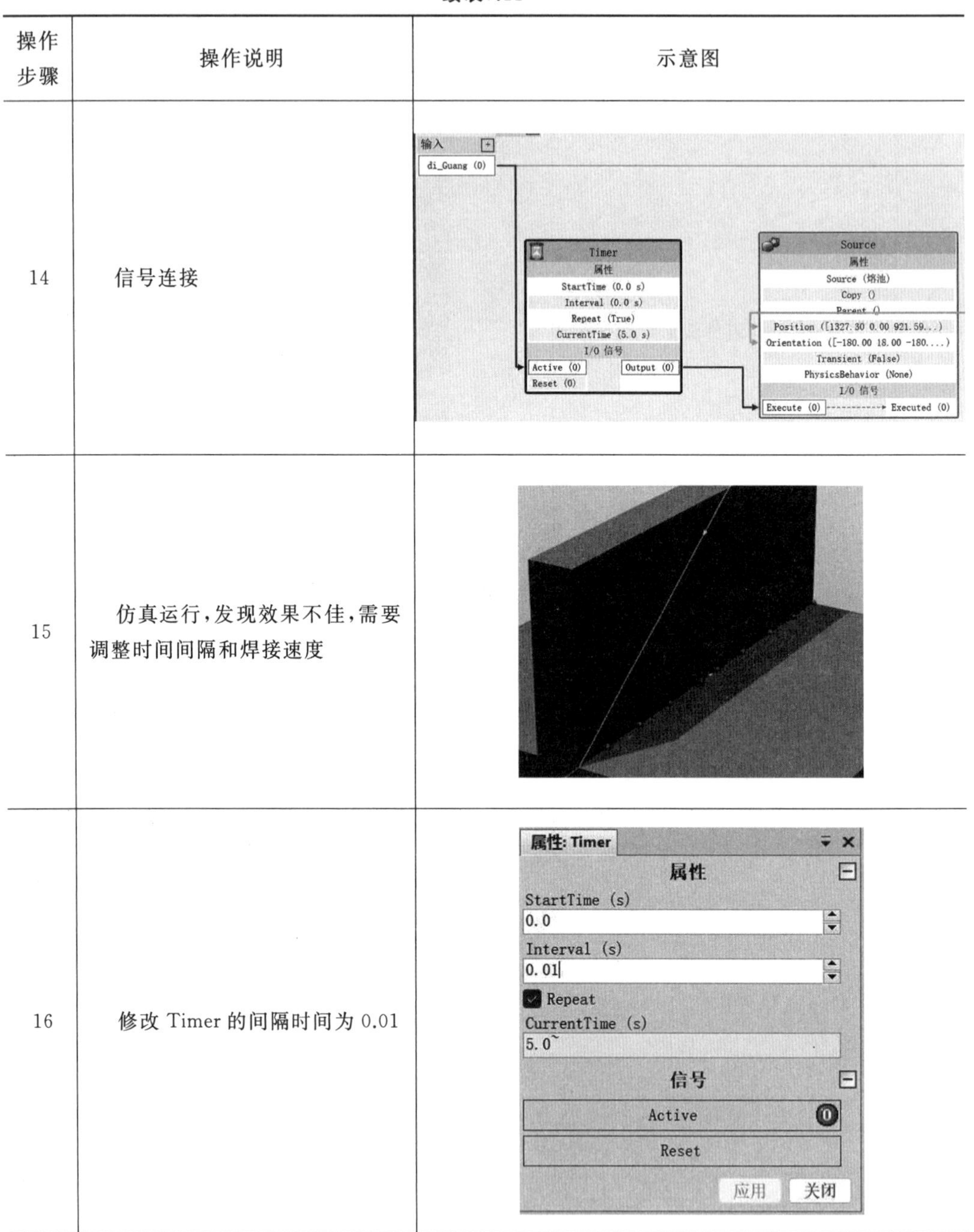

操作步骤	操作说明	示意图
14	信号连接	
15	仿真运行，发现效果不佳，需要调整时间间隔和焊接速度	
16	修改 Timer 的间隔时间为 0.01	

续表7.11

操作步骤	操作说明	示意图
17	修改焊接速度为“v100”	PROC Path_10() MoveL Target_10,v300,fine,tWeldGun\WObj:=wobj0; MoveL Target_20,v300,fine,tWeldGun\WObj:=wobj0; SetDO do_guangyuan0,1; MoveL Target_30,v100,fine,tWeldGun\WObj:=wobj0; SetDO do_guangyuan0,0; MoveL Target_10,v300,fine,tWeldGun\WObj:=wobj0; ENDPROC
18	焊接后的效果如图所示	

知识测试

简答题

1. 搭建如图 7.7 所示的仿真工作站，利用输送链跟踪功能完成上板面和下板面的焊接。

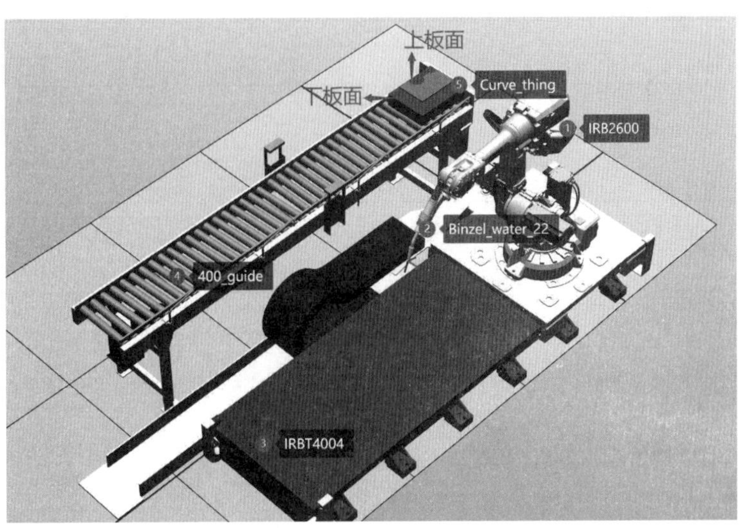

图 7.7　仿真工作站示意

2. 在本课程的基础上完成反面的焊接任务，并产生照明效果，如图 7.8 所示。

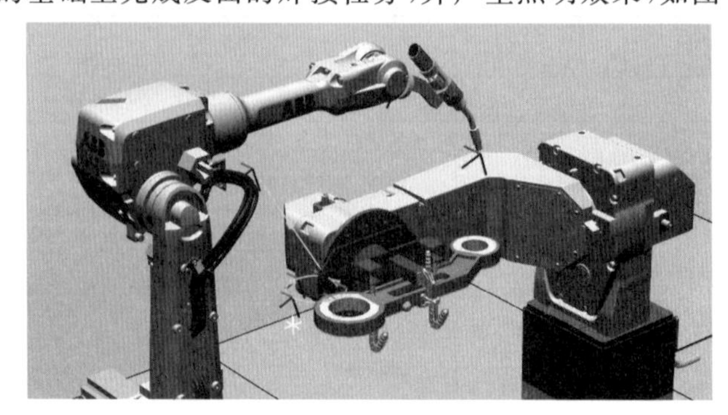

图 7.8　焊接示意

附表 18　项目 7 任务实施记录及检验单 1

项目 7 的任务实施记录及检验单 1 见表 7.12。

表 7.12　项目 7 的任务实施记录及检验单 1

任务名称	创建带导轨的仿真工作站	实施日期	
任务要求	要求：创建带导轨的仿真工作站，并完成程序编制，调试运行仿真		
计划用时		实际用时	
组别		组长	
组员姓名			
成员任务分工			
实施场地			
实施步骤与信息记录	(1) 创建带导轨的机器人系统： (2) 创建运动轨迹并仿真运行：		
遇到的问题及解决方案			
总结与反思			

续表7.12

自我检测评分点	项目列表	自我检测要点	配分	得分
	基本素养	纪律(无迟到、早退、旷课)	10	
		安全规范操作,符合5S管理规范	10	
		团队协作能力、沟通能力	10	
	理论知识	网络平台理论知识测试	10	
	工程技能	正确完成工作站布局	10	
		能够创建带导轨的机器人系统	20	
		完成程序的编制	20	
		调试运行,仿真正确	10	
	总评得分			

附表19 项目7任务实施记录及检验单2

项目7的任务实施记录及检验单2见表7.13。

表7.13 项目7的任务实施记录及检验单2

任务名称	创建带变位机的仿真工作站	实施日期	
任务要求	要求:创建带变位机的仿真工作站,并完成程序编制,调试运行仿真		
计划用时		实际用时	
组别		组长	
组员姓名			
成员任务分工			
实施场地			
实施步骤与信息记录	(1)创建带变位机的机器人系统: (2)创建运动轨迹并仿真运行:		
遇到的问题及解决方案			

续表7.13

总结与反思				
自我检测评分点	项目列表	自我检测要点	配分	得分
	基本素养	纪律(无迟到、早退、旷课)	10	
		安全规范操作,符合5S管理规范	10	
		团队协作能力、沟通能力	10	
	理论知识	网络平台理论知识测试	10	
	工程技能	正确完成工作站布局	10	
		能够创建带变位机的机器人系统	20	
		完成程序的编制	20	
		调试运行,仿真正确	10	
	总评得分			

附表20　项目7任务实施记录及检验单3

项目7的任务实施记录及检验单3见表7.14。

表7.14　项目7的任务实施记录及检验单3

任务名称	创建输送带跟踪的仿真工作站	实施日期	
任务要求	要求:创建输送带跟踪的仿真工作站,并完成程序编制,调试运行仿真		
计划用时		实际用时	
组别		组长	
组员姓名			
成员任务分工			
实施场地			
实施步骤与信息记录	(1)创建输送带跟踪的机器人系统: (2)创建运动轨迹并仿真运行:		

续表7.14

遇到的问题及解决方案				
总结与反思				
自我检测评分点	项目列表	自我检测要点	配分	得分
	基本素养	纪律(无迟到、早退、旷课)	10	
		安全规范操作,符合5S管理规范	10	
		团队协作能力、沟通能力	10	
	理论知识	网络平台理论知识测试	10	
	工程技能	正确完成工作站布局	10	
		能够创建输送带跟踪的机器人系统	20	
		完成程序的编制	20	
		调试运行,仿真正确	10	
	总评得分			

附表21 项目7任务实施记录及检验单4

项目7的任务实施记录及检验单4见表7.15。

表7.15 项目7的任务实施记录及检验单4

任务名称	创建弧焊视觉的仿真工作站	实施日期	
任务要求	要求:创建弧焊视觉的仿真工作站,并完成程序编制,调试运行仿真		
计划用时		实际用时	
组别		组长	
组员姓名			
成员任务分工			
实施场地			

续表7.15

<table>
<tr><td>实施步骤与信息记录</td><td colspan="4">(1) 创建弧焊视觉的机器人运动轨迹：
(2) 制作光源：
(3) 焊缝生成：</td></tr>
<tr><td>遇到的问题及解决方案</td><td colspan="4"></td></tr>
<tr><td>总结与反思</td><td colspan="4"></td></tr>
<tr><td rowspan="10">自我检测评分点</td><td>项目列表</td><td>自我检测要点</td><td>配分</td><td>得分</td></tr>
<tr><td rowspan="3">基本素养</td><td>纪律(无迟到、早退、旷课)</td><td>10</td><td></td></tr>
<tr><td>安全规范操作,符合5S管理规范</td><td>10</td><td></td></tr>
<tr><td>团队协作能力、沟通能力</td><td>10</td><td></td></tr>
<tr><td>理论知识</td><td>网络平台理论知识测试</td><td>10</td><td></td></tr>
<tr><td rowspan="4">工程技能</td><td>正确完成工作站布局</td><td>10</td><td></td></tr>
<tr><td>能够创建带导轨的机器人系统</td><td>20</td><td></td></tr>
<tr><td>完成程序的编制</td><td>20</td><td></td></tr>
<tr><td>调试运行,仿真正确</td><td>10</td><td></td></tr>
<tr><td colspan="4">总评得分</td></tr>
</table>

项目 8　机床上下料仿真工作站的构建

任务引入

目前，我国制造业已经发展并形成一定的规模，门类也较多，同时也面临着劳动强度大、工作环境差、招工难等问题，迫切地需要实现工业生产的自动化。应用工业机器人则能够很好地解决这一系列问题。

在数控机床服务方面，机器人的功能主要包括上料、下料以及换刀等。机器人数控机床自动上下料功能可自动完成加工过程中工件的抓取、上料、下料、装卡、工件移位翻转、工件转序加工等任务，提高了生产效率，节约了人工成本，在大批量小型零部件的加工生产中最为适用。机器人数控机床自动上下料功能的实现依赖于配套的应用系统，包括信息的获取、输出，控制指令的发出和执行等功能的实现。

机械加工上下料需要重复、持续作业，并要求作业的一致性与精准性。一般工厂对配件的加工工艺流程需要多台机床多道工艺的连续加工形成，但随着用工成本的提高及生产效率提升带来的竞争压力，加工能力的自动化程度及柔性制造能力成为工厂竞争力提升的关卡。机器人能够代替人工上下料作业，通过采取自动供料料仓、输送带等方式，形成高效的自动上下料系统，如图 8.1 所示。数控机床现在已经成为企业生产中必不可少的设备，将工业机器人与其结合，可有效地节约人力成本，提高生产效率。机器人上下料的特点如下：

(1) 高精度定位，快速搬运夹取，缩短作业节拍，提高机床效率；

(2) 作业稳定可靠，有效减少不合格品，提高产品质量；

(3) 无疲劳连续作业，降低机床闲置率，扩大工厂产能；

(4) 高自动化水平，提高单品制造精度，提速批量生产效率；

(5) 高度柔性，快速、灵活适应新任务和新产品，缩短交货期。

图 8.1　工业机器人对数控机床上下料

任务工单

项目 8 的任务工单见表 8.1。

表 8.1　项目 8 的任务工单

任务名称	机床上下料仿真工作站的构建
设备清单	个人计算机配置要求：Windows 7 及以上操作系统，i7 及以上 CPU，8 GB 及以上内存，20 GB 及以上空闲硬盘，独立显卡
实施场地	场地具备计算机、能上网的条件即可；也可以在机房、ABB 机器人实训室完成任务（后续任务大都可以在具备条件的实训室或装有软件的机房完成）
任务目的	通过创建动态夹具，掌握组件的使用方法和夹具信号设置的流程；通过创建输送带，掌握机械装置的创建方法；通过项目任务，掌握上、下料工作站程序的编制方法
任务描述	能够解包文件，创建动态夹具和输送带，完成机床上、下料仿真工作站的程序编制和仿真
知识目标	掌握动态夹具的创建流程，掌握机械装置的创建方法，掌握 Smart 组件的使用方法，掌握工作站逻辑信号设定方法
能力目标	能够创建动态夹具；能够创建机械装置；能够创建输送装置动态属性；能够完成机床上、下料仿真工作站的程序编制
素养目标	培养学生安全规范意识和纪律意识；培养学生主动探究新知识的意识；培养学生严谨、规范的工匠精神
验收要求	在自己的计算机上成功运行机床上下料仿真工作站，完成毛坯工件和成品工件的取放

任务 8.1　系统与动态夹具创建

系统与动态夹具创建

8.1.1　系统创建

本项目的主要工作目标是使一台机器人满足一台数控机床的自动上下料需求，将被加工的毛坯工件从原料盘当中夹取送到数控机床加工位中，然后按照设定的参数进行加工；加工完成后，机器人自动将工件搬运到成品托盘中。根据仿真的要求，需要创建夹具的动态属性，实现夹具对加工件的抓取和放置效果。

项目工作流程如图 8.2 所示。

① 人工上料到储料装置：人工在上料台对空托盘逐一补料。

② 自动送料：送料装置将有料托盘输送到上料位置。

③ 机器人上料：机器人由初始位置运动到送料输送装置上料位置，夹爪将毛坯件夹紧到达机床附近，控制机床门和进给装置打开，机器人将毛坯工件放到加工位置，然后退出机床位置，同时发出上料完成信号，使机床门关闭，进给装置前进。

④ 机床加工：机床收到机器人加工信号，主轴旋转，开始加工工件，加工结束后发给机器人加工完成的信号。

⑤ 机器人下料到储料装置：控制机床门和进给装置打开，机器人首先将加工好的工件拿下，退出机床加工位置。机器人把加工完成的工件按顺序放置到下料盘，托盘放满，人工取下成品。

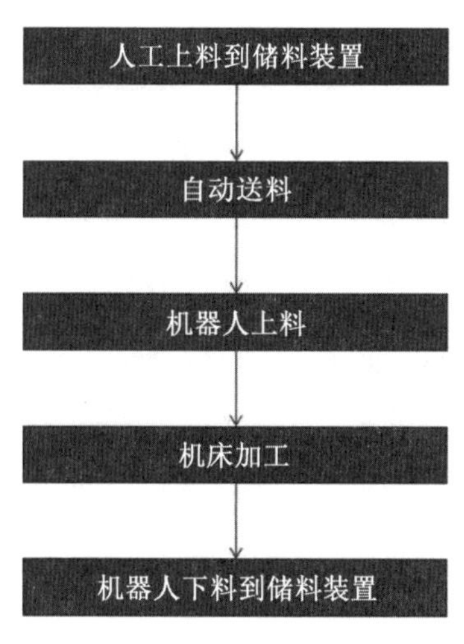

图 8.2　项目工作流程

解压完成后的工作站如图 8.3 所示。

系统创建流程见表 8.2。

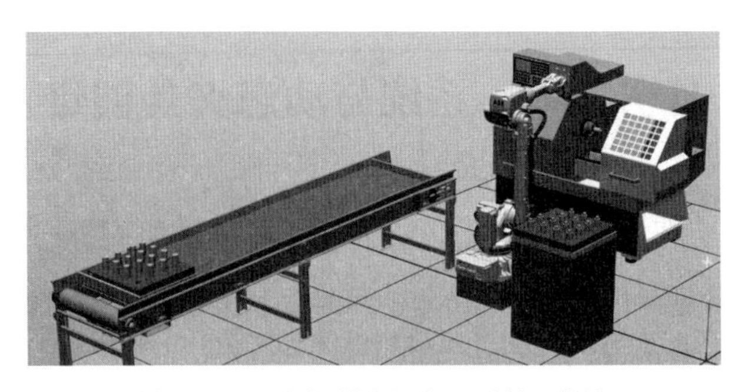

图 8.3　工业机器人机床上下料工作站

表 8.2　系统创建流程

操作步骤	操作说明	示意图
1	机器人系统创建的流程可参考项目 1，本节不再详细阐述	
2	进入“系统选项”界面，单击“选项…”按钮，对系统进行配置。在“更改选项”窗口中，“Default Language”选择“Chinese”，“Industrial Networks”选择“709-1 DeviceNet Master/Slave”。最后单击“完成”按钮，完成系统的创建	

8.1.2　动态夹具创建

在工业机器人机床上下料仿真工作站中，机器人工具需要针对要搬运工件的尺寸和质量进行设计，这里只需调用已经创建好的夹具即可；工具夹取和放下工件的动态仿真效果是最重要的部分，需要创建一个具有 Smart 组件特性的夹具，操作步骤见表 8.3。

表 8.3　动态夹具创建过程

操作步骤	操作说明	示意图
1	在“建模”选项卡下，选择“Smart 组件”，右击生成的组件“SmartComponent_1”，在弹出的快捷菜单中选择“重命名”命令，将其重命名为“SC_Tool”	
2	在“布局”面板中，用鼠标左键按住工具“Tool”，将其拖放到“SC_Tool”上，将“Tool”添加到 Smart 组件中。工具“Tool”包含一个工具坐标系，将其设定为 Role，则 SC_Tool 集成工具坐标系属性，就可以将 SC_Tool 完全当作机器人的工具来处理	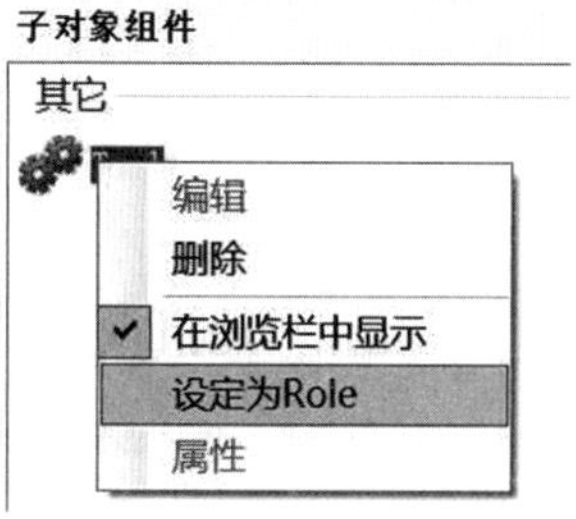
3	单击“添加组件”，选择“动作”中的“Attacher”	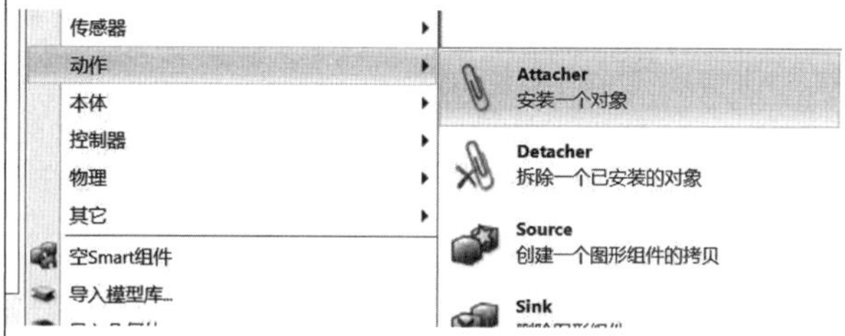
4	在“布局”面板中，右击“Attacher”，在弹出的快捷菜单中选择“重命名”命令，将名称修改为“Attacher_Part_1”。在“Attacher_Part_1”的“属性”面板中，“Parent”选择“TooL1(SC_Tool)”，“Flange”选择“TooL1”，“Child”选择“Part_1”，单击“应用”按钮	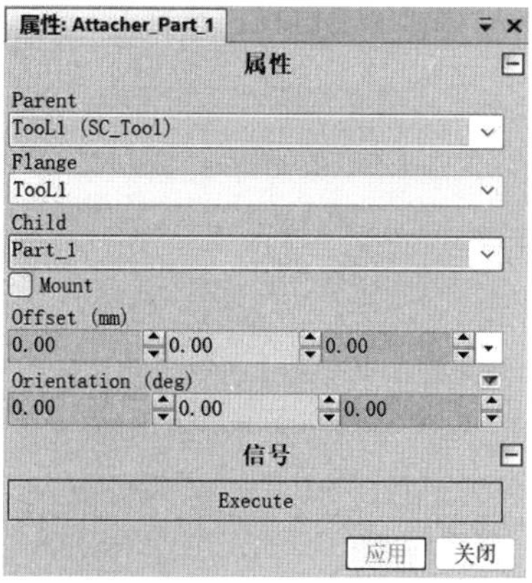

续表8.3

操作步骤	操作说明	示意图
5	添加 Detacher。单击“添加组件”，选择“动作”中的“Detacher”	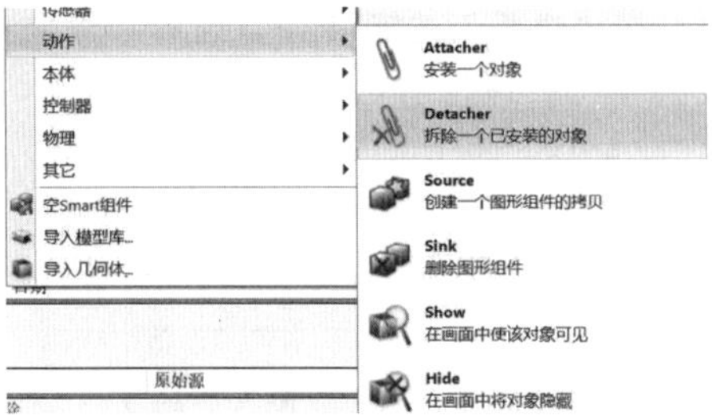
6	在“布局”面板中，右击“Detacher”，在弹出的快捷菜单中选择“重命名”命令，将名称修改为“Detacher_Part_1”。“Child”选择“Part_1”，单击“应用”按钮	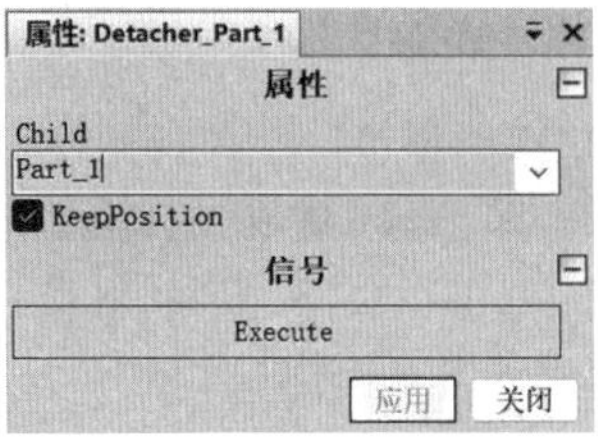
7	再次添加 Attacher 组件。将其重命名为“Attacher_Part_OK”，在“属性”面板中，“Parent”选择“TooL1(SC_Tool)”，“Flange”选择“Tool1”，“Child”选择“Part_OK”，单击“应用”按钮	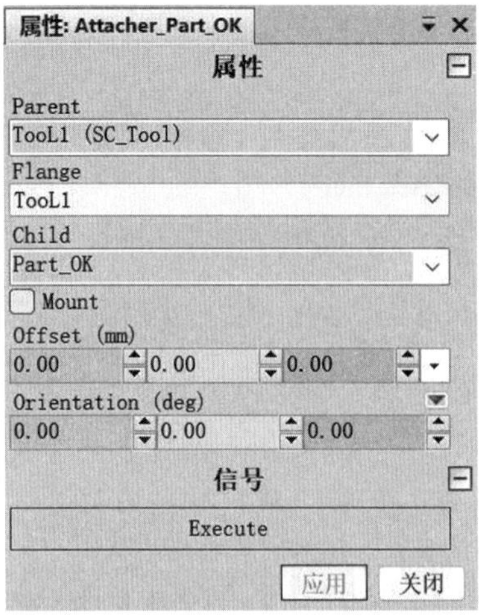
8	再次添加 Detacher 组件。将名称修改为“Detacher_Part_OK”。“Child”选择“Part_OK”，单击“应用”按钮	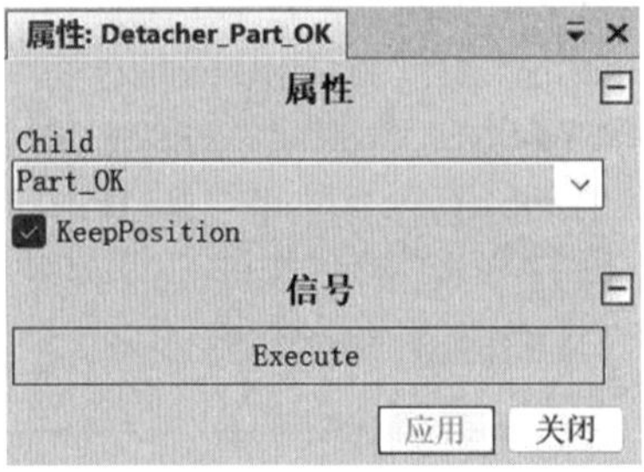

续表8.3

操作步骤	操作说明	示意图
9	每一个信号对应每一个工件，每个工件都有一个控制抓取和放置的信号。单击“设计”，再单击“输入 +”	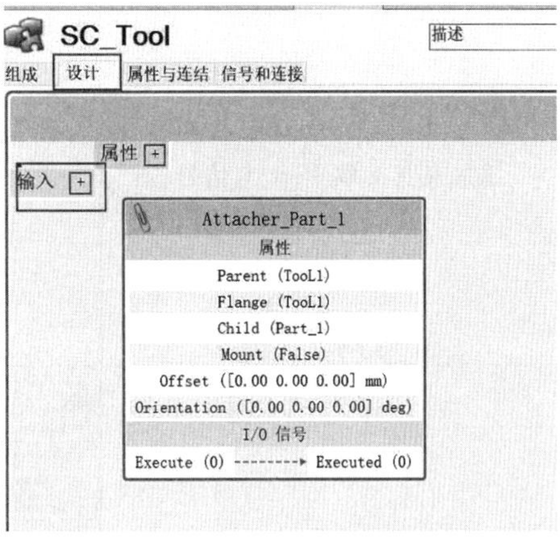
10	在弹出的“添加 I/O Signals”对话框中，设置“信号类型”为“DigitalInput”，“信号名称”为“di_attacher_part_1”，单击“确定”按钮，这个信号用来控制 Part_1 的抓取	
11	再次单击“输入 +”，设置“信号类型”为“DigitalInput”，“信号名称”为“di_detacher_part_1”，单击“确定”按钮，这个信号用来控制 Part_1 的放置	
12	用同样的方法设置成品工件 part_OK 信号的抓取和放置	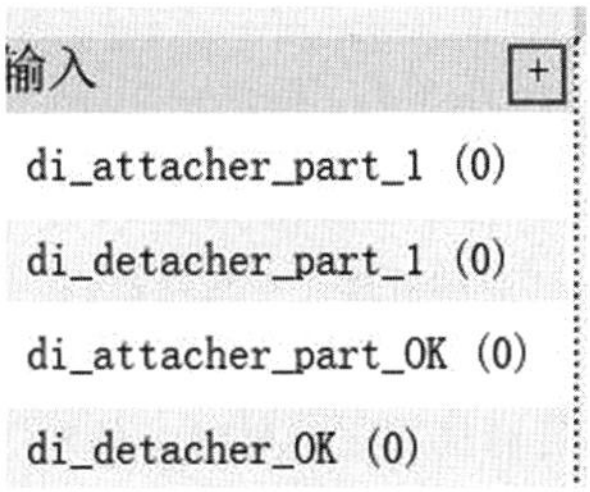

续表8.3

操作步骤	操作说明	示意图
13	添加夹具夹取 Part_1 信号	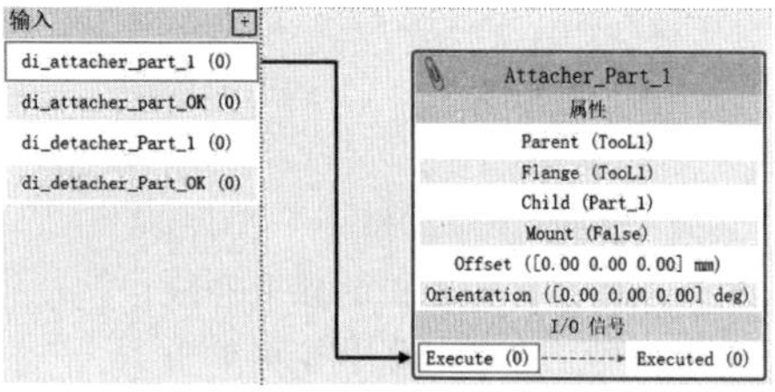 输入 di_attacher_part_1 (0) di_attacher_part_OK (0) di_detacher_Part_1 (0) di_detacher_Part_OK (0) Attacher_Part_1 属性 Parent (TooL1) Flange (TooL1) Child (Part_1) Mount (False) Offset ([0.00 0.00 0.00] mm) Orientation ([0.00 0.00 0.00] deg) I/O 信号 Execute (0) Executed (0)
14	再次添加其他 3 个信号，至此，已经完成了创建动态夹具的整个过程	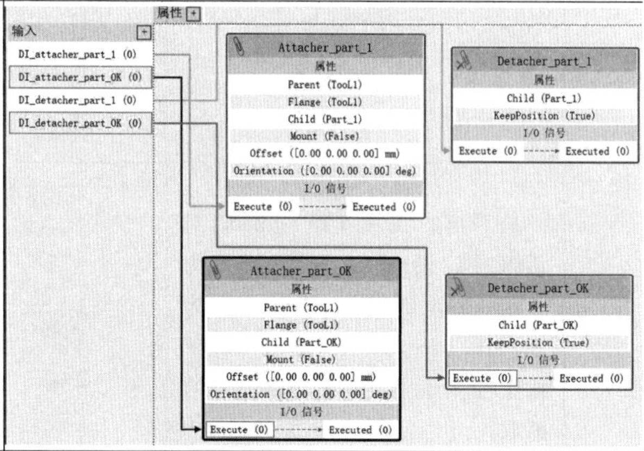 属性 输入 DI_attacher_part_1 (0) DI_attacher_part_OK (0) DI_detacher_part_1 (0) DI_detacher_part_OK (0) Attacher_part_1 属性 Parent (TooL1) Flange (TooL1) Child (Part_1) Mount (False) Offset ([0.00 0.00 0.00] mm) Orientation ([0.00 0.00 0.00] deg) I/O 信号 Execute (0) Executed (0) Detacher_part_1 属性 Child (Part_1) KeepPosition (True) I/O 信号 Execute (0) Executed (0) Attacher_part_OK 属性 Parent (TooL1) Flange (TooL1) Child (Part_OK) Mount (False) Offset ([0.00 0.00 0.00] mm) Orientation ([0.00 0.00 0.00] deg) I/O 信号 Execute (0) Executed (0) Detacher_part_OK 属性 Child (Part_OK) KeepPosition (True) I/O 信号 Execute (0) Executed (0)
15	右击“SC_Tool”，选择“属性”，进行安装和拆除的测试	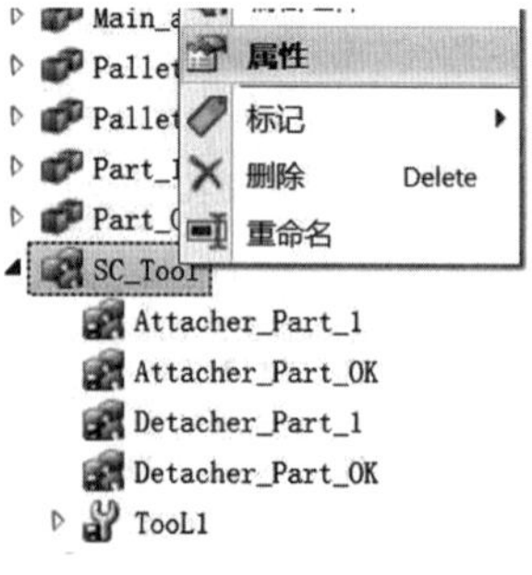 Main_a Pallet Pallet Part_1 Part_(SC_Tool 属性 标记 删除 Delete 重命名 Attacher_Part_1 Attacher_Part_OK Detacher_Part_1 Detacher_Part_OK TooL1
16	进行测试。比如“DI_attacher_part_1”置 1，手动移动机器人，发现 Part_1 跟随机器人一起移动，其他测试同理。 注意：测试完成后要把工件和设备恢复到初始化位置	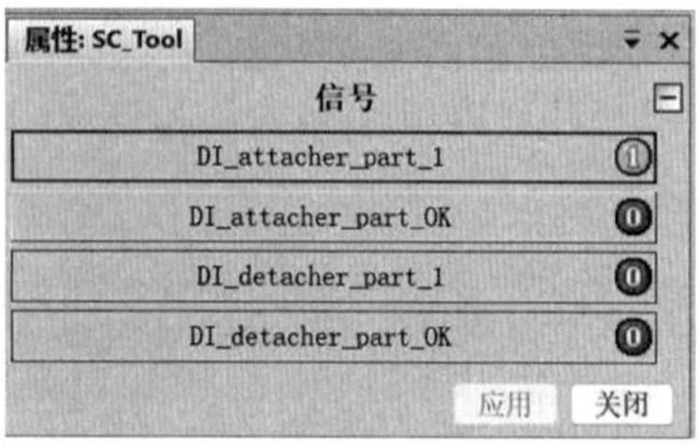 属性: SC_Tool 信号 DI_attacher_part_1 1 DI_attacher_part_OK 0 DI_detacher_part_1 0 DI_detacher_part_OK 0 应用 关闭

任务 8.2　Smart 组件创建输送装置与机床运动

在工业机器人机床上下料工作站中，零件传送装置的动画效果和机床运动对整个工作站的仿真效果起到关键的作用。本任务介绍机械装置的创建流程以及用 Smart 组件创建机床运动的方法。

8.2.1　机械装置创建

创建输送装置动态效果之前先创建机械装置，机械装置用来完成输送装置对零件的输送。机械装置创建过程见表 8.4。

机械装置创建

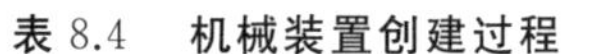

表 8.4　机械装置创建过程

操作步骤	操作说明	示意图
1	选择“建模”选项卡，单击“创建机械装置”，在“创建机械装置”面板的“机械装置模型名称”中输入“cnv”，在“机械装置类型”中选择“设备”，然后双击“链接”	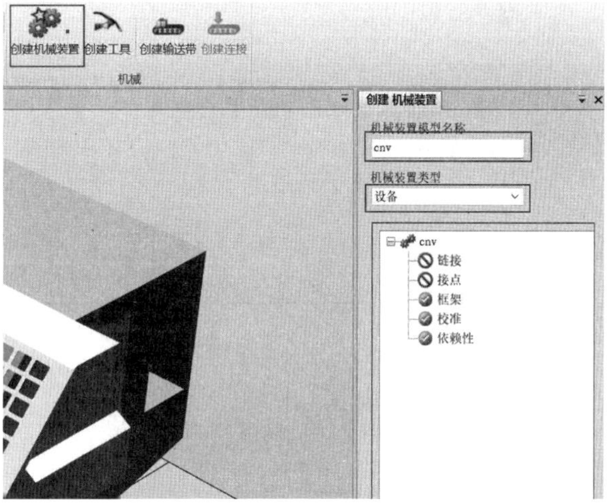
2	弹出“创建链接”对话框，在“链接名称”处输入“L1”，“所选组件”选择“Conveyer_1”，选中“设置为 BaseLink”，单击右三角按钮，单击“确认”按钮	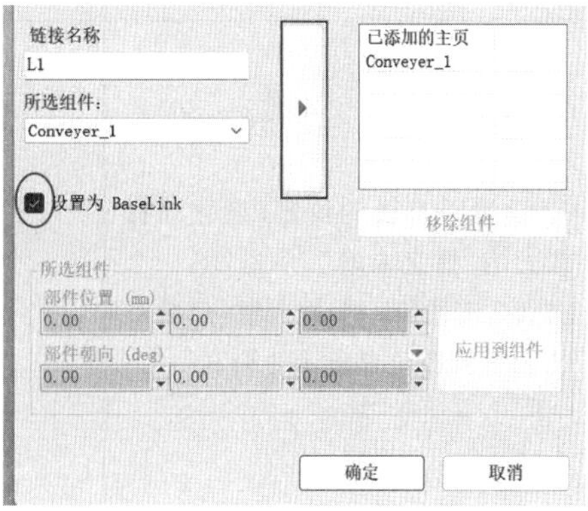

续表8.4

操作步骤	操作说明	示意图
3	继续设置子链接。在“链接名称”处输入“L2”,“所选组件”选择“Link_1”,单击右三角按钮	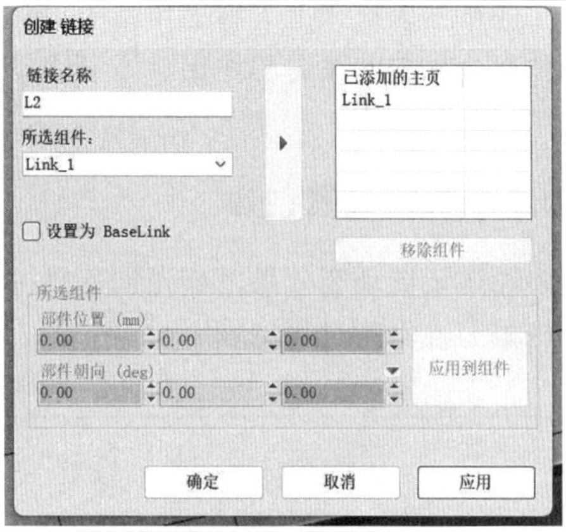
4	单击“取消”按钮,链接创建完毕,然后双击“接点”	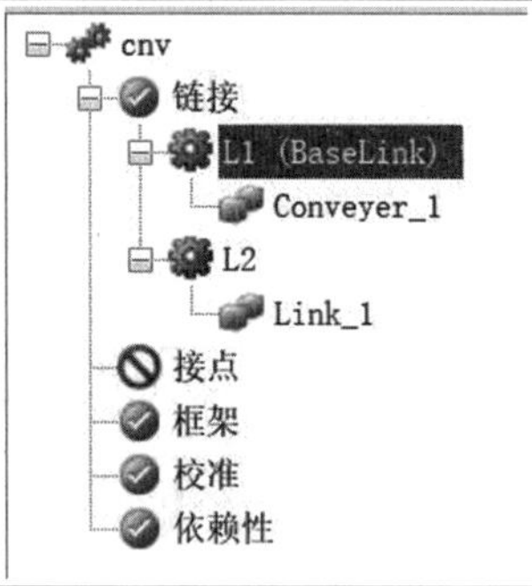
5	弹出“创建 接点”对话框,无须修改“父链接”和“子链接”,关节类型选择“往复的”	
6	设置关节轴的位置,设置捕捉模式为“捕捉末端”,单击“第一个位置”下的第一个输入框,然后单击图中圆圈位置所示的端点	

续表8.4

操作步骤	操作说明	示意图
7	接着单击“第二个位置”下的第一个输入框，然后单击图中圆圈位置所示的端点	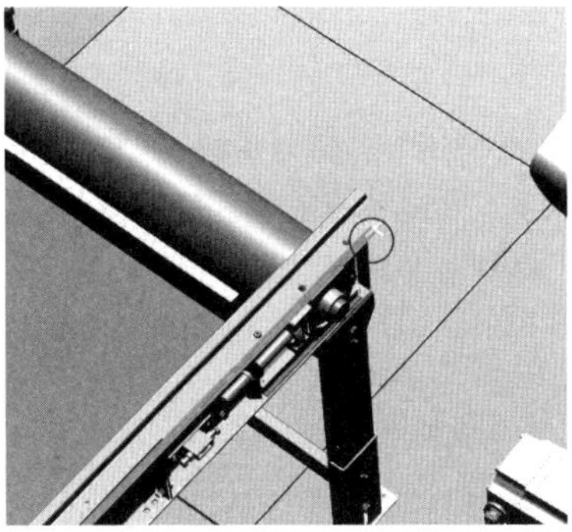
8	关节轴的位置数值会自动显示。接着设置关节限值以限定运动范围，“最小限值”为 0，“最大限值”为 2 850 mm，单击“确定”按钮。最后双击“创建机械装置”标签	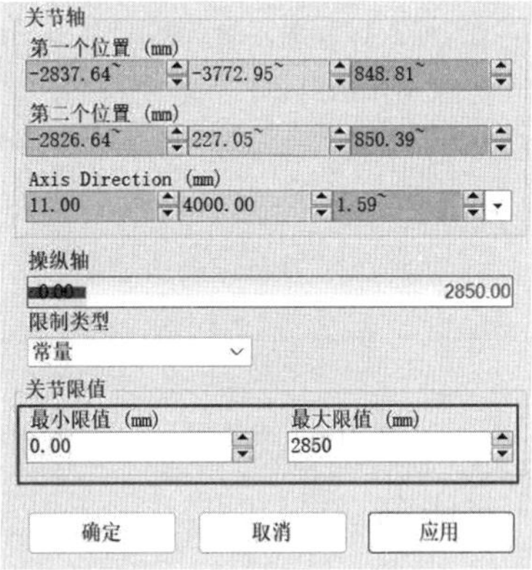
9	单击“编译机械装置”按钮，再单击“添加”按钮，创建机械装置的姿态	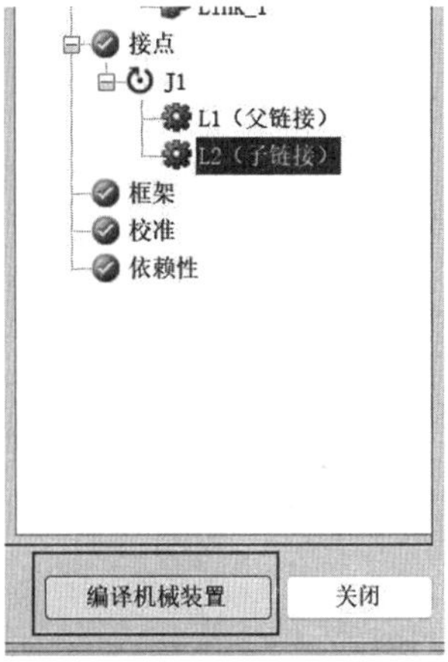

续表8.4

操作步骤	操作说明	示意图
10	弹出“创建 姿态”对话框，在“姿态名称”中输入“cnv_pos0”，“关节值”设为 0，单击“应用”按钮	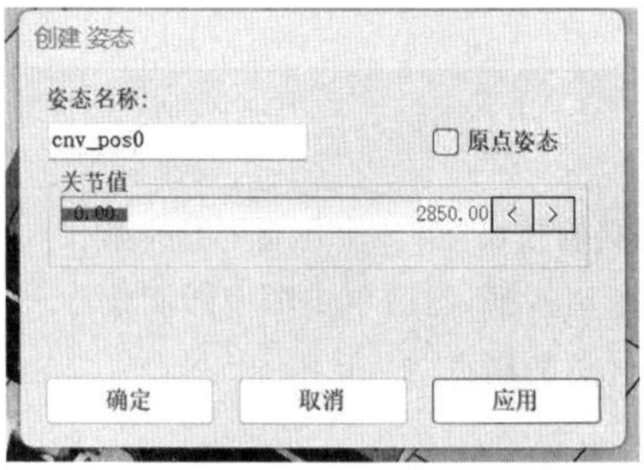 创建 姿态 姿态名称: cnv_pos0 原点姿态 关节值 0.00 2850.00 确定 取消 应用
11	再添加一个姿态。在“姿态名称”中输入“cnv_pos1”“关节值”设定为 2 850，单击“应用”按钮	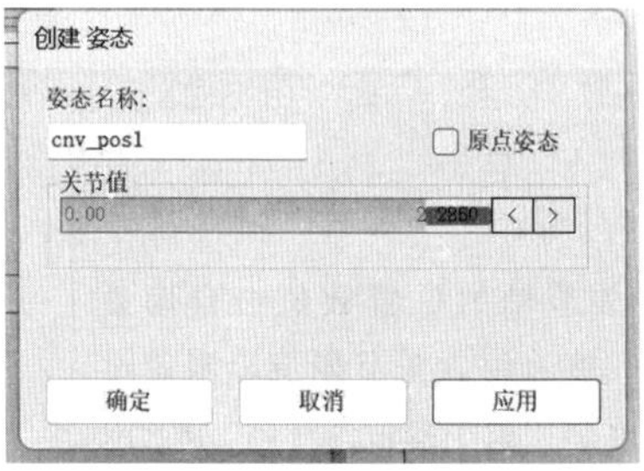 创建 姿态 姿态名称: cnv_pos1 原点姿态 关节值 0.00 2850 确定 取消 应用
12	单击“设置转换时间”按钮	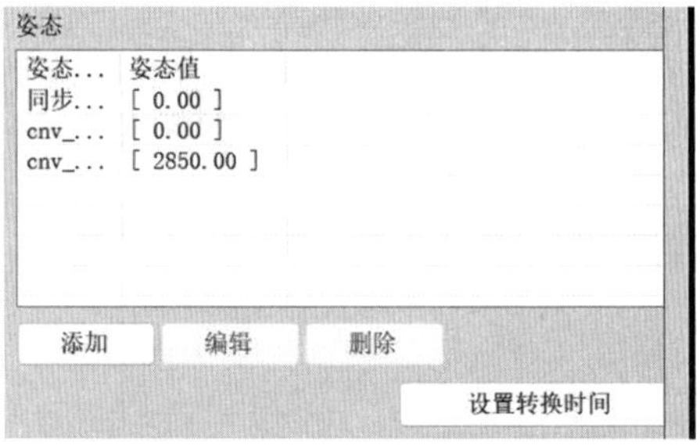 姿态 姿态... 姿态值 同步... [0.00] cnv_... [0.00] cnv_... [2850.00] 添加 编辑 删除 设置转换时间
13	弹出“设置转换时间”对话框，在所有的输入框内输入 3，即传送带“cnv_pos0”到“cnv_pos1”的运行时间是 3 s，单击“确定”按钮	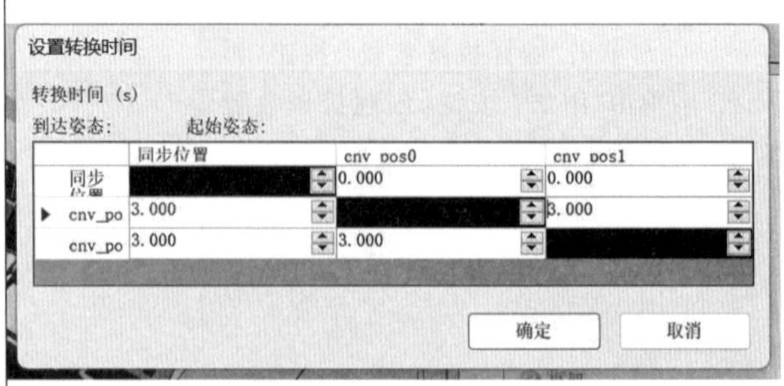 设置转换时间 转换时间 (s) 到达姿态: 起始姿态: 同步位置 cnv_pos0 cnv_pos1 同步位置 0.000 0.000 cnv_po 3.000 3.000 cnv_po 3.000 3.000 确定 取消

续表8.4

操作步骤	操作说明	示意图
14	转换时间设置完成后，单击“关闭”按钮	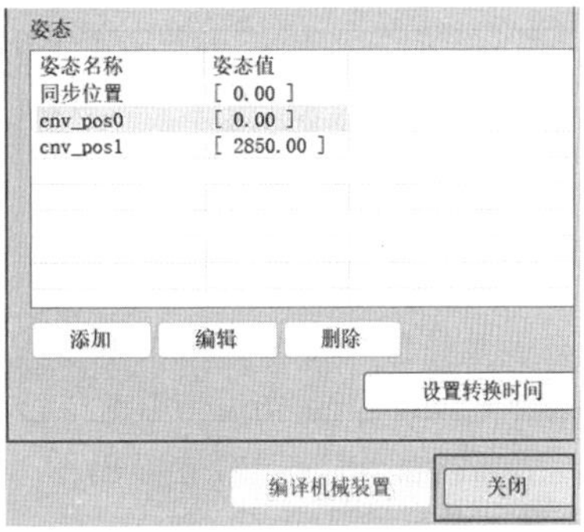
15	机械装置 cnv 创建完成后，选择“手动关节”，可以移动托盘	
16	右击机械装置“cnv”，在弹出的快捷菜单中选择“回到机械原点”命令，使机械装置回到原点位置	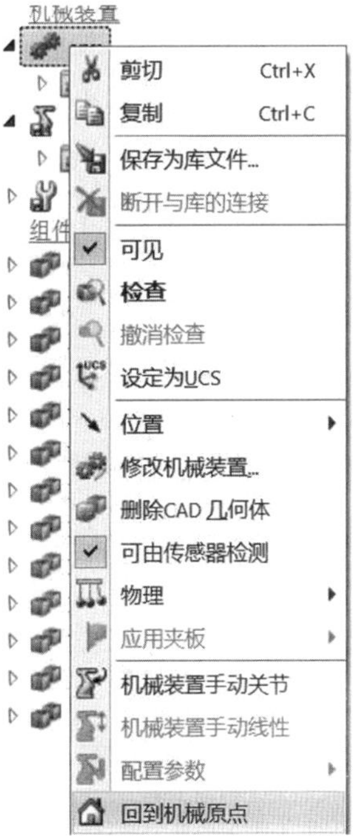

续表8.4

操作步骤	操作说明	示意图
17	现在把托盘“Pallet_1”安装到机械装置“cnv”的运动关节“L2”上。右击托盘“Pallet_1”，在弹出的快捷菜单中选择“安装到”“L2”命令	IRB2600_12_185__02 链接 TooL1 组件 Conveyer_1 Door_1 Link_1 Link_2 Machinetool_1 Main_axle_1 Pallet_1 Pallet_ Part_1 Part_O Work_f 底座 支撑板 剪切 Ctrl+X 复制 Ctrl+C 粘贴 Ctrl+V 保存为库文件... 断开与库的连接 导出几何体... 已链接几何体 可见 检查 撤消检查 设定为UCS 位置 修改(M) 物理 映射 应用夹板 安装到 L1 L2 Link_1 Link_2 Link1 Link1/Cables Link1/Cables Link1/Link1 Link2 Link2/Cables Link2/Link2 Link3 Link3/Cables Link3/Link3 Link4 Link4/Link4 Link5 Link6 Machinetool_1 Main_axle_1 Pallet_2 Part_1 Part_OK TooL1 TooL1 Work_feeder_1
18	在弹出的“更新位置”对话框中单击“否”按钮，即保持现在的位置	更新位置 是否希望更新'Pallet_1'的位置? 是(Y) 否(N) 取消
19	测试是否一起运动。选择“手动关节”，移动托盘，工件可跟随托盘一起移动	J1=652.28 mm

输送装置动态属性创建

8.2.2 输送装置动态属性创建

输送装置的动态属性设置需要用到面传感器 PlaneSensor 和组件 PoseMover。面传感器 PlaneSensor 通过 Origin、Axis1 和 Axis2 定义平面。设置 Active 输入信号时，传

感器会检测与平面相交的对象。相交的对象将显示在 SensedPart 属性中。出现相交时，将设置 SensorOut 输出信号。PoseMover 包含 Mechanism、Pose 和 Duration 等属性。设置 Execute 输入信号时，机械装置的关节值移向给定姿态。达到给定姿态时，设置 Executed 输出信号。这部分内容在项目 6 中已详细阐述，本小节不再介绍。

输送装置的动态属性创建过程见表 8.5。

表 8.5　输送装置的动态属性创建过程

操作步骤	操作说明	示意图
1	选择“建模”功能选项卡中的“Smart 组件”，右击新生成的组件“SmartComponent_2”，在弹出的快捷菜单中选择“重命名”命令，命名为“SC_Cnv”	SC_Cnv SC_Tool Work_feeder_1 底座 支撑板
2	用鼠标左键按住创建的输送装置“cnv”，将其拖动到刚刚创建的组件“SC_Cnv”中	cnv 链接 IRB2600_12_185__02 链接 组件 Conveyer_1 Door_1 Link_1 Link_2 Machinetool_1 Main_axle_1 Pallet_1 Pallet_2 Part_1 Part_OK SC_Cnv SC_Tool
3	在 Smart 组件编辑面板的“组成”选项卡中，右击“cnv”，选中“设定为 Role”	子对象组件 其它 cnv 编辑 删除 在浏览栏中显示 设定为Role 属性

续表8.5

操作步骤	操作说明	示意图
4	需要在输送装置的前端添加面传感器，当输送装置到达末端时，传感器能够检测到并发出信号，并将信号传输给机器人。单击“添加组件”，选择“传感器”“PlaneSensor”，创建一个面传感器	
5	面传感器的创建基于输送装置前端的挡板，将捕捉方式设置为“捕捉末端”，单击“Origin”下的第一个输入框，然后单击圆圈处的点作为原点	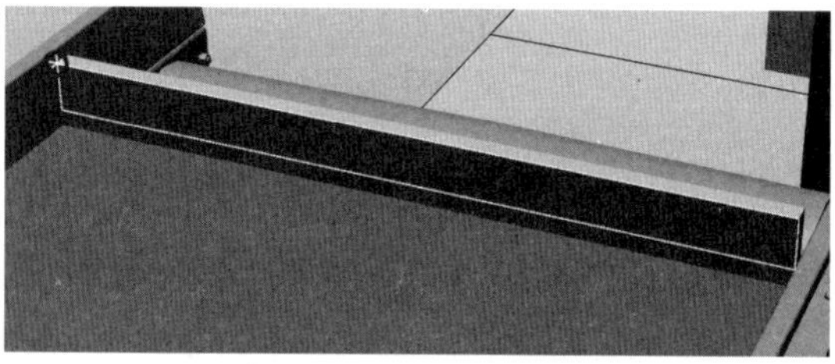
6	输入数值，“Axis1”的 X 轴为“750.00”，“Axis2”的 Z 轴为“－50.00”	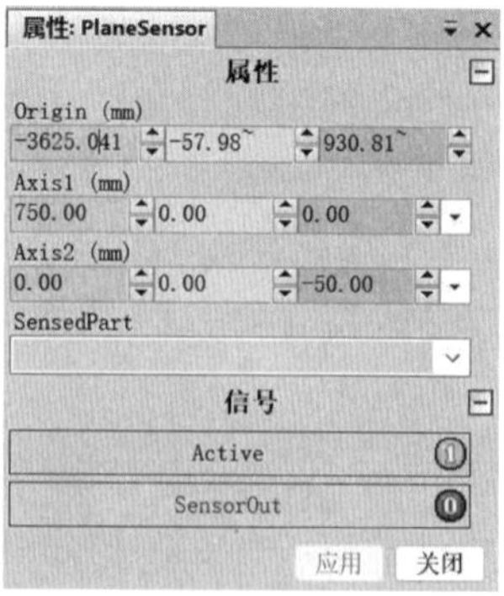

续表8.5

操作步骤	操作说明	示意图
7	将传感器设置为激活状态，即“Active”显示为“1”时，“SensedPart”处会显示出物体的名称。传感器用于检测托盘是否到位，因此需要把刚才检测到的物体设置为不可由传感器检测	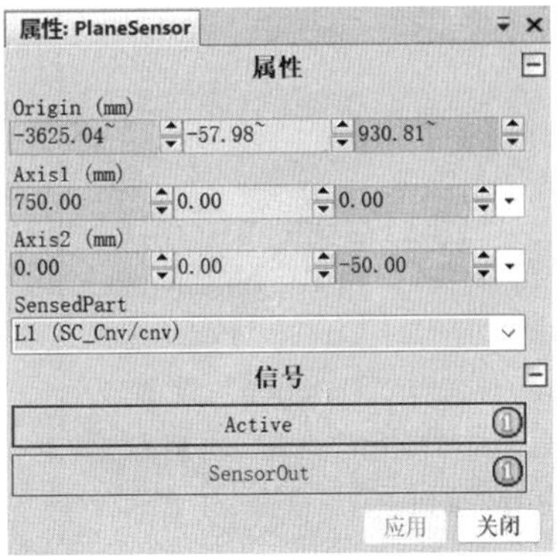
8	取消勾选“可由传感器检测”	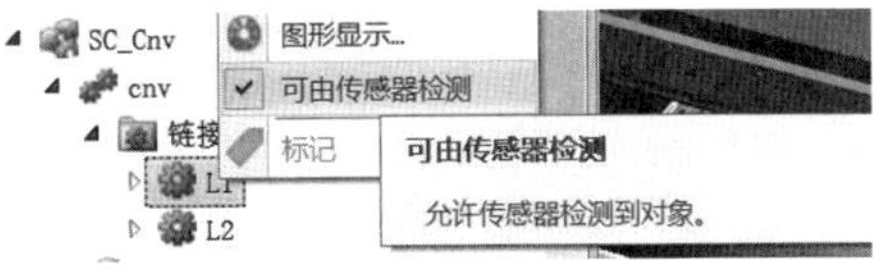
9	把传感器设置为激活状态，然后单击“应用”按钮	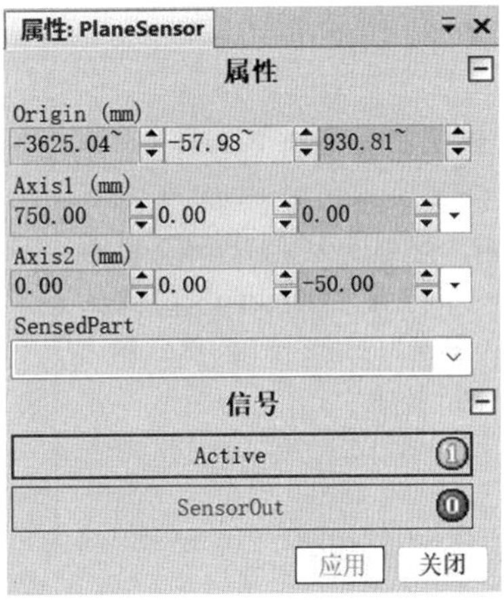
10	右击“SC_Cnv”，单击“添加组件”，选择“本体”中的“PoseMover”	

续表8.5

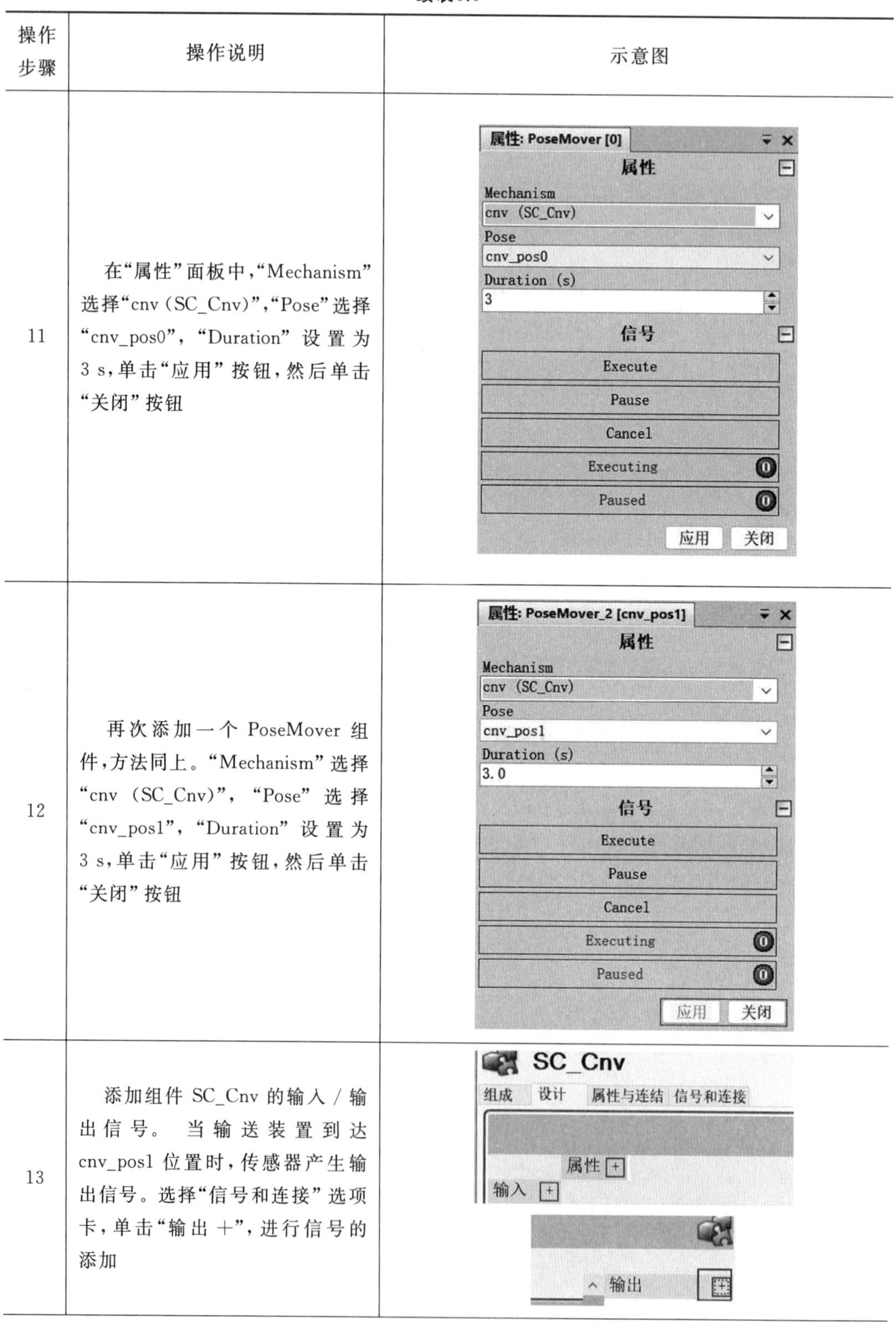

操作步骤	操作说明	示意图
11	在“属性”面板中，“Mechanism”选择“cnv (SC_Cnv)”，“Pose”选择“cnv_pos0”，“Duration”设置为3 s，单击“应用”按钮，然后单击“关闭”按钮	
12	再次添加一个PoseMover组件，方法同上。“Mechanism”选择“cnv (SC_Cnv)”，“Pose”选择“cnv_pos1”，“Duration”设置为3 s，单击“应用”按钮，然后单击“关闭”按钮	
13	添加组件SC_Cnv的输入/输出信号。当输送装置到达cnv_pos1位置时，传感器产生输出信号。选择“信号和连接”选项卡，单击“输出 +”，进行信号的添加	

续表8.5

操作步骤	操作说明	示意图
14	“信号类型”选择“DigitalOutput”，“信号名称”设置为“cnv_inpos1”，单击“确定”按钮	
15	单击“输入+”，添加控制输送装置启动的输入信号，“信号名称”为“cnv_start”	
16	再次添加控制输送装置返回的输入信号，“信号名称”为“cnv_back”	
17	面传感器被触发，表示工件到位	

续表8.5

操作步骤	操作说明	示意图
18	输入信号 cnv_start 连接到位。cnv_back 连接到起始点位	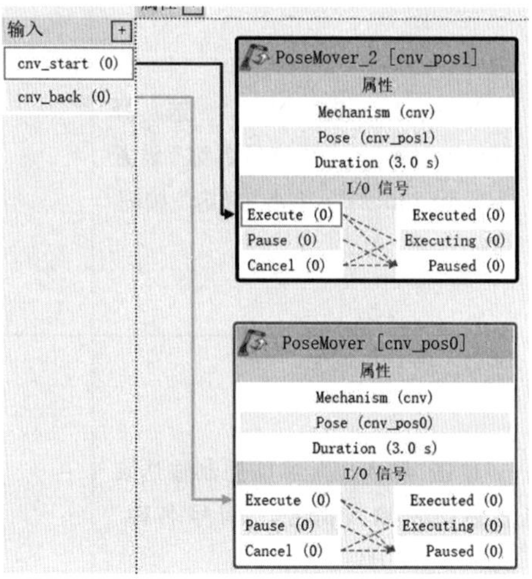
19	右击“SC_Cnv”组件，选择“属性”进行测试	

续表8.5

操作步骤	操作说明	示意图
20	cnv_start 信号置 1,托盘移动到最右边	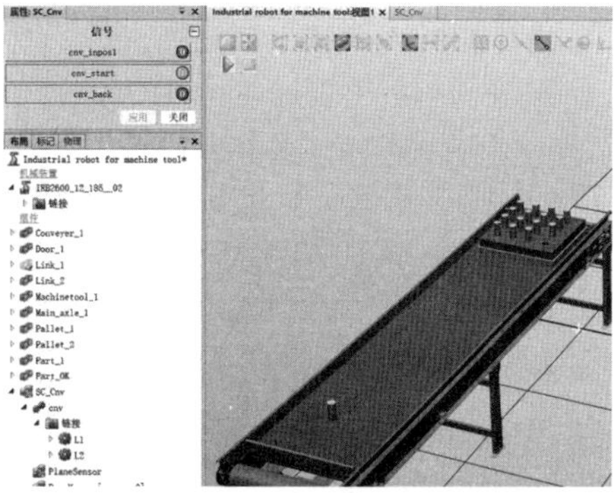 属性: SC_Cnv 信号 cnv_inpos1 cnv_start cnv_back 应用 关闭 布局 标记 物理 Industrial robot for machine tool* 机械装置 IRB2600_12_165_02 链接 组件 Conveyer_1 Door_1 Link_1 Link_2 Machinetool_1 Main_axle_1 Pallet_1 Pallet_2 Part_1 Part_OK SC_Cnv cnv 链接 L1 L2 PlaneSensor Industrial robot for machine tool:视图1
21	cnv_back 信号置 1,托盘移动到最左边	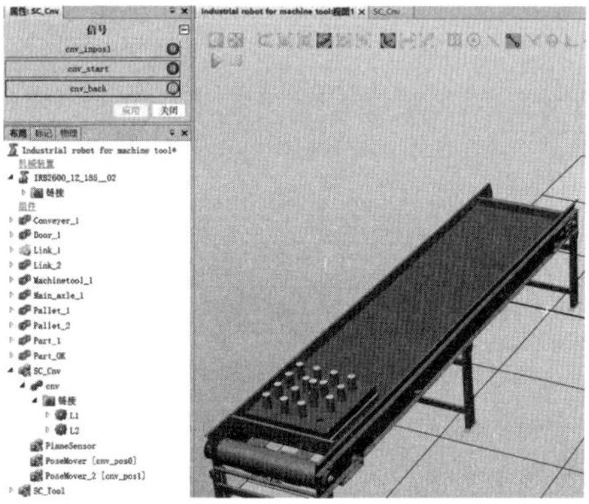 属性: SC_Cnv 信号 cnv_inpos1 cnv_start cnv_back 应用 关闭 布局 标记 物理 Industrial robot for machine tool* 机械装置 IRB2600_12_165_02 链接 组件 Conveyer_1 Door_1 Link_1 Link_2 Machinetool_1 Main_axle_1 Pallet_1 Pallet_2 Part_1 Part_OK SC_Cnv cnv 链接 L1 L2 PlaneSensor PoseMover (cnv_pos0) PoseMover_2 (cnv_pos1) SC_Tool Industrial robot for machine tool:视图1

8.2.3　机床运动创建

机床运动创建

创建机床运动可以丰富仿真效果,机床运动主要包括主轴的旋转、进给装置的进给和返回运动、机床门的打开和闭合。创建机床主轴旋转运动要用到 Rotator 和 LinearMover2 组件。

用 Smart 创建机床运动的操作步骤见表 8.6。

表 8.6　机床运动创建过程

操作步骤	操作说明	示意图
1	在"建模"功能选项卡中单击"Smart 组件",右击新生成的组件,在弹出的快捷菜单中选择"重命名",命名为"SC_Machine_Tool"	 SC_Machine_Tool SC_Tool Work_feeder_1 底座 支撑板

续表8.6

操作步骤	操作说明	示意图
2	进行机床1的动态仿真设置。分别单击部件“Machinetool_1”“Work_feeder_1”“Main_axle_1”“Door_1”，并把它们依次拖放到“SC_Machine_Tool”中	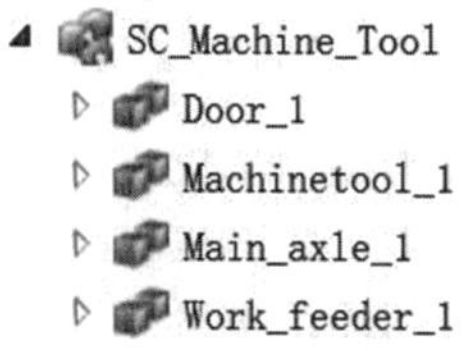 SC_Machine_Tool Door_1 Machinetool_1 Main_axle_1 Work_feeder_1
3	首先设置关门的动作，设置机床门动作效果。添加一个“LinearMover2”组件，重命名为“Door_Close”	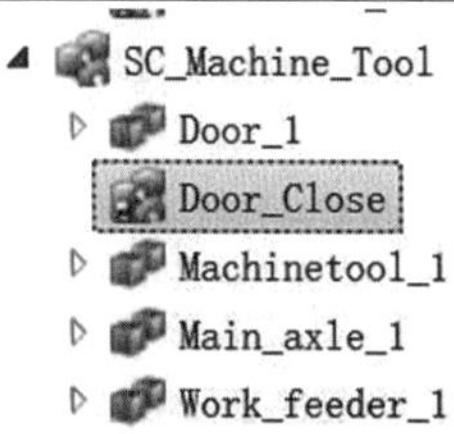 SC_Machine_Tool Door_1 Door_Close Machinetool_1 Main_axle_1 Work_feeder_1
4	参数设置。“Object”选择“Door_1(SC_Machine_Tool)”，沿着 X 轴负方向运动，距离为600 mm，时间为2 s，设置完成后单击“应用”按钮	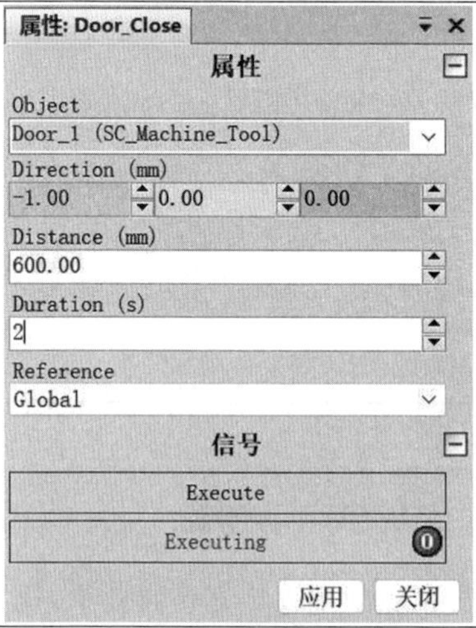 属性: Door_Close 属性 Object Door_1 (SC_Machine_Tool) Direction (mm) -1.00 0.00 0.00 Distance (mm) 600.00 Duration (s) 2 Reference Global 信号 Execute Executing 0 应用 关闭
5	用同样的方法创建开门动作，添加一个“LinearMover2”组件，重命名为“Door_Open”，设置参数，设置完成后单击“应用”按钮	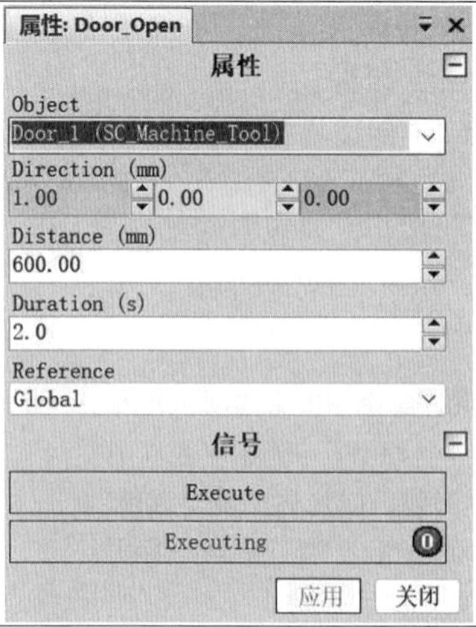 属性: Door_Open 属性 Object Door_1 (SC_Machine_Tool) Direction (mm) 1.00 0.00 0.00 Distance (mm) 600.00 Duration (s) 2.0 Reference Global 信号 Execute Executing 0 应用 关闭

续表8.6

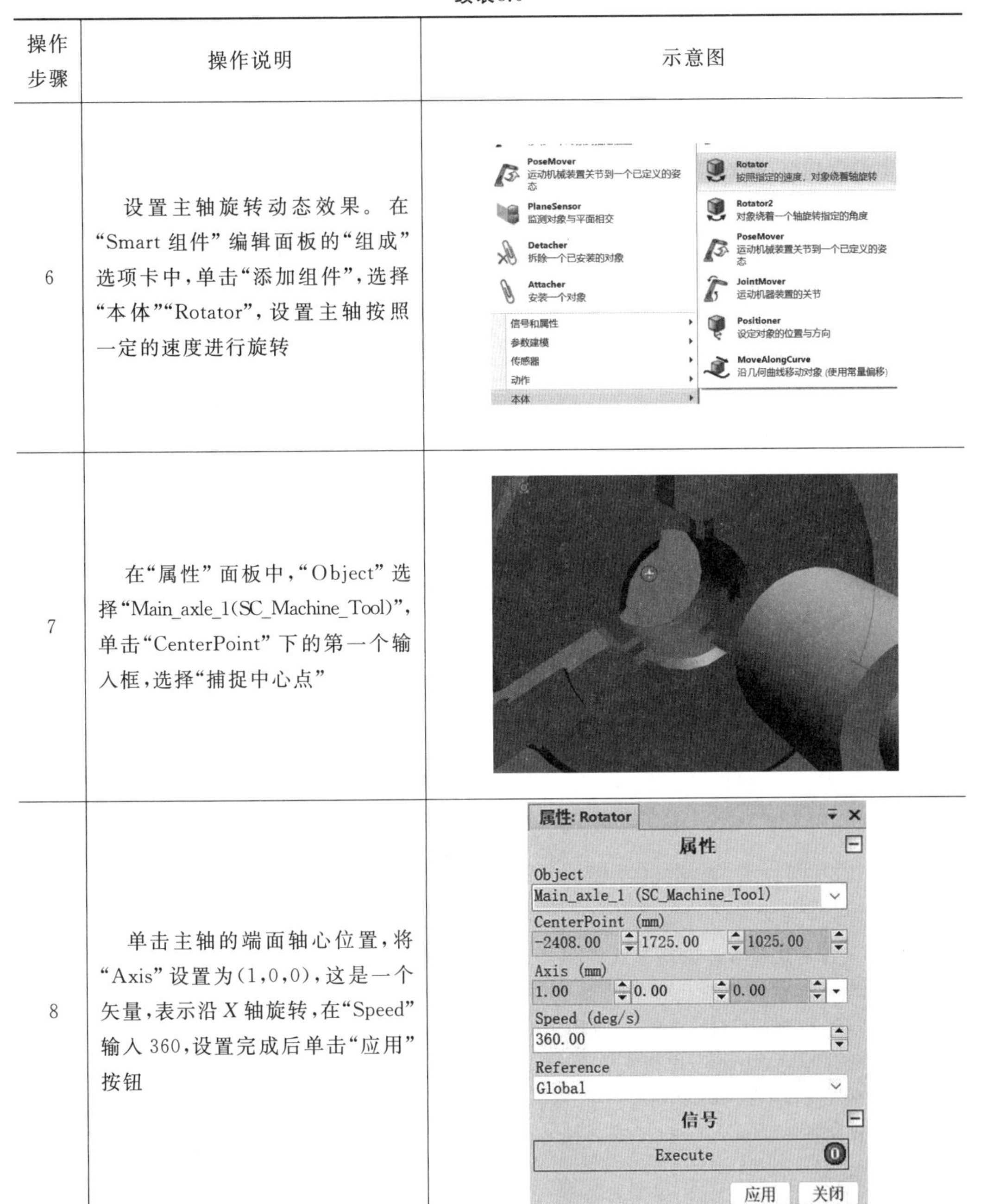

操作步骤	操作说明	示意图
6	设置主轴旋转动态效果。在“Smart组件”编辑面板的“组成”选项卡中，单击“添加组件”，选择“本体”“Rotator”，设置主轴按照一定的速度进行旋转	
7	在“属性”面板中，“Object”选择“Main_axle_1(SC_Machine_Tool)”，单击“CenterPoint”下的第一个输入框，选择“捕捉中心点”	
8	单击主轴的端面轴心位置，将“Axis”设置为(1,0,0)，这是一个矢量，表示沿X轴旋转，在“Speed”输入360，设置完成后单击“应用”按钮	

续表8.6

操作步骤	操作说明	示意图
9	把工件“Part_OK”移动到卡盘里面，表示加工完成的工件	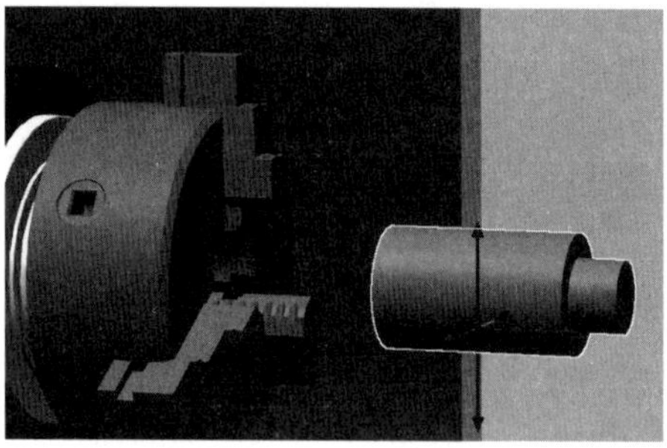
10	可以先隐藏“Machinetool_1”，方便移动工件，移动完毕之后再重新选择“可见”	 SC_Machine_Tool Door_1 Door_Close Door_Open Machinetool_1 Main_axl Rotator work_fee work_fee Work_fee SC_Tool 底座 支撑板 剪切 Ctrl+X 复制 Ctrl+C 粘贴 Ctrl+V 保存为库文件... 断开与库的连接 导出几何体... 已链接几何体 可见
11	设置进给装置进给动态效果，这部分内容和门的开合效果类似。单击“添加组件”，选择“本体”下的“LinearMover2”，使物体移动到指定位置，将“LinearMover”组件重命名为“Work_feeder_on”	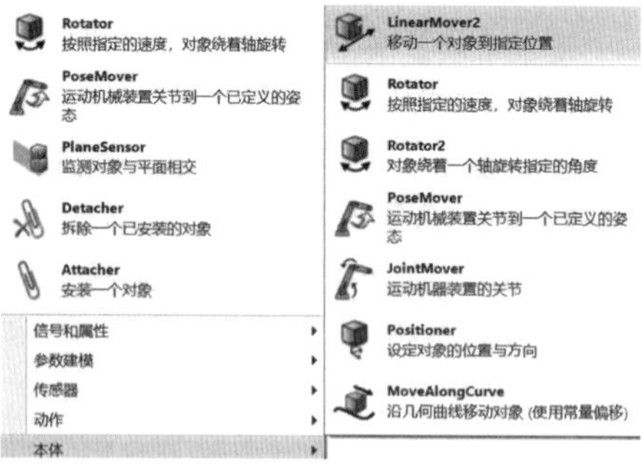 Rotator 按照指定的速度，对象绕着轴旋转 PoseMover 运动机械装置关节到一个已定义的姿态 PlaneSensor 监测对象与平面相交 Detacher 拆除一个已安装的对象 Attacher 安装一个对象 信号和属性 参数建模 传感器 动作 本体 LinearMover2 移动一个对象到指定位置 Rotator 按照指定的速度，对象绕着轴旋转 Rotator2 对象绕着一个轴旋转指定的角度 PoseMover 运动机械装置关节到一个已定义的姿态 JointMover 运动机器装置的关节 Positioner 设定对象的位置与方向 MoveAlongCurve 沿几何曲线移动对象（使用常量偏移）

续表8.6

操作步骤	操作说明	示意图
12	在“属性”面板中,“Object”选择“Work_feeder_1(SC_Machine_Tool)”,“Direction”设置为(−1,0,0),即沿着 *X* 轴负方向运动,距离为400 mm,时间为2 s	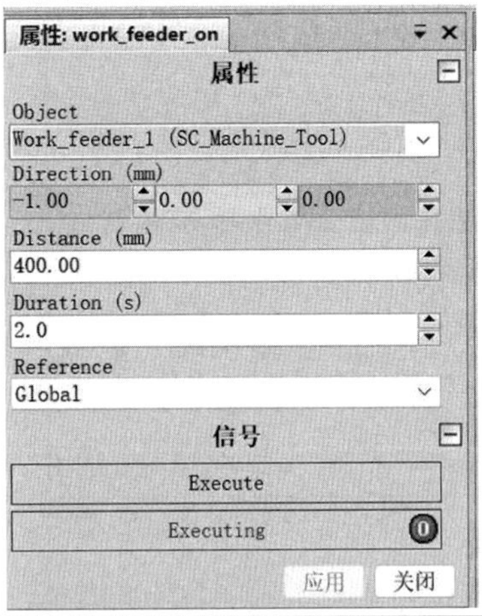
13	添加一个 LinearMover2 组件,重命名为“Work_feeder_back”,使“Work_feeder_1”返回到原位置	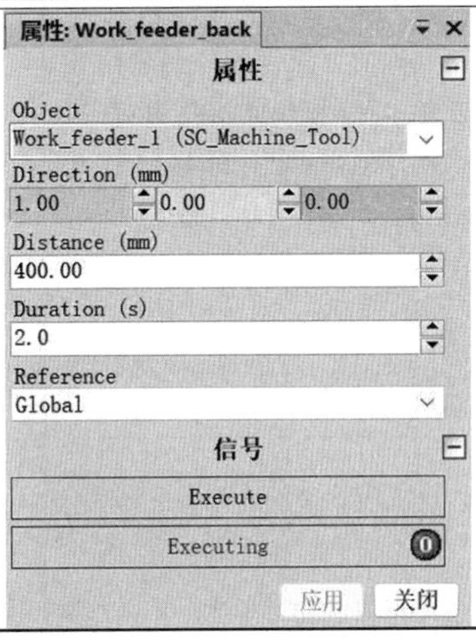

创建机床运动的信号和连接,见表 8.7。

表 8.7 创建机床运动的信号和连接

操作步骤	操作说明	示意图
1	选择“设计”,单击“输入 +”	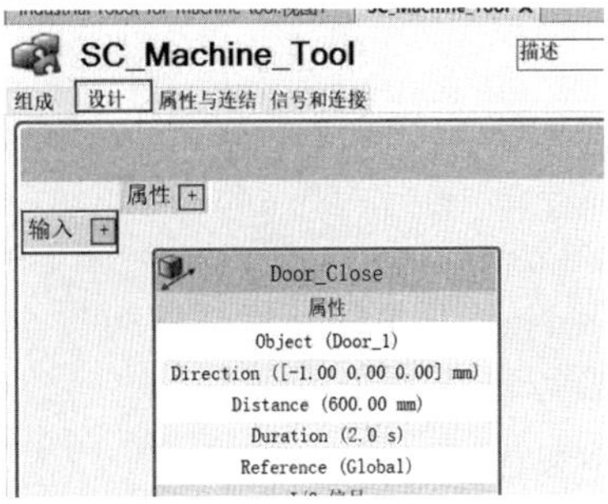

续表8.7

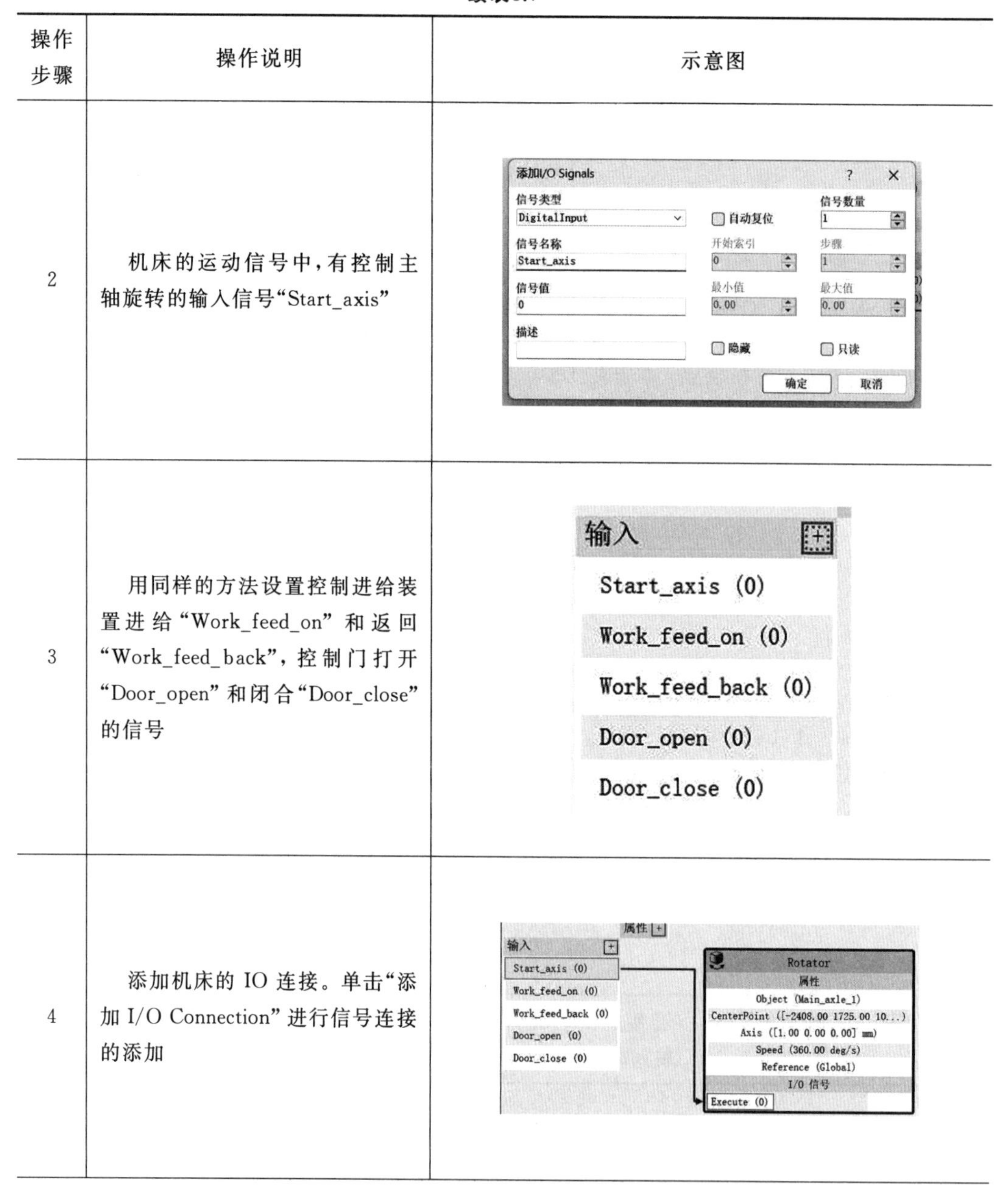

操作步骤	操作说明	示意图
2	机床的运动信号中，有控制主轴旋转的输入信号“Start_axis”	
3	用同样的方法设置控制进给装置进给“Work_feed_on”和返回“Work_feed_back”，控制门打开“Door_open”和闭合“Door_close”的信号	
4	添加机床的IO连接。单击“添加I/O Connection”进行信号连接的添加	

续表8.7

操作步骤	操作说明	示意图
5	再添加其他 4 个信号的连接	属性 输入 Start_axis (0) Work_feed_on (0) Work_feed_back (0) Door_open (0) Door_close (0) Rotator 属性 Object (Main_axle_1) CenterPoint ([-2408.00 1725.00 10...) Axis ([1.00 0.00 0.00] mm) Speed (360.00 deg/s) Reference (Global) I/O 信号 Execute (0) Door_Open 属性 Object (Door_1) Direction ([1.00 0.00 0.00] mm) Distance (600.00 mm) Duration (2.0 s) Reference (Global) I/O 信号 Execute (0) Executed (0) Executing (0) Work_feeder_on 属性 Object (Machinetool_1) Direction ([-1.00 0.00 0.00] mm) Distance (300.00 mm) Duration (2.0 s) Reference (Global) I/O 信号 Execute (0) Executed (0) Executing (0) Door_Close 属性 Object (Door_1) Direction ([-1.00 0.00 0.00] mm) Distance (600.00 mm) Duration (2.0 s) Reference (Global) I/O 信号 Execute (0) Executed (0) Executing (0) Work_feeder_back 属性 Object (Work_feeder_1) Direction ([1.00 0.00 0.00] mm) Distance (300.00 mm) Duration (2.0 s) Reference (Global) I/O 信号 Execute (0) Executed (0) Executing (0)
6	进行测试,门关闭	信号 Start_axis Work_feed_on Work_feed_back Door_open Door_close Link_2 Pallet_1 Pallet_2 Part_1 Part_OK SC_Cnv PlaneSensor SC_Machine_Tool Door_1
7	测试进给系统	

任务 8.3　工作站逻辑设定与编程调试

本任务接着任务 8.2 继续完成项目的仿真工作，进行机床上下料工作站信号的设定并创建初始化程序、运动子程序和主程序。

8.3.1　工作站逻辑设定

工作站逻辑设定

设定机器人输入 / 输出信号，设定的信号可以控制夹具、输送装置和机床动作。将 Smart 组件的输入 / 输出信号与机器人端的输入 / 输出信号进行关联。Smart 组件的输出信号作为机器人端的输入信号，机器人端的输出信号作为 Smart 组件的输入信号，此处可将 Smart 组件当作一个与机器人进行 I/O 通信的 PLC 来看待，信号的名称和类型见表 8.8。

表 8.8　机床上下料工作站控制信号

Name	Type_of_Signal	Assigned_to_Device	Device Mapping	I/O 信号注释
Do_Grip	Digital Output	Board 10	0	控制手爪
Do_Cnv_on	Digital Output	Board 10	1	控制输送装置前进
Do_Cnv_back	Digital Output	Board 10	2	控制输送装置后退
Do_axis_start	Digital Output	Board 10	3	控制主轴启动
Do_feed_on	Digital Output	Board 10	4	控制进给装置前进
Do_feed_back	Digital Output	Board 10	5	控制进给装置后退
Do_door_close	Digital Output	Board 10	6	控制机床门关闭
Do_door_open	Digital Output	Board 10	7	控制机床门打开
DI_Cnv_inplace	Digital Input	Board 10	0	输送装置到位信号

现需要创建虚拟信号来控制完成部分仿真动作，虚拟信号不依赖创建的 I/O 板，创建的虚拟信号见表 8.9。

表 8.9 机床上下料工作站虚拟信号

Name	Type_of_Signal	I/O 信号注释
Do_attacher_part1	Digital Output	安装 part1 到工具
Do_detacher_part1	Digital Output	从工具上拆除 part1
Do_attacher_partOK	Digital Output	安装 partOK 到工具
Do_detacher_partOK	Digital Output	从工具上拆除 partOK
Do_part1_to_pallet1	Digital Output	信号为“1”时安装 part1 到 pallet1； 信号为“0”时从 pallet1 拆除 part1
Do_part1_to_axis1	Digital Output	信号为“1”时安装 part1 到 axis1； 信号为“0”时从 axis1 拆除 part1

(1) 添加 I/O 板并添加信号。

添加 I/O 板并添加信号过程见表 8.10。

表 8.10 添加 I/O 板并添加信号过程

操作步骤	操作说明	示意图
1	单击“控制器”选项卡，单击“配置”，选择“I/O System”	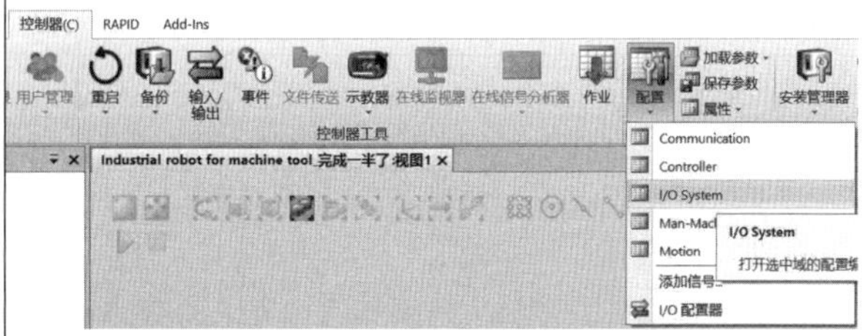
2	右击“DeviceNet Device”，单击“新建 DeviceNet Device…”	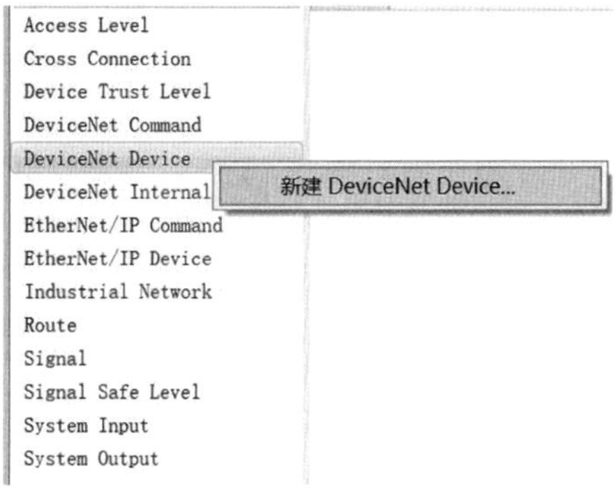

续表8.10

操作步骤	操作说明	示意图
3	在“使用来自模板的值”选择“DSQC 652 24 VDC I/O Device”,“Name”设置为“Board10”,“Address”设置为“10”。设置完成后单击“确定”按钮	
4	右击“Signal”,在弹出的快捷菜单中选择“新建 Signal…”命令,建立工作站的控制信号	
5	将“Name”设置为“Do_Grip”,“Type of Signal”选择“Digital Output”,“Device Mapping”设置为“0”,完成后单击“确定”按钮	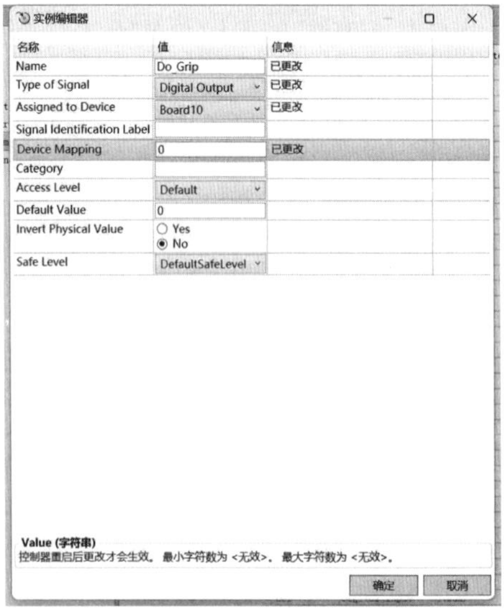

续表8.10

操作步骤	操作说明	示意图
6	继续按照表 8.8 中的数据添加信号，添加完成后如图所示	Name / Type of Signal / Assigned to Device / Signal Identification Label / Device Mapping DI_Cnv_inplace / Digital Input / Board10 / 0 Do_axis_on / Digital Output / Board10 / 3 Do_cnv_back / Digital Output / Board10 / 2 Do_cnv_on / Digital Output / Board10 / 1 Do_door_close / Digital Output / Board10 / 6 Do_door_open / Digital Output / Board10 / 7 Do_feeder_back / Digital Output / Board10 / 5 Do_feeder_on / Digital Output / Board10 / 4 Do_Grip / Digital Output / Board10 / 0
7	将“Name”设置为“Do_ attacher_ part1”，“Type of Signal”选择“Digital Output”，“Assigned to Device”不进行设置。完成后单击“确定”按钮	实例编辑器 名称 / 值 / 信息 Name / Do_attacher_part1 / 已更改 Type of Signal / Digital Output / 已更改 Assigned to Device Signal Identification Label Category Access Level / Default Default Value / 0 Invert Physical Value / Yes / No Safe Level / DefaultSafeLevel Value (RAPID) 控制器重启后更改才会生效。 确定 取消
8	继续按照表 8.9 中的数据添加信号，添加完成后如图所示	DI_Cnv_inplace / Digital Input / Board10 / 0 Do_attacher_part1 / Digital Output / N/A Do_attacher_partOK / Digital Output / N/A Do_axis_on / Digital Output / Board10 / 3 Do_cnv_back / Digital Output / Board10 / 2 Do_cnv_on / Digital Output / Board10 / 1 Do_detacher_part1 / Digital Output / N/A Do_detacher_partOK / Digital Output / N/A Do_door_close / Digital Output / Board10 / 6 Do_door_open / Digital Output / Board10 / 7 Do_feeder_back / Digital Output / Board10 / 5 Do_feeder_on / Digital Output / Board10 / 4 Do_Grip / Digital Output / Board10 / 0 Do_part1_to_axis1 / Digital Output / N/A Do_part1_to_pallet1 / Digital Output / N/A
9	设置完成后需要重新启动控制器。选择“控制器”“重启”“重启动(热启动)”，在弹出的对话框中单击“确定”按钮	ABB RobotStudio 重启动（热启动）(R) 控制器将重启。状态已经保存，对系统参数设置的任何修改都将在重启后激活。 不再显示此对话 确定 取消

(2) 工作站逻辑信号关联。

工作站信号连接之后，才能进行信号之间的通信，操作步骤见表 8.11。

表 8.11　工作站逻辑信号关联设置过程

操作步骤	操作说明	示意图
1	选择“仿真”选项卡，单击“工作站逻辑”	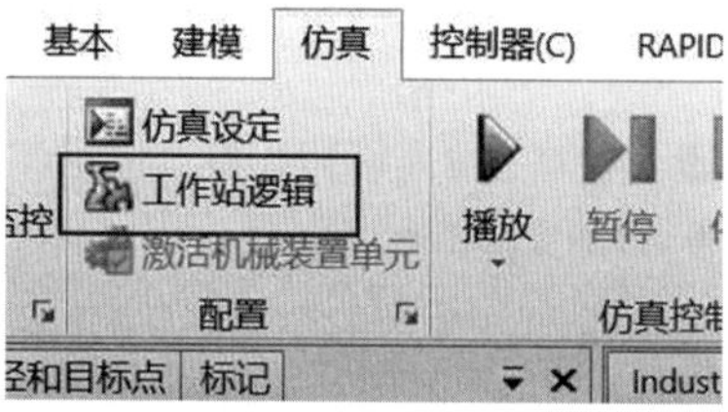
2	单击系统中的信号，把系统中的信号全部显示出来	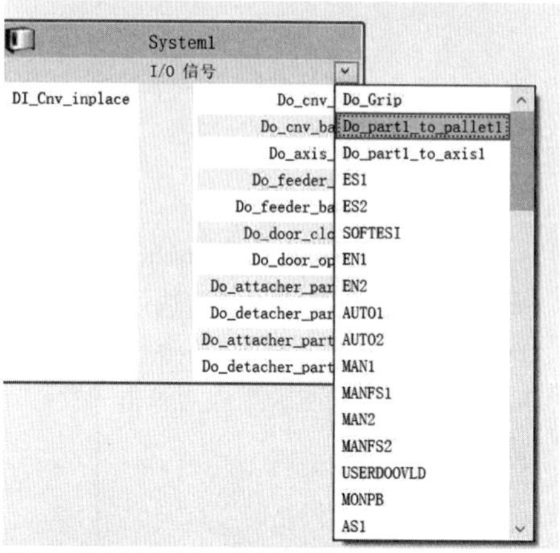
3	单击输送带信号，并全部显示	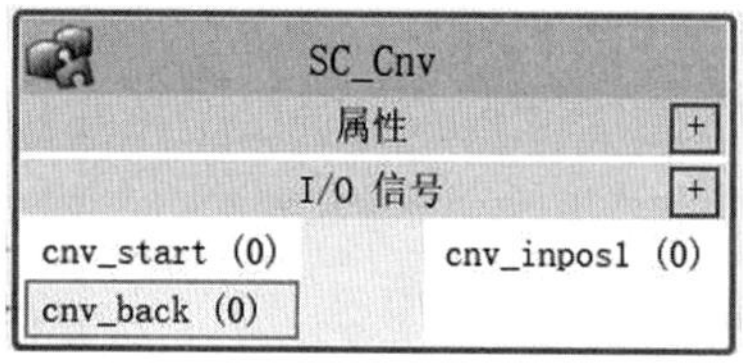
4	输送带的输出连接系统的输入；系统给输送带发出前进和返回信号	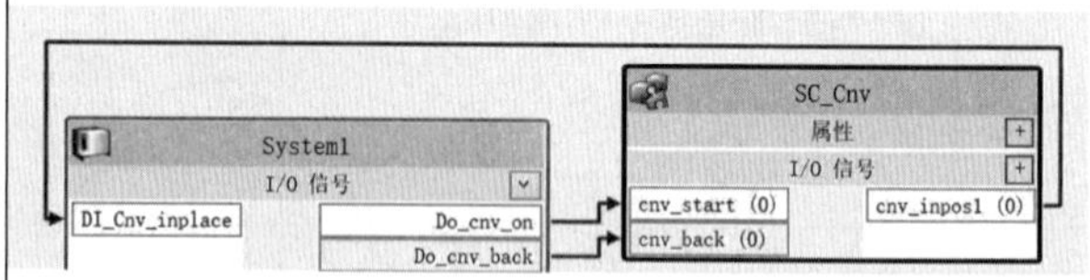
5	系统给机床发出5个信号，分别是主轴转动、进给装置前进、进给装置后退、机床门打开、机床门关闭	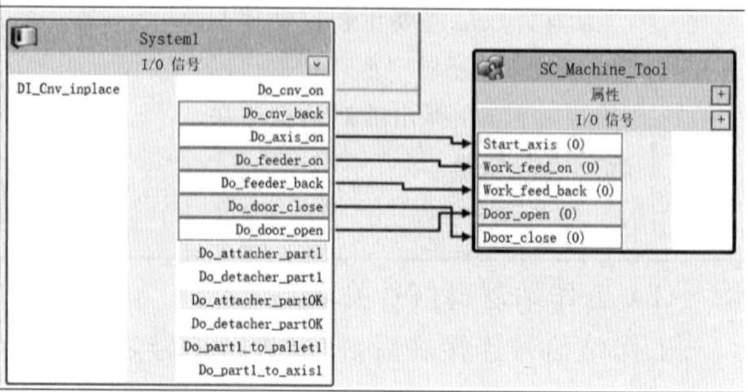

续表8.11

操作步骤	操作说明	示意图
6	系统给夹具发出4个信号，分别是毛坯part1安装、成品partOK安装、毛坯part1拆除、成品partOK拆除	
7	添加事件管理器。选择“仿真”选项卡，单击“配置”命令组右下角的按钮，打开事件管理器	
8	单击“添加…”	
9	单击“下一个”	

续表8.11

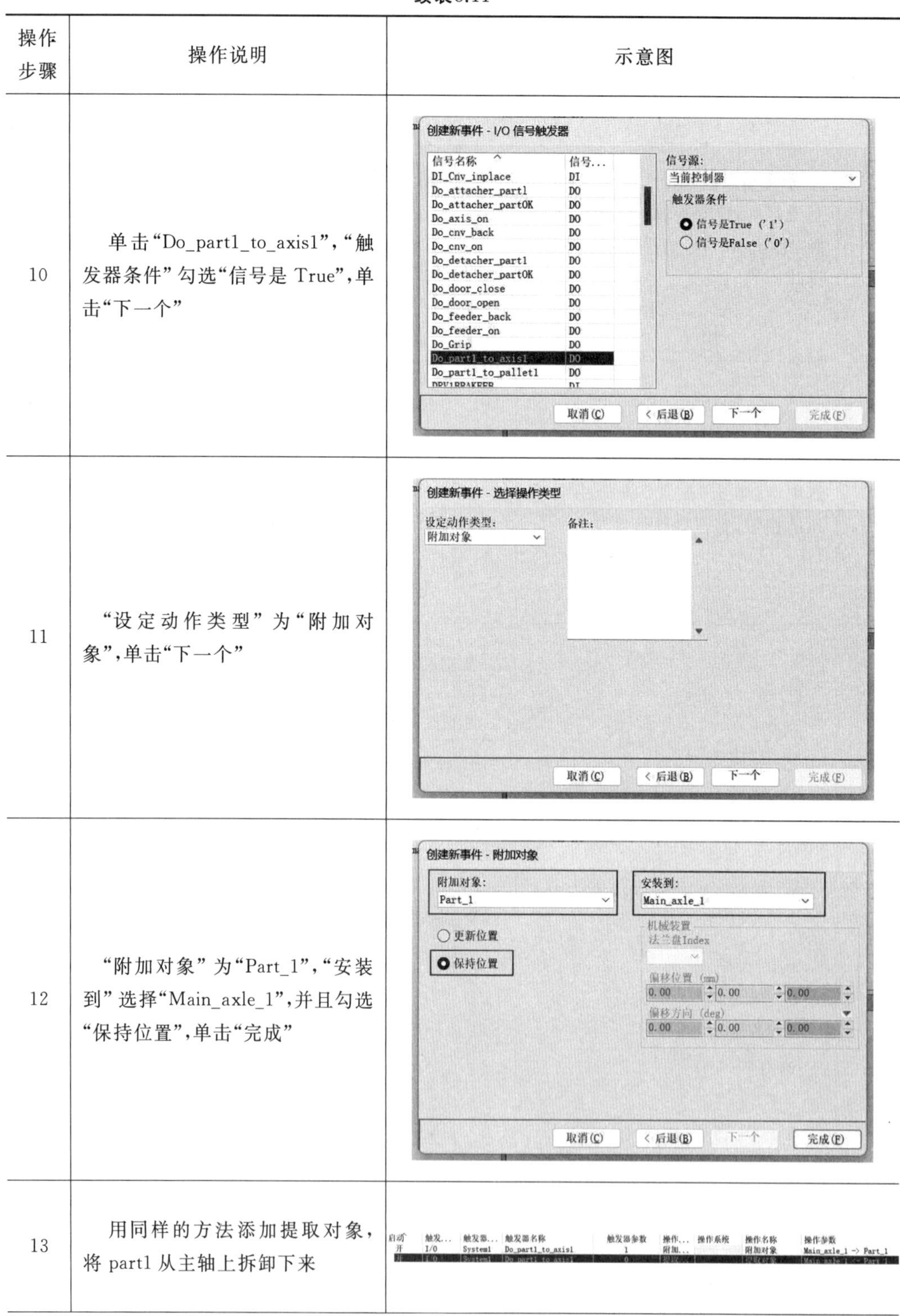

操作步骤	操作说明	示意图
10	单击“Do_part1_to_axis1”，“触发器条件”勾选“信号是 True”，单击“下一个”	
11	“设定动作类型”为“附加对象”，单击“下一个”	
12	“附加对象”为“Part_1”，“安装到”选择“Main_axle_1”，并且勾选“保持位置”，单击“完成”	
13	用同样的方法添加提取对象，将 part1 从主轴上拆卸下来	

续表8.11

操作步骤	操作说明	示意图
14	再次添加 part1 到托盘的附加对象和提取对象	启动 触发... 触发器... 触发器名称 触发器参数 操作类型 操作系统 操作名称 操作参数 开 I/O System1 Do_part1_to_axis1 1 附加对象 附加对象 Main_axle_1 -> Part_1 开 I/O System1 Do_part1_to_axis1 0 提取对象 提取对象 Main_axle_1 <- Part_1 开 I/O System1 Do_part1_to_pallet1 1 附加对象 附加对象 Pallet_1 -> Part_1 开 I/O System1 Do_part1_to_pallet1 0 提取对象 提取对象 Pallet_1 <- Part_1

8.3.2 程序创建

(1) 编程前的准备。

机床已经完成了 Part_OK 工件的加工，如图 8.4 所示。机器人需要先将工件取出，在取出之前，可以通过 Smart 组件手动将机床门关闭，使进给装置前进，准备的过程见表 8.12。

图 8.4 已完成的加工示意图

表 8.12 编程前的准备步骤

操作步骤	操作说明	示意图
1	进给装置前进，到达加工位。单击“Work_feed_on”，再次单击“Work_feed_on”，使其重新恢复为 0	属性: SC_Machine_Tool 信号 Start_axis 0 Work_feed_on 1 Work_feed_back 0 Door_open 0 Door_close 0 应用 关闭

续表8.12

操作步骤	操作说明	示意图
2	用同样的方法把机床门关闭	
3	通过一点法将 Part_1 放置在托盘中	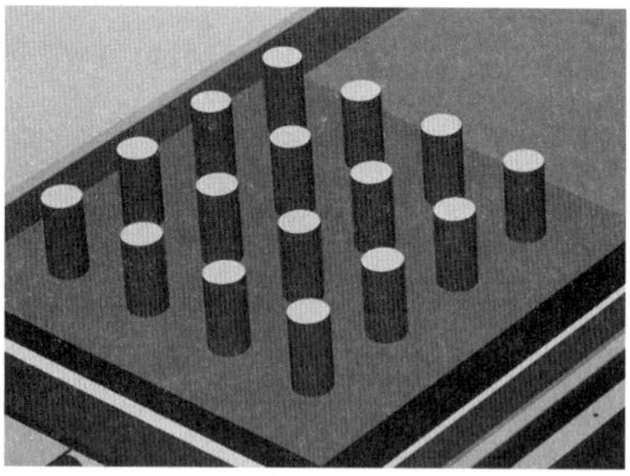
4	右击“Part_1”，选择“修改”，单击“设定本地原点”	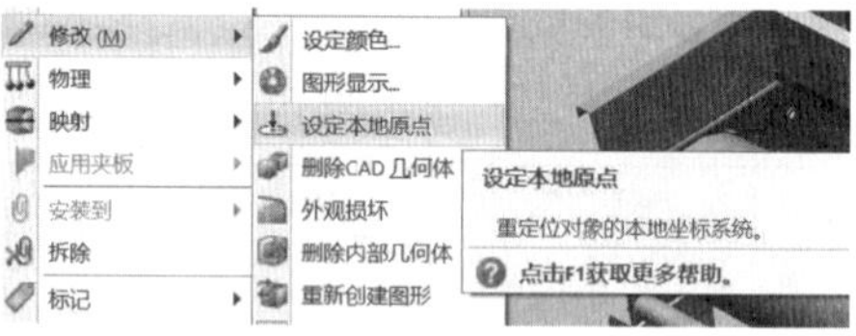 修改(M) 物理 映射 应用夹板 安装到 拆除 标记 设定颜色… 图形显示… 设定本地原点 删除CAD几何体 外观损坏 删除内部几何体 重新创建图形 设定本地原点 重定位对象的本地坐标系统。 点击F1获取更多帮助。
5	将所有的参数都设置为 0	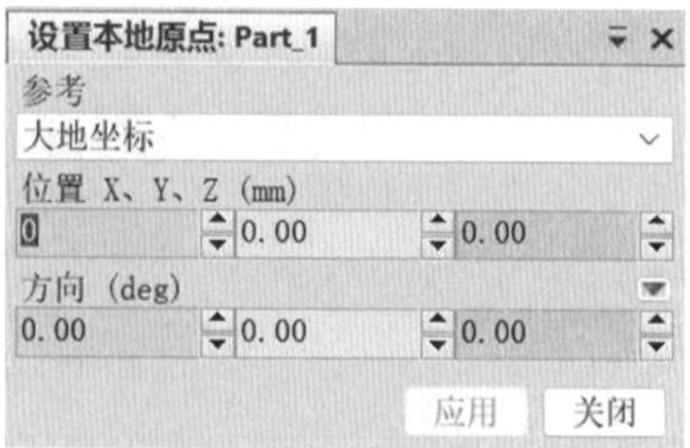 设置本地原点: Part_1 参考 大地坐标 位置 X、Y、Z (mm) 0 0.00 0.00 方向 (deg) 0.00 0.00 0.00 应用 关闭

续表8.12

操作步骤	操作说明	示意图
6	用同样的方法将 Part_OK 设置为本地原点	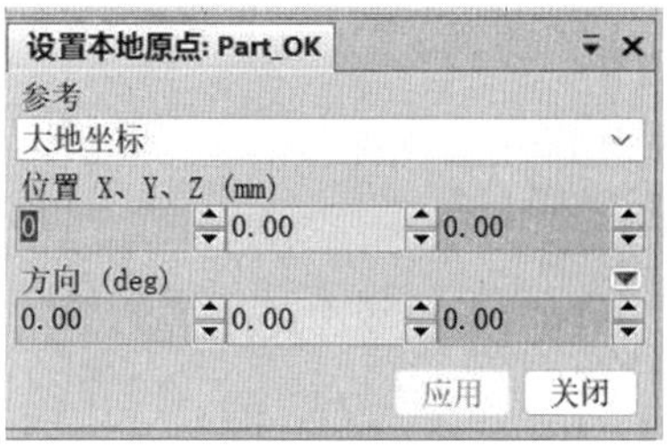

（2）初始化程序创建。

初始化程序创建

在完成工作站信号的添加和设置后，需要进行工作站的编程和调试。在编程过程中，通常把程序编写在子程序中，通过主程序调用子程序的方式实现仿真的运动，分析项目的仿真动作。建立 3 个子程序，分别为初始化程序 r_Init，成品取放程序 r_Finished、毛坯取放程序 r_Blank，最后把所有的子程序添加到主程序 main 中，仿真运行只运行 main 程序。初始化程序创建过程见表 8.13。

表 8.13 初始化程序创建过程

操作步骤	操作说明	示意图
1	单击“空路径”，并将路径重命名为“r_Init”	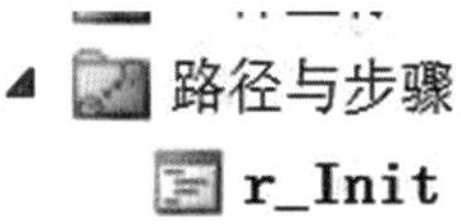
2	勾选全部同步项目，同步到 RAPID 程序中	

续表8.13

操作步骤	操作说明	示意图
3	复位所有的信号	PROC rInit() Reset Do_attacher_part1; Reset Do_attacher_partOK; Reset Do_axis_on; Reset Do_cnv_back; Reset Do_cnv_on; Reset Do_detacher_part1; Reset Do_detacher_partOK; Reset Do_door_close; Reset Do_door_open; Reset Do_feeder_back; Reset Do_feeder_on; Reset Do_Grip; Reset Do_part1_to_axis1; Reset Do_part1_to_pallet1; ENDPROC
4	将 RAPID 程序同步到工作站	同步到工作站 名称 同步 模块 本地 存储类 内嵌 System1 T_ROB1 工作坐标 工具数据 Tool1 CalibData PERS 路径 & 目标 main Module1 rInit Module1 确定 取消
5	RAPID 程序与工作站就一致了	r_Init Reset Do_attacher_part1 Reset Do_attacher_partOK Reset Do_axis_on Reset Do_Cnv_back Reset Do_Cnv_on Reset Do_detacher_part1 Reset Do_detacher_partOK Reset Do_Door_close Reset Do_Door_open Reset Do_feed_back Reset Do_feed_on Reset Do_Grip Reset Do_part1_to_axis1 Reset Do_part1_to_pallet1

成品取放程序创建

(3) 成品取放程序创建。

成品取放程序 r_Finished 控制流程分析如下：

① 机器人收到到位信号后，到达抓取位置；

② 机床门打开，进给装置退回；

③ 机器人运动到机床 1 主轴位置，用夹爪将加工好的工件 Part_OK 取下退出，然后

退出机床；

④ 机器人放置工件 Part_OK 到成品托盘上，回到初始点，然后去夹取工件 Part_1。成品取放程序创建过程见表 8.14。

表 8.14 成品取放程序创建过程

操作步骤	操作说明	示意图
1	创建空路径，重命名为“r_Finshed”	System1 T_ROB1 工具数据 工件坐标 & 目标点 路径与步骤 main (进入点) r_Finshed rInit
2	调整视图右下方参数，选择关节指令，坐标系选择“TooL1”	MoveJ * v1000 fine TooL1 \WObj:=wobj0 控制器状态:
3	调整机器人姿态，右击 IRB 2600 机器人，选择“手动关节”，数值大小为(0°，－45°，45°，0°，0°，90°)	手动关节运动: IRB2600_12_185_02 -180.00 0.00 180.00 -95.00 -45 155.00 -180.00 45.00 5.00 -400.00 0.00 400.00 -120.00 0.00 120.00 -400.00 90.00 400.00
4	单击“示教指令”，将 Target_10 作为机器人原点位置	路径与步骤 main (进入点) r_Finshed MoveJ Target_10 rInit
5	插入逻辑指令，机床进给装置后退	路径与步骤 main (进入点) r_Finshed MoveJ Target_10 Set Do_feeder_back rInit

续表8.14

操作步骤	操作说明	示意图
6	插入逻辑指令，机床门打开	 路径与步骤 main（进入点） r_Finshed MoveJ Target_10 Set Do_feeder_back Set Do_door_open rInit
7	等待 2 s	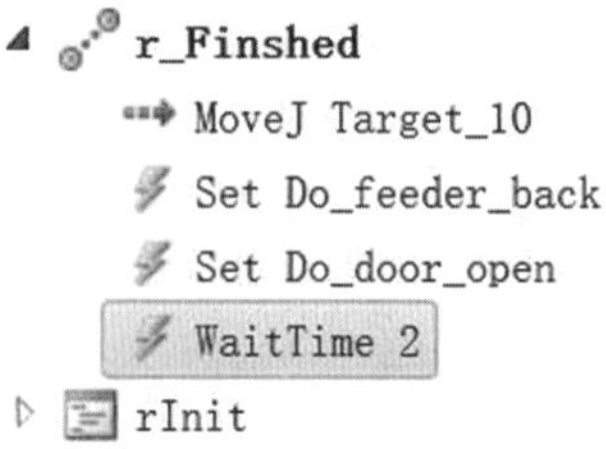 r_Finshed MoveJ Target_10 Set Do_feeder_back Set Do_door_open WaitTime 2 rInit
8	将机床门打开，“Door_open”置1。进给装置退回，“Work_feed_back”置1	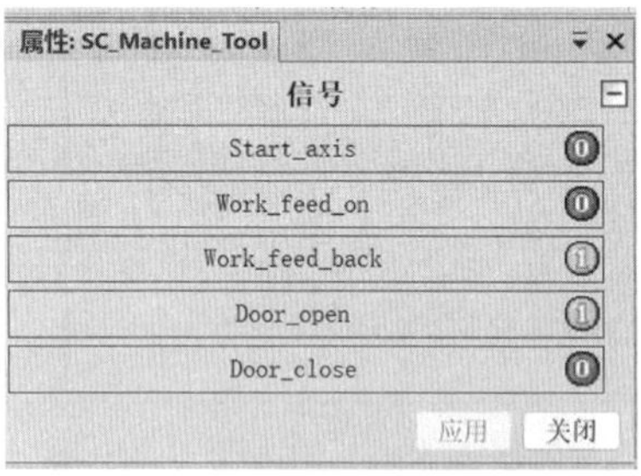 属性：SC_Machine_Tool 信号 Start_axis Work_feed_on Work_feed_back Door_open Door_close 应用 关闭 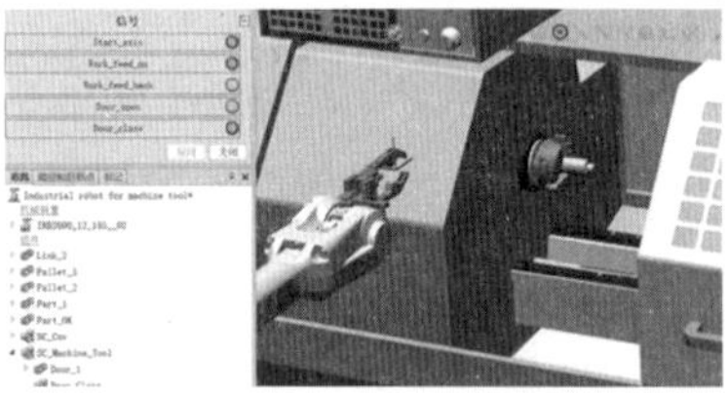
9	利用手动线性将机器人移动到抓取点位	

续表8.14

操作步骤	操作说明	示意图
10	利用手动线性将机器人移动到抓取接进点。单击示教指令，Target_20 为抓取接进点	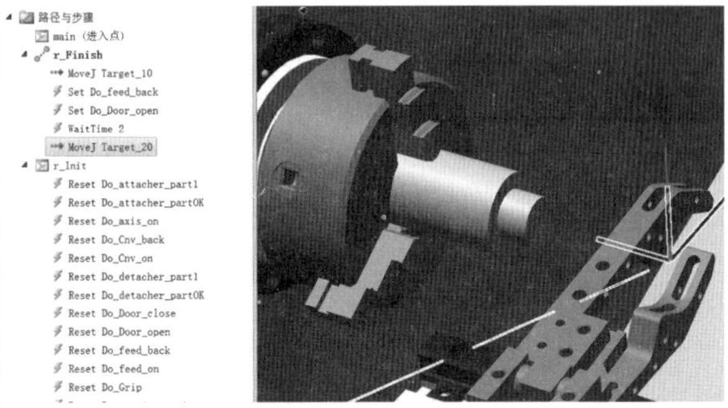 路径与步骤 main（进入点） r_Finish MoveJ Target_10 Set Do_feed_back Set Do_Door_open WaitTime 2 MoveJ Target_20 r_Init Reset Do_attacher_part1 Reset Do_attacher_partOK Reset Do_axis_on Reset Do_Cnv_back Reset Do_Cnv_on Reset Do_detacher_part1 Reset Do_detacher_partOK Reset Do_Door_close Reset Do_Door_open Reset Do_feed_back Reset Do_feed_on Reset Do_Grip
11	修改指令为“MoveL”	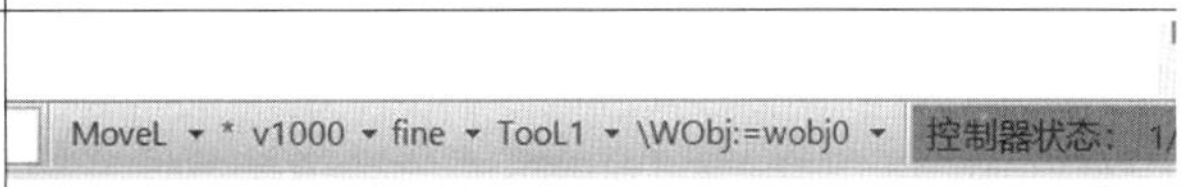 MoveL * v1000 fine TooL1 \WObj:=wobj0 控制器状态：
12	再次移动到抓取点，然后单击示教指令，得到 Target_30	 路径与步骤 main（进入点） r_Finish MoveJ Target_10 Set Do_feed_back Set Do_Door_open WaitTime 2 MoveJ Target_20 MoveL Target_30 r_Init Reset Do_attacher_part1 Reset Do_attacher_partOK Reset Do_axis_on Reset Do_Cnv_back Reset Do_Cnv_on Reset Do_detacher_part1 Reset Do_detacher_partOK Reset Do_Door_close Reset Do_Door_open
13	插入逻辑指令，设置抓取信号	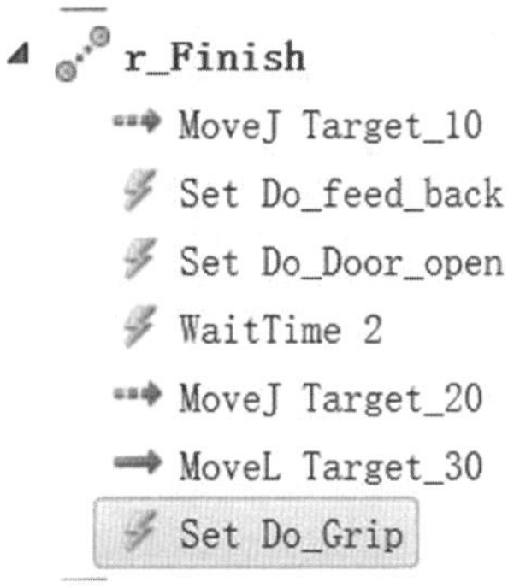 r_Finish MoveJ Target_10 Set Do_feed_back Set Do_Door_open WaitTime 2 MoveJ Target_20 MoveL Target_30 Set Do_Grip

续表8.14

操作步骤	操作说明	示意图
14	将成品工件附加到夹具上	 r_Finish MoveJ Target_10 Set Do_feed_back Set Do_Door_open WaitTime 2 MoveJ Target_20 MoveL Target_30 Set Do_Grip Set Do_attacher_partOK
15	等待 1 s,将工件夹紧	 r_Finish MoveJ Target_10 Set Do_feed_back Set Do_Door_open WaitTime 2 MoveJ Target_20 MoveL Target_30 Set Do_Grip Set Do_attacher_partOK WaitTime 1
16	将目标点"Target_20"和"Target_10"拖入"r_Finish"程序中,作为完成成品抓取后的退出点和机器人初始点	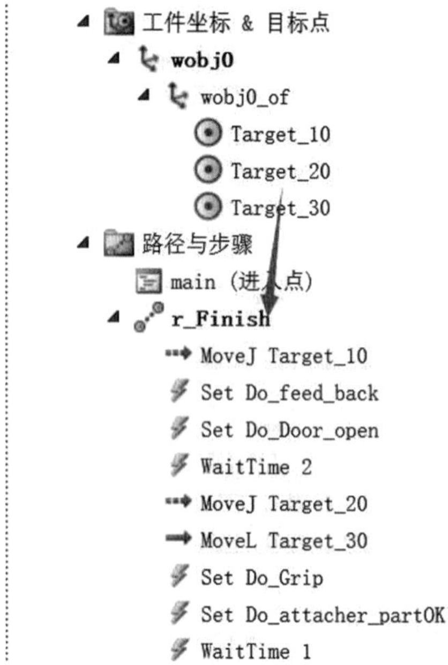 工件坐标 & 目标点 wobj0 wobj0_of Target_10 Target_20 Target_30 路径与步骤 main (进入点) r_Finish MoveJ Target_10 Set Do_feed_back Set Do_Door_open WaitTime 2 MoveJ Target_20 MoveL Target_30 Set Do_Grip Set Do_attacher_partOK WaitTime 1

续表8.14

操作步骤	操作说明	示意图
17	修改“Target_10”指令为“MoveJ Target_10”	r_Finish MoveJ Target_10 Set Do_feed_back Set Do_Door_open WaitTime 2 MoveJ Target_20 MoveL Target_30 Set Do_Grip Set Do_attacher_partOK WaitTime 1 MoveL Target_20 MoveJ Target_10
18	“DI_attacher_part_OK”置1，工件安装到夹具上	属性：SC_Tool 信号 DI_attacher_part_1 0 DI_attacher_part_OK 1 DI_detacher_part_1 0 DI_detacher_part_OK 0 应用 关闭
19	右击“MoveJ Target_10”，查看机器人目标，机器人回到初始点	
20	调整机器人姿态，右击IRB 2600机器人，选择“手动关节”，数值大小为(－90°，－30°，30°，0°，0°，0°)	手动关节运动：IRB2600_12_185_02 CFG: -1 0 0 0 TCP: -1307.36 -48.83 Step: 1.00 deg

续表8.14

操作步骤	操作说明	示意图
21	单击示教指令，得到“Target_40”，运动方式改为“MoveJ”，该点为放置成品的过渡点	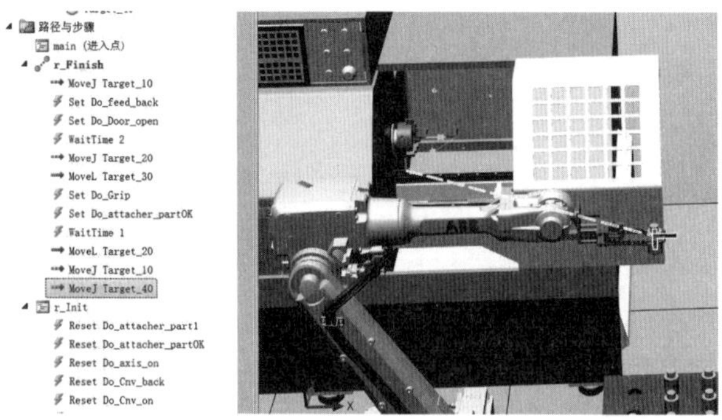 路径与步骤 main (进入点) r_Finish MoveJ Target_10 Set Do_feed_back Set Do_Door_open WaitTime 2 MoveJ Target_20 MoveL Target_30 Set Do_Grip Set Do_attacher_partOK WaitTime 1 MoveL Target_20 MoveJ Target_10 MoveJ Target_40 r_Init Reset Do_attacher_part1 Reset Do_attacher_partOK Reset Do_axis_on Reset Do_Cnv_back Reset Do_Cnv_on
22	把工件放在托盘正上方，关节运动为“MoveJ Target_50”	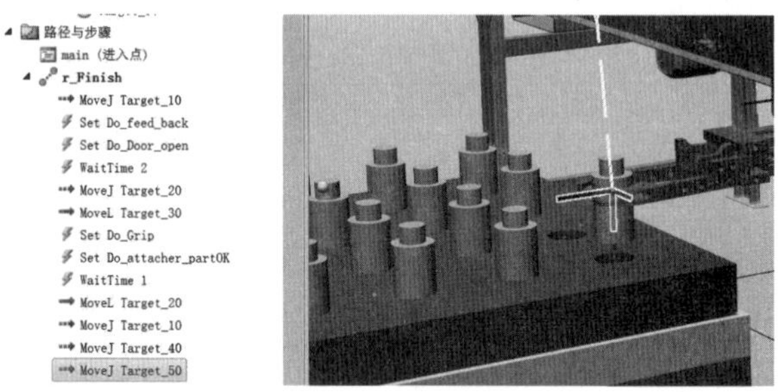 路径与步骤 main (进入点) r_Finish MoveJ Target_10 Set Do_feed_back Set Do_Door_open WaitTime 2 MoveJ Target_20 MoveL Target_30 Set Do_Grip Set Do_attacher_partOK WaitTime 1 MoveL Target_20 MoveJ Target_10 MoveJ Target_40 MoveJ Target_50
23	成品放置点为“MoveL Target_60”	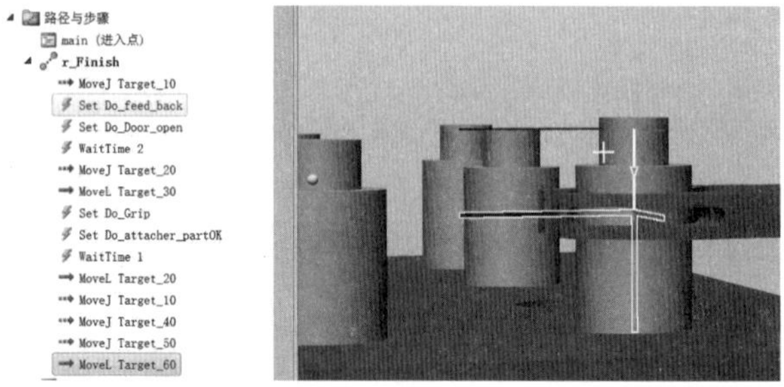 路径与步骤 main (进入点) r_Finish MoveJ Target_10 Set Do_feed_back Set Do_Door_open WaitTime 2 MoveJ Target_20 MoveL Target_30 Set Do_Grip Set Do_attacher_partOK WaitTime 1 MoveL Target_20 MoveJ Target_10 MoveJ Target_40 MoveJ Target_50 MoveL Target_60
24	松开手爪，并且放置成品	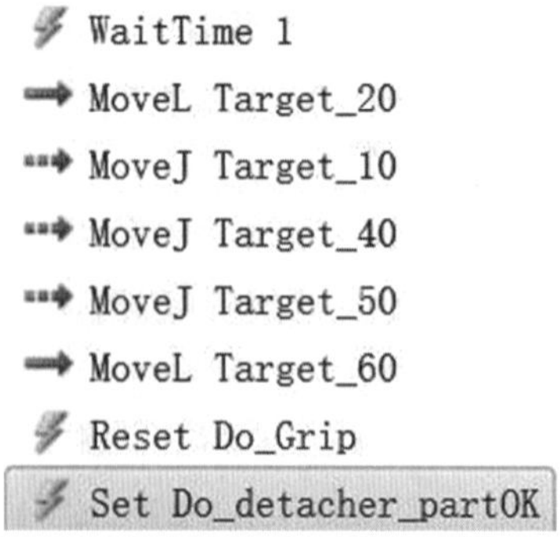 WaitTime 1 MoveL Target_20 MoveJ Target_10 MoveJ Target_40 MoveJ Target_50 MoveL Target_60 Reset Do_Grip Set Do_detacher_partOK

续表8.14

操作步骤	操作说明	示意图
25	将目标点“Target_50”拖入程序中，作为机器人回到放置上方点，并修改运动模式为“MoveL”	Reset Do_Grip Set Do_detacher_partOK MoveL Target_50
26	机器人最后再回到过渡点“MoveJ Target_40”	Reset Do_Grip Reset Do_detacher_partOK MoveL Target_50 MoveJ Target_40
27	机器人最后回到初始点	r_Finish MoveJ Target_10 Set Do_feed_back Set Do_Door_open WaitTime 2 MoveJ Target_20 MoveL Target_30 Set Do_Grip Set Do_attacher_partOK WaitTime 1 MoveL Target_20 MoveJ Target_10 MoveJ Target_40 MoveJ Target_50 MoveL Target_60 Reset Do_Grip Reset Do_detacher_partOK MoveL Target_50 MoveL Target_40 MoveJ Target_10
28	右击“main”函数，把初始化程序和成品取放程序加入到“main”函数中	main r_Init r_Finish 设定为激活 同步到 RAPID... 设置为仿真进入点 插入运动指令... 插入逻辑指令... 插入过程调用 剪切 Ctrl+X 复制 Ctrl+C main r_Finish r_Init

续表8.14

操作步骤	操作说明	示意图
29	同步到 RAPID，勾选全部同步选项，然后单击“确定”	
30	关闭机床门，进给系统前进，成品回到初始位置、然后单击“播放”	

(4) 毛坯取放程序创建。

毛坯取放程序创建及整体调试

毛坯取放程序 r_Blank 控制流程分析如下：

① Part_1 吸附到 Pallet_1 上，机器人发出输送装置 1 启动信号，输送装置运动，当传感器检测到输送装置到位信号后，将到位信号 DI_Cnv_inplace 置 1；

② 机器人收到到位信号后，到达抓取位置，用夹爪抓取工件 Part_1，运动到初始位置；

③ 机器人运动到机床 1 主轴位置，把夹爪上的工件放置到机床 1 的主轴上，然后退出；

④ 机床的进给装置运动到工作位，机床门关闭，主轴转动开始加工，10 s 后加工完成。

毛坯取放程序创建过程见表 8.15。

表 8.15 毛坯取放程序创建过程

操作步骤	操作说明	示意图
1	创建空路径，重命名为“r_Blank”	路径与步骤 main (进入点) r_Blank r_Finshed r_Init
2	将毛坯 part1 附加到托盘上	r_Blank Set Do_part1_to_pallet1 r_Finshed r_Init
3	启动输送带	r_Blank Set Do_part1_to_pallet1 Set Do_cnv_on r_Finshed r_Init
4	等待工件到位	r_Blank Set Do_part1_to_pallet1 Set Do_cnv_on WaitDI DI_Cnv_inplace, 1
5	调整机器人姿态，右击 IRB 2600 机器人，选择“手动关节”，数值为(90°,0°,0°,0°,0°,0°)	手动关节运动: IRB2600_12_185__02 -180.00 90.00 180.00 -95.00 0.00 155.00 -180.00 0.00 75.00 -400.00 0.00 400.00 -120.00 0.00 120.00 -400.00 0.00 400.00 CFG: 1 0 0 0 TCP: -3437.17 -48.83 Step: 1.00 deg

续表8.15

操作步骤	操作说明	示意图
6	设置完成的状态如图所示	
7	单击“示教指令”，“MoveJ Target_70”为抓取毛坯件的过渡点	r_Blank Set Do_part1_to_pallet1 Set Do_Cnv_on WaitDI DI_Cnv_inplace, 1 MoveJ Target_70
8	选择“控制器”选项卡，单击“控制面板”，然后选中“手动”	
9	将“Do_part1_to_pallet1”设置为1	

续表8.15

操作步骤	操作说明	示意图
10	使用手动线性将机器人移动到抓取点的正上方，然后单击“示教指令”	r_Blank Set Do_part1_to_pallet1 Set Do_Cnv_on WaitDI DI_Cnv_inplace, 1 MoveJ Target_70 MoveJ Target_80 r_Finished r_Init
11	将机器人线性移动到抓取点，然后单击“示教指令”，同时将运动指令修改为“MoveL Target_90”	r_Blank Set Do_part1_to_pallet1 Set Do_Cnv_on WaitDI DI_Cnv_inplace, 1 MoveJ Target_70 MoveJ Target_80 MoveL Target_90 r_Finished r_Init
12	设置夹具信号和把 part1 附加到夹具信号，然后等待 1 s	MoveJ Target_10 MoveJ Target_70 MoveJ Target_80 MoveL Target_90 Set Do_Grip Set Do_attacher_part1 WaitTime 1
13	机器人回到放置上方点 Target_80，再回到过渡点 Target_70，最后回到起始点 Target_10	Set Do_Grip Set Do_attacher_part1 WaitTime 1 MoveL Target_80 MoveJ Target_70 MoveJ Target_10

续表8.15

操作步骤	操作说明	示意图
14	继续完成其余程序的编制，这部分内容与前面类似，这里不再详细说明	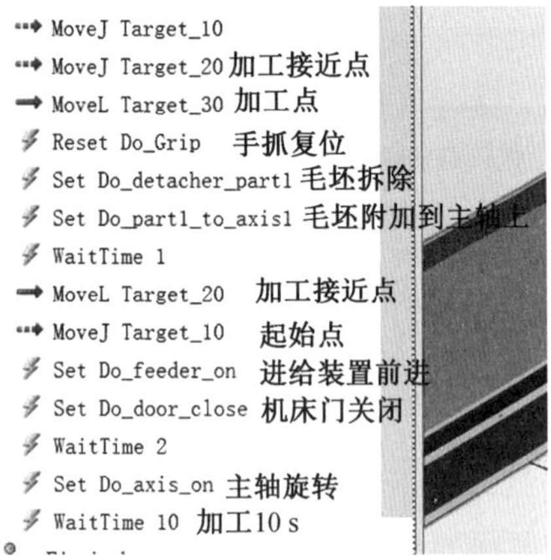 MoveJ Target_10 MoveJ Target_20 加工接近点 MoveL Target_30 加工点 Reset Do_Grip 手抓复位 Set Do_detacher_part1 毛坯拆除 Set Do_part1_to_axis1 毛坯附加到主轴上 WaitTime 1 MoveL Target_20 加工接近点 MoveJ Target_10 起始点 Set Do_feeder_on 进给装置前进 Set Do_door_close 机床门关闭 WaitTime 2 Set Do_axis_on 主轴旋转 WaitTime 10 加工10 s
15	同步到 RAPID 程序，完成仿真验证	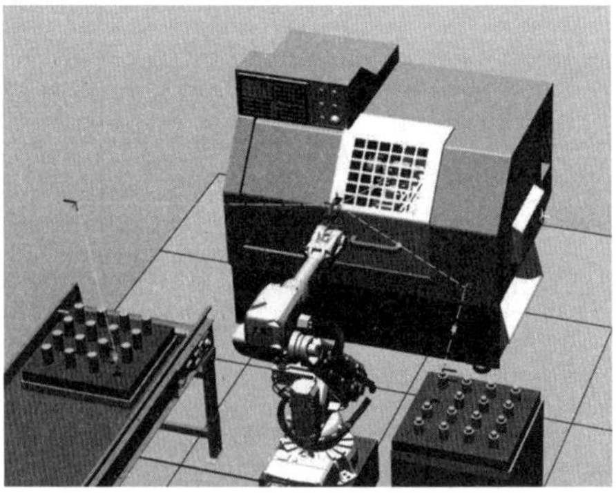

知识测试

简答题

创建初始化程序和运动程序，完成机床上下料工作站程序创建，如图 8.5 所示。

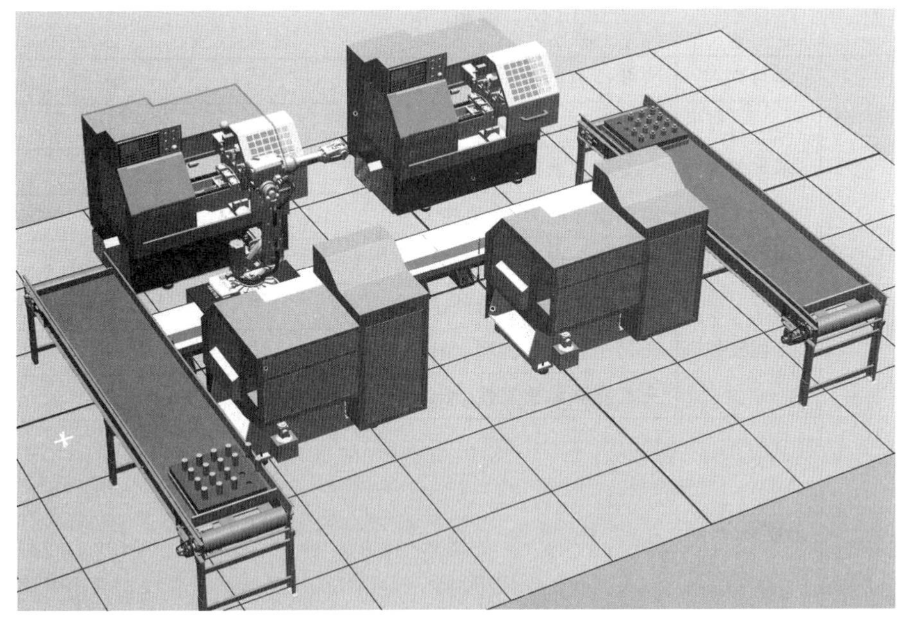

图 8.5　机床上下料工作站示意图

附表 21　项目 8 任务实施记录及检验单 1

项目 8 的任务实施记录及检验单 1 见表 8.16。

表 8.16　项目 8 的任务实施记录及检验单 1

任务名称	创建系统与动态夹具	实施日期	
任务要求	要求：完成机床上下料工作站系统的创建，创建夹具的动态属性，实现夹具对工件的抓取和放置效果		
计划用时		实际用时	
组别		组长	
组员姓名			
成员任务分工			
实施步骤与信息记录	（任务实施过程中重要的信息记录，是撰写工程说明书和工程交接手册的主要文档资料）		
遇到的问题及解决方案			
总结与反思			

续表8.16

<table>
<tr><td rowspan="9">自我检测
评分点</td><td>项目列表</td><td>自我检测要点</td><td>配分</td><td>得分</td></tr>
<tr><td rowspan="3">基本素养</td><td>纪律(无迟到、早退、旷课)</td><td>10</td><td></td></tr>
<tr><td>安全规范操作,符合 5S 管理规范</td><td>10</td><td></td></tr>
<tr><td>团队协作能力、沟通能力</td><td>10</td><td></td></tr>
<tr><td>理论知识</td><td>网络平台理论知识测试</td><td>10</td><td></td></tr>
<tr><td rowspan="3">工程技能</td><td>完成工作站系统的创建</td><td>10</td><td></td></tr>
<tr><td>夹具能够夹持工件 part1</td><td>30</td><td></td></tr>
<tr><td>夹具能够释放工件 part1</td><td>20</td><td></td></tr>
<tr><td colspan="4">总评得分</td></tr>
</table>

附表 22　项目 8 任务实施记录及检验单 2

项目 8 的任务实施记录及检验单 2 见表 8.17。

表 8.17　项目 8 的任务实施记录及检验单 2

<table>
<tr><td>任务名称</td><td>创建系统与动态夹具</td><td>实施日期</td><td></td></tr>
<tr><td>任务要求</td><td colspan="3">要求:完成输送带机械装置的创建以及用 Smart 组件创建机床运动的方法</td></tr>
<tr><td>计划用时</td><td></td><td>实际用时</td><td></td></tr>
<tr><td>组别</td><td></td><td>组长</td><td></td></tr>
<tr><td>组员姓名</td><td colspan="3"></td></tr>
<tr><td>成员任务分工</td><td colspan="3"></td></tr>
<tr><td>实施步骤与
信息记录</td><td colspan="3">(任务实施过程中重要的信息记录,是撰写工程说明书和工程交接手册的主要文档资料)</td></tr>
<tr><td>遇到的问题
及解决方案</td><td colspan="3"></td></tr>
<tr><td>总结与反思</td><td colspan="3"></td></tr>
</table>

续表8.17

	项目列表	自我检测要点	配分	得分
自我检测评分点	基本素养	纪律（无迟到、早退、旷课）	10	
		安全规范操作，符合5S管理规范	10	
		团队协作能力、沟通能力	10	
	理论知识	网络平台理论知识测试	10	
	工程技能	完成机械装置的创建	20	
		输送带动态属性创建	20	
		机床运动创建	20	
	总评得分			

附表23　项目8任务实施记录及检验单3

项目8的任务实施记录及检验单3见表8.18。

表8.18　项目8的任务实施记录及检验单3

任务名称	工作站逻辑设定与编程调试	实施日期	
任务要求	要求：继续完成机床上下料工作站信号的设定，并创建初始化程序、成品取放程序、毛坯取放程序和主程序		
计划用时		实际用时	
组别		组长	
组员姓名			
成员任务分工			
实施步骤与信息记录	（任务实施过程中重要的信息记录，是撰写工程说明书和工程交接手册的主要文档资料）		
遇到的问题及解决方案			
总结与反思			

续表8.18

<table>
<tr><td rowspan="9">自我检测
评分点</td><td>项目列表</td><td>自我检测要点</td><td>配分</td><td>得分</td></tr>
<tr><td rowspan="3">基本素养</td><td>纪律(无迟到、早退、旷课)</td><td>10</td><td></td></tr>
<tr><td>安全规范操作,符合 5S 管理规范</td><td>10</td><td></td></tr>
<tr><td>团队协作能力、沟通能力</td><td>10</td><td></td></tr>
<tr><td>理论知识</td><td>网络平台理论知识测试</td><td>10</td><td></td></tr>
<tr><td rowspan="4">工程技能</td><td>工作站逻辑设定</td><td>10</td><td></td></tr>
<tr><td>成品取放程序编制</td><td>20</td><td></td></tr>
<tr><td>毛坯取放程序编制</td><td>20</td><td></td></tr>
<tr><td>仿真调试</td><td>10</td><td></td></tr>
<tr><td></td><td colspan="4">总评得分</td></tr>
</table>

参 考 文 献

[1] 叶晖,吕世霞,张恩光,等.工业机器人工程应用虚拟仿真教程[M].2 版.北京:机械工业出版社,2021.

[2] 叶晖.工业机器人典型应用案例精析[M].2 版.北京:机械工业出版社,2022.

[3] 张建荣,陈磊,郭金妹.工业机器人现场编程[M].北京:北京理工大学出版社,2022.

[4] 杨玉杰.工业机器人虚拟仿真与实操[M].北京:北京理工大学出版社,2021.

[5] 北京赛育达科教有限责任公司.工业机器人应用编程:中级(ABB)[M].北京:高等教育出版社,2020.

[6] 双元教育.工业机器人离线编程与仿真[M].北京:高等教育出版社,2018.